科学出版社"十三五"普通高等教育本科规划教材

普通高等教育师范类地理系列教材

环境科学概论

（第二版）

仝 川 主编

科学出版社

北京

内 容 简 介

本书首先介绍了人类活动影响下的大气、水和土壤等主要环境要素的污染特征与规律，介绍了固体废物污染与处置以及物理环境污染与防治；其次，论述了环境管理的理论框架和最新管理手段，介绍了环境监测和环境评价的基本理论与主要技术；最后，探讨了当今世界所面临的全球环境变化问题以及人类应对环境问题挑战所做的必然选择——可持续发展战略的基本理论与思考。

本书可作为高等院校，包括师范类地理专业及其他相关专业，如资源环境与城乡规划专业、生态学专业和环境科学与环境工程专业的教学用书，也可供广大的环境保护工作者参考。

图书在版编目(CIP)数据

环境科学概论 / 仝川主编. —2 版. —北京：科学
出版社，2017.6
普通高等教育师范类地理系列教材
ISBN 978 - 7 - 03 - 052999 - 2

Ⅰ. ①环⋯ Ⅱ. ①仝⋯ Ⅲ. ①环境科学–高等学校–
教材 Ⅳ. ①X

中国版本图书馆 CIP 数据核字(2017)第 116746 号

责任编辑：许　健
责任印制：谭宏宇 / 封面设计：殷　靓

科学出版社 出版
北京东黄城根北街 16 号
邮政编码：100717
http://www.sciencep.com
南京展望文化发展有限公司排版
广东虎彩云印刷有限公司印刷
科学出版社发行　各地新华书店经销
*

2010 年 8 月第　一　版　开本：889×1194　1/16
2017 年 6 月第　二　版　印张：14
2024 年 11 月第十六次印刷　字数：452 000
定价：45.00 元

《环境科学概论(第二版)》编委会名单

主　编　仝　川

副主编　赵从举　刘成武　魏智勇

编著者　(按姓氏笔画排序)：
万大娟(湖南师范大学)
仝　川(福建师范大学)
朱　俊(内江师范学院)
刘成武(咸宁学院)
何太蓉(重庆师范大学)
林　啸(福建师范大学)
赵　伟(内蒙古师范大学)
赵从举(海南师范大学)
谭长银(湖南师范大学)
魏智勇(内蒙古师范大学)

序

正值中国地理学会在北京人民大会堂举行百年庆典之际,欣闻科学出版社组织全国高等师范院校共同编写地理科学类系列精编教材,以适应我国高等师范院校教学改革和综合化发展的需要,作为教育部地球科学教学指导委员会主任委员我感到由衷的高兴。

众所周知,高等师范院校的设置和发展可以说是中国高等教育在世界上的特色之一,为我国开展基础教育、提高国民素质教育作出了杰出贡献。地理科学类专业最早于1921年在东南大学(今南京大学的前身)设立了我国大学中的第一个地理学系,随后清华大学、金陵大学、北平师范大学纷纷增设地理学或地学系,因此地理科学类专业教育迄今已有八十余年的历史,培养了一大批服务于地理、环境与社会经济的地理科学人才。现今随着日益凸显的全球性的资源环境问题与人地关系矛盾的加剧和地理信息技术的迅速兴起、发展与应用,地理科学新的快速发展与拓展,地理科学类专业由原较单一的地理教育专业发展为地理科学、地理信息系统、资源环境与城乡规划管理等三个本科专业,并在综合性大学、高等师范院校、农林类高校等都有广泛开办。其中,高等师范院校较完整地设立了三个专业,在培养地理科学类的地理教学师资、地理信息系统、资源环境和城乡规划管理等人才方面发挥了主力军的作用,成为了我国培养这一类型人才的重要阵地,多被誉为"教师的摇篮";与此同时,高等师范院校根据我国师范院校的性质和发展战略方向,以及我国高等教育改革的趋势,依托各区域的地理特点和文化积淀,针对社会的迫切需求,办出了不同于综合性大学的立足本土与本身的基础教育师资和区域性应用人才的特色。

由高等师范院校的资源环境与地理科学类的学院联合撰编系列精品教材,可紧密结合高等师范院校地理科学类专业的特点,量体裁衣,因校制宜,形成高等师范院校不同于综合性大学的系列精品教材;同时,可充分发挥师范院校教师们在师范院校地理科学类专业教学经验丰富和服务于基础教育及地方社会经济发展等的优势,将多年来精品课程建设、实践(实验)教学、专业建设、教学研究与教学改革等成果融入其中,形成真正的精品教材;再者,高等师范院校共同搭建系列精品教材编写平台,每本教材以1~2校为主编单位、多家院校参与,相互学习、相互交流、相互借鉴、取长补短、优势互补、共同提高,不仅利于每本教材编写水平的提升,也可促进师范院校专业建设和整体教学水平的提高,将提高本科教学质量、培养高素质人才、服务于地方基础教育和社会经济发展落到实处,推动我国高等教育的改革和发展。

我相信,科学出版社和高等师范院校精诚团结,真诚合作,各院校相互交流协作,一定能编出适合中国国情与需要,适应我国高等教育发展,适合高等师范院校的系列精品教材。

中国科学院院士

教育部高等学校地球科学教学指导委员会主任委员

　　环境与发展是人类社会面临的两大挑战。环境科学发展到今天已走过了半个多世纪的历程，作为一门新兴的学科，环境科学在日益发展壮大，其对于解决人类社会所面临的诸多局部性和全球性环境问题的重要性日益凸显，环境科学知识的普及和传授对于提高广大公众的环境保护意识十分重要。

　　环境科学自诞生时，就从其他的传统学科中吸取丰富的"营养"，不断地发展着自身，新理论、新方法、新技术、新思考和新成果不断涌现。一个综合性、交叉性，涉及自然科学、社会科学和工程科学，具有跨学科特点的环境科学学科体系正在逐渐形成，环境科学及环境工程在解决环境污染问题方面的能力不断增强。针对环境科学的迅猛发展以及社会的巨大需求，组织具有丰富教学经验和科研水平的一线教师编写既介绍环境科学基础理论和基础知识，又反映环境科学的发展趋势、前沿领域和热点问题的《环境科学概论》教材是加强我国普通高等教育师范类院校环境科学学科建设和培养高素质师范类人才的必然要求。

　　本书在章节设计和内容编写上遵循既有一定的广度，又有一定的深度；既介绍基础，也探讨新概念与新知识；既介绍理论，也论述技术和方法的基本原则。使学生了解环境科学的总体轮廓，包括环境科学的研究对象、任务、分科、发展与特点，重点掌握环境科学的基础理论和关键知识点，提高学生自身的环境理论素养和环境保护基本能力，拓展学生的环境科学视野，调动学生对于环境科学的兴趣以及对环境保护事业的热爱。

　　本书2010年出版第一版，2017年出版第二版。考虑到关于大气细颗粒物及雾霾污染的影响及其最新研究进展，对第二章的内容进行更新与完善。此外，考虑到全球环境变化研究的重要性，对第十章的内容也进行了适当的补充。

　　本书编写分工如下：前言，仝川；第一章，仝川、刘成武；第二章，朱俊、仝川、林啸；第三章，刘成武；第四章，谭长银、万大娟；第五章，赵从举；第六章，何太蓉、赵从举；第七章，赵伟；第八章，万大娟、谭长银;第九章,仝川、魏智勇;第十章,赵从举;第十一章,魏智勇。全书由仝川统稿。

科学出版社为本书的出版做了大量的工作,在此表示衷心的感谢!

由于编者水平有限,时间紧迫,对于本书中出现的不足和缺陷,希望使用教材的教师、学生和科研人员提出宝贵的修改意见,以便我们进一步改进和完善。

编　者

2017 年 3 月

目录

序
前言

第一章 绪论

第二章 大气环境污染与防治

第三章 水体污染与防治

第四章 土壤污染与防治

第五章 固体废物污染与处置

Contents

第一章　绪　论

环境和发展是当今人类社会普遍关注的两大问题。环境和发展密不可分。一方面,随着人类社会的发展,对自然的改造愈加强烈,对环境的污染与破坏日益严重;另一方面,环境问题关系到人类的前途和命运,影响着世界上每一个国家和民族的发展,以至每一个人的生活。因此,保护环境,实现可持续发展已经成为全世界紧迫而艰巨的任务。

第一节　环境与环境问题

一、环境

环境,就词义而言,是指周围事物。环境是一个相对的概念,总是相对于某一个主体而言,会随着"主体"的变化而改变。"环境"一词,作为一个专门术语,同样会随着学科的不同而具有不同的含义。对于诞生于 1866 年的生态学而言,其学科名词"ecology"的提出者是德国博物学家 E. Haeckel,他在所著的《普通生物形态学》中给生态学下的定义为:"研究生物之间及生物和环境之间相互关系的科学"。从以上的定义不难看出生态学中的"环境"是相对于生物这一主体而言的外部世界,包括光照、温度、水分、地形、地貌、土壤等。

对于伴随着 20 世纪 40～50 年代前后"环境污染问题"的第一次高潮的爆发(标志为著名的"八大环境公害事件")而逐渐发展起来的环境科学,其主体是受到各种环境问题影响的人类社会,因此,环境科学中的"环境"应该是以人为主体的外部世界的全部。这里的外部世界包括人类已经认识到的,直接或间接影响人类生存与发展的周围事物。

国外教科书一般将环境分为自然环境(physical environment)(大气环境、水环境、土壤环境)和生物环境(biological environment)。国内的教科书则将环境分为自然环境和人工环境两类,这里的自然环境既包括大气环境、水环境、土壤环境,也包括生物环境,而人工环境是指人类活动形成的环境要素。

大气、水、土壤、岩石、生物等又称环境要素,并可分别形成大气圈、水圈、土壤圈、岩石圈以及生物圈,它们共同组成了整个地球环境系统。

《中华人民共和国环境保护法》第二条明确指出,"环境,是指影响人类生存和发展的各种天然的和经过人工改造的自然因素的总体,包括大气、水、海洋、土地、矿藏、森林、草原、野生生物、自然遗迹、人文遗迹、自然保护区、风景名胜区、城市和乡村等"。

二、与环境相关的概念

(一) 生态

生态学的定义在不断发展,从最初 E. Haeckel 给出的定义,到 1956 年现代著名生态学家 E. P. Odum 在其编著的教科书《生态学基础》(第二版)中的定义:"生态学为研究自然界的构造和功能的科学",再到现代生态学家开始研究人类与环境的关系,如人类生态学、城市生态学、生态伦理学和生态经济学的迅猛发展,都说明生态学这一门学科所涉及的研究领域在不断扩大。

当前,"生态"一词也越来越多地被作为一个修饰词而广泛应用,它更多强调的是生物系统(包括人类)与环境系统之间的一种和谐关系,如生态保护、生态平衡、生态运动、生态经济、生态工业、生态文明等。例如,生态工业强调的是工业这种人类的行为应与环境相协调,而不应该向环境排入过量的污染物。

在我国,还出现了"生态环境问题"的提法,它是表征相对于环境污染问题(大气污染、水污染和土壤污染等)而言的一类非污染性环境问题,即自然界的生物与其周围环境的协调关系发生了问题,如森林大面积被砍伐后造成的水土流失、草原过度放牧造成的土地退化及土地利用变化造成的动物栖息地的丧失等问题,而不一定非要发生环境污染。

(二) 自然资源

对于自然资源的定义引用较多的是联合国环境规划署(United Nations Environment Programme, UNEP)给出的定义:在一定时间、地点条件下能够发生经济价值,以提高人类当前和未来福利的自然环境因素和条件。自然资源和自然环境的区别在于自然资源是自然环境的一个子集,自然资源是自然环境中对人类生活和生存有用的部分,被污染的环境、火山环境应该不能说是自然资源。

自然资源按照能否被耗尽分为可耗竭资源和不可耗竭资源。根据其再生能力可分为可再生资源和不可再生资源。可再生资源是指可借助生长、繁殖或自然循环而不断地更新的自然资源,包括生物资源、水资源和土壤资源。不可再生资源是指在对人类有意义的时间尺度内不能再生,其形成的过程远远长于其被人类消耗的过程,主要包括化石能源、金属和非金属资源。

三、环境的作用

人们对环境的作用与价值的认识在逐渐深化,人们已经认识到环境至少具有以下方面的作用。

(一) 提供资源

人们的衣、食、住、行和生产所需的各种原料,无一不取自自然环境。环境,更确切地说是环境中的自然资源,是人类从事生产的物质基础,也是各种生物生存的基本条件。所有经济活动都是以初始产品为原料或动力进行的。自然资源的多寡也决定着经济活动的规模,随着人口增加和经济增长,一些不可再生资源已日见稀缺。

(二) 消纳废物

经济活动在提供人们所需的产品时,也会产生一些副产品。限于经济、技术条件和人们的认识,有些副产品不能被利用而成为废弃物排入环境。环境通过各种各样的物理、化学、生物反应,容纳、稀释、转化这些废弃物,并由存在于大气、水体和土壤中的大量微生物将其中的一些有机物分解成为稳定的无机物,重新进入不同元素的循环中,称之为环境的自净作用。环境消纳废物的能力又称为"环境容量",但是,很显然,环境容量是有限的,超过了环境容量,环境就会遭受污染。另外,某些人工合成的有机物(如塑料薄膜、有毒化学品等)难于被微生物降解,直接产生环境污染。

(三) 美学与精神享受

环境不仅能为经济活动提供物质资源,还能满足人们对舒适性的要求。清洁的空气和水既是工农业生产必需的要素,也是人们健康愉快生活的基本需求。全世界有许多优美的自然与人文景观,如中国的桂林山水、美国的黄石公园等,每年吸引着成千上万的游客。优美舒适的环境使人们心情愉快,精神放松,有利于提高人体素质,提高工作效率。经济越增长,对于环境舒适性的要求越高。

(四) 生命支持系统

自然界中,由上千万种生物物种及其生态群落和各种环境因素构成的系统正在支持着人类的生存。美国"生物圈2号"试验(验证人类能否生活在一个预先仔细设计好的与世隔绝的封闭系统中)的失败,说明人类目前离不开地球环境这个生命支持系统。

四、环境的基本特征

(一)环境的整体性与区域性

环境的整体性是指环境中的各个部分之间存在着密切的相互联系和相互制约,环境中的各种变化不是孤立的,而是多种因素的综合反映。环境的区域性是指环境特性的区域差异,即环境因地理位置的不同而表现出不同的特性。如湿润地区与干旱地区、平原地区与高山地区等,其环境特性有明显的差异。

(二)环境的变动性和稳定性

环境变动性指的是环境的内部结构和外在状态始终处于不断的变化之中,环境的稳定性是指环境系统具有一定的自我调节能力,当环境的结构与状态在自然或人类行为的作用下发生的变化不超过一定限度时,环境可以借助自身的调节功能减轻这些变化的影响。环境的变动性和稳定性是相辅相成的,变动是绝对,稳定是相对的。

(三)环境的资源性和价值性

环境的资源性指环境是一种资源,环境可提供给人类生存与发展所必需的物质和能量。环境既然是一种资源,它就应具有相应的价值。最初人们对环境价值的认识存在误区,认为环境中的物质取之不尽、用之不竭,没有对环境的价值性给予足够的重视,从而导致人类大肆攫取自然资源,并引发严重的环境破坏问题。

五、环境问题

环境问题是指由于人类活动作用于周围环境所引起的环境质量的变化,这种变化反过来对人类的生产、生活和健康产生不利的影响。随着人类的发展,在利用和改造环境的同时,也不同程度地污染和破坏环境,当被污染和破坏了的环境再反作用于人类的时候,就会危及甚至毁灭人们的正常生活。环境问题既包括环境污染问题,如大气污染、水环境污染和土壤污染等,也包括环境破坏问题(或称非污染性环境问题),如土地荒漠化、水土流失、森林面积锐减、草原退化和生物多样性减少等(图1-1)。

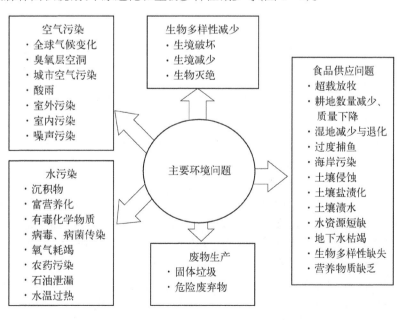

图1-1　主要的环境和资源问题

资料来源:Miller (2004)

伴随着人类社会的诞生,生产力的发展,环境问题从小到大在逐步发展。原始社会的生产力水平极其低下,人类过着采集和狩猎的生活。人类主要依赖自然环境,很少对自然环境进行改造,这一时期人类对环境的影响并不明显,环境具有良好的自我调节能力。到了奴隶社会、封建社会,生产力逐渐提高,出现了耕作农业和养殖畜牧业,人类利用和改造自然的能力增强,在局部地区出现大量砍伐森林、过度破坏草原的现象,开始出现局部性的水土流失、土壤沙化与盐渍化等环境问题。总的来看,这一时期的环境问题只在农牧业生产的局部地区才偶有出现,而且程度很低,主要与人类的耕作农业与养殖业有关。大规模的环境污染问题的爆发应该说是在 20 世纪中叶,迄今为止出现的两次环境问题高潮的历程如下。

(一) 环境问题的第一次高潮(1930 年~20 世纪 80 年代中期)

特点是局部性环境污染问题。20 世纪中叶前后,震惊世界的环境污染(在日本称为环境公害)事件接连发生,标志是发生在这一段时间内的"八大公害事件"(表 1-1),它标志着环境问题第一次高潮的出现。

表 1-1　20 世纪发生的"八大公害事件"

名称	污染物	时间	地点	情况	致病原因	公害成因
马斯河谷烟雾事件	烟尘、SO_2	1930 年 12 月	比利时马斯河谷(长 24 km,两侧山高 90 m)	几千人呼吸道发病,60 人死亡	SO_2 和 SO_3 的混合物	工厂集中、逆温天气、多雾、污染物聚集
多诺拉烟雾事件	烟尘、SO_2	1948 年 10 月	美国多诺拉(马蹄形河湾,两边山高 120 m)	4 天内有 42% 的居民患病,17 人死亡	SO_2 与烟尘作用生成硫酸盐气溶胶,吸入呼吸道和肺部	工厂多、雾天、逆温天气
伦敦烟雾事件	烟尘、SO_2	1952 年 12 月	英国伦敦	5 天内 4 000 人死亡	在烟尘金属颗粒物的催化下, SO_2 变成 H_2SO_4,吸入肺部	居民烧煤取暖,煤中 SO_2 含量高,排出的烟尘量大,逆温天气
洛杉矶光化学烟雾事件	光化学烟雾	20 世纪 40 年代,每年的 5~11 月	美国洛杉矶	大多数居民患病,65 岁以上老人死亡 400 人	石油工业和汽车尾气在紫外线作用下生成光化学烟雾	汽车多,每天有 1 000 t 碳氢化合物进入大气,市区空气水平流动缓慢
水俣事件	甲基汞	1953 年开始	日本九州南部熊本县水俣镇	水俣镇的患者 180 多人,死亡 50 多人	人食用了含有甲基汞的鱼类	含汞的污水排入海湾,并反应生成甲基汞,进入鱼和贝类体中
富山事件(骨痛病)	镉	1931~1972 年	日本富山县神通川流域	患者超过 280 人,死亡 34 人	吃含镉的米、饮用含镉的水	炼锌厂的未经处理的含镉污水排入河流
四日事件(哮喘病)	重金属粉尘、烟尘、SO_2	1970 年	日本四日市	患者 500 多人,有 36 人死亡	重金属微粒和 SO_2 吸入肺部	工厂向大气中排放 SO_2 和煤粉尘数量多,并含有钴、锰、钛等
米糠油事件	多氯联苯	1968 年	日本九州爱知县等 23 个府县	患者 5 000 多人,死亡 16 人	食用含多氯联苯的米糠油	米糠油生产中,用多氯联苯作热载体,多氯联苯进入米糠油中

资料来源: 刘培桐(1995)。

自 18 世纪七八十年代,西方国家先后走上了工业化道路。产业革命使人类的生产能力得到巨大发展。在此后的二百多年中,人类开始试图全面地改造自然,并认为自然环境向人类提供的自然资源和环境服务的能力是无限的,人类社会可以随意支配和利用环境和自然资源,而对环境无所谓责任,也无所谓管理,有的只是索取和改造。在这段时间内,人类大规模地改变着环境的结构和功能,一方面,无限制地索取自然资源,另一方面,向环境排入大量环境中原本没有的化学合成物质(如 DDT 等),或使环境中一些原有物质的浓度大大增加(如 CO_2 浓度的增加),结果是西方工业化国家在享受现代工业革命带来的巨大物质财富的同时,也开始受到自然环境的报复。由此,西方发达国家开始认识到环境保护的重要性。

1962 年,美国海洋科学家 R. Carson 出版了她经过多年调查研究完成的著作《寂静的春天》(*Silent Spring*)。该书描述了大规模使用杀虫剂造成环境污染带来的危害,原本生机勃勃的春天因为人类乱用有机氯农药而变得寂静了,并对这一环境问题进行了深刻的反思。该书一出版就引起工业界的攻击和公众的辩论,辩论的内容逐渐超越了杀虫剂的使用问题,引起了人们对于环境问题的更广泛关注和讨论,也引发了一场环境保护运动,敦促人们从一个新的视角审视环境问题。

面对环境污染问题对人类社会的挑战,1972 年 6 月 5~16 日,在斯德哥尔摩举行了有 114 个国家代表参加的第一次人类环境会议。这是世界各国政府代表第一次坐在一起讨论环境问题,讨论人类对于环境的权利与义务。大会呼吁各国政府和人民保护环境,通过了划时代的历史性文献《人类环境宣言》(*Declaration of United Nations Conference on Human Environment*),即斯德哥尔摩宣言。宣言郑重申明:人类有权享有良好的环境,也有责任为子孙后代保护和改善环境;各国有责任确保不损害其他国家的环境;环境政策应当增进发展中国家的发展潜力。会议通过了将每年的 6 月 5 日作为"世界环境日"的建议。在会议的建议下,成立了联合国环境规划署(UNEP),总部设在肯尼亚首都内罗毕。此后,各国相继成立了环境部和环境保护局等。如果将今天的时代称为"具有强烈环境意识的时代",第一次人类环境会议便是这个时代的里程碑。

1972 年不仅召开了具有划时代意义的斯德哥尔摩人类环境会议,还出版了一本引起世界广泛关注和震惊的研究报告《增长的极限》(*Limit to Growth*)。成立于 1968 年,由美国科学家米都斯教授领导的非政府组织"罗马俱乐部"于 1972 年发表了年度研究报告《增长的极限》。该研究报告运用系统动力学模型,研究了世界发展的几种主要趋势:加速的工业化过程、人口的快速增长、不可再生资源的急剧耗竭以及环境的不断恶化等,并探讨了它们之间的相互关系,预测了将来的发展结果。该报告认为如果人口数量和环境污染程度仍按照指数增长,在地球有限的自然资源和环境自净能力的限制下,世界将面临一场灾难性崩溃。该研究报告用简单的数学模型预测世界这一复杂的大系统,尽管因过分夸大了人口增长、资源短缺和环境污染的严重性,其预测的结果并没有发生,但是,该报告一针见血地指出自然环境所面临的危机和人类社会在自身发展中面临的困境,使得人类不得不对发展中的人类与环境的关系重新进行思考,从这一意义上讲,该报告功不可没。

(二) 环境问题的第二次高潮(20 世纪 80 年代中期~)

进入 20 世纪 80 年代中期以后,环境问题除了以前人们所主要关注的局部或地区性环境污染(如水域污染、城市大气污染等)问题以外,又有了新的变化。一是广大的发展中国家正面临着日益严重的局部性环境污染问题和大范围的生态破坏问题;二是一些打破了区域和国家界线的全球性环境问题(包括环境污染问题和非污染性环境问题)开始受到重视。主要体现在以下方面:

1) 全球性大气环境污染问题:温室效应加剧与全球气候变化、臭氧层耗损、酸沉降。

2) 非污染性环境问题:生物多样性减少、森林面积锐减、土地荒漠化问题等。

3) 突发性、灾难性的环境污染事件:1984 年 12 月,印度博帕尔农药(异氰酸甲酯)泄漏事件;1986 年 4 月 26 日,前苏联的切尔诺贝利核电站泄漏。

4) 化学品的污染及越境转移。

5) 外来生物入侵。

面对环境问题对人类社会生存环境和社会经济发展造成的影响和破坏,不论是发达国家还是发展中国家,不论是政府官员还是广大公众、科学家和非政府组织,都表示了普遍的关注。在此背景下,1992 年 6 月 3~14 日,联合国在巴西里约热内卢举行"联合国环境与发展大会"。183 个国家的代表团和联合国及其下属机构 70 个国际组织的代表出席了会议,102 位国家元首或政府首脑亲自与会。与 1972 年旨在唤醒人们环境意识的斯德哥尔摩人类环境会议相比,这次会议不但提高了对环境问题认识的广度和深度,而且把环境问题与经济、社会发展结合,提出了一个全新的发展战略——"可持续发展战略"。会议通过了《里约环境与发展宣言》,这是一个有关环境与发展方面国家和国际行动的指导性文件。会议确定了可持续发展的观点,制定了环境与发展相结合的方针。这次会议通过了指导下一个世纪人类在环境问题上的战略性行动文件《二十一世纪议程》(*21 Agenda*)。

此外,会议还签署了旨在防止全球气温变暖的《气候变化框架公约》及推动保护生物多样性的《生物多样性公约》。《气候变化框架公约》呼吁各国采取切实可行的措施,削减二氧化碳等温室气体的排放量。在会议上,非政府环保组织还通过了《消费和生活方式公约》,认为商品生产的日益增多,引起自然资源的迅速枯竭,造成生态系统的破坏、物种的灭绝、水质污染、大气污染和垃圾堆积,因此,新的经济模式应当是大力发展满足居民基本需求的生产,禁止为少数人服务的奢侈品的生产,降低世界消费水平,减少不必要的浪费。这次会议的成功召开是人类社会正确认识环境问题的又一里程碑。人类社会越来越清醒地认识到环境与发展的相互依存关系,即没有环境保护就不可能有社会经济的发展,而没有社会经济的发展和人群素质的提高,也就不可能保持高质量的环境和改善人类的生活质量。

20 世纪共发表了三个全人类共同保护地球环境的著名宣言:① 1972 年,《人类环境宣言》。② 1982 年,《内罗毕宣言》,为了纪念联合国人类环境会议 10 周年,国际社会于 1982 年 5 月 10~18 日在内罗毕召开了人类环境特别会议,并通过了《内罗毕宣言》。《内罗毕宣言》指出了进行环境管理和评价的必要性,环境、发展、人口与资源之间紧密而复杂的相互关系。③ 1992 年,《里约环境与发展宣言》。

(三) 两次环境问题高潮的比较

1) 影响的范围不同。第一次环境问题高潮主要出现在西方工业发达国家,表现为局部性、小范围的环境污染问题;第二次环境问题高潮则表现为大范围乃至全球性的环境污染和大面积生态破坏问题,发达和发展中国家均受到影响。

2) 产生的机制不同。第一次环境问题的污染源相对简单,污染相对较易得到控制;第二次环境问题的污染源类型多、分布广、形成复杂,问题的解决需要全人类共同努力。

3) 关注影响对象的不同。第一次环境问题高潮主要关注环境污染对人体健康的影响;第二次环境问题高潮则更关注对社会经济发展的影响。

第二节 环境科学的产生与发展

一、环境科学的形成、发展与分科

环境科学或称环境研究(environmental study),是一个新兴的、以人类-环境系统为研究对象的学科领域或研究领域。这里以环境科学的发展为线索,介绍环境科学的形成。

(一) 第一阶段:从已有的传统学科中分化出来,专门研究环境污染问题的某一个侧面

20 世纪 50 年代,西方发达国家遭受到了严重的环境污染问题,因而明确提出了环境污染(environmental pollution)和环境公害的概念,用以概括和反映人类与环境关系的失调,并将其作为专门的领域开展科学研究,试图解决环境污染问题。在此形势下,首先出现的必然是已有的传统学科中的一部分科学家分别从本学科的角度出发,运用本学科的知识和方法,从不同的侧面研究不同的环境问题或同一环境问题的不同侧面,形成了诸如环境化学、环境生物学、环境物理学、环境地理学、环境工程学、环境经济学、环境哲学、环境法学等学科。它们既可以是各自传统学科的分支学科,又可以被看作是新形成的环境科学体系的一员。例如,环境化学就是应用化学的基本理论和方法,对大气环境、水环境和土壤环境中的化学污染物的特征、发生机制和转化特征及扩散模式进行研究,从而进一步产生了大气环境化学、水环境化学、土壤环境化学等环境化学分支学科和研究领域。这一类环境科学的分支学科仍在不断发展之中,同时也是环境科学学科体系中十分重要的组成部分。

1. 环境化学

定义:环境化学是一门研究有害物质在环境介质中的存在、化学特征、行为、效应和控制的化学原理和方法的科学。它既是环境科学的核心组成部分,也是化学的一个新的重要分支。

研究内容:有害有毒物质在环境介质中存在的浓度水平和形态;潜在有害物质的来源,它们在单个环境介质中和不同环境介质间的环境化学行为;有害物质对环境和生态系统以及人体健康产生污染效应的机制和风险性;有害物质造成的影响的缓解以及防止危害产生的途径。环境化学的特点是从微观的原子和分子水平研究宏观的环境现象及变化的化学机制,以及其污染的防止途径,核心是污染物质在环境中的转化和污

染效应。

环境化学可进一步分为环境分析化学、大气环境化学、水环境化学、土壤环境化学和环境工程化学。

2. 环境生物学

定义:环境生物学是一门研究生物与受人类干扰环境之间的相互作用的规律及其机制的科学。

研究内容:环境污染的生物效应,即污染物在环境-生物体之间的迁移、转化和积累的规律及对生物体的影响和危害;环境污染的生物净化,包括生物对环境污染净化的基本原理和方法;保护生物学,包括自然保护生物学和恢复生态学。

3. 环境地理学

定义:环境地理学是一门新兴的地理学与环境科学交叉的边缘科学,它的核心内容是研究地球各圈层的环境变化以及与人类活动之间的相互关系。

研究内容:人类活动与地理环境间的相互作用和影响;环境质量的区域差异;环境的历史发展与演化;人类活动影响下地理环境各圈层中所发生的结构和功能的变化;环境污染物在地球各圈层中的行为和效应。

4. 环境物理学

定义:环境物理学是一门研究物理环境与人类系统相互作用的科学。

研究内容:声、光、热、震动、电磁场和射线对于人类的影响及其评价,以及消除这些影响的技术途径和控制措施。

5. 环境工程学

定义:环境工程学是一门研究运用工程技术和有关学科的理论与方法,保护自然环境,防治环境污染和改善环境质量的学科。

研究内容:大气污染防治工程、水污染防治工程、固体废物防治及环境噪声防治。

6. 环境医学

定义:环境医学是一门研究环境污染对人群健康的有害影响及其预防措施的学科。

研究内容:污染物在人体内的迁移和致病机制;环境致病因素和条件;污染物对人群健康损害的早期和长期效应;环境卫生标准的制定;危害的预防措施的提出等。

7. 环境经济学

定义:环境经济学是一门研究环境系统与经济系统相互作用而形成的复杂系统的各种规律的科学。

研究内容:环境与经济的相互作用;环境价值、费用效益的经济评估;环境管理的经济学手段,包括排污收费、排污权交易等;国际环境与经济问题。

8. 环境法学

定义:环境法学是一门专门研究环境法律体系的学科。

研究内容:环境法的产生与发展;环境标准;环境法律体系;环境执法;环境法与国际关系等。

(二) 第二阶段:以整个"人类-环境系统"为研究对象,强调综合

这些新的学科方向虽然也同样应用了传统学科的手段和方法,但是,它们已明显不同于那些直接从传统学科中分化出来的学科分支,而是以评价、规划、设计和管理人类-环境系统为目的而发展起来的,如环境质量评价、环境系统分析、环境监测、环境规划、环境管理等。它们已不再属于某一传统学科,而为环境科学所特有,具有很强的综合性。不同学科背景的科学家可以从不同的角度研究探讨人类社会面临的环境问题,也可以将不同学科的知识和研究方法组合起来去研究某一问题。如对于环境质量的评价,研究人员可以综合运用环境化学、生物学、生态学、土壤学、遥感与地理信息系统技术以及各种数学模型方法对环境质量进行识别、监测和评价。

1. 环境管理学

定义:环境管理学是环境科学的一个分支学科,它是指对损害自然环境质量的人类活动(特别是损害大气、水、陆地生态系统的人类活动),通过行政的、法律的、经济的、技术的和教育的手段进行管理(包括计划、组织、协调和控制)。

研究内容:环境管理既是环境科学的一个新兴学科,也是环境保护实践的一个重要手段和工作内容,具

有很强的综合性和交叉性。环境管理既可以对各环境要素,如水资源、土壤、大气质量进行管理,又可以对废物和噪声进行管理,也可以对生态系统进行管理,如对城市生态系统、农业生态系统、草地生态系统和沙漠生态系统进行管理。环境管理的技术支持和实施手段包括环境监测、环境规划、环境预测、环境决策、环境审计、环境影响评价、环境风险分析、成本-效益分析、环境管理信息系统、环境遥感与地理信息技术、环境管理的经济措施和环境立法等。

2. 环境质量评价

定义:环境质量评价是环境科学的一个分支学科,是关于环境质量评价的理论、方法和应用的科学。

研究内容:环境质量评价包括环境质量回顾评价、环境现状评价、环境影响评价。环境评价是指按照一定的评价标准和评价方法,对一定区域范围内的环境质量进行客观的定性和定量的调查分析、预测和评价。

3. 环境监测

定义:环境监测是环境科学的一个分支学科,主要是对影响环境质量的污染因子及反映环境质量的环境因子,通过化学的、物理的、生物和遥感的检测技术进行长期的跟踪测定。

研究内容:环境监测点的布置、样品的前处理、监测技术的完善和扩展,包括化学分析(重量分析和滴定分析),以物理和物理化学为基础的仪器分析(光谱分析、色谱分析、电化学分析、放射性分析),生物毒理学分析、生物分子和细胞水平分析、群落学分析,遥感监测与分析。

二、环境科学的特点

(一)综合性和交叉性

综合性和交叉性是环境科学的最大特征。环境科学是伴随20世纪50年代人们对于环境污染问题的关注而兴起的一个综合性和交叉性很强的学科领域。它涉及自然科学、社会科学和工程科学,是一个由多学科到跨学科的庞大科学体系。它的建立是从传统学科中经过分化、重组、综合和创新的过程形成的,具有很强的综合性。

(二)学科的新兴性和不定型性

一般认为环境科学从诞生至今也就是六十多年的历史,因此,对于环境科学的学科体系给以明确的回答还有一定的困难,环境科学还属于一个年轻、蓬勃发展的学科和研究领域。

环境科学虽然是一个新兴学科,但正在逐渐得到主流学科的认可,一个重要事件是1995年的诺贝尔化学奖授予了三位环境化学科学家。1995年12月,环境科学顶尖刊物《环境科学与技术》(*Environmental Science & Technology*)的主编 William H. 在该杂志发表了一篇题为 *The Environmental Nobel Prize* 的文章,对此事件作了如下的评论:

"The receipt of the 1995 Nobel Prize in chemistry by F. Sherwood Rowland, Mario Molina and Paul Crutzen this month is probably not recognized as a particularly significant event by many chemists, but to the environmental sciences community it is a tremendous victory. Now for the first time the world's most prestigious research prize in chemistry goes to three environmental scientists. "

第三节　环境科学进展与展望

一、环境科学研究新热点

环境科学发展到今天,虽然历史不长,但是,作为一门解决人类社会所面临的环境污染和环境破坏问题的基础理论和应用并举的学科,正在经历着一个前所未有的快速和全面发展阶段,应该说在许多方面正在向着更新、更深和更广的领域探索前行。下面就几个环境科学重要的前沿热点领域做一介绍。

1. 全球环境问题　　进入 20 世纪 80 年代以后,诸多打破了区域和国家界线的全球性环境问题日益威胁着地球环境、人群健康和人类社会经济发展,进而开始受到重视。其中既包括全球性环境污染问题,如温室效应加剧与全球气候变化、臭氧层耗损、酸沉降等问题,也包括非污染性环境问题,如生物多样性减少、土地荒漠化等问题,对于以上领域的研究已成为当前环境科学研究的重点和热点。

2. 环境污染的生态毒理影响　　深入研究环境污染对于生态系统损害的毒理学机制,是环境科学的一个重要方向,特别是应用现代分子生物学技术研究环境污染物与细胞内大分子,包括蛋白质、酶和核酸的相互作用,发现作用的靶位和靶分子,揭示其作用的机制,最终做到对受损的生物遗传物质的 DNA 的修复。另外,开展污染物多组分的复合环境污染的环境效应也是环境污染生态毒理影响研究的一个新的研究热点。

3. 环境微界面(environmental micro-interface)过程　　以往人们主要关注的是污染物的均相环境过程,这在大气污染化学和水污染化学的研究中尤为明显。但是,近年来环境中的非均相反应过程开始受到关注,包括污染物在水/气/土/生物微界面的转移转化规律和机制、环境污染物在不同反应中的结构、形态和效应的变化,基于微界面过程的水、气环境污染控制等,力争以现代分析技术(红外光谱、拉曼光谱、质谱、原子力及扫描隧道显微镜技术)为基础,从分子、原子、细胞等微观粒子的角度认识污染物在环境微界面的特征。

4. 持久性有机污染物　　进入 20 世纪 90 年代,关于环境持久性化学有机物质对于生态系统及人类健康的影响日益引起人们的关注,这些有机物质被称为持久性有机污染物(persistent organic pollutions, POPs),对于持久性有机污染物的研究正成为环境科学的一个热点。研究内容包括持久性有机污染物在大气环境、水环境和土壤环境中的存在、浓度以及迁移转化,持久性有机污染物通过食物链在生物体内的积累,持久性有机污染物的风险/暴露评价和风险管理,持久性有机污染物的生物修复,湿地等生态系统中持久性有机污染物的分布及净化,持久性有机污染物的长距离传输,持久性有机污染物的治理,持久性有机污染物的生态毒理学效应,持久性有机污染物与农业污染预防,持久性有机污染物污染模型与监测等诸多方面。

5. 环境污染的生物修复　　在传统的好氧活性污泥或生物膜生物处理法及厌氧污泥生物处理法的基础上,进一步开发好氧和厌氧组合、活性污泥和生物膜组合的水污染处理工艺;研究利用微生物进行深度脱氮脱磷;研究利用基因菌工程处理水环境污染物;改善生物处理的微生态系统,寻找高效专性菌,如复合菌制剂和有效菌技术等。

6. 高灵敏度环境污染物分析方法　　一些污染物在环境中的浓度往往很低且组成复杂,形态多样且易变,因此,先进的环境样品前处理技术和分析测试技术研究成为环境分析化学的一个重要方向和热点,如固相萃取法的提出和完善、一些联用技术和自动取样技术的出现等,都为研究环境污染物的含量、形态、结构提供了可能。

7. 环境资产的经济评估　　对自然环境具有生命支持系统的服务功能(如森林生态系统的多种功能、臭氧层的保护作用、水资源的环境容量以及清洁的空气、稀有动植物的栖息地等)的货币化估算;对环境污染和环境退化(城市大气污染、水污染、酸沉降等)所造成的损失的货币化估算;对于二氧化碳释放所造成的环境影响的经济学估算等。

8. 环境管理的新理论与新工具　　随着对环境问题认识的深入,现代环境管理的手段不断完善和创新,从以前的项目环境影响评价、污染者付费原则、排污收费、环境规划、环境保护立法等措施,向包括战略和政策环境影响评价,排污交易权和排污许可证,生命周期分析,环境审计,碳计量、碳贸易和碳市场,环境风险评价和环境预警,环境风险应急管理系统,跨国境环境协调与管理,全过程管理、清洁生产,生态系统管理、流域环境管理等多途径发展。

9. 环境污染和环境破坏的遥感监测　　相对于 20 世纪七八十年代的遥感数据和遥感传感器,目前不断出现的高空间分辨率、高光谱分辨率和高时间分辨率的遥感数据以及包括合成孔径雷达和成像光谱仪在内的先进遥感数据获取工具,为环境污染和环境破坏的遥感分析与遥感监测提供了更多的高效、多源遥感信息,在包括大气中二氧化碳及甲烷和臭氧等污染物的监测、环境污染事件的跟踪与调查、环境污染预警、区域环境污染和区域环境破坏的面积、程度计算和损失评估、地上绿色植物碳库和地下土壤碳库估算等方面均不断取得新的突破。

二、可持续发展与环境保护

进入 20 世纪 80 年代,随着对环境与发展的关系越来越清晰的认识,人们开始认识到不能孤立地讨论环境保护问题,而应该从更广泛的角度去探讨环境保护与发展的关系,寻求人类社会新的发展道路与模式。

1980 年,由国际自然资源保护联合会(IUCN)、联合国环境规划署(UNEP)和世界自然基金会(WWF)共同发表了《世界保护战略:为了可持续发展的生存资源的保护》(*World Conservation Strategy: Living Resource Conservation for Sustainable Development*)一书,第一次将可持续发展作为一个科学概念明确地加以提出。该书虽然没对可持续发展概念给出一个确切的定义,但是认为:可持续发展依赖于对地球的关心,除非地球上的肥沃土壤和生产力得到保护,否则人类的未来是危险的。同时,强调了三个方面的重点:① 维护必需的生态过程和生命支持系统;② 保存基因的多样性;③ 可持续地利用物种或生态系统。

该报告强调了保护自然环境的重要性,同时也强调了保护环境与发展的相互依赖性。报告认为发展是为了满足人类的需求和改善人们的生活质量,而环境保护是为了保证能够持续地利用地球上的自然资源,目的也是为了发展,两者的目的是一致的。另外,还特别指出除非通过发展来减轻几亿人的贫困问题,否则环境保护也不可能真正实现。

1991 年这三个国际组织又联合推出了另一部名为《关心地球:一项可持续生存的战略》(*Caring for Earth: A Strategy for Sustainable Living*)的报告。该书的作者着重从保护自然资源及环境与发展的关系的角度探讨了建立可持续社会的主要原则和行动纲领。

1983 年 12 月,联合国授权挪威首相布伦特兰夫人(G. H. Brundland)为主席,成立了世界环境与发展委员会(The World Commission on Environment and Development, WCED),负责制订以可持续发展为主线的"全球变革日程",以期提出到 2000 年乃至以后实现可持续发展的长期环境政策,以及将对环境的关心变为在发展中国家之间、经济与社会处于不同阶段的国家之间进行更广泛合作的具体方法。经过三年的工作,1987 年 2 月,该委员会在日本东京召开的第 8 次委员会上提交了名为《我们共同的未来》(*Our Common Future*)这一具有深远国际影响的报告,后经第 42 届联合国大会辩论得以通过,成为一部关于人类未来发展道路与选择的重要历史性文献。

该报告把环境保护与人类发展这两个紧密相连的问题作为一个整体加以考虑,从共同的问题、共同的挑战和共同的努力三个方面详细论述了保护自然资源和环境是人类社会可持续发展的基础,同时详细阐述了环境问题只有在可持续发展过程中才能得到真正解决的论点。报告首次把可持续发展概念提到了国际议程,提出了一个得到普遍接受和广泛流传的可持续发展概念的定义,即可持续发展是"既满足当代人的需求,又不对后代人满足其需求的能力构成危害的发展"(development that meets the needs of the present without compromising the ability of future generations to meet their own needs)。该报告支持以可持续发展为指导的政策,要求决策者在制定政策时,必须确保经济增长绝对建立在生态基础之上,确保这些基础受到保护和发展,以使它可以支持长期的经济增长;认为环境保护是可持续发展思想所固有的特征,强调应集中解决环境问题的根源而不是症状;认为无论是对于发达的工业化国家,还是发展中国家,可持续发展的道路都是适用的,从而为可持续发展概念在全球范围内的传播奠定了基础。

20 世纪 80 年代末,面对世界人口的快速增长,南北经济发展的不平衡,自然资源的日益"耗竭",特别是许多环境问题的加剧,如全球气候变暖、臭氧层耗损、酸雨污染、土地荒漠化、生物多样性减少、森林面积锐减、有毒化学品越境转移等,人类已被逼到一个必须作出历史抉择的重要关头,越来越多的政府、非政府组织、学术界和公众开始接受可持续发展这一概念,并认识到可持续发展的重要性。正如《我们共同的未来》一书中写到的那样:"我们需要一个新的发展途径,一个能持续人类进步的途径,我们寻找的不仅仅是在几个地方、几年内的发展,而是在整个地球遥远将来的持续发展"。

第四节 环境科学概论课程的目的与任务

环境科学自诞生起就是一门交叉性较强的学科,在人类社会面临环境问题日益突出的今天,环境科学的重要性日益显著。

作为一门年轻的学科,同时又具有交叉性、综合性的特点,因此,关于环境科学的体系框架也在不断发展之中。国外许多的环境科学教材中均将生态学理论与原理纳入其中,甚至将人口、土地、粮食、生物资源、社会经济发展与环境的关系也加以介绍。国内的环境科学教材中则更多集中在介绍环境污染的内容,并以各主要环境要素(大气、水、土壤和物理环境)为主线较详细地阐述发生在其中的环境污染问题和污染规律,本教材也是如此。

通过环境科学概论的课程学习,目的主要使学生:① 了解环境科学的总体轮廓,包括环境科学的特点、研究对象、任务、分科以及过去的演变和未来的发展;② 重点掌握由于人类活动所引起的主要环境要素(大气、水和土壤)的污染,以及物理环境(噪声、热和核)的污染,包括主要污染源和污染物、污染物在各环境要素中的迁移转化规律及污染物扩散模式、污染的主要危害和污染的防治,了解固体废物污染及综合管理模式;③ 基本掌握环境监测、环境评价、环境立法、环境规划及其他环境管理新途径的理论与技术方法;④ 跟踪当今世界面临的主要全球性环境变化问题,明晰今后人类应遵循的可持续发展道路。

进入大学,我们的学生要进一步开阔视野,建立全面科学的环境保护意识,树立在日常生活中从我做起、从现在做起的环境行为准则,关爱自然,保护环境,珍惜资源,共同呵护我们的家园。同时,为了更好地在环境保护的宏伟事业中发挥主动性,提高自身的创新能力,作出更大的贡献,更需要同学们热爱环境科学,投身到环境科学研究之中。

进入 21 世纪,环境与发展已成为时代的主旋律,人类社会面临的各种环境问题只有在全球人类可持续发展的进程中才能得到真正的解决。全人类只有共同行动起来,爱护我们共同的家园,人类社会才能够永续与和谐地生活在我们的地球上。

参考文献

戴树桂.1997.环境化学.北京:高等教育出版社.

孔繁翔.2000.环境生物学.北京:高等教育出版社.

李博.2000.生态学.北京:高等教育出版社.

刘培桐.1995.环境学概论.第二版.北京:高等教育出版社.

马中.1999.环境与资源经济学概论.北京:高等教育出版社.

曲格平,王德铭,刘培桐,等.1984.环境科学基础知识.北京:中国环境科学出版社.

曲久辉,贺泓,刘会娟.2009.典型环境微界面及其对污染物环境行为的影响.环境科学学报,29(1):2—10.

Miller J. 2004. Living in the environment. 第 13 版. 北京:高等教育出版社.

第二章 大气环境污染与防治

本章概要介绍了大气的结构和组成以及大气中的主要污染物及其来源。重点介绍了主要大气污染物的化学转化,特别是光化学烟雾和酸雨的形成;污染物在大气中的扩散模式和影响因素;大气污染的危害以及大气污染的防治。

第一节 大气环境污染概述

一、大气结构和组成

大气是指包围在地球表面并随着地球旋转的一层气体,也称大气圈或大气层。它是地球上一切生命赖以生存的物质基础,同时也是组成人类生存环境的一个重要的自然环境要素。受地球引力和太阳辐射的影响,在垂直方向上,大气的组成、温度、密度等物理性质不同。为了更好地理解大气的有关性质,常将大气划分为不同的层次。目前常用的划分方法是根据大气层在垂直方向上的温度、成分和荷电等物理性质的差异,同时考虑大气的垂直运动状况,将大气分为对流层、平流层、中间层、热成层和逸散层五层(图2-1)。对流层是大气圈的最底层,上界随纬度和季节而异:对流层厚度一般随纬度增大而减小,夏季比冬季厚。对流层是与人类和其他生物关系最为密切的一个大气分层,它对人类生活和生产的影响最大。大气污染现象主要出现在对流层,特别是在近地面1~2 km范围内。平流层在对流层顶至55 km左右。在平流层下层,即30~35 km以下,温度随高度降低变化较小,气温趋于稳定,又称同温层;在30~35 km以上,温度随高度升高而升高。这是因为有厚约20 km的一层臭氧层的存在。臭氧吸收太阳紫外线,被分解为原子氧和分子氧,当它们重新化合生成臭氧时,以热的形式释放出大量的能量,使臭氧层温度升高。中间层为平流层顶至85 km高空,该层有强烈的垂直对流运动,又称高空对流层。热成层为中间层顶到800 km高空,该层气温随高度增加而急剧升高。由于太阳和宇宙射线的作用,该层与中间层大部分空气分子发生电离,使其具有较高密度的带电粒子,故又称为电离层。800 km高度以上的大气层称为逸散层。

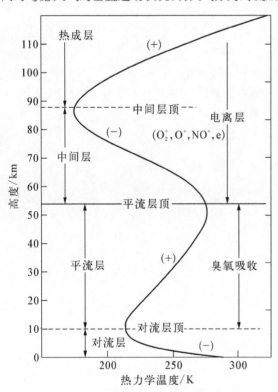

图2-1 大气圈的垂直层状结构

资料来源:刘培桐(1995)

大气是一种混合物,除含有各种气体元素及其化合物外,还有水滴、冰晶、尘埃和花粉等杂质。大气中除去水汽和杂质的空气,称为干洁空气,其组成如表2-1所示。干洁空气的主要成分是氮、氧、氩、二氧化碳气体,

表2-1 干洁空气的组成

成 分	体积百分比/%	相对分子质量
氮(N₂)	78.09	28.016
氧(O₂)	20.95	32.000
氩(Ar)	0.93	39.944
二氧化碳(CO₂)	0.03	44.010

成　分	体积百分比/%	相对分子质量
氖(Ne)	0.001 8	20.183
氦(He)	0.000 5	4.003
氪(Kr)	0.000 1	83.700
氢(H$_2$)	0.000 05	2.016
氙(Xe)	0.000 008	131.300
臭氧(O$_3$)	0.000 001	48.000

资料来源：高伟生等(1992)。

其含量占全部干洁空气体积的 99.996%。在距地表 85 km 以下，除二氧化碳和臭氧外，其他组分的含量基本是不变的。在距地表 85 km 以上，大气的主要成分仍然是氮和氧。但是由于太阳紫外辐射，氮和氧产生不同程度的离解。

二、大气污染及大气污染源

大气中存在着十分复杂的物质循环过程，它一直在缓慢地变化着。然而，数百年来，随着人口剧增和工业生产规模的不断扩大，煤和石油等矿物燃料的大规模使用加剧了这种变化，使得大气环境质量急剧恶化，污染事故频频发生。

大气污染是指由于自然或人为的过程，使得大气中的一些物质的含量达到有害的程度，以至影响到生态系统的平衡，严重威胁着人类健康和经济发展，这种现象称为大气污染。

大气污染源是指向大气环境排放有害物质或对大气环境产生有害影响的设备、装置和场所。按污染物质的来源可将大气污染源分为天然污染源和人为污染源。天然污染源，如排放火山灰、二氧化硫、硫化氢等的活火山，自然溢出煤气和天然气的煤田和油田，放出有害气体的腐烂动植物体以及森林火灾和沙尘暴等。人为污染源根据不同的研究目的和不同的角度有多种分类方法。按污染物产生的类型可划分为生活污染源、工业污染源、交通污染源和农业污染源等；按照污染源形状特点可分为固定污染源和移动污染源；按照污染物的排放方式可分为高架源、线源和面源；按照污染物排放时间可分为连续源、间断源和瞬间源。

三、大气污染物

(一)大气污染物的分类

大气污染物是指由于自然过程或人类活动排入大气，并对人体、生物或环境产生有害影响的物质。大气污染物种类很多，并随着人类不断合成新的物质仍在不断增加。

大气污染物按其存在状态可分为气溶胶状态污染物和气体状态污染物两大类。

气溶胶状态污染物主要有粉尘、烟、雾、降尘、飘尘和悬浮物等，气体状态污染物主要有以二氧化硫为主的硫氧化物，以二氧化氮为主的氮氧化物，以二氧化碳为主的碳氧化物以及碳氢化合物。在大气污染中，气溶胶是指固体、液体粒子或它们在气体介质中的悬浮体，其粒径为 0.002~100 μm。气溶胶中各种粒子按粒径的大小又可分为总悬浮颗粒物(total suspended particle, TSP)、降尘和飘尘。用标准大容量颗粒采样器(流量在 1.1~1.7 m^3/min)在滤膜上所收集到的颗粒物的总质量，通常称为总悬浮颗粒物。它是分散在大气中的各种粒子的总称，也是目前大气质量评价中的一个重要的污染物监测指标。降尘是指用降尘罐采集到的大气颗粒物。在总悬浮颗粒物中一般粒径大于 30 μm 的粒子由于自身重力作用会很快沉降下来，故将这部分颗粒物称为降尘。单位面积的降尘量可作为评价大气污染程度的指标之一。飘尘是指可在大气中长期漂浮的悬浮物，也称为可吸入粒子(inhale particle, IP)，它分为 PM$_{10}$(粒径小于 10 μm 的颗粒物)和 PM$_{2.5}$(粒径小于 2.5 μm 的细小颗粒物)。PM$_{10}$ 可以通过呼吸道进入人体，从而对人体健康产生危害，PM$_{2.5}$ 的危害则更为严重。飘尘由于能在大气中长期漂浮，易将污染物带到很远的地方，使污染范围扩大，同时在大气中还可为化学反应提供反应床,因此,近年来在大气环境污染研究中备受关注。

大气污染物按其形成过程可分为一次污染物和二次污染物。一次污染物是指直接从污染源排放的污染物,如一氧化碳、二氧化碳、一氧化氮、二氧化硫、硫化氢等。二次污染物是指由一次污染物在大气中相互作用或与大气原有成分作用,经化学反应或光化学反应形成的与一次污染物的物理、化学性质完全不同的新的大气污染物。最常见的二次污染物有硫酸及硫酸盐、硝酸及硝酸盐、臭氧以及一些寿命不同的活性自由基等。与一次污染物相比较,二次污染物毒性往往更强。

目前已受到人们普遍重视的气态污染物及其人为来源如表 2-2 所示。

表 2-2 气态污染物及其人为来源

类　别	一次污染物	二次污染物	人　为　来　源
含硫化合物	SO_2、H_2S	SO_3、H_2SO_4、MSO_4 *	燃烧含硫的燃料
含氮化合物	NO、NH_3	NO_2、MNO_3 *	在高温时 N_2 和 O_2 的化合
含碳化合物	$C_1 \sim C_{12}$ 化合物	醛类、酮类、酸类	燃料燃烧、精炼石油、使用溶剂
碳的氧化物	CO、CO_2	无	燃烧
卤素化合物	HF、HCl	无	冶金作业

* MSO_4 和 MNO_3 分别表示一般的硫酸盐和硝酸盐。
资料来源:钱易等(2000)。

(二) 几种主要的气体状态污染物

1. 硫氧化合物　　SO_2 是主要的硫氧化物,是大气中数量较大,影响范围较广的一种气态污染物。SO_2 在大气中(特别是污染大气中)易被氧化形成 SO_3,然后与水分子结合形成硫酸分子,经过成核作用,形成硫酸气溶胶,并同时发生化学反应生成硫酸盐。硫酸和硫酸盐可以形成硫酸烟雾和酸性降水,危害很大。大气中 SO_2 主要来源于含硫燃料的燃烧。在燃烧过程中,燃料中的硫几乎能够全部转化为 SO_2。通常煤的含硫量为 $0.5\% \sim 6\%$,石油的含硫量为 $0.5\% \sim 3\%$。全世界每年由人为来源排入大气的约有 146×10^6 t,其中约 60% 来自煤的燃烧,约 30% 来自石油燃烧和炼制过程。

大气中硫化氢,其人为来源排放量并不大,主要来源是天然排放。硫化氢主要来自动植物机体的腐烂,也就是主要产生于厌氧条件下有机物体内的硫酸盐的微生物还原活动。

2. 氮氧化物　　大气中含量较高的氮氧化物主要包括 N_2O、NO 和 NO_2,其中 N_2O 是低层大气中含量最高的含氮化合物,主要是天然来源,即由土壤中硝酸盐经细菌脱氮作用而产生的,是温室气体之一。NO 和 NO_2 一般统称为氮氧化物(NO_x),它们的人为来源主要是化石燃料的燃烧。燃料燃烧过程产生的氮氧化物主要是 NO,占 90% 以上;NO_2 的含量很少,占 $0.5\% \sim 10\%$。氮氧化物的天然来源主要为生物源,如生物机体腐烂形成的硝酸盐、经细菌作用产生的 NO 及随后缓慢氧化形成的 NO_2。

3. 碳氧化合物　　大气中碳氧化合物主要包括 CO 和 CO_2。CO 为无色无味的有毒气体,也是排放量较大的大气污染物之一,其人为来源主要是燃料的不完全燃烧。另外,CO_2 高温分解也可产生 CO。天然来源主要包括甲烷的转化、海水中 CO 的挥发、植物的排放以及森林火灾和农业废弃物的燃烧,其中甲烷的转化很重要。

CO_2 是一种无毒无味的气体,对人体无显著危害作用。但它是一种重要的温室气体,CO_2 的大量排放能够导致温室效应的加剧,并引发一系列的全球性的环境问题。大气中 CO_2 的来源包括人为来源和天然来源,其人为来源主要来自矿物燃料的燃烧,天然来源主要包括土壤呼吸、海洋脱气、甲烷转化、动植物呼吸以及腐败作用和燃烧作用。

4. 碳氢化合物　　碳氢化合物是大气中的重要污染物。大气中呈气态的碳氢化合物,其含碳原子数为 $1 \sim 8$ 个(包括可挥发性的所有烃类),是形成光化学烟雾的主要参与者。在大气污染研究中,人们常常根据烃类化合物在光化学反应过程中活性的大小,把烃类化合物区分为甲烷和非甲烷烃两类。甲烷(CH_4)是无色气体,性质稳定,在大气中浓度较高,占大气中碳氢化合物的 $80\% \sim 85\%$。甲烷是一种重要的温室气体,在 100 年的时间尺度上,其导致温室效应的能力比二氧化碳高二十多倍。大气中甲烷的主要来源包括燃烧过程、原油及天然气的泄漏、反刍动物的呼吸过程以及厌氧细菌对有机物的发酵和产甲烷过程,后者可发生在各种类型的天然和人工湿地,如泥炭湿地、沼泽湿地和水稻田等,并且是大气中甲烷的主要来源。非甲烷烃种类很多,因来源而异,其来源同样包括天然来源和人为来源。

5. 含卤素化合物　　大气中含卤素化合物主要包括有机的卤代烃和无机的氯化物、氟化物,其中以有机的卤代烃对环境影响最为严重。大气中常见的卤代烃为甲烷的衍生物,如甲基氯(CH_3Cl),它们主要来自海洋的挥发等天然过程,另一些卤代烃如三氯甲烷、三氯乙烷、四氯化碳等工业原料和中间体可通过生产和使用过程挥发进入大气。

氟氯烃类化合物(CFCs)是指同时含有元素氯和氟的烃类化合物,其中比较重要的是一氟三氯甲烷和二氟二氯甲烷,它们可用作制冷剂、气溶胶喷雾剂、电子工业的溶剂、制造塑料的泡沫发生剂和消防灭火剂等。大气中氟氯烃类化合物主要为人为来源。氟氯烃类化合物不溶于水,在对流层大气中性质稳定,不易在对流层中被去除,很容易扩散进入平流层,对臭氧层具有破坏作用。同时,氟氯烃类化合物也是温室气体,可以导致温室效应。目前,国际上正在致力于研究其替代物,并取得了很大的进展。

四、大气污染类型

大气污染类型主要取决于所用能源的性质和污染物的化学反应特性,同时,气象条件(如阳光、风、湿度和温度等)也起着比较重要的作用。大气污染从不同角度可以有不同的划分类型。

按照污染物的性质可将大气污染划分为还原型大气污染和氧化型大气污染。还原型大气污染大多发生在以使用煤炭为主的地区,其主要污染物是 SO_2、CO 和颗粒物,在低温、高湿度的阴天静风条件下容易生成还原性烟雾。由于最典型的还原型大气污染事件发生在 20 世纪四五十年代的伦敦,故也称为伦敦型烟雾。伦敦型烟雾(也称为硫酸烟雾),主要是由于燃煤排放出来的 SO_2、颗粒物以及由 SO_2 氧化所形成的硫酸盐颗粒物所造成的大气污染现象。氧化型大气污染多发生在以使用石油为燃料的地区,主要污染物为 CO、氮氧化物(NO_x)和碳氢化合物(HC),这些污染物在阳光照射下发生光化学反应而生成二次污染物如臭氧、醛类、酮类等具有强氧化性的物质,如洛杉矶的光化学烟雾。硫酸烟雾和光化学烟雾的区别如表 2-3 所示。

表 2-3　硫酸烟雾与光化学烟雾的比较

项　　目	硫　酸　烟　雾	光　化　学　烟　雾
概　况	发生较早(1873 年),至今已多次出现	发生较晚(1943 年),发生光化学反应
污染物	颗粒物,SO_2,硫酸雾等	碳氢化合物,NO_x,O_3,PAN,醛类
燃　料	煤	汽油、煤气、石油
季　节	冬	夏、秋
气　温	低($4℃$以下)	高($24℃$以上)
湿　度	高	低
日　光	弱	强
臭氧浓度	低	高
出现时间	白天夜间连续	白天
毒　性	对呼吸道有刺激作用,严重时导致死亡	对眼和呼吸道有强烈刺激作用。O_3等氧化剂有强氧化破坏作用,严重时可致死

资料来源: 王晓蓉(1993)。

按照燃料性质和大气污染物的组成划分为煤炭型、石油型、混合型和特殊型。其中,特殊型是指有关工厂企业生产排放的特殊气体所造成的局部小范围污染,如氯碱工厂周围的氯气污染等。

按照大气污染范围大小可分为四类:① 局部地区大气污染,如某个工厂烟囱排气造成的污染;② 区域性大气污染,如工矿区及其附近或整个城市的大气污染;③ 广域性大气污染,如城市群或大工业地带的污染;④ 全球性大气污染,如全球气候变暖、酸雨和臭氧耗损等。

第二节　主要污染物在大气中的化学转化

进入大气中的污染物,在扩散、输送过程中,由于受阳光、温度、湿度等气象条件的影响,污染物之间,以及它们与大气原有组分之间发生化学反应,这一反应过程被称为大气污染物的化学转化。它包括光化学过程和热化学过程,其中有发生在气相或液相的均相反应和发生在气液、气固和液固界面的非均相反应。

一、光化学反应基础

对流层大气中所发生的化学反应,其原动力是穿过平流层后的阳光。

(一)光化学反应过程

分子、原子、自由基或离子吸收光子而发生的化学反应,称为光化学反应。化学物质吸收光量子后可产生光化学反应的初级过程和次级过程。

初级过程包括化学物质吸收光量子形成激发态,可写为

$$A + h\nu \longrightarrow A^*$$

式中,A^* 为 A 的激发态;$h\nu$ 为光量子;ν 为光子的频率,频率越高,光的波长越短,能量就越高。

随后,激发态可能发生以下几种反应。

通过辐射荧光或磷光而失活,反应式为

$$A^* \longrightarrow A + h\nu$$

通过与其他分子(M)碰撞,将能量传递给 M,本身又回到基态,反应式为

$$A^* + M \longrightarrow A + M$$

继续与其他分子反应生成新物质,反应式为

$$A^* + B \longrightarrow C + D + \cdots$$

离解成为两个或两个以上的新物质,反应式为

$$A^* \longrightarrow B_1 + B_2 + \cdots$$

最后这两种过程都属于光化学过程。受激发的物质在什么情况下离解产生新物质,以及与什么物质发生反应生成新物质,对于描述大气污染物在光作用下的转化规律很有意义。

次级过程是指在初级过程中反应物、生成物之间进一步发生的反应,如大气中氯化氢的光化学反应过程为

$$HCl + h\nu \longrightarrow H + Cl$$

$$H + HCl \longrightarrow H_2 + Cl$$

$$Cl + Cl \xrightarrow{M} Cl_2$$

第一个反应为初级过程,而后两个反应均为次级过程。

大气中气体分子的光解往往可以引起许多大气化学反应,气态污染物通常可以参与这些反应而发生转化,因而光解反应在大气污染物的转化过程中起着非常重要的作用。

(二)大气中的重要自由基

自由基,也称游离基,是指由于共价键均裂而生成的带有未成对电子的碎片。它具有很高的活性和强氧化作用,在大气中的存在时间很短,一般只有几分之一秒。大气中常见的自由基有 $HO\cdot$、$HO_2\cdot$、$RO\cdot$、$RO_2\cdot$、$RC(O)O_2\cdot$ 等,其中以 $HO\cdot$ 和 $HO_2\cdot$ 最为重要。

产生自由基的途径较多,在大气中,有机化合物的光解是产生自由基的最常见途径。如大气中 $HO_2\cdot$ 主要来源于醛的光解,尤其是甲醛的光解,反应式为

$$H_2CO + h\nu \longrightarrow H\cdot + HCO\cdot$$

$$H\cdot + O_2 + M \longrightarrow HO_2\cdot + M$$

$$HCO\cdot + O_2 \longrightarrow HO_2\cdot + CO$$

其他醛类也有类似反应,但它们在大气中的浓度远比甲醛低,因而不如甲醛重要。

二、氮氧化物在大气中的化学转化

氮氧化物(NO_x)种类很多,包括一氧化二氮(N_2O)、一氧化氮(NO)、二氧化氮(NO_2)、三氧化二氮(N_2O_3)、四氧化二氮(N_2O_4)、五氧化二氮(N_2O_5)等多种化合物。大气中常见污染物主要是 NO 和 NO_2,因此,NO_x 通常主要是指 NO 和 NO_2。它们的主要人为来源是矿物燃料的燃烧,但在一般燃烧条件下,主要产物是 NO。天然来源主要是生物有机体腐败过程中微生物将有机氮转化形成的 NO,NO 继续被氧化为 NO_2。另外,有机体中的氨基酸分解产生的氨也可被 $HO\cdot$ 氧化成为 NO_x。NO_x 在大气光化学反应过程中起着非常重要的作用。

在阳光照射下,大气中 NO 和 NO_2 有如下反应,反应式为

$$NO_2 + h\nu \longrightarrow NO + O\cdot$$

$$O\cdot + O_2 + M \longrightarrow O_3 + M$$

$$O_3 + NO \longrightarrow NO_2 + O_2$$

NO_2 经光解产生活泼氧原子,它与大气中的 O_2 结合生成 O_3,O_3 又可把 NO 氧化成 NO_2,因而 NO、NO_2 与 O_3 之间存在着的化学循环是大气光化学过程的基础。如果没有其他物质的参与,上述反应将达到平衡,O_3 浓度取决于 NO_2 和 NO 的浓度比。

氮氧化物的转化包括气相转化和液相转化。

(一) 氮氧化物的气相转化

1. NO 的转化

(1) NO 的氧化　　NO 可以通过许多氧化过程转化为 NO_2。O_3 可以把 NO 氧化成 NO_2,前面已述。自由基,如 $RO_2\cdot$ 和 $HO_2\cdot$ 也可将 NO 氧化成 NO_2。

在 $HO\cdot$ 与烃反应时,$HO\cdot$ 可从烃分子中夺取一个 H 而形成烷基自由基,该自由基与大气中的 O_2 结合生成过氧烷基,反应式为

$$RH + HO\cdot \longrightarrow R\cdot + H_2O$$

$$R\cdot + O_2 \longrightarrow RO_2\cdot$$

$$NO + RO_2\cdot \longrightarrow NO_2 + RO\cdot$$

产物 $RO\cdot$ 可进一步与 O_2 反应,O_2 从 $RO\cdot$ 中靠近 O 的次甲基中摘除一个 H 生成 $HO_2\cdot$ 和相应的醛,反应式为

$$RO\cdot + O_2 \longrightarrow R'CHO + HO_2\cdot$$

$$HO_2\cdot + NO \longrightarrow HO\cdot + NO_2$$

第一个反应中 R' 比 R 少一个碳原子。在一个烃被 $HO\cdot$ 氧化的链循环中,往往有两个 NO 被氧化成 NO_2,同时 $HO\cdot$ 还得到了复原,因而此反应非常重要。这类反应速度很快,能与 O_3 氧化反应竞争。

(2) NO 的其他转化形式　　$HO\cdot$ 与 $RO\cdot$ 也可与 NO 直接反应生成亚硝酸或亚硝酸酯,反应式为

$$HO\cdot + NO \longrightarrow HNO_2$$

$$RO\cdot + NO \longrightarrow RONO$$

亚硝酸或亚硝酸酯都极易光解。

2. NO_2 的转化　　如前所述,NO_2 的光解可以引发 O_3 的形成。此外,NO_2 还能与一系列自由基,如 HO·、O·、HO_2·、NO_3、RO_2·和 RO·等反应,也能与 O_3 反应。其中比较重要的是与 HO·、NO_3 以及 O_3 的反应。

NO_2 与 HO·反应可生成 HNO_3,反应式为

$$NO_2 + HO· \longrightarrow HNO_3$$

此反应是大气中气态 HNO_3 的主要来源,同时也对酸雨和酸雾的形成起着重要作用。白天大气中 HO·浓度较夜间高,因而这一反应在白天会有效地进行。所产生的 HNO_3 与 HNO_2 不同,它在大气中光解很慢,沉降是它在大气中的主要去除过程。

NO_2 也可与 O_3 反应,反应式为

$$NO_2 + O_3 \longrightarrow NO_3 + O_2$$

该反应在对流层中很重要,尤其是当 NO_2 和 O_3 浓度都较高时,该反应是大气中 NO_3 的主要来源。

$$NO_2 + NO_3 \underset{}{\overset{M}{\rightleftharpoons}} N_2O_5$$

这是一个可逆反应。当夜间 HO·与 NO 浓度不高,而 O_3 有一定浓度时,NO_2 会被 O_3 氧化生成 NO_3,然后生成的 NO_3 进一步与 NO_2 反应生成 N_2O_5。

NO_2 还可与过氧乙酰基反应生成过氧乙酰硝酸酯(PAN),反应式为

$$CH_3C(O)OO· + NO_2 \longrightarrow CH_3C(O)OONO_2$$

PAN 具有热不稳定性,遇热会分解而回到过氧乙酰基和 NO_2。

(二) 氮氧化物的液相转化

NO_x 可溶于大气的水中,并构成一个液相平衡体系。在这一体系中 NO_x 有其特定的转化过程。通过非均相反应可形成 HNO_3 和 HNO_2,主要反应式为

$$2NO_2(g) + H_2O \longrightarrow 2H^+ + NO_2^- + NO_3^-$$

$$NO(g) + NO_2(g) + H_2O \longrightarrow 2H^+ + 2NO_2^-$$

NO_2 也可能经过在湿颗粒物或云雾液滴中的非均相反应而形成硝酸盐。

三、硫氧化物的转化

由污染源直接排放到大气中的主要硫氧化物是二氧化硫(SO_2),人为污染源主要是含硫矿物燃料的燃烧过程。就全球而言,人为排放中的 SO_2 有 60% 来源于煤的燃烧,30% 左右来源于石油的燃烧和炼制过程。SO_2 的天然来源主要是火山喷发。喷发物中所含的硫化物大部分以 SO_2 形式存在,少量为 H_2S,在大气中 H_2S 可很快被氧化成 SO_2。

SO_2 进入大气后会发生氧化反应,形成硫酸、硫酸铵和有机硫化合物。这一反应可以在气相、液相和固体颗粒表面上进行,也可在三相或三相间同时进行。

(一) 二氧化硫的气相氧化

大气中的 SO_2 转化首先是氧化成 SO_3,随后被水吸收而生成硫酸,从而形成酸雨或硫酸烟雾。硫酸还可与大气中的铵根离子等阳离子结合生成硫酸盐气溶胶。

1. 二氧化硫的直接光氧化　　在低层大气中,SO_2 吸收太阳辐射只能被激发,而不能发生直接解离。它吸收来自太阳的紫外线后进行两种电子的允许跃迁,产生强弱吸收带。

能量较高的单重态分子不稳定,可通过电子跃迁回到基态或者转变为能量较低的三重态。在环境大气

条件下,激发态的二氧化硫主要以三重态的形式存在。

大气中 SO_2 直接氧化成 SO_3 的机制为

$$SO_2 + O_2 \longrightarrow SO_4 \longrightarrow SO_3 + O\cdot$$

或

$$SO_4 + SO_2 \longrightarrow 2SO_3$$

2. 二氧化硫被自由基氧化　在污染大气中,由于各类有机污染物的光解及化学反应可生成各种自由基,如 $HO\cdot$、$HO_2\cdot$、$RO\cdot$、$RO_2\cdot$ 和 $RC(O)O_2\cdot$ 等。SO_2 进入这样的污染大气中很容易被这些自由基氧化。

与 $HO\cdot$ 的反应是大气中 SO_2 转化的重要反应,反应式为

$$HO\cdot + SO_2 \longrightarrow HOSO_2\cdot$$
$$HOSO_2\cdot + O_2 \longrightarrow HO_2\cdot + SO_3$$
$$SO_3 + H_2O\cdot \longrightarrow H_2SO_4$$

$HO_2\cdot$、$CH_3O_2\cdot$、$CH_3CHOO\cdot$ 和 $CH_3C(O)O_2\cdot$ 也易与 SO_2 反应,反应式为

$$HO_2\cdot + SO_2 \longrightarrow HO\cdot + SO_3$$
$$CH_3O_2\cdot + SO_2 \longrightarrow CH_3O\cdot + SO_3$$
$$CH_3CHOO\cdot + SO_2 \longrightarrow CH_3CHO\cdot + SO_3$$
$$CH_3C(O)O_2\cdot + SO_2 \longrightarrow CH_3C(O)O\cdot + SO_3$$

(二) 二氧化硫的液相氧化

大气中存在着少量的水和颗粒物质。SO_2 可溶于大气中的水,也可被大气中的颗粒物所吸附,并溶解于颗粒物表面所吸附的水中。

SO_2 被水吸收后,可被溶于水中的 O_3 和 H_2O_2 等物质所氧化。

$$O_3 + SO_2\cdot H_2O \longrightarrow 2H^+ + SO_4^{2-} + O_2$$
$$O_3 + HSO_3^- \longrightarrow HSO_4^- + O_2$$
$$O_3 + SO_3^{2-} \longrightarrow SO_4^{2-} + O_2$$
$$H_2O_2 + HSO_3^- \longrightarrow SO_2OOH + H_2O$$
$$SO_2OOH + H^+ \longrightarrow H_2SO_4$$

当存在某些过渡金属离子(Fe^{3+}、Mn^{2+})时,SO_2 的液相氧化反应速率可能会增大。同时,SO_2 的液相氧化反应速率还受到酸碱度和温度的影响。当液滴的 pH 降低时,由于 SO_2 的溶解度减小,其氧化作用显著减慢。若有充足的氨存在,则生成硫酸铵,氧化作用就不受液滴酸度的影响。

四、光化学烟雾的形成

(一) 光化学烟雾现象

含有氮氧化物(NO_x)和碳氢化物(HC)等一次污染物的大气,在阳光照射下发生光化学反应而产生二次污染物,这种由一次污染物和二次污染物的混合物所形成的烟雾污染现象,称为光化学烟雾。光化学烟雾是一种有刺激性的、浅蓝色的混合型烟雾,其组成比较复杂,主要是臭氧,此外,还有二氧化氮、过氧乙酰硝酸酯(PAN)、各种游离基和某些醛类和酮类等物质。这种强氧化性烟雾对人眼和呼吸系统有强烈刺激,导致呼吸道疾病发病率和死亡率增加;并且使大气能见度降低,使植物受到严重损害,并能使橡胶老化、龟裂,建筑物损坏变旧。

（二）光化学烟雾形成的机制

从 20 世纪 50 年代至今,对光化学烟雾的研究,在发生源、发生条件、反应机制及模型、对生态系统的毒害、监测和控制等方面开展了大量的研究工作,并取得了许多研究成果。

光化学烟雾通常在白天形成,傍晚消失。污染物浓度高峰值一般出现在中午或稍后。图 2-2 展示了污染地区大气中某些污染物从早到晚的实测含量变化情况。由图 2-2 可知,非甲烷烃和 NO 的体积分数 φ 的最大值出现在早晨交通繁忙时刻,此时 NO_2 的体积分数 φ 较低。随着太阳辐射增强,NO_2 和 O_3 的浓度迅速增大,中午时已达到较高的浓度,它们的峰值要比 NO 峰值晚出现 4～5 小时。由此可推断 NO_2 和 O_3 是在日光照射下由光化学反应所产生的,属于二次污染物。早晨交通高峰所排放的汽车尾气是产生这些光化学反应的直接原因,傍晚交通繁忙时刻虽然也排放较多汽车尾气,但由于日光已较弱且很快消失,不足以引起光化学反应,所以不能产生光化学烟雾现象。由此可见,光化学烟雾的形成条件是大气中有氮氧化物和碳氢化合物存在,大气湿度较低,而且有强的阳光照射。

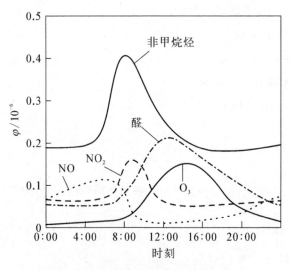

图 2-2　光化学烟雾日变化曲线

资料来源:Manahan(1984)

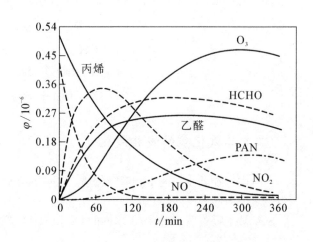

图 2-3　丙烯-NO_x-空气体系中一次及
二次污染物的浓度变化曲线

资料来源:Pitts(1975)

为了弄清光化学烟雾中各物质的含量随时间变化的机制,一些学者进行了烟雾箱实验研究。即在一个大的封闭容器中,通入反应气体丙烯、NO_x 和空气,在模拟太阳光的人工光源照射下模拟大气光化学反应,研究结果如图 2-3 所示。从图 2-3 中可以看出:随实验时间延长,NO 转化为 NO_2,丙烯等初始反应物被氧化而被消耗,O_3、甲醛(HCHO)、乙醛和过氧乙酰硝酸酯(PAN)的量在逐渐增加。因此,无论是实测还是实验模拟均表明,NO 被氧化,碳氢化合物的氧化,NO_2 的分解,O_3 和 PAN 等的生成,是光化学烟雾形成过程的基本化学特征。

光化学烟雾形成过程中的关键性反应类别是:① NO_2 的光解导致了 O_3 的生成;② 碳氢化合物的氧化生成了活性自由基,尤其是 HO_2 和 RO_2 等;③ HO_2 和 RO_2 引起了 NO 向 NO_2 转化,进一步提供了生成 O_3 的 NO_2 源,同时形成了含氮的二次污染物,如过氧乙酰硝酸酯(PAN)和 HNO_3。

光化学烟雾形成的反应机制可概括为以下 12 个反应。

引发反应的反应式为

$$NO_2 + h\nu \longrightarrow NO + O\cdot$$

$$O\cdot + O_2 + M \longrightarrow O_3 + M$$

$$O_3 + NO \longrightarrow NO_2 + O_2$$

低层大气中 O_3 主要是由 NO_2 光解产生。如果大气中仅仅发生氮氧化物的光化学反应,尚不至于产生光化学烟雾。

自由基传递反应的反应式为

$$RH + HO\cdot \xrightarrow{O_2} RO_2\cdot + H_2O$$

$$RCHO + HO\cdot \longrightarrow RC(O)O_2\cdot + H_2O$$

$$RCHO + h\nu \xrightarrow{2O_2} RO_2\cdot + HO_2\cdot + CO$$

$$HO_2\cdot + NO \longrightarrow NO_2 + HO\cdot$$

$$RO_2\cdot + NO \xrightarrow{O_2} NO_2 + RCHO + HO_2\cdot$$

$$RC(O)O_2\cdot + NO \xrightarrow{O_2} NO_2 + RO_2\cdot + CO_2$$

观测和实验发现,被污染的大气中有碳氢化合物存在时,氮氧化物光解的均衡就被破坏。由于碳氢化合物的存在促使 NO 快速向 NO_2 转化,在此转化过程中自由基起了重要的作用,使得不需要消耗 O_3 又能使大气中 NO 转化为 NO_2,NO_2 又继续光解产生臭氧。这样使得低层大气中 O_3 不断积累,浓度逐渐升高。同时,转化过程中产生的自由基又继续与碳氢化合物反应生成更多的自由基,直到 NO 或碳氢化合物消失为止。由此可见,碳氢化合物的存在是自由基转化和增殖的根本原因,它在光化学烟雾的形成过程中起着非常重要的作用。

终止反应的反应式为

$$HO\cdot + NO_2 \longrightarrow HNO_3$$

$$RC(O)O_2\cdot + NO_2 \longrightarrow RC(O)O_2NO_2$$

$$RC(O)O_2NO_2 \longrightarrow RC(O)O_2 + NO_2$$

NO_2 既起链引发作用,又起链终止作用,最终生成 PAN 和 HNO_3 等稳定产物。

五、酸性降水

酸性降水是指通过降水,如雨、雪、雾、冰雹等将大气中的酸性物质迁移到地面的过程,最常见的是酸雨。这种降水过程称为湿沉降。与之相对应的还有干沉降,是指大气中的酸性物质在气流的作用下直接迁移到地面的过程。这两种过程共同称为酸沉降。

自 20 世纪 50 年代英国的 Smith 首次提出"酸雨"概念后,随着工业化的发展,降水酸性有增强的趋势。目前,酸雨同全球变暖和臭氧层破坏一样,已成为当今世界重大的大气环境问题之一。世界各国相继大力开展酸雨的研究工作,纷纷建立酸雨监测网站,开展国际合作。

(一) 酸雨化学组成

多年来,国际上一直把 pH 为 5.6 作为判断酸雨的界限。这是由于在未被污染的大气中,可溶于水且含量较大的酸性气体是二氧化碳,然后只把二氧化碳作为影响天然降水酸碱度的因素而计算得到的结果。因此,酸雨就是指 pH 小于 5.6 的降雨。

研究酸雨的组成,必须对雨水样品进行化学分析。通常分析测定以下几种离子。

阳离子:H^+、Ca^{2+}、NH_4^+、Na^+、K^+、Mg^{2+}

阴离子:SO_4^{2-}、NO_3^-、Cl^-、HCO_3^-

上述这些离子在酸雨中并非都起着同样重要的作用。对于我国降水化学数据而言,其中的 Cl^- 和 Na^+ 浓度相近,主要来自海洋,对降水酸度不产生影响。在阴离子总量中,SO_4^{2-} 占绝对优势,在阳离子总量中,H^+、Ca^{2+}、NH_4^+ 占 80% 以上,这表明降水酸度主要由 SO_4^{2-}、Ca^{2+}、NH_4^+ 三种离子相互作用而决定的。通过对酸雨区和非酸雨区降水中离子的比较(表 2-4),发现一般在酸雨区和非酸雨区阴离子总量相差不大,而阳离子总量相差较大,这表明我国酸雨中关键性离子组分是 SO_4^{2-}、Ca^{2+} 和 NH_4^+。其中 SO_4^{2-} 为酸指标,主

要来自燃煤排入的 SO_2；Ca^{2+} 和 NH_4^+ 为碱指标，其主要来源可能是天然来源，尤其与当地土壤性质有很大关系。

表 2-4 降水中离子浓度比较

地　　点	$\Sigma(Ca^{2+}+NH_4^++K^+)$	$\Sigma(SO_4^{2-}+NO_3^-)$
非酸雨(1981 年)*	419.6	335.2
酸雨(1980 年)**	209.6	329.5
非酸雨(瑞典)	8.74	3.32
酸雨(瑞典)	4.39	3.26

* 北京和天津城区数据平均值；** 重庆铜元局和贵阳喷水池数据平均值。
资料来源：王晓蓉(1993)。

（二）酸雨的形成

酸雨现象是大气化学过程和大气物理过程的综合效应。酸雨中含有多种无机酸和有机酸，其中绝大部分是硫酸和硝酸，它们占总酸度的 90% 以上。从污染源排放出来的 NO_x 和 SO_2 是引起酸沉降的两大类主要致酸物质。它们进入大气后，要经历扩散、转化、输运以及被雨水吸收、冲刷、清除等过程。在上述过程中气态的 NO_x 和 SO_2 可以分别转化成硝酸和硫酸，并溶于云滴或雨滴而成为降水成分，其转化速率受气温、辐射、相对湿度以及大气成分等因素的影响。

进入大气中的 NO_x 通常是指 NO 和 NO_2，而 NO 是矿物燃料燃烧排放的主要污染物。NO 可以通过许多氧化过程被大气中的强氧化剂(如 O_3、$HO_2\cdot$、$RO_2\cdot$ 和 $HO\cdot$ 等)氧化成 NO_2 和 HNO_2。NO_2 可以与大气中的重要自由基 $HO\cdot$ 结合生成 HNO_3，也可溶于水生成 HNO_3。NO 也可协同 NO_2 溶于水生成酸性物质 HNO_2。相应的化学反应为

$$NO \xrightarrow{O_3,\ HO_2\cdot,\ RO_2\cdot} NO_2$$
$$NO + HO\cdot \longrightarrow HNO_2$$
$$NO_2 + HO\cdot \longrightarrow HNO_3$$
$$NO + NO_2 + H_2O \longrightarrow 2HNO_2$$
$$2NO_2 + H_2O \longrightarrow HNO_3 + HNO_2$$

大多数情况下，酸雨中酸性物质主要是硫酸，尤其是在我国，酸雨中硫酸一般比硝酸多。硫酸的前体物 SO_2 主要来自煤炭的燃烧。中国是燃煤大国，目前其排放量已超过美国，成为世界上最大的 SO_2 排放国。随烟尘一同排放的 SO_2 进入大气后，会在大气中发生光氧化反应，其反应为

$$SO_2 + [O] \longrightarrow SO_3$$
$$SO_2 + H_2O \longrightarrow H_2SO_3$$
$$H_2SO_3 + [O] \longrightarrow H_2SO_4$$
$$SO_3 + H_2O \longrightarrow H_2SO_4$$

式中，[O]表示各种氧化剂。

在相对湿度比较高、气温比较低、无风或静风的天气条件下，SO_2 在尘埃上被铁、锰等重金属催化而氧化生成硫酸雾或硫酸盐气溶胶，其反应为

$$2SO_2 + 2H_2O + O_2 \xrightarrow{催化剂} 2H_2SO_4$$

大气中 NO_x 和 SO_2 经氧化后溶于水生成硫酸、硝酸和亚硝酸，这是造成大气降水 pH 降低的主要原因。另外，其他气态或固态物质进入大气对降水的 pH 也会有影响。如飞灰中的氧化钙、土壤中的碳酸钙、天然和人为来源的 NH_3 以及其他碱性物质都可使降水中的酸被中和，从而使得降水 pH 升高。在碱性土壤地区，

如大气颗粒物浓度高时，即使大气中酸性气体浓度比较高，降水也不会有很高的酸性，甚至可能呈碱性。因此，降水的酸度是酸和碱平衡的结果，降水中酸量大于碱量才会形成酸雨。形成酸雨还要有一定的环境气候条件，如湿度高、雨量大、无风，以及一定的地理因素等。

影响酸雨形成的因素主要有：

1）酸性污染物的排放及其转化条件。如我国西南地区煤中含硫量较高，SO_2 排放量较高。同时，这个地区气温高、湿度大，有利于 SO_2 的变化，因此造成了大面积强酸性降雨区。

2）大气中的 NH_3。大气中的 NH_3 对酸雨形成非常重要，已有研究表明，降水 pH 取决于硫酸、硝酸、NH_3 以及碱性尘粒的相互关系。由于 NH_3 易溶于水，能与酸性气溶胶或雨水中的酸起中和作用，从而降低了雨水的酸度。

3）颗粒物酸度及其缓冲能力。大气中的颗粒物的组成很复杂，主要来自扬尘。颗粒物对酸雨的形成有两方面的作用，一是所含的某些金属可催化 SO_2 氧化成硫酸，二是对酸起中和作用。但如果颗粒物本身是酸性的，就不能起中和作用，而且还会成为酸的来源之一。

4）天气形势的影响。如果气象条件和地形有利于污染物的扩散，则大气中污染物浓度降低，酸雨就减弱，反之则加重。

（三）酸沉降临界负荷研究

除 pH 外，酸沉降的另一种表征量为临界负荷。酸沉降的临界负荷是指不会对生态系统的结构和功能产生长期有害影响的最大酸沉降量，它是一种或多种污染物暴露的定量估计值。确定酸沉降临界负荷的意义在于确定哪些地方应该着力削减排放，并削减到什么程度。近年来，这一概念在联合国欧洲经济委员会、北欧、英国等得到了研究和推广，在我国也得到了一定的应用。欧洲酸雨谈判中就涉及了酸沉降的临界负荷，亚洲酸雨模型也采用临界负荷来分析酸雨的影响。酸沉降临界负荷作为衡量生态系统抗酸化能力的定量指标和制定酸沉降控制策略的科学依据，在酸沉降的生态影响研究中受到越来越多的关注。

酸沉降临界负荷的估算通常是在收集降水、地面水和土壤等基础数据上应用酸化模型，根据模拟计算的结果考察生态系统的性质，通过与确定的一组生态指标的临界值（如 pH）比较，寻找生态系统能承受的最高酸沉降负荷。酸化模型广泛应用于酸沉降临界负荷的估算，是定量研究生态系统受酸沉降影响的重要手段，它分为稳态模型和动态模型。稳态模型回避了土壤化学参数从酸化前到酸化后状态的整个变化途径，而直接计算最终稳定状态。稳态模型广泛用于森林土壤的临界负荷估算。动态模型是用一个数字模型计算生态系统响应酸沉降变化的状态随时间的逐渐变化，研究生态系统中发生的物理、化学和生物反应过程，运用化学平衡原理和质量平衡描述这些过程机制，再用水文、化学平衡和质量衡算方程求解反映系统化学特性和水文特性的变量值。动态模型广泛应用于预测酸沉降对生态系统的长期影响，计算生态系统随时间演变的整个酸化过程的途径，探索依赖于时间的排放方案和研究对生态系统的某一特殊事件的影响、估算响应酸沉降和恢复生态系统的时间。由于动态模型需要的参数太多，且很多参数目前很难获得，因此目前仅用于典型地点酸沉降临界负荷的估算。在诸多酸化模型中，稳态质量平衡模式（steady-state mass balance, SMB）和流域内地下水酸化模型（model of acidification of groundwater in catchments, MAGIC）是确定生态系统酸沉降临界负荷方面用得最广泛的模型。

20 世纪 90 年代以来，欧洲及亚洲科学家进行了大量有关酸沉降临界负荷的研究。欧洲的酸沉降临界负荷是针对森林土壤和地表水进行计算的；在亚洲，区分了森林、草地、农田、沙漠等 31 种植被类型进行临界负荷计算。清华大学段雷等人利用稳态法在地理信息系统支持下确定了中国土壤的硫沉降临界负荷和氮沉降临界负荷，结果表明我国土壤中对酸沉降最敏感的是东北的灰壤，其次是砖红壤、黑褐森林土、黑土，南方的铁铝土居中，对酸沉降最不敏感的土壤是青藏高原的高山土壤以及西北的干旱土壤。中国科学院的陶福禄和冯宗炜运用流域内地下水酸化模型和一种适用于亚热带生态系统的敏感性指标，对中国南方生态系统的酸沉降敏感性进行了研究，编制了中国南方生态系统的酸沉降临界负荷图。结果表明：中国南方生态系统酸沉降临界负荷大多在 2.3～5.2 g/(m^2·a)，生态系统的敏感性从西北向东南方逐渐增加，其中最敏感的地区是浙江南部、广东与福建交界地区、贵州西南部和广西中部。清华大学叶雪梅等人应用基于酸度平衡的稳态法研究了中国地表水酸沉降临界负荷区划,结果表明中国地表水硫沉降临界负荷普遍较高,基本上大于2 keq/(hm² · a),同时呈现较明显的地带分布。中国地表水氮沉降临界负荷普遍较低,且没有明显的地域分布特点。中国地表水酸度临界负荷的地域分布和数值大小基本类似于硫沉降临界负荷,说明在中国目前硫沉降临界负荷的大小基本决定了酸度临界负荷,因此在中国目前的酸沉降控制中,起关键作用的应是硫沉降的控制。

酸沉降临界负荷研究中仍存在着很多不确定性,这包括临界负荷的定义、指示生物及其化学临界值的选取与确定、目前所用研究方法本身的局限性和对重要过程的忽略、资料的缺乏等。另外,用于酸沉降临界负荷研究方面的酸化模型的模拟能力还有待进一步完善。

第三节　污染物在大气中的扩散

从污染源排放出的大气污染物在大气中的扩散迁移主要受气象条件和下垫面的影响。污染物首先进入的是低层大气,并且主要是在这一层中传播。这个直接受地表影响的气层就是大气边界层,也是人类活动的主要气层。

污染物在大气中的迁移是指由污染源排放出来的污染物由于空气的运动使其传输和分散的过程。大气圈中空气的运动主要是由于气温差异而引起的。大气温度的垂直变化决定大气稳定度,而大气稳定度又影响着空气运动,进而影响污染物在大气中的扩散稀释。

一、影响大气污染的气象因子

污染物进入大气后,必然会受到大气物理性质的变化和大气运动的影响。世界上一些著名的大气污染事件都是由于特殊的气象条件造成的,气象条件的研究对于研究污染物在大气中的迁移扩散规律具有重要意义。大气边界层的风、湍流、大气稳定度、大气温度层结等都是影响大气污染的重要气象因素。

(一)风和大气湍流的影响

污染物在大气中的扩散主要取决于三个因素:风、湍流和浓度梯度。风可使污染物向下风向扩散,湍流可使污染物向各方向扩散,浓度梯度可使污染物发生质量扩散,其中风和湍流起主导作用。湍流具有很强的扩散能力,它比分子扩散快 $10^5 \sim 10^6$ 倍。风速越大,湍流越强,大气污染物的扩散速度就越快,其浓度就越低。

1. 风对大气污染的影响　　风对大气污染的影响包括风向和风速两个方面。风向影响污染物的水平迁移扩散方向,总是不断将污染物向下风向输送,污染区总是分布在下风向上。风速的大小决定了大气扩散稀释作用的强弱。风速越大,大气中污染物扩散稀释作用越强。另外,风速对污染物输送的距离影响也很大。风速很大时,污染物输送的距离可能很长,但浓度将变得很小。所以,最大的污染通常出现在风力微弱的时候,因为小风时,水平输送能力和湍流扩散都较弱,污染物浓度会急剧升高。通常,污染物在大气中的浓度与平均风速成反比,风速增大一倍,下风向污染物浓度将减少一半。风对大气污染物的影响发生在从地面至污染物扩散所及的各高度。

为了表示风向、风速对空气污染物的输送扩散影响,往往需要用到风向频率和污染系数。风向频率是指一定时间内(年或月),某风向出现次数占各风向出现总次数的百分率。

$$风向频率 = \frac{某风向出现次数}{各风向的总次数} \times 100\%$$

在实际工作中,往往将风向频率用风向频率玫瑰图表示。风向频率玫瑰图是指从一个原点出发,画许多条辐射线,每一条辐射线的方向就代表一种风向,而线段的长短则表示该方向风的出现频率,将这些线段的末端顺序连接起来所形成的图形。图 2-4 是上海市郊区某气象站 1994 年的风向频率玫瑰图。某一风向频率越大,其下风向受污染的概率就越大;反之,其下风向受污染的概率就越小。

污染系数表示风向、风速综合作用对空气污染物扩散的影响程度,其表达式为

$$污染系数 = \frac{风向频率}{该风向的平均风速}$$

用制作风向玫瑰图的同样方法,也可绘制成污染系数玫瑰图。风向频率玫瑰图和污染系数玫瑰图都能直观反映一个地区的风对空气污染物的扩散迁移影响。通常不同方向的污染系数是不一样的,其大小表示该方向空气污染的轻重不同。污染系数越大,其下风向的空气污染就越严重。在进行工业园区规划时,就应将其安排在污染系数最小方位的上风向,这样,其下风向的空气污染就较轻。

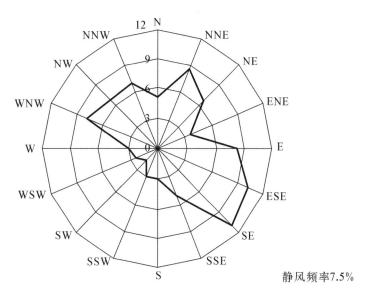

静风频率7.5%

图 2-4 上海市郊区某气象站的风向频率玫瑰图(1994 年)

2. 湍流的影响 大气运动通常都具有湍流的性质。湍流是边界层中大气运动的基础,它对于大气中物质和能量的输送有十分重要的作用,大气污染物的稀释主要靠湍流扩散来进行。湍流是流体的一种极其复杂的无规则运动,大气湍流的形成主要有两种原因:一种是机械或动力因素形成的机械湍流。这是低层湍流的主要形式。空气流经地表障碍物引起风向和风速的突然改变,也会引起指向地面的机械湍流。另一种是热力湍流。它主要是由于地表受热不均,或大气层结不稳定,使空气发生垂直运动或使垂直运动发展而形成的湍流。大气湍流往往是这两种因子共同作用的结果。

湍流输送速率极大,它比分子输送速率要大 $10^5 \sim 10^6$ 倍。污染物进入大气后,形成浓度梯度,它们除随风作整体飘移外,湍流混合作用会不断将周围的新鲜空气卷入已污染的烟气,同时将烟气带到周围空气中,使污染物从高浓度区向低浓度区扩散、稀释,这种过程即为湍流扩散过程。大气污染物的扩散主要是大气湍流所致。

(二) 温度层结和大气稳定度

1. 大气温度层结 人们通常把静大气的温度和密度在垂直方向上的分布,称为大气温度层结和大气密度层结。气温随高度的变化用气温垂直递减率(γ)来表示,公式为

$$\gamma = - \mathrm{d}T/\mathrm{d}z$$

气温垂直递减率的单位常用℃/100 m。干绝热递减率(γ_d)是指干空气块或未饱和的湿空气块在绝热条件下每升高单位高度所造成的气块自身温度下降数值,它是一个气象常数,$\gamma_d = 0.98\,\mathrm{K}/100\,\mathrm{m}$。$\gamma$ 是实际环境气温随高度的分布,因时因地而异。

一般情况下,在对流层中,气温随高度增加而降低,形成了气温下高上低状况,即 $\gamma > 0$。这是因为对流层空气的增热主要靠吸收地面长波辐射,离地面越高温度越低。对流层中空气 γ 随地区、时间和海拔高度而异。平均而言,约为 $0.65\,℃/100\,\mathrm{m}$。在对流层下层(即边界层)中,由于气层受地面增热和冷却的影响很大,气温垂直递减率随季节和昼夜的变化极为明显。大气中的温度层结有四种类型:① 气温随高度增加而递减,即 $\gamma > 0$,称为正常分布层结或递减层结;② 气温垂直递减率等于或近似等于干绝热垂直递减率,即 $\gamma = \gamma_d$,称为中性层结;③ 气温不随高度变化,即 $\gamma = 0$,称为等温层结;④ 气温随高度增加而增加,即 $\gamma < 0$,称为逆温层结(逆温)。

2. 大气稳定度 大气稳定度是指在垂直方向上大气稳定的程度,或者说大气中某一高度上的气块在垂直方向上相对稳定的程度。假设有一空气块受到外力作用,产生了上升或下降运动后,可能发生三种情况:① 当外力去除后,气块就减速并有返回原来高度的趋势,称这种大气是稳定的;② 当外力去除后,气块

加速上升或下降,称这种大气是不稳定的;③ 当外力去除后,气块静止或做等速运动,称这种大气是中性的。污染物在大气中的扩散与大气稳定度有密切的关系。当大气处于不稳定状态时,对流与湍流容易发生,污染物在增强的湍流作用下扩散迅速。此时,一般不会产生大气污染现象。反之,当大气处于稳定状态时,对流与湍流受到抑制,污染物难于扩散稀释,容易出现大气污染现象。

气团在大气中的稳定性与气温垂直递减率和干绝热递减率两个因素有关。具体可用气团的干绝热递减率(γ_d)和气温垂直递减率(γ)的大小判断:当$\gamma_d > \gamma$时,气团稳定,不利于扩散;当$\gamma_d < \gamma$时,气团不稳定,有利于扩散;当$\gamma_d = \gamma$时,气团处于平衡状态。

一般而言,大气温度垂直递减率越大,气团越不稳定;气温垂直递减率越小,气团越稳定。如果气温垂直递减率很小,甚至等温或逆温,气团也非常稳定。这对于大气的垂直对流运动形成巨大的障碍,阻碍地面气流的上升运动,使被污染的空气难于扩散稀释。如污染物进入平流层,由于平流层的气温垂直递减率是负值,垂直混合很慢,以致污染物可在平流层维持数年之久。当然,气团的上升与否,除了与其周围环境的温度有关外,还受到其自身密度及其所受的外力影响。

3. 逆温 在大气边界层内,由于气象和地形等条件的影响,有时会出现气温随高度增加而升高的现象,称为逆温。出现逆温的气层,称为逆温层。当发生逆温时,大气是稳定的,所以逆温层的存在大大阻碍了气流的垂直运动,故逆温层又称为阻挡层。若逆温层存在于空气中某高度,由于上升的污染气流不能穿过逆温层而积聚在它的下面,则会造成严重的大气污染现象。对流层逆温按其形成原因可分为辐射逆温、下沉逆温、平流逆温、湍流逆温和锋面逆温,其中辐射逆温在近地面层最为常见。

晴空无云(或少云)的夜间,当风速较小(<3 m/s)时,地面因强烈辐射而很快冷却,近地面气层冷却最为强烈,较高的气层冷却较慢,因而形成了自地面开始逐渐向上发展的逆温层,如图2-5所示,这种逆温现象称为辐射逆温。随着地面辐射冷却的加剧,逆温逐渐向上扩展,黎明时达到最强。日出后,太阳辐射逐渐加强,地面很快升温,逆温便逐渐自下而上消失,上午10点左右逆温层全部消失。辐射逆温在大陆上常年可见,冬季最强。中纬度冬季的辐射逆温层厚度常常达到200~300 m,有时可达400 m左右。高纬度地区的辐射逆温层厚度甚至可达2~3 km,即使白天也不消失。辐射逆温不仅受地形和纬度影响,还受天气条件的影响,如云量增加和风速加大都可能使逆温减弱。由此可见,辐射逆温通常出现在陆地冬季,风速较小的晴空无云(或少云)的夜间,它与大气污染关系最为密切。

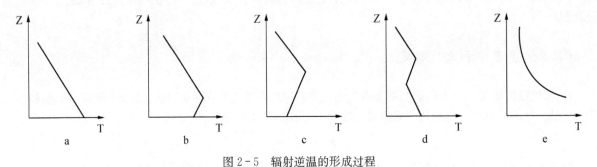

图2-5 辐射逆温的形成过程

a.下午时分;b.日落时分;c.黎明时分;d.日出后的早晨;e.上午10点左右

此外,局部地区的特殊地形亦可形成逆温,称为地形逆温。盆地和谷地的逆温、山脉背风侧的逆温均属此类。实际逆温情况是很复杂的,有时是由几种原因共同形成的,应做具体分析。

4. 大气稳定度对烟流扩散的影响 大气稳定度对烟流扩散有很大影响,不同稳定度条件下从烟囱排出的烟形是不一样的。以下是几种常见的与大气稳定度有关的烟形,具体参见图2-6,图中左边部分是温度层结曲线,其中γ和γ_d分别是气温垂直递减率和干绝热递减率。

(1)波浪形 这种烟形通常发生在$\gamma > \gamma_d$,即大气处于很不稳定的条件下。这种条件下,从烟囱口排放出的污染物扩散迅速,烟云呈现出上下翻滚,沿主导风向流动扩散。污染物落地最大浓度点距烟囱较近,一般不会形成烟雾事件。

(2)锥形 烟形呈圆锥形,出现在大气中性条件下,即$\gamma = \gamma_d$。污染物在这种条件下扩散速度、落地浓度都较波浪形低,其输送距离相对较远。这种烟形通常发生在强风和阴天。

(3)平展形(扇形) 这种烟形像一条扁平的带子飘向远方。从上面看,烟流呈扇形展开,通常发生在

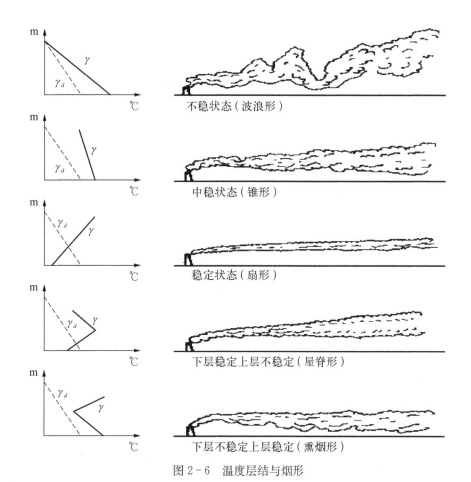

图2-6 温度层结与烟形

烟囱出口位于逆温层内,即 $\gamma - \gamma_d < -1$。这种烟形对地面污染的状况随烟囱高度不同而不一样,烟囱很高时,近处地面上不会造成污染,在远处会产生污染;烟囱很低时,近处地面上会造成严重污染。

(4)屋脊形(爬升形) 这种烟形表现为下边缘平展(污染物不向下扩散),上边缘向上扩展,呈屋脊形。这种烟流的下边缘处于稳定的大气中,上边缘处于不稳定的大气中。一般出现在日落前后,地面由于长波辐射降温使得低层大气出现逆温,而高层仍保持正常的递减层结。这种情况下,烟囱高度位于不稳定气层时,污染物不会向下扩散,对近处地面污染较小。

(5)熏烟形(漫烟形) 这种烟形通常出现在日出后,由于地面升温,低层空气被加热,使夜间形成的逆温自地面向上逐渐消失,即不稳定大气从地面向上逐渐发展,当发展到烟流的下边缘或更高一点时,烟流便会向下强烈扩散,而上边缘仍处于逆温层中。这样,便形成了熏烟形烟流。此时,烟流下部 $\gamma - \gamma_d > 0$,上部 $\gamma - \gamma_d < -1$,这种烟流多发生在上午8~10点,持续时间很短。出现这种烟形时,就好像在烟囱上面有一个盖子,烟气不能向上扩散,而只能大量下沉,在下风向地面造成严重污染。

上述五种烟流发生特点与大气温度层的关系如表2-5所示。

表2-5 不同温度层结下的烟形及其特点

烟形	性 状	大气状况	发生情况	与风、湍流关系	地面污染状况
波浪形	烟云在上下左右方向摆动很大,扩散速度快,烟云呈剧烈翻卷状,烟团向下风向输送	$\gamma > 0$, $\gamma > \gamma_d$,大气不稳定,对流强烈	出现于阳光较强的白天	伴随有较强的热扩散,微风	由于扩散速度快,近污染源地区污染物落地浓度高,一般不会形成烟雾事件
锥 形	烟云离开排放口一定距离后,云轴基本上保持水平,外形似椭圆锥,烟云规则扩散能力比波浪形弱	$\gamma > 0$, $\gamma = \gamma_d$,大气处于中性稳定状态	出现于多云或阴天的白天,强风的夜晚或冬季夜间	高空风较大,扩散主要靠热力和动力作用	扩散速度、落地浓度较前者低,污染物输送较远

烟形	性 状	大气状况	发生情况	与风、湍流关系	地面污染状况
平展形	烟云在垂直方向扩散速度小,厚度在纵向变化不大,在水平方向上有缓慢扩散	$\gamma < 0, \gamma < \gamma_d$,出现逆温层,大气处于稳定状态	多出现于弱晴朗的夜晚和早晨	微风,几乎无湍流发生	污染物可传送至较远地方,遇阻时不易扩散稀释,在逆温层下污染物浓度大
爬升形	烟云下侧边缘清晰,呈平直状,而其上部出现湍流扩散	排出口上方:$\gamma > 0$,$\gamma > \gamma_d$,大气处于不稳定状态;排出口下方:$\gamma < 0$,$\gamma < \gamma_d$,大气处于稳定状态	多出现于日落后,因地面有辐射逆温,大气稳定,高空大气不稳定	排出口上方有微风,伴有湍流;排出口下方,几乎无风,无湍流	烟囱高度处于不稳定层时,污染物不向下扩散,对地面污染较小
漫烟形	烟云上侧边缘清晰,呈平直状,下部有较强的湍流扩散,烟云上方有逆温层	排出口上方:$\gamma < 0$,$\gamma < \gamma_d$,大气稳定;排出口下方:$\gamma > 0$,$\gamma > \gamma_d$,大气不稳定	日出后地面低层空气增温,使逆温自下而上逐渐破坏但上部仍保持逆温	烟云下部有明显热扩散,上部热扩散很弱,风在烟云之间流动	烟囱低于稳定层时,烟云就像被盖子盖住似的,烟云只向下扩散,地面污染严重

资料来源:刘培桐(1995)。

二、影响大气污染的地理因素

地形地势对大气污染物的扩散和浓度分布有重要影响。地形地势千差万别,但对大气污染物扩散的影响本质上都是通过改变局部地区气象条件来实现的。局部地区由于地形地物的影响,引起近地层大气热状况在水平方向上分布不均匀,从而在弱的天气系统条件下就有可能形成局部空气环流,即形成了特殊的风场,称为局地风,如海陆风、山谷风和城郊风等,它们对大气污染物的扩散迁移影响很大。

(一)海陆风

海陆风是海风和陆风的总称,通常发生在海陆交界地带。由于海洋和大陆的物理性质有很大差别,海洋表面温度变化缓慢,而陆地表面温度变化剧烈。白天,陆地吸收太阳辐射升温比海洋快,在海陆大气之间形成了温度差和气压差,使低空大气由海洋流向陆地,形成海风;高空大气从陆地流向海洋,形成反海风。它们和陆地上的上升气流和海洋上的下降气流一起形成了海陆风局地环流。夜晚,陆地降温比海洋快,在海陆之间产生了与白天相反的温度差和气压差,使低空大气从陆地流向海洋,形成陆风;高空大气从海洋流向陆地,形成反陆风。它们同陆地下降气流与海面上升气流一起构成了海陆风局地环流。

由于海陆风的存在,白天陆地上的污染物随气流抬升后,在高空流向海洋,下沉后有部分可能又被海风带回陆地。晚上,随陆风带至海面上的污染物,到第二天白天又可能随海风吹回陆地,或者进入海陆风局地环流中,污染物不断积累达到较高浓度可能造成严重的大气污染。

(二)山谷风

山区地形复杂,常见的局地环流是山谷风。它是由于山坡和谷底受热不均而产生的一种局地环流。白天,山坡吸热升温比山谷快,气流沿山坡上升,形成由谷底吹向山坡的风,称为谷风;在高空形成了由山坡吹向山谷的反谷风。它们同山坡上升气流和谷底下降气流一起形成了山谷风局地环流。夜晚,山坡比谷底降温更快,在重力作用下,山坡上的冷空气沿坡下滑形成山风;在高空则形成了自谷底向山顶吹的反山风。它们同山坡下降气流和谷底上升气流一起构成了山谷风局地环流。山谷风在转换时往往造成严重的大气污染。

山区辐射逆温因地形作用而增强,这样使得位于山谷盆地的工厂释放的大气污染物长期滞留在谷中难于向外输送,不易扩散,很容易造成大气污染现象。因此,山区建厂时必须考虑这种局地环流和逆温现象对大气中污染物的扩散影响情况。

(三)城市热岛环流

城市热岛效应是指由于城市人类活动排放的大量热量和其他自然条件的共同作用引起的城市气温高于周围郊区气温的现象。高温的城市处于低温郊区的包围之中,如同汪洋大海中的一个小岛,由此而得名——城市热岛。城市热岛效应强度表现为夜间大于白天,日落后城郊温差迅速增大,而日出后又明显减小。城市热岛效应使城乡年均温差一般为 0.4~1.5℃,甚至可达 6~8℃,其差值与城市大小、城市性质、当地气候条件及纬度有关。城市热岛现象在 18 世纪初英国伦敦被首次发现。由于城市化进程加快和城市人口的剧增,与过去相比城市热岛效应强度呈现出增强趋势。

城市热岛环流是由城乡温度差引起的局地风。由于城市气温经常比周围郊区高(特别是夜间),这样,城市上空暖而轻的空气上升,周围郊区的冷空气向城市流动,于是形成城市热岛环流。在这种环流作用下,使城市周围工业区的污染物以及城市自身排出的污染物在夜晚向市中心输送,导致市区大气污染加剧,尤其是夜间城市上空存在逆温层时。

三、影响大气污染的其他因素

(一)污染物的性质

进入大气中的污染物形态各异,性质各不相同。不同的化学成分在大气中的化学反应和清除途径是不一样的,因而对浓度分布的影响也不同。粒径大小不同的固体颗粒在大气中沉降速度和清除过程也不一样,粗颗粒大多输送距离近,沉降速度快,其在大气中的主要去除途径是干沉降;相反,细颗粒则可长距离输送,其在大气中的主要去除途径是湿沉降。其中干沉降是指颗粒物在重力作用下沉降或与其他物体碰撞后发生的沉降。这种沉降存在两种机制,一种是通过重力作用使其降落到地面,另一种是细粒子靠布朗运动扩散,相互碰撞而凝聚成较大颗粒,通过大气湍流扩散到地面或碰撞而去除。湿沉降是指通过降雨、降雪等使颗粒物从大气中去除的过程。它是去除大气颗粒物和痕量气态污染物的有效方法。湿沉降可分为雨除和冲刷两种机制。雨除是指一些颗粒物可作为云的凝结核,成为云滴的中心,通过凝结过程和碰撞过程使其增大为雨滴,进一步长大形成雨降落。冲刷则是降雨时在云下面的颗粒物与降下来的雨滴发生惯性碰撞或扩散、吸附过程,从而使颗粒物去除。降水对大气污染物的冲刷去除作用与降水强度和持续时间有关。降水越强,降水时间越长,降水对大气污染物的去除作用就越强。所以,大雨是清除大气污染物的重要因素。通常情况下,大气颗粒物主要是通过湿沉降去除,据估计通过湿沉降去除量占总量的 80%~90%,而干沉降只有 10%~20%。

(二)污染源的几何形状和排放方式

污染源按其几何形状可分为点源、线源和面源三类;按其高度可分为地面源和高架源等;按其释放污染物的持续时间可分为瞬时源和连续源等。不同类型的污染源和不同的排放方式对污染物在大气中的扩散迁移具有不同的影响程度。

除上述一些因素外,污染物在大气中的扩散迁移还与太阳辐射、云以及天气形势等有关。

四、大气污染物扩散模型

大气污染的危害程度是由大气中污染物的浓度来决定,如何利用实测气象资料估算污染物浓度的分布及污染物扩散的各种大气过程并定量评估它们的影响,建立大气扩散的数学模式就显得非常重要。

(一)高架连续点源高斯扩散模式

1. 大气扩散模型 大量的实验和理论研究表明,对于连续源的平均烟流,其浓度分布符合正态分布

(高斯分布),但要得到烟流的浓度必需要许多假设条件才能推导出来。实际烟流一般是从离地面上一定高度的烟囱排出,排出的污染物在大气中的扩散必然会受到地面的影响,这种大气扩散称为有界大气扩散。在大气扩散模型中最简单的是有界高架连续点源高斯扩散模式,高斯扩散公式是在污染物浓度符合正态分布的前提下推导出的一种至今应用最为普遍的大气扩散公式。

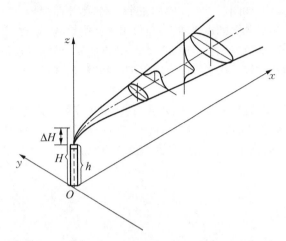

图 2-7　质量浓度为正态分布的高架源烟流扩散图

资料来源:Wark (1981)

高斯模式的坐标系如图 2-7 所示,坐标系原点为排放点(无界点源或地面源)或高架源排放点在地面的投影点;x 轴为平均风向,指向下风向;y 轴在水平面上垂直于 x 轴;z 轴指向天顶,垂直于水平面 xoy。在这种坐标系中,烟流中心线或与 x 轴重合,或在 xoy 面的投影与 x 轴重合。

根据大量试验和理论研究,可作以下假设:① 污染物浓度在 y 轴和 z 轴上的分布符合正态分布;② 在全部空间中风速是均匀的、稳定的;③ 源强是连续均匀的;④ 在扩散过程中污染物质量是守恒的。高架连续点源的扩散模式,必须考虑地面对扩散的影响。

当烟流失去热浮力及惯性力后,便沿着风场主导方向水平流动,当烟流扩散触及地面时,将产生烟流反射作用。由前面的假设④,可以把地面视为镜面,对污染物起全反射作用,如图 2-8 所示。P 点的污染物浓度实际上是两部分之和:一部分是不存在地面时 P 点所具有的污染物浓度,另一部分是由于地面反射所增加的污染物浓度。由此,可以推导出高架连续点源下风向任一点污染物浓度的计算公式为

$$c(x, y, z; H) = \frac{Q}{2\pi \bar{u}\sigma_y\sigma_z}\exp\left(-\frac{y^2}{2\sigma_y^2}\right) \cdot \left\{\exp\left[-\frac{(z-H)^2}{2\sigma_z^2}\right] + \exp\left[-\frac{(z+H)^2}{2\sigma_z^2}\right]\right\}$$

式中,c 为污染物浓度(g/m);Q 为源强(g/s);$\bar{u}$ 为烟囱高度的平均风速(m/s);σ_y,σ_z 分别为用浓度标准偏差表示的 y 轴和 z 轴上的扩散参数;H 为烟囱有效高度(m),H 是烟囱本身高度 h 与烟流抬升高度 ΔH 之和,即 $H = h + \Delta H$。

实际应用中,常常只需要计算某些特征浓度值,此时不难推导出各种常见实用的公式。

高架连续源的地面浓度,即当 $z = 0$ 时,公式为

$$c(x, y, 0; H) = \frac{Q}{\pi \bar{u}\sigma_y\sigma_z}\exp\left(-\frac{y^2}{2\sigma_y^2}\right)\exp\left(-\frac{H^2}{2\sigma_z^2}\right)$$

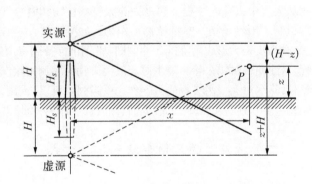

图 2-8　由地表产生的全反射示意图

资料来源:刘培桐(1995)

高架连续点源的地面轴线上的浓度,即当 $y = 0$,$z = 0$ 时,公式为

$$c(x, 0, 0; H) = \frac{Q}{\pi \bar{u}\sigma_y\sigma_z}\exp\left(-\frac{H^2}{2\sigma_z^2}\right)$$

高架连续点源的地面最大浓度,即当 $y = 0$,$z = 0$ 时,假设 σ_y/σ_z 为常数,对 σ_z 求导并令其等于 0,可得

$$c_{\max} = \frac{2Q}{\pi e\bar{u}H^2} \cdot \frac{\sigma_z}{\sigma_y}$$

$$\sigma_z = \frac{H}{\sqrt{2}}$$

2. 大气扩散模型中相关参数的估算

(1) 有效源高的估算　　烟流从烟囱排出后,由于动力和热力的作用会继续上升,因此烟流实际高度比

烟囱本身高度更高。高架连续点源高斯扩散模式中烟囱有效高度 H 实际上就是有效源高,它是指烟囱排放的烟流距离地面的实际高度,即烟流中心线完全水平时距地面高度,它等于烟囱本身高度 h 与烟流抬升高度 ΔH 之和,即 $H=h+\Delta H$。计算有效源高,首先要计算烟流抬升高度。

烟流抬升高度主要受到以下因素影响:① 烟流本身性质。烟流抬升高度首先决定于烟流所具有的初始动量和浮力,而初始动量决定于烟流出口速度和烟囱口的内径,浮力则取决于烟流和周围空气的密度差(当这种密度差异很小时,浮力则主要取决于烟流温度和周围空气温度之差)。② 周围大气的性质。烟流与周围空气混合速率对烟流抬升高度具有一定影响。一般两者混合越快,烟流抬升高度就越低。而与混合速率密切相关的是平均风速和湍流强度,平均风速越大,湍流越强,混合速率就越快,则烟流抬升高度就越低。另外,稳定的温度层结抑制烟流抬升,不稳定温度层结有利于烟流抬升。③ 下垫面影响。地面粗糙引起近地面湍流较强,不利于烟流抬升。

影响烟流抬升的因素很多,对烟流抬升高度的计算也很复杂。国外从 20 世纪 50 年代以来对烟流抬升进行了广泛的理论和实验研究,至今已提出了数十个烟流抬升公式。其中一部分是纯经验的,在现场同时观测烟流抬升高度、烟源参数和气象参数,根据实测资料做最佳拟合,得到经验公式。另一部分是理论公式,但仍包含若干经验假定和必须由观测资料确定的经验系数。国内也对烟流抬升做过许多研究,确定了国标(GB)烟流抬升公式。由于烟流抬升受诸多因素的影响,因此烟流抬升高度的计算目前还没有统一的理想的公式。以下主要介绍应用较广的霍兰德公式和国标(GB)烟流抬升公式。

霍兰德(Holland)公式为

$$\Delta h = \frac{v_s D}{\bar{u}}\left[1.5+2.7\frac{T_s-T_a}{T_s}D\right]=\frac{1}{\bar{u}}(1.5 v_s D+0.01 Q_h)$$

式中,v_s 为烟流出口速度(m/s);D 为烟囱出口内径(m);$\bar{u}$ 为烟囱出口处的平均风速(m/s);T_s、T_a 分别为烟气出口温度和环境大气温度(K);Q_h 为烟囱的热排放率(kW)。

霍兰德建议,用霍兰德公式计算的 ΔH 在大气不稳定时应增加 10%~20%,稳定时应减少 10%~20%。该式为霍兰德将大量烟流抬升实测数据整理提出的经验公式,适用于中性条件,不适宜计算温度较高的烟流抬升高度。

根据 GB/T 3840-91《制定地方大气污染物排放标准的技术方法》和 GB 13223-96《火电厂大气污染物排放标准》,按照烟流的热释放率(Q_h)、烟囱出口烟流温度与环境温度差(T_s-T_a)及地面状况,我国分别采用下列烟流抬升计算式。

当 $Q_h \geqslant 2\,100$ kW 且 $(T_s-T_a) \geqslant 35$ K 时,烟气抬升高度计算式为

$$\Delta H = \frac{n_0 Q_h^{n_1} h^{n_2}}{\bar{u}}$$

$$Q_h = c_p V_0 (T_s - T_a)$$

式中,n_0、n_1、n_2 为地表状况系数,可从 GB/T 3840-91 查取;V_0 为标准状态下的烟流排放量(m³/s);c_p 为标准状态下的烟流平均恒压比热,$c_p=1.38$ kJ/(m³·K);T_a 取当地最近 5 年平均气温值(K)。

烟囱出口的环境平均风速 $\bar{u}$ 按下式计算,公式为

$$\bar{u}=\bar{u}_0(z/z_0)^n$$

式中,$\bar{u}_0$ 为烟囱所在地近 5 年平均风速(m/s),测量值;z_0,z 分别为相同基准高度时气象台(站)测风仪位置及烟囱出口高度(m);n 为风廓线幂指数,在中性层结条件下,且地形开阔平坦只有少量地表覆盖物时,$n=1/7$,其他条件时可从 GB/T 3840-91 查取。

当 $Q_h < 2\,100$ kW 或 $(T_s-T_a) < 35$ K 时,烟流抬升高度计算式为

$$\Delta H = 2\left(\frac{1.5 v_s D+0.01 Q_h}{\bar{u}}\right)$$

由于烟囱有效高度直接影响到大气污染物的地面浓度,在其他计算条件给定的情况下,采用不同的烟流抬升公式,地面浓度也不相同。不同公式计算结果相差很大,变化趋势也不同。主要原因是使用的观测资料

不同,取得这些资料的试验条件(如地形和地面粗糙度、观测仪器和方法、观测距离、观测时间和取样时间等)也不相同。

(2) **扩散参数和的估算**　　应用大气扩散模式估算大气污染浓度,还必须估算扩散参数 σ_y 和 σ_z。扩散参数 σ_y、σ_z 是表示扩散范围及速率大小的特征量,也是正态分布函数的标准差。为了能较符合实际地确定这些扩散参数,许多研究工作致力于把浓度场和气象条件结合起来,提出了各种符合实验条件的扩散参数估计方法。以下介绍目前应用最多的经验估算法中的 P-G 扩散曲线法。

P-G 扩散曲线法是目前应用最多的扩散参数 σ_y 和 σ_z 经验估算法。帕斯奎尔(Pasquill)根据天空中观测的风速、云量、云状和日照等天气资料,将大气的扩散稀释能力划分为极不稳定、不稳定、弱不稳定、中性、弱稳定、稳定六个稳定度级别,分别用 A、B、C、D、E、F 表示,如表 2-6 所示。吉福德(Gifford)在此基础上建立了扩散参数(σ_y、σ_z)与下风向距离(S)的函数关系,并将其绘制成应用更方便的 P-G 扩散曲线图(图 2-9)。由图 2-9 可见,只要利用当地常规气象观测资料,由表 2-6 查取帕斯奎尔大气稳定度等级,即可确定扩散参数。但是,P-G 扩散曲线是利用观测资料统计结合理论分析得到的,其应用具有一定的经验性和局限性。σ_y 是利用风向脉动资料和有限的扩散观测资料作出的推测估计,σ_z 是在近距离应用了地面源在中性层结时的竖直扩散理论结果,也参照一些扩散试验资料后的推算,而稳定和强不稳定两种情况的数据纯属推测结果。因此,大气扩散参数的准确定量描述还有待深入研究。

表 2-6　稳定度级别划分表

地面风速/ (m/s)	白天太阳辐射			阴天的白天 或夜间	有云的夜间	
	强	中	弱		薄云遮天或 低云≥5/10	云量≤4/10
<2	A	A~B	B	D	—	—
2~3	A~B	B	C	D	E	E
3~5	B	B~C	C	D	D	E
5~6	C	C~D	D	D	D	D
<6	C	D	D	D	D	D

注: ① A——极不稳定,B——不稳定,C——弱不稳定,D——中性,E——弱稳定,F——稳定;② A~B 按 A、B 数据内插(用比例法);③ 日落前 1 小时至日出后 1 小时为夜晚;④ 不论何种天空状况,夜晚前后各 1 小时做中性;⑤ 仲夏晴天中午为强日照,寒冬晴天中午为弱日照(中纬度)。

资料来源: 徐景航(1990)。

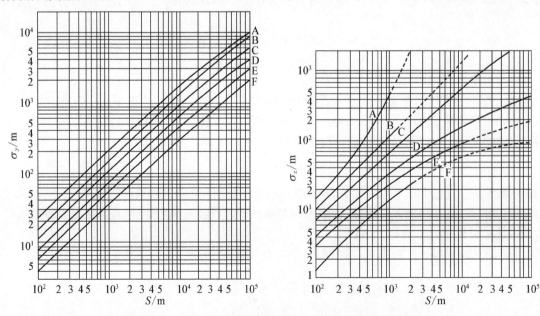

图 2-9　σ_y 和 σ_z 随下风向距离 S 的变化(P-G 扩散曲线图)

资料来源: Wark (1981)

我国《制定地方大气污染物排放标准的技术方法》(GB 3840-91)采用如下经验公式确定扩散参数 σ_y、σ_z，公式为

$$\sigma_y = \gamma_1 x^{\alpha_1}, \quad \sigma_z = \gamma_2 x^{\alpha_2}$$

式中，γ_1、α_1、γ_2、α_2 称为扩散系数。这些系数由实验确定，在一个相当长的距离内为常数，可从 GB 3840-91 的表中查取。

(二)线源模型和面源模型

大气污染源一般分为点源、线源和面源三种类型。前面重点介绍了高架连续点源模式的计算，在此简单介绍线源模式和面源模式。对于流动源(主要是交通工具)、一般大的主要交通干线和高速公路都应当作线源处理。对于低矮分散的点源，单个源排放量少，但总的排放数量大，在模式计算中整体作为面源处理。

1. 线源扩散模型　国外自 20 世纪 60 年代末主要进行了适用于公路扩散和城市街道扩散的模式研究，于 20 世纪 70 年代提出了很多模式，并不断地改进和开发出新模式。对于线源扩散，通常是把线源划分成有限多个点源，然后求取这些点源浓度之和。对于直线型的线源，采用高斯烟流点源扩散函数沿线源长度积分。

$$c = \frac{Q}{u} \int_0^L f \, \mathrm{d}L$$

式中，f 为一般点源扩散公式；Q 为单位长度的线源在单位时间内排放的污染物质量；$\bar{u}$ 为平均风速；L 为线源长度。

若为无限长线源，风向与线源垂直，则线源造成的地面浓度计算公式为

$$c(x, y, 0; H) = \frac{2Q}{\sqrt{2\pi}\sigma_z \bar{u}} \cdot \exp\left[-\frac{1}{2}\left(\frac{H}{\sigma_z}\right)^2\right]$$

若为无限长线源，风向与线源平行，此时只有上风向的线源才对计算点的浓度有贡献，公式为

$$c(y, 0; H) = \frac{Q}{\sqrt{2\pi}\,\bar{u}\sigma_z} \cdot \exp\left[-\frac{1}{2}\left(\frac{H}{\sigma_z}\right)^2\right]$$

浓度与顺风位置无关。

若风向与线源成任意角相交，交角 $\varphi \leqslant 90°$，则公式为

$$c(\varphi) = c_p \sin^2\varphi + c_n \cos^2\varphi$$

式中，c_p 和 c_n 分别为风向与线源垂直时和平行时对应的浓度值。

2. 面源扩散模型　主要的面源扩散模型的计算模式有后退点源模式、窄烟云模式、箱模式等。前者主要用于计算小面源，后两者主要用于较大面源。在此仅介绍后退点源模式和箱模式。

后退点源模式，又称为虚点源后置法，该法最常用。首先假定面源排放的污染物都集中于面源中心，然后向上风向"后退"一个距离，变成一个虚点源，使其经过这个距离扩散后与面源具有相同的扩散幅。因此，后退点源模式实质上是将面源计算转化为点源计算。常用的一种经验方法是：假定 σ_y 等于 $L/4.3$，L 是面源单元的边长。这相当于把面源简化成一个特殊的线源，线源与风向垂直，其中心与面源中心重合，σ_{y0} 是线源源强分布的标准差。对于这样一个特殊的线源，可以用具有初始标准差 $\sigma_{y0} = L/4.3$ 的点源公式来计算，此时地面浓度为

$$c = \frac{Q}{\pi \bar{u}\left(\sigma_y + \frac{L}{4.3}\right)\sigma_z} \cdot \exp\left\{-\frac{1}{2}\left[\frac{y^2}{\left(\sigma_y + \frac{L}{4.3}\right)^2} + \frac{H^2}{\sigma_z^2}\right]\right\}$$

若面源单元中各分散源的高度不相等，则应该在公式中加上 σ 项，σ 取等于分散源的平均高度差或等于

$H/2.15,H$ 是它们的平均高度。

按照上述方法计算出每一个面源单元造成的污染浓度后,将所有的计算结果叠加起来,就得到全部面源造成的浓度分布。

箱式模型是把调查地区看成一个矩形的箱或圆柱,根据箱内污染物质流入、流出的情况计算箱内的污染物平均浓度,公式为

$$\bar{c} = \frac{Q}{\bar{u}LD}$$

式中,Q 为源强;L 为面源边长;D 为混合层高度;$\bar{u}$ 为平均风速。

这一模式通常用于大面源,可以得到较好的预测效果,但比较粗略,无法得出污染物浓度的空间分布。

第四节 大气污染的危害

大气污染是困扰世界各国的重要环境问题,其对人类和环境的危害主要表现在以下几个方面:影响甚至危害人类和动物健康、危害植被、腐蚀材料、影响气候。

一、大气污染对人体健康的影响

大气是人类生存的重要环境要素之一,它直接参与人体的代谢和体温调节等生命活动过程。大气受到污染,势必影响到人体健康。大气污染物主要通过呼吸、饮食、皮肤摄入等方式进入人体,其中由呼吸道吸入的大气污染物对人体造成的影响和危害更为严重。

大气污染对人体健康的危害可分为急性作用和慢性作用。急性作用是指人体突然遭受含有高浓度污染物的空气侵袭后,在短时间内即表现出不适或中毒症状的现象。历史上的洛杉矶光化学烟雾事件就是其中一例,当时空气中碳氢化合物和氮氧化物等污染物浓度急剧增加,在强烈的阳光照射下发生了一系列光化学反应,形成了富含臭氧、过氧乙酰硝酸酯(PAN)和醛类等强氧化剂的烟雾,致使许多人在短时间内出现喉头发炎,鼻、眼受刺激红肿,并有不同程度的头痛。慢性作用是指人体在低污染物浓度的空气长期作用下产生的慢性危害。这种危害常常不易引人注意,而且难于鉴别,其主要症状表现为眼与鼻黏膜刺激、慢性支气管炎、哮喘、肺癌及因生理机能障碍而加重高血压和心脏病病情。大气污染对人体健康的危害主要表现为呼吸道系统疾病,也有研究不断证明随着大气污染加剧,呼吸系统疾病、心血管与脑血管疾病和恶性肿瘤等发病率明显上升。据世界卫生组织(WHO)估计,在全球疾病负担中,由大气污染造成的年损失占到 0.5%,空气污染的疾病负担主要分布在发展中国家,亚洲的空气污染负担约占全球的 2/3。

大气中污染物种类繁多,许多污染物之间还具有协同效应。下面介绍几种主要的大气污染物对人体健康的危害。

(一) 大气颗粒物

1. 大气颗粒物类型 大气颗粒物是指空气中分散的液态或固态物质,其直径 0.000 2~500 μm,具体包括气溶胶、烟、尘、雾、炊事油烟等。将环境空气质量研究中几种常用的颗粒物粒径分类简介如下。

① 总悬浮颗粒物(total suspended particulate, TSP)是指悬浮在大气中并停留一定时间的全部颗粒物,其粒径绝大多数在 100 μm 以下。

② 可吸入颗粒物(inhalable particle or respiratory suspended particle, PM_{10})是指空气动力学等效直径小于等于 10 μm,可在空气中长期飘浮的固体颗粒物。

③ 细颗粒物(fine particle, $PM_{2.5}$)是指空气动力学等效直径小于等于 2.5 μm 的颗粒物,或称可入肺颗粒物。可吸入颗粒物(PM_{10})一直是影响空气质量的首要污染物。最近几年,细颗粒物($PM_{2.5}$)造成的雾霾天气更是严重地影响着我国的大气质量。

④ 超细颗粒物(ultrafine particle, UFP)是指空气动力学等效直径小于等于 0.1 μm 的粒子。

⑤ 纳米颗粒物(nano-particles)是指空气动力学等效直径在几纳米到几十纳米的粒子。

图 2-10 为经典的大气颗粒物粒径谱分布图,不同粒径颗粒物及其包含的化学成分差异明显,直接影响到其环境和健康效应。

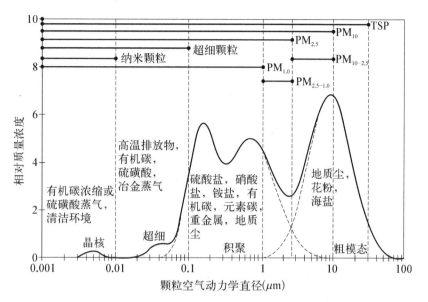

图 2-10　大气颗粒物空气动力学直径分布

资料来源：Chow 等(2012)

2. 大气颗粒物污染的危害

(1) **PM₁₀ 的危害**　　PM₁₀的危害可简单归纳如下：

① PM₁₀能形成细粒子层,是化学反应床,是多项反应的载体。

② PM₁₀能降低大气能见度(阳伞效应：遮挡阳光,透光率下降,气温降低,形成冷凝核,使雨雾增多,从而影响气候)。

③ PM₁₀能形成干沉降,是致酸物质;经远距离输送,在区域范围内造成酸沉降。

④ SO_x与PM₁₀的复合物可进入呼吸道,严重危害呼吸系统。

⑤ 汽油中的铅微粒排入空气中可能引起铅中毒,会导致脑神经麻木和慢性肾病。在铅含量高的环境中,儿童的脑发育明显受阻,所以现代已经禁止使用含铅汽油而必须使用无铅汽油。

(2) **PM₂.₅ 的危害**　　PM₂.₅是到达肺泡的临界值。PM₂.₅以下的细微颗粒物,上呼吸道挡不住,它们可以一路下行,进入细支气管、肺泡(图 2-11)。人体内的肺泡数量有 3 亿~4 亿个。吸进去的氧气最终进入肺泡,再通过肺泡壁进入毛细向管,再进入整个血液循环系统。人们吸进去的PM₂.₅,也能进入肺泡,再通过肺泡壁进入毛细血管,进而进入整个血液循环系统。PM₂.₅携带了许多有害的有机和无机分子,是致病之源。细菌是微米级生物,PM₂.₅和细菌一般大小。细菌进入血液,血液中的巨噬细胞(免疫细胞的一种)立刻就会把它吞下,它就不能使人生病,这就如同老虎吃鸡。PM₂.₅进入血液,血液中的巨噬细胞也会立刻把它吞下。细菌是生命体,是巨噬细胞的食物;可是PM₂.₅是没有生命的,巨噬细胞吞了它,如同老虎吞石头,无法消化,最终被噎死。巨噬细胞大量减少后,人们的免疫力就会下降。不仅如此,被噎死的巨噬细胞还会释放出有害物质,导致细胞及组织的炎症。可见 PM₂.₅比细菌更致病,进入血液的PM₂.₅越多,对人体健康的危害就越大。

PM₂.₅对人体的危害可以归纳如下：① 引发呼吸道阻塞或炎症,研究证实,PM₂.₅及以下的微粒,75%在肺泡内沉积,细颗粒物作为异物长期停留在呼吸系统内,会引起呼吸系统发炎。② 作为载体使致病微生物、化学污染物、油烟等进入人体内,属致癌物。PM₂.₅还可作为载体使其他致病的物质,如细菌、病毒,"搭车"进入呼吸系统深处,造成感染。细颗粒物可以直接进入血液,诱发血栓的形成或者刺激呼吸道产生炎症后,呼吸道释放细胞因子引起血管损伤,最终导致血栓的形成。③ 影响胎儿发育造成缺陷。有研究表明,接触高浓度PM₂.₅的孕妇,其胎儿的发育可能会受到高浓度的细颗粒污染物的影响。更多研究发现,大气颗粒物的

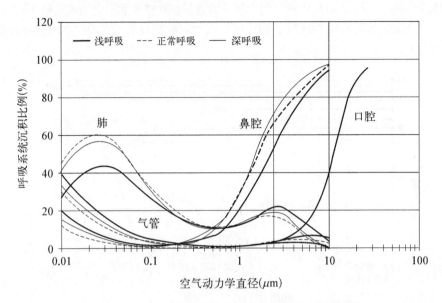

图 2-11　不同粒径颗粒物在人体呼吸系统的沉积比例

资料来源：Chow 等(2012)

浓度与早产儿或新生儿死亡率的上升、低出生体重、宫内发育迟缓以及先天性功能缺陷具有相关性。④ $PM_{2.5}$ 颗粒物可通过气血交换进入血管,从而引起人体细胞的炎性损伤。

(二)雾霾

1. 雾与霾的差异　雾和霾是两种天气现象,世界气象组织(World Meteorological Organization, WMO)和中国气象局所制定的《地面气象观测规范》等对此都有明确界定。雾和霾共同点,是都能够造成能见度下降,对于雾来说,造成能见度下降的主要原因是由于空气中水汽凝结形成的大量微小水滴或冰晶;对于霾来讲,造成能见度下降的主要原因是由于空气中存在大量干性悬浮细颗粒污染物。雾和霾异同点主要在于组分类型、水分含量、可见厚度、外观颜色、边界特征和水平能见度等。

雾:大量微小水滴浮游空中,常呈乳白色,有雾时水平能见度小于 1.0 km。

轻雾:微小水滴或已湿的吸湿性质粒所构成的灰白色的稀薄雾幕,出现时水平能见度为 1.0~10.0 km。

霾:大量极细微的干颗粒等均匀地浮游在空中,使视野模糊并导致能见度恶化,水平能见度小于 10.0 km 的空气普遍浑浊的现象。霾使远处光亮物体微带黄、红色,而使黑暗物体微带蓝色。大气 $PM_{2.5}$ 颗粒物是构成雾霾的主要成分。

雾和霾的区别一般来讲主要在于水分含量的大小:水分含量达到 90% 以上的叫雾,水分含量低于 80% 的叫霾。水分含量 80%~90% 的是雾和霾的混合物,但主要成分是霾。就能见度来区分:如果目标物的水平能见度降低到 1 km 以内,就是雾;水平能见度在 1~10 km 的,为轻雾或霭;水平能见度小于 10 km,且是灰尘颗粒造成的,就是霾或灰霾。另外,霾和雾还有一些肉眼看得见的“不一样”:雾的厚度只有几十米至 200 m,霾则有 1~3 km;雾的颜色是乳白色、青白色或纯白色,霾则是黄色、橙灰色;雾的边界很清晰,过了“雾区”可能就是晴空万里,但是霾则与周围环境的边界不明显。

霾是指空气中的灰尘、硫酸、硝酸、有机碳氢化合物等粒子使大气浑浊。如果水平能见度小于 10 km 时,将这种非水成物组成的气溶胶系统造成的视程障碍称为霾(haze)或灰霾(dust haze),或烟霞(haze)。

霾的厚度比较厚,可达 1~3 km。霾与雾、云不一样,与晴空区之间没有明显的边界,霾粒子的分布比较均匀,而且灰霾粒子的尺度比较小,从 0.001 μm 到 10 μm。平均直径为 1~2 μm,肉眼看不到空中飘浮的颗粒物。由灰尘、硫酸、硝酸等粒子组成的霾,其散射波长较长的光比较多,从气象学的常识来看,天气现象只有“雾”和“霾”,没有“灰霾”也没有“雾霾”。因为雾和霾两种天气现象在空气质量不佳的时候常常相伴发生,互相影响,不容易清楚地分辨开,近年来媒体上常用雾霾这个词来形容这一类能见度障碍性的天气,因纯粹的粒子浓度过高而导致能见度小于 10 km 的情况太少了,而一旦空气中的湿度上升,水汽与各种产生霾的气溶胶粒子结合,或者促进一次气溶胶的反应生成更大粒子的二次气溶胶,或者促进气溶胶粒子的合并长大等,这样在粒子总量变化不大的情况下能见度会有相当大的变化。这种气溶胶和水汽共同作用而产生的所谓"雾霾"占了实际情况的大多数。

2. 雾霾的危害

(1) 雾霾对全球和区域气候的影响　　雾霾中的大气颗粒物在辐射强迫中有着非常大的作用,其直接效应和间接效应所起到的降温作用甚至可以与所有温室气体的增温效应相抵消。大气中的颗粒物对气候有较为复杂的影响方式:可以是颗粒物对太阳光的散射和吸收作用所产生的直接效应;也可以通过参加成云过程来影响云量以及云的反照率甚至是云的寿命,造成间接效应。颗粒物对阳光的散射作用阻挡了太阳辐射到达地表系统,使得地表接收到的辐射能量减少,使得增温减缓,进而引起向外出射的辐射能也有所减少,使上层大气吸收的长波辐射减少,在很大程度上有降温的作用。

(2) 雾霾对人体健康的影响　　雾霾的组成成分非常复杂,包括数百种大气颗粒物,其中对人类健康有害的主要是直径小于 10 μm 的气溶胶粒子,如矿物颗粒物、硫酸盐、硝酸盐、海盐、有机气溶胶粒子等,它能直接进入并黏附在人体呼吸道和肺叶中。由于雾霾中的大气气溶胶大部分都可以被人体呼吸道吸入,很容易沉积于呼吸道和肺泡中,引起鼻炎、支气管炎等疾病,长期处于雾霾天气的环境中甚至可以诱发肺癌。此外,由于太阳光中的紫外线是人体合成维生素 D 的唯一途径,而雾霾却会造成紫外线辐射的减弱,会直接导致小儿佝偻病高发。再者,雾霾还易使空气中的传染性病菌的活性增强。同时雾霾还能影响人的心理健康。研究表明,阴沉的雾霾天容易让人产生悲观情绪,心情持续低沉且忧郁,易使人精神沉闷、脾气暴躁,遇到不顺心事情更容易发怒甚至容易失控。总而言之,雾霾天气对人类无论是身体还是心理健康的危害都是极大的。

(3) 雾霾对城市建筑的影响　　研究表明大气中吸湿性的颗粒物是很好的水汽凝结核,它们中含有大量二氧化硫等污染气体,极易与水汽结合形成酸雾。当酸雾降落到近地面的房屋等建筑上时会对建筑物产生很大的腐蚀作用,进而对建筑物的质量及使用寿命等产生破坏,而落到地表的酸雾则会对公路产生一定的损坏。

(4) 雾霾对水陆空交通的影响　　雾霾可以引起大幅度的空气能见度降低现象,使得视野模糊不清,导致无法清楚地看到远处物体做出正确的路线指导,产生很严重的后果。雾霾所引起的能见度降低很容易引发陆运交通事故、空难和海难,对人类的经济生活和生命安全都产生了严重危害。

(5) 雾霾对农业的影响　　雾霾天气对农业也有不利影响。研究表明当雾霾天气增加到一定程度时,农作物减产可高达 25%。具体来说,雾霾天气会对农作物产生间接影响,如在污染严重时会影响太阳辐射,使到达地表的太阳辐射能量减少,不利农作物吸收太阳光进行光合作用获得能量,进而影响了农作物的生长发育。但是,雾霾的成分对农作物的影响目前还不太明确,有待进一步地研究。

3. 雾霾的成因　　雾霾形成受制于两个因素:一是以水平静风和垂直逆温为特征的不利气象因素;二是以悬浮细粒子浓度增加为特征的污染因素。气象是外因,具有不可控性;污染是内因,与人为活动密切相关,是可控的。因此,控制雾霾污染需要根据区域气候特征形成的环境容量和经济水平,合理削减各种导致大气细颗粒物增加的污染物排放,最终降低大气细颗粒物的浓度。然而,大气细颗粒物既有一次源,如工业粉尘、机动车尾气、道路扬尘等,也有二次源,即气态污染物在大气中经过气—粒转化(凝聚、吸附、反应等)生成细颗粒物,并随后吸湿增长导致消光。研究认为,二次源是我国大气细颗粒物的主要源,且前体污染物和细颗粒物浓度之间并不具有简单的线性关系。因此,科学控制雾霾首先必须科学认识不同区域雾霾的成因。目前,学术界对我国及其周边地区的雾霾成因有一些初步的但尚存争议的认识,雾霾天气形成原因主要有以下几点。

1) 这些地区近地面空气相对湿度比较大,绿化不够,或植被遭破坏,使土地裸露,地面灰尘大,人和车流使灰尘搅动起来;工业化和城镇化大规模建设(工地)产生大量的扬尘。

2) 没有明显冷空气活动,风力较小,大气层比较稳定,由于空气的不流动性,空气中的微小颗粒聚集、飘浮在空气中。若天空晴朗少云,有利于夜间的辐射降温,也可能使近地面原本湿度比较高的空气饱和凝结形成雾。

3) 机动车尾气是主要的污染物排放源,近年来汽车越来越多,排放的尾气是产生雾霾的一个因素。

4)"燃煤为主"的不合理能源结构,使工厂产生大量的二次污染物。

5)北方冬季取暖排放的CO_2等烟尘污染物。

最新研究表明,除了烟尘、汽车尾气、生物质燃烧等一次排放物外,二次气溶胶对$PM_{2.5}$浓度的贡献达到30%~77%,成为影响我国雾霾形成的最主要因素。研究证实20世纪50年代的伦敦大雾是在多云的大气环境下,由二氧化氮促使二氧化硫转化为硫酸盐,从而形成危害性大雾。而我国当前雾霾的形成机制与伦敦雾稍有不同,除了二氧化氮外,还有氨的参与,才能将二氧化硫转化为硫酸盐,并且与伦敦大雾是高酸性的化学性质不同,中国的雾霾基本上是中性的。

4. 雾霾的防治

1)油品质量和机动车尾气污染控制。机动车尾气直接排放致霾的$PM_{2.5}$(含碳颗粒、硫酸盐等)及其前体物(NO_x、VOCs、SO_2),对城市圈大气雾霾的形成有较大的贡献。提高油品质量不仅能直接减少硫酸盐和SO_2的排放,而且可大大促进机动车尾气净化后处理技术的应用。应加快淘汰老旧机动车;发展公共交通,缓解城市交通拥堵;立法控制非道路机动车(工程车、农用车等)排放。

2)切实做好燃煤烟气脱硫脱硝工作。燃煤电厂烟气排放新标准已相当严格,采用的除尘脱硫脱硝技术联用给企业带来不小的成本压力。虽目前烟气脱硫技术已普及,但SO_2排放仍在高位运行,远未得到根本控制,有必要对环保技术的应用状况进行调查,发现可能出现的漏洞环节。此外要尽快推广烟气脱硝技术,遏制NO_x排放继续上升势头。

3)对工业废气污染控制,应该加快立法和新技术研发。工业(工业锅炉、石油、化工、钢铁、水泥等行业)是一次颗粒物和二次颗粒物前体物(NO_x、VOCs、SO_2等)的重要来源。由于各行业所需的环保技术和成本承受能力各异,废气排放控制立法和技术研发进度参差不齐,建议加快工业行业废气排放控制立法工作,重点研发一批$PM_{2.5}$及其前体物联合控制技术并推广应用。

4)农业区应加强NH_3排放的控制,减少生物质的无组织燃烧。NH_3排放对于污染物气粒转化及颗粒物吸湿增长致霾具有极大的促进作用,生物质燃烧排放的颗粒物也是导致雾霾产生的重要原因之一,应加强生物质无组织燃烧的管理。

(三)二氧化硫

SO_2是无色有刺激性气味的气体。它对人体的主要影响是造成呼吸道管腔缩小,最初呼吸加快,每次呼吸量减少。浓度较高时,喉头感觉异常,并出现咳嗽、喷嚏、咳痰、胸痛、呼吸困难等症状,造成支气管炎、哮喘病,严重的可以引起肺气肿,甚至致人死亡。进入血液的,可随血液循环抵达肺部产生刺激作用,它也能破坏酶的活力,影响碳水化合物及蛋白质的代谢,对肝脏有一定损害,可使人体或动物体内血红蛋白与球蛋白比例均降低。通常污染大气中SO_2往往与多种污染物共存,对人体的危害会出现协同效应,尤其是在SO_2和颗粒物同时吸入时,对人体产生的危害更为严重。因为吸附在颗粒物上的SO_2可以被氧化成SO_3,而SO_3与水蒸气形成硫酸雾,据动物实验,硫酸雾造成的生理反应比SO_2大4~20倍。

短期接触浓度为$0.5\ mg/m^3\ SO_2$的老年慢性病人死亡率增高,SO_2浓度高于$0.25\ mg/m^3$可使呼吸道疾病患者病情恶化,长期接触含$0.1\ mg/m^3\ SO_2$的空气的人群呼吸系统病症增加。加拿大的一项研究显示,在大气SO_2平均浓度为$5\ \mu g/m^3$时,可观察到其浓度升高与人群日死亡率增加的相关关系。对我国香港和英国伦敦的一项比较研究也表明,大气的SO_2日平均浓度在$5\sim40\ \mu g/m^3$可观察到其与人群心血管疾病住院率之间的相关关系。而大气对人群健康影响的阈值目前还没有最终确定。

(四)一氧化碳

CO是无色无味的有毒气体,它与血液中血红蛋白的结合力很强,大约是氧的210倍。一旦吸入CO,它就和血红蛋白结合,妨碍氧气的补给,发生头晕、头痛、恶心、疲劳等氧气不足的症状,危害中枢神经系统,严重时导致窒息、死亡。长期吸入低浓度CO可引起头痛、头晕、记忆力减退、注意力不集中、心悸等症状出现。

（五）氮氧化物

大气污染物中的氮氧化物主要是指 NO 和 NO_2，它们既是形成光化学烟雾的主要污染物，也是形成酸雨的主要前体物。

NO 对人体的生理影响还不十分清楚。如果动物与高浓度 NO 相接触，可出现中枢神经病变。NO 与血红蛋白亲和力比 CO 大几百倍。NO 对人体的危害，目前已引起人们的重视。

NO_2 是危害性较强的有毒气体之一，它对人的眼、鼻、喉和肺具有刺激性，能增加病毒感染的发病率，导致支气管炎和肺炎，引发肺细胞癌变。在职业病中有急性高浓度 NO_2 中毒引起的肺水肿，以及由慢性中毒而引起的慢性支气管炎和肺水肿。在某些中毒病例中还见到全身性的作用，表现为血压降低、血管扩张、血液中生成变性血红素以及神经系统被麻醉等。

NO_2 与 SO_2 及悬浮颗粒物共存时，其对人体的影响不仅比 NO_2 单独对人体的影响严重得多，而且也大于各污染物的影响之和。NO_2 对人体的这种影响实际上是这些污染物之间的协同作用。

（六）铅及其有害物质

大气中的铅主要来源于汽油燃烧产生的废气、含铅涂料、矿山开采、金属冶炼和精炼等工业生产活动。

铅不是人体所必需的微量元素，而是一种以神经毒性为主的重金属元素。它是生物体酶的抑制剂，可通过消化道和呼吸道进入人体，然后随血液分布到软组织和骨骼中。铅在机体内半衰期长，对许多器官系统和生理功能均产生危害。世界卫生组织癌症研究中心于 1987 年将铅定为 2B 类(可能的人类致癌物)。铅引起的慢性中毒可分为轻度、中度和重度。轻度中毒症状有神经衰弱综合征、消化不良；中度中毒出现腹绞痛、贫血及多发性神经病；重度中毒出现肢体麻痹和中毒性脑病例。铅污染对儿童和婴幼儿健康的影响主要表现在对其神经系统、智力发育、体格发育以及行为的影响，这种影响是不可逆的，危害比成年人更严重。婴幼儿体格发育和行为状况不仅与婴幼儿期暴露水平有关，而且还与出生前铅暴露水平有关。

另外，其他有害物质，如镉及其化合物、氟及其化合物、氯及其化合物以及光化学氧化剂等对人体都有损害，尤其是对眼睛和呼吸道具有刺激作用。

二、大气污染对动植物的危害

大气污染对动物的危害与对人体的危害情况相似，主要是呼吸道感染，摄入被污染的食物和饮水，最终影响到动物的健康甚至导致其死亡。

植物是生态系统中的生产者，虽然植物在一定限度内对许多大气污染物有吸收作用，是净化大气污染的一种重要手段。但若污染程度超出了植物的生理忍耐程度，就会对植物产生不利影响。大气污染对植物的危害分为可见危害和不可见危害。可见危害是由于植物茎叶吸收较高浓度的污染物或长期暴露在被污染的大气环境中而出现的可以看见的受害症状，这种危害又可根据植物受害程度分为急性型、慢性型和混合型三种情况。急性伤害是在污染物浓度很高时短时间内(几天、几小时甚至几分钟)接触造成的危害，如叶片出现伤斑、脱落，甚至整株死亡；慢性伤害是指在低浓度污染物、接触时间较长情况下造成的伤害，如生长发育受影响，能导致一定程度减产；混合型伤害则是急性型和慢性型兼而有之的情况，往往是低浓度、长时间接触，同时存在急性、慢性症状，如叶片出现黄白化症状，以后虽可恢复青绿，但会造成减产。不可见危害是由于植物吸收低浓度污染物而使生理、生化方面受到不良影响，没有明显的受害症状，但会造成植物不同程度的减产或影响产品的质量。Maclean 等(1977)曾以 0.6 mg/m³ 氟化氢(HF)对菜豆进行整个生长期的熏气，未出现伤害症状，但植株鲜重减少 25%。还有一些污染物，如某些重金属、多氯联苯等，对人的有害作用比对农作物强烈，在灌溉水中含量未达到危害作用水平时，由于在作物体内积累较多，使产品不符合食用或饲料标准。这种情况，对产量和外观品质没有明显影响，也属于不可见危害。

大气污染物对植物的危害程度取决于污染物剂量及污染物组成等因素。大气中 SO_2 能直接损害植物的叶片而影响其生长；氟化物对植物、动物都有很强的毒性，它的毒性比 SO_2 大 10～100 倍。大气中含有 1～

5 mm³/m³ 的氟化物,经长时间接触,可使敏感植物受害出现叶落、枝枯甚至死亡。有些植物种类,长期暴露在较低浓度的含氟大气中会引起叶的变形,如蜷缩、畸形、叶形逐渐变小等。植物生殖器官更是敏感,低浓度的含氟大气会引起落花、落果,造成农作物、果树、蔬菜的减产。大气污染往往是多种污染物同时存在,其协同作用将会对植物造成更大的危害。

大气中许多污染物如 SO_2、HF、O_3、NO_2、CO、过氧乙酰硝酸酯、铅等重金属及有机污染物都会对植物产生有害影响,其中对植物影响较大的是 SO_2。高浓度 SO_2 会对植物产生急性危害,使植物叶片产生伤斑或直接枯萎脱落;低浓度 SO_2 则产生慢性伤害,使植物叶片生理功能受到影响,抑制其生长,造成产量下降、品质变化等长期危害。据报道,0.05~10 mg/L 的 SO_2 浓度就有可能危害植物。SO_2 可通过气孔呼吸和根系吸收进入植物体内,形成 HSO_3^- 和 SO_3^{2-} 等离子,使植物细胞受到伤害,干扰植物的代谢,影响植物的生长。

其次,大气颗粒物对植物也会造成伤害。我国颗粒物污染普遍严重,北方城市大气颗粒物年日均浓度为 0.93 mg/m³,南方城市为 0.41 mg/m³,与国外一些城市相比,污染水平高出数倍。大气颗粒物对植物的危害因其组分和数量不同而不一样。粉尘覆盖在植物表面会影响植物的生长发育。这是由于植物叶片长时间积聚颗粒物,造成气孔堵塞,干扰了与大气中 CO_2 的交换。覆盖层还阻挡光线,使光合作用受到影响,减少淀粉生成。此外,蒙尘使叶片温度增高,蒸腾速度加快,叶片失水、褪绿,使植物生长不良。颗粒物中的可溶性化学成分还可直接破坏植物组织,造成叶片损伤。

三、大气污染对材料的影响

大气污染可使建筑材料、仪器设备、文物古迹、金属制品、皮革、纺织品和橡胶制品等受到损害。如在湿度较高时,高浓度的 CO_2、SO_2、氮氧化物等造成的酸雾和酸雨,可以腐蚀建筑物、机器设备、钢铁等金属制品。硫氧化物及其产生的硫酸能使纺织品、纸张、油漆涂料及古迹工艺美术品等物质变质受损,也能使皮革变质。另外,大气中的有机物和粉尘黏附在建筑物表面影响美观和采光,黏附在高压输电瓷瓶和电器中可破坏绝缘体造成短路事故。表 2-7 总结了空气污染对材料的负面影响。

表 2-7 空气污染对材料的负面影响

材　　料	影　　响	主　要　污　染　物
石材和混凝土	表面腐蚀,褪色	二氧化硫,颗粒物,硝酸,硫酸
金属	腐蚀,失去光泽,丧失强度	二氧化硫,颗粒物,硫化氢,硝酸,硫酸
陶瓷和玻璃	表面腐蚀	氟化氢,颗粒物
颜料	腐蚀,失去光泽	二氧化硫,臭氧,颗粒物,硫化氢
纸张	失去光泽	二氧化硫
塑料	破裂,丧失强度	臭氧
皮革	失去光泽,丧失强度	二氧化硫
纺织品	变质,褪色	二氧化硫,二氧化氮,臭氧,颗粒物

资料来源:Tyler(2004)。

四、大气污染对能见度和气候的影响

大气污染会使大气能见度降低,可能产生安全方面的事故。一般情况下,对大气能见度有影响的污染物主要是气溶胶粒子。细粒子的增加会造成大气能见度大幅度降低。长期以来人们一直把大气能见度作为城市大气污染严重程度的一个监测指标。

大气污染还会影响云量分布、降水规律、降水性质,甚至影响全球气候变暖。大气颗粒物可以通过散射和吸收太阳辐射直接影响气候,也可以通过云凝结核的形式改变云的光学性质和云的分布而间接影响气候。另外,大气污染还会影响凝聚作用与降水形成,有可能导致降水的增加或减少。大气污染对降水化学组成的影响表现为酸雨的形成。酸雨会产生地表水酸化、土壤肥力下降、森林面积锐减等危害。大气污染还会产生全球性的影响。大气污染物中的 CO_2、烟尘及水蒸气等使近地面的大气层产生温室效应,从而改变大气平

衡。据研究，大气中的 CO_2 含量增高 25％，近地面气温可增高 0.5～2℃；如果 CO_2 含量增高 100％，近地面气温可增加 1.5～6℃。这可能使得冰冠融化，海平面上升。人类大量生产的氟氯烃类化合物既可导致温室效应，也可以破坏臭氧层。大气颗粒物也会参与臭氧的非均相反应，影响臭氧平衡。臭氧层耗损的直接后果就是使到达地球表面的太阳紫外辐射增强，对地表生物危害程度也相应增强。

五、室内空气污染及其危害

室内空气污染已成为越来越严重的环境问题。调查研究表明，居室与其他建筑物内的空气比室外空气的污染程度更为严重。尤其是在冬季，为了减少热量损失与节约燃料的消耗，室内空气更新时间间隔很久，据研究室内空气完全更新一次大约需要 5 小时。另外，室内装修已成为时尚，新居中的建筑装潢材料等散发出来的有毒物质具有复杂性、持久性和有害性。各种各样的建筑装饰材料部分质量不合格，如有的涂料不合格，包括游离甲醛超标(有的甚至超标 3～5 倍)；有的油漆中散发出的水银蒸气可持续存在达数月之久。另外，油漆还是有毒苯化合物的来源。国际有关组织调查后发现，世界上 30％的新建和重建的建筑物中，存在着对人体健康有害的室内空气。许多地方室内空气污染物浓度要高出室外 2～5 倍，尤其是位于城市交通干道两侧的建筑物、办公楼、商场及住宅等典型场所。

20 世纪中期以来，室内空气污染对人体健康的危害逐渐得到世界各国学者的关注。目前，室内空气污染已被列为影响公众健康的世界最大危害之一。世界卫生组织有关资料表明，全球每年由室内空气污染引起的死亡人数达到 280 万。中国室内装饰协会环境监测中心透露，全国每年受室内空气污染的人数达到 11.1 万，其中儿童和妇女所受影响更大。国际上一些环保专家已将室内空气污染列为继"煤烟型"、"光化学烟雾型"污染之后的第三代空气污染问题。

室内空气污染来源分为室内来源和室外来源。室内来源产生的污染物种类十分广泛，如尘埃、CO、NO_2、甲醛、氨气等，也包括各种家用电器(如冰箱、电视机、计算机、微波炉、电磁炉等)在使用过程中散发出来的"电子烟雾"，地毯中存在的螨虫、真菌等。室外空气中的各种污染物通过门窗、孔隙等进入室内形成室外来源，人为带入室内的污染物，如干洗后带回的衣服释放四氯乙烯等挥发性有机物，也可形成室外来源。

室内空气中存在三百多种污染物，有约 68％的人体疾病与室内污染有关。据世界卫生组织统计，全球近一半的人处于室内空气污染中，室内环境污染已经引起超过 1/3 的呼吸道疾病，超过 1/5 的慢性肺病和 15％的气管炎、支气管炎和肺癌。世界卫生组织在《2002 年世界卫生报告》中明确将室内空气污染、高血压、高胆固醇以及肥胖症等共同列为人类健康的十大威胁。

一些室内空气污染物，如石棉、甲醛、挥发性农药残余物、氯仿、全氯乙烯(主要来源于干洗)、对二氯苯以及一些致病生物体，被认为对人体健康会产生十分不利的影响。室内空气污染物氡具有放射性，来源于自然，由铀衰变而来。氡及其衰变产物发射 α 粒子，在吸入或吞入体内后对人体造成危害，它能伤害肺组织，美国每年的 14 万肺癌患者中有 13 万是由氡引起的。氡的毒害还与吸烟有关，吸烟降低了人对氡的抵抗力，更容易遭到氡的侵害。另外，陶瓷产品在家庭装修中使用率达 40％，陶瓷中多含有放射性元素，特别是建筑陶瓷表面的一层釉料中，含有放射性较高的钍元素。1998 年国家对 11 省市生产的 108 种花岗岩、大理石的放射性进行了抽检，发现有 21 种放射性超标，其中杜鹃红、杜鹃绿高于正常值 3～5 倍。国家已将石材按放射性高低分为 A、B、C 三类，只有 A 类才能用于室内装修。石棉是另一类室内空气污染物，由于其具有隔热、绝缘及防火功能而被经常使用。其细长的纤维飘散在空中对人造成危害，引起肺癌、皮肤癌等，但其发展期较长，为 20～40 年。早在 1920 年人们已觉察到石棉的危害，但直到 20 世纪 80 年代才引起社会上广泛的关注。美国规定在 1997 年前终止使用石棉，并要将其从所有的学校建筑中清除出去。石棉引起的疾病在建筑工人和消防工人中较多。

吸烟能引起四大类致命性疾病：① 癌症，它是由烟草中的尼古丁、苯丙芘和有害金属等多种致癌物和促癌物质共同作用引起的，吸烟者比不吸烟者的肺癌发病率高 8～12 倍，其他消化道癌症也高出 50％；② 肺部疾病，吸烟者的慢性支气管炎的发病率为不吸烟者的 5.4 倍；③ 冠心病，冠心病死亡的人中，有 1/4 与吸烟有关，烟草中的尼古丁提升了冠心病的死亡率及发生猝死的危险性；④ 脑中风，吸烟者发生脑中风的概率要高出不吸烟者的两三倍，烟雾中的尼古丁和一氧化碳可促使血压升高并提高血液黏稠度，加速动脉硬化,从而诱发脑血管疾病。吸烟还破坏人的免疫系统。室内空气生物污染主要包括细菌、真菌、花粉、病毒和生物体有机成分等。在这些生物污染因子中,有一些细菌和病毒是人类呼吸道传染病的病原体,有些真菌、花粉和生物体有机成分则能够引起人的过敏反应。近年来广泛使用空调也带来了很大的负面影响,不洁的空调成为细菌繁殖和传播的好帮手。空调病首先出现在美国的退伍军人中,故又称为军团病,症状如肺炎。

人类大多数时间(约90%)都是在室内度过,因此,室内空气质量对人类健康非常重要。然而,室内空气的控制研究却远远落后于室外大气污染控制与管理的研究。在美国,国家环保署正在进行一项研究,识别与归类影响人体健康的各要素,以避免人们过多地暴露于单独室内污染物或多种室内污染物混合物之中。

第五节　大气污染的防治

18世纪末到20世纪初,大气污染主要由煤炭燃烧排出的烟尘和二氧化硫等造成。随着工业、交通业的发展,特别是第二次世界大战以后,社会生产力突飞猛进,石油在能源结构中的比重不断上升,以致大气污染物的种类越来越多,大气污染日益严重,给人类的健康、动植物的生长、建筑物和生产设备的使用寿命等带来严重的危害。控制大气污染,保护环境,已成为当代人类的一项重要事业。

大气污染防治是环境保护的根本任务之一。实施大气污染防治,一是运用法律的手段限制和控制污染物排放数量和扩散影响范围;二是运用技术手段减少或防止污染物的排放,合理利用环境的自净能力,治理排出的污染物,从而达到保护环境的目的。

一、大气污染防治技术

大气污染防治技术是以大气质量标准和大气污染物排放标准为依据,对各种大气污染源和污染物采取的防治技术措施。

(一)颗粒物净化技术

颗粒物净化技术又称为除尘技术,是指将颗粒物从废气中分离出来并加以回收的操作过程。实现该过程的设备称为除尘器。烟尘或粉尘中污染物种类较多,可以根据所含污染物的性质选取不同的治理方法。烟气中的尘粒控制技术主要有机械除尘、湿式除尘、过滤式除尘和静电除尘四类方法。

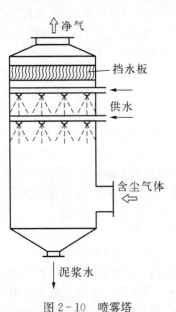

图2-10　喷雾塔

机械除尘,是利用重力、惯性、离心力等作用将颗粒物从气流中分离出来,达到净化的目的。这种装置称为机械式除尘器。机械式除尘器包括重力除尘器、惯性除尘器和旋风除尘器,其中以旋风除尘器的应用最为广泛。这类除尘设备构造简单、投资少、动力消耗低,除尘效率一般在40%~90%。在排尘量比较大或除尘要求比较严格的地方,这类设备可作为预处理用,以减轻后续除尘设备的负荷。

湿式除尘,是利用洗涤水或其他液体形成液网、液滴,与尘粒发生惯性碰撞、扩散效应、黏附、扩散飘移与热飘移、凝聚等作用,从废气中捕集分离尘粒,并兼备吸收气态污染物的作用。它可以有效地将粒径为0.1~20 μm的液态或固态粒子从气流中去除,同时还可以去除某些气态污染物。除尘效率较高,投资比达到同样效率的其他除尘设备低。湿式除尘器类型较多,图2-10所示的喷雾塔是其中结构最简单的一种。该除尘器用水喷淋,与含尘气体相碰而除去尘粒。目前常用的有喷淋塔、文丘里洗涤器、冲击式除尘器和水膜除尘器等,这类除尘器后都附有脱水装置,以除去随净化气体排出的水滴。虽然湿式除尘器具有较高的除尘效率,但由于其能耗较大,废液和废浆需要处理,在净化腐蚀性气体时金属设备和管道易被腐蚀,在寒冷地区使用可能发生冻结等问题,现已很少采用。

过滤式除尘,是使含尘气体通过多孔过滤介质,气流中的尘粒被阻截下来,从而实现含尘气体净化的过程。过滤式除尘器分为颗粒层除尘器和袋式除尘器,它是以一定厚度的固体颗粒床层作为过滤介质,耐高温、耐腐蚀,滤材可以长期使用,除尘效率比较高,适用于冲天炉和一般工业炉窑。袋式除尘器是目前应用最广的高效除尘器之一。近年来随着清灰技术和新型材料的发展,过滤式除尘器在冶金、水泥、陶瓷、化工、食品、机械制造等工业或燃煤锅炉烟气净化中得到了广泛的应用。

静电除尘,是利用电场力的作用,使粉尘从气流中分离出来并沉积在电极上。它几乎可以捕集一切细微粉尘及雾状液滴,其捕集粒径范围在 $0.01 \sim 100 \ \mu m$。这种除尘器适用范围广,尤其耐高温(最高可达500℃),而且具有较高的除尘效率和节约能源。其主要缺点是设备造价高,除尘效率受粉尘比电阻影响,需要高压变电及整流设备。目前,静电除尘器在冶金、化工、水泥、建材、火力发电、纺织等工业部门得到广泛应用。

综上所述,除尘技术的方法和设备种类较多,各有特点,在治理颗粒污染物时要根据粉尘的特性、除尘装置的气体处理量、除尘装置的效率及压力损失等技术指标和有关经济性能指标选择一种合适的除尘方法和设备。对于合成、分解等化工生产过程和粉碎、运输、筛选等机械加工过程中产生的大气污染物的防治,最根本的是改变生产工艺。采用无污染工艺(清洁生产)和无污染装置。

(二)气态污染物净化技术

烟气和工业生产过程中产生的有害气体种类繁多,特点各异,因此采用的净化方法也不相同,常用的有吸收法、吸附法、催化转化法、膜分离法、燃烧法和冷凝法等。

吸收法是一种常用的和最基本的净化方法,是分离、净化气态污染物最重要的方法之一。吸收是利用气体混合物中不同组分在吸收剂中溶解度的不同,或者与吸收剂发生选择性化学反应,从而将有害组分从气流中分离出来的过程。吸收法用于治理气态污染物,技术上比较成熟,适用性强,各种气态污染物如 SO_2、H_2S、HF、NO_x 等一般都可选择适宜的吸收剂和设备进行处理,并可回收有用产品。

吸附法属于干法工艺,主要用于净化有机废气,在净化的同时又回收废气中的有机溶剂,因此日益受到广泛重视。气体混合物与适当的多孔性固体接触,利用固体表面存在的未平衡的分子引力或化学键力,把混合物中某一组分或某些组分吸留在固体表面上,这种分离气体混合物的过程称为气体吸附。在大气污染控制中,吸附法可用于中低浓度废气净化。

催化转化法是利用催化剂的催化作用,将废气中的气体有害物质转变为无害物质或转化为易于去除的物质的一种废气治理技术。催化法处理污染物过程中,无需将污染物与主气流分离,特别适用于汽车排放废气中CO、碳氢化合物及氮氧化物的净化。该法的缺点是催化剂价格较高,废气预热需要一定的能量。

膜分离法是指混合气体在压力梯度作用下,透过特定薄膜时,不同气体具有不同的透过速度,从而使气体混合物中的不同组分达到分离的一种方法。根据构成膜物质的不同,分离膜有固体膜和液体膜两种。目前在一些工业部门实际应用的主要是固体膜。其优点是过程简单,控制方便,能在常温下工作,能耗低。

燃烧法是对含有可燃性有害组分的混合气体进行氧化燃烧或高温分解,使有害组分转化为无害物的方法,广泛应用于主要含有碳氢化合物废气的净化,以及CO、恶臭、沥青烟等可燃有害组分的净化。

冷凝法是使处于蒸气状态的污染物冷凝并从废气中分离出来的过程,适用于净化浓度大的有机溶剂蒸气。

二、大气污染综合防治

大气污染具有明显的区域性特征,其污染程度受到区域自然条件、能源构成、工业结构和布局、交通状况及人口密度等的影响,只有纳入区域环境综合防治之中,才能解决大气环境的污染问题。大气污染综合防治,是指把一个区域的大气环境看作一个整体,统一规划能源消耗、工业发展、交通运输和城市建设等,综合运用社会、经济、技术等多种手段对大气污染从源头到末端进行防治,充分利用环境的自净作用,以消除或减轻大气污染。

(一) 合理利用环境自净作用

污染物进入环境后由于物理作用(如扩散、稀释)、化学作用(如氧化、还原、降水洗涤等)和生物作用,浓度逐渐降低甚至彻底被清除掉,从而达到环境自然净化的目的。环境的这种作用称为环境自净。实践证明,合理利用环境自净作用不但保护环境,还可节约环境污染治理的费用。因此,合理利用环境的自净作用是大气污染防治技术的一项重要内容,尤其是对于经济和技术都相对比较落后的发展中国家有着十分重要的意义。

1. 合理工业布局,调整工业结构　　工业布局与大气污染具有密切的相关关系。以环境科学理论为指导,综合考虑经济效益、社会效益和环境效益,合理的工业布局,充分利用大气环境容量,可减少工业废气对大气环境的污染危害。

调整工业结构就是保证实现本地区经济目标的前提下,优选出经济效益、社会效益和环境效益相统一的工业结构,淘汰那些严重污染环境的落后工艺和设备。同时本着节能降耗、综合利用和污染治理的目的加快相关技术改造,采用清洁生产,控制工业污染。

清洁生产是关于产品的生产过程的一种新的、创造性的思维方式。它包含了四层含义:① 清洁生产的目标是节省能源、降低原材料消耗、减少污染物的产生量和排放量;② 清洁生产的基本手段是改进工艺技术、强化企业管理,最大限度地提高资源、能源的利用水平和改变产品体系,更新设计观念,争取废物最少排放和将环境因素纳入服务中去;③ 清洁生产的方法是排污审计,即通过审计发现排污部位、排污原因,并筛选消除和减少污染物的措施及产品生命周期分析;④ 清洁生产的终极目标是保护人类与环境,提高企业自身的经济效益。

2. 选择有利于污染物扩散的排放方式　　污染物排放方式是其在大气中扩散的影响因素之一。一般而言,地面污染浓度与烟囱高度的平方成反比。提高烟囱的有效高度有利于充分利用大气环境的自净作用而使烟气得以稀释扩散,减少大气污染的危害。然而,提高烟囱高度不能从根本上解决大气污染问题,而且随着烟囱高度增加,投资成本就越高。

3. 发展绿色植物　　绿色植物在大气环境自净作用中具有重要地位。它能美化环境、调节气候,还能吸附粉尘、吸收大气中有害气体,可以在大面积范围内,长时间、连续地净化大气。尤其是在大气中的污染物影响范围比较大、浓度比较低的情况下,植物净化是行之有效的大气污染防治方法。在城市和工业区,根据当地大气污染物排放特点,合理选择植物种类,有计划、有选择地扩大绿化面积是大气污染防治的一项重要措施。

(二) 控制或减少污染物排放的技术途径

控制或减少污染物排放的技术途径很多,在此主要介绍改变燃料组成和能源结构、改革工艺设备和改善燃烧过程和集中供热。

1. 改变燃料组成和能源结构　　大气环境污染主要是燃料燃烧造成的。因此,要解决大气环境污染问题,必须研究燃料燃烧与大气污染的关系,尽可能减少燃烧产生的大气污染物,节约能源,开发清洁能源。在我国能源构成中,煤炭约占70%,石油和天然气等约占30%,核电比例很小。今后相当长时间内,煤炭仍是主要能源。因此,提高煤炭等能源利用率和开发新能源是减轻大气污染、改善大气环境质量的一个重要举措。

洁净燃烧技术是指为减少燃烧过程污染物排放与提高燃料利用效率的加工、燃烧、转化和排放污染控制等所有技术的总称。主要是指洁净煤技术和低氮氧化物生成燃烧技术。

煤炭是我国的主要能源之一。将原煤进行洗选、筛分、成型及添加脱硫剂等加工处理,不仅可以大大减少二氧化硫的排放量,而且能节约能源。洁净煤技术包括以下几个方面:① 燃煤脱硫、脱氮技术,如先进的煤炭洗选技术、煤固硫技术、烟气处理技术、先进的焦炭生产技术等;② 煤炭加工成洁净能源技术,包括洗选、温和气化、煤炭直接液化、煤气化联合燃料电池和煤的热解等;③ 先进的燃煤技术,包括整体煤气化联合循环发电、循环流化床燃烧、煤和生物质及废弃物联合气化或燃烧、低氮氧化物燃烧技术、改进燃烧方式和直接燃煤热机等,提高煤炭及粉煤灰的利用率。

燃油汽车引起的尾气污染(占污染总量的 70%)正随着汽车拥有量的增加而越来越严重地影响着大气环境,解决汽车尾气污染已变得越来越紧迫。通过多年的研究和开发,发达国家在机动车尾气排放控制方面已经做出了很大的成绩,其机动车排放系数往往只有中国的 10% 或更低。目前已有以控制汽油车气态污染物为主的三元催化技术和以控制柴油车细粒子排放为主的净化技术,其中前者已经比较成熟,而后者则存在着一些技术问题。

目前国外正在进行极低排放,甚至零排放的机动车尾气净化技术的开发。为解决汽车尾气污染问题,我国也已攻克了催化净化器产业化关键技术和柴油机颗粒物排放净化技术。最近,我国研制成功一种新的自动补气尾气净化装置,它几乎能净化尾气中的全部一氧化碳和碳氢化合物,对 NO_x 也有降低作用。另外,绿色汽车也是未来的一种发展趋势。绿色汽车是一种以天然气、氢气、甲醇和太阳能等驱动的汽车,是使用过程中基本无污染、废弃淘汰后回收利用率高的一种汽车。目前日本已经研制出速度快、行驶远的电动汽车,最高时速达 176 km,充电一次可行驶 548 km,我国研制的"远望"电动大客车满载 51 人时时速可达 90 km,一次充电可行驶 120 km。

发展清洁能源,开发利用太阳能、风能、水能、地热能、生物质能、核能、氢能等可再生能源和新能源是解决大气污染的一个根本途径。这些能源与传统能源相比,对环境不产生或很少产生污染,是未来能源系统的重要组成部分。

2. 改革工艺设备、改善燃烧过程　燃烧不完全排出的污染物,无论数量还是种类,都比完全燃烧排出的多。通过改进运转条件(如调节燃烧空气比,控制燃烧温度),改进燃烧方式和燃烧装置等,可以减少烟尘和气态污染物的生成量。如通过改进机动车的内燃机、尾部排气系统和开发新式引擎等办法可减少 CO、NO_x 和碳氢化合物等大气污染物的排放量。

3. 集中供热　居民分散供热与集中供热相比,使用相同数量的煤所产生的烟尘多 1～2 倍,飘尘多 3～4 倍。发展集中供热是综合防治大气污染的有效途径,它对发展生产、节约能源、改善大气环境质量、方便人民生活等方面都具有重要意义。

(三)加强大气环境质量管理

编制区域大气污染防治规划,由环境保护部门和地方政府共同努力来实施。区域大气污染防治规划是区域总体规划的重要组成部分,这是从协调经济发展和保护环境之间的关系出发,对已造成的大气污染问题提出改善和控制污染的优化方案。因此,做好区域大气环境规划,采取区域性综合防治措施,是控制大气污染的重要途径。我国已经颁布的《大气污染防治法》规定,大气污染以城市为中心进行污染防治。根据对北京市的空气污染分析,当地产生的污染物占 70%,通过大气环流输送进来的占 30%。由此可见,必须进行区域联防。

提高大气环境监测及大气污染源监督监测的技术水平,加强大气环境质量评价。大气环境质量评价,是指在大气污染状况调查的基础上,应用大气质量评价方法,揭示大气质量变化的规律和影响。提高大气环境监测及大气污染源监督监测的技术水平,改善监测装备条件。加强对除尘器等环保设备的制造、安装和使用的监督管理。完善机动车排气污染监督管理体系,建立环保部门统一监督管理、部门协调分工的管理体系和运行机制。实施排污许可证制度,使排污单位明确各自的污染物排放总量控制目标,对污染源排放总量实施有效的控制。建设城市烟尘控制区,加强城市烟尘控制区的监督管理,是大气污染综合防治的有效措施。

(四)加强环境意识教育,促进全球合作

环境与人类生活密切相关,环境保护问题已越来越受到世界各国的重视,环境意识已成为当代人类文化素质的重要组成部分,并成为衡量一个国家、一个民族乃至一个人的文明程度的重要标准。应通过各种渠道和宣传工具,进行危机感、紧迫感和责任感的环境保护教育,使越来越多的人意识到保护环境的重要性。

由于大气圈的连续性和气体的流动活跃性,大气环境成为全人类共有的必不可少的资源,任何区域或国家的不利行为,都将迟早殃及每个人的生存。因此,必须联合世界各国共同行动,实行有意义的国际合作,共同保护大气环境。

参考文献

Chow J C,曹军骥,李顺诚,等.2012.PM$_{2.5}$及其测量与影响研究简史.地球环境学报.5:1019—1029.

曹军骥.2014.PM2.5与环境.北京:科学出版社.

陈英旭.2001.环境学.北京:中国环境科学出版社.

戴树桂.2006.环境化学.北京:高等教育出版社.

段雷,郝吉明,谢绍东,等.2002.用稳态法确定中国土壤的硫沉降和氮沉降临界负荷.环境科学,23(2):7—12.

高伟生.1992.环境地学.北京:中国科学技术出版社.

谷清,李云生.2002.大气环境模式计算方法.北京:气象出版社.

何强,井文涌.2004.环境学导论.北京:清华大学出版社.

贺泓,王新明,王跃思,等.2013.大气灰霾追因与控制.中国科学院院刊,3(3):344—352.

黄美元,徐英华,王庚辰.2005.大气环境学.北京:气象出版社.

李广超,傅梅绮,等.2004.大气污染控制技术.北京:化学工业出版社.

刘培桐.1995.环境学概论.北京:高等教育出版社.

卢昌义.2012.现代环境科学概论.厦门:厦门大学出版社.

蒲恩奇.1999.大气污染治理工程.北京:高等教育出版社.

钱易,唐孝炎.2000.环境保护与可持续发展.北京:高等教育出版社.

芮魏,谭明典,张芳,等.2014.大气颗粒物对健康的影响.中国科学:生命科学,44:623—627.

唐孝炎,张远航,邵敏.2006.大气环境化学.北京:高等教育出版社.

陶福禄,冯宗炜.1999.中国南方生态系统的酸沉降临界负荷.中国环境科学,19(1):14—17.

王晓蓉.1993.环境化学.南京:南京大学出版社.

吴沈春.1982.环境与健康.北京:人民卫生出版社.

叶雪梅,郝吉明,段雷,等.2002.中国地表水酸沉降临界负荷的区划.环境科学,23(3):18—22.

张新民.2006.空气污染学.天津:天津大学出版社.

中国气象局.2003.地面气象观测规范.北京:气象出版社.

朱慎林,赵毅红,周中平.2001.清洁生产导论.北京:化学工业出版社.

Carlisle A J,Sharp N C C.2001.Exercise and outdoor ambient air pollution.Br J Sports Med,35:214—222.

Daigle C C,Chalupa D C,Gibb F R,et al.2003.Ultrafine particle deposition in humans during rest and exercise.Inhal Toxicol,15:539—552.

Huang R J,Zhang Y,Bozzetti C,et al.2014.High secondary aerosol contribution to particulate pollution during haze events in China.Nature.514:218—22.

Manahan S E.1984.Environmental chemistry.Boston:Willard Grant Press.

Miller J.2004.Living in the environment.Thirteenth Edition.北京:高等教育出版社.

Miller K A,Siscovick D S,Sheppard L,et al.2007.Long-term exposure to air pollution and incidence of cardiovascular events in women.N.Engl.J.Med.356:447—458.

Pekkanen J,Peters A,Hoek G,et al.2002.Particulate air pollution and risk of ST-segment depression during repeated submaximal exercise tests among subjects with coronary heart disease.Circulation,106:933—938.

Örjan Gustafsson,Kruså M,Zencak Z,et al.2009.Brown Clouds over South Asia:Biomass or Fossil Fuel Combustion? Science.323:495—498.

Seinfeld J H.1986.Atmospheric chemistry and physics of air pollution.New York:John Wiley & Sons.

Stern A C.1986.Air pollution.Academic Press,Inc.

Sun Q H，Wang A X，Jin X M，et al. 2005. Long-term air pollution exposure and acceleration of atherosclerosis and vascular inflammation in an animal model. JAMA，294：3003—3010.

Wang G，Zhang R，Gomez M E，et al. 2016. Persistent sulfate formation from London Fog to Chinese haze. Proceedings of the National Academy of Science. 113：13630—13635.

Wark K，Warner C F. 1981. Air pollution：it's origin and control. New York：Harper and Row Publishers.

第三章 水体污染与防治

　　在学习水的分布、水的循环、天然水的水质、水质指标与水质标准等基础知识的基础上,重点掌握水体污染的来源与主要污染物、水体污染的特征及其危害,了解污染物在水体中的扩散与转化规律,掌握水环境污染防治的基本原理与处理方法。

第一节　水资源与水质指标

一、水资源与水循环

(一)水资源

　　水是地球上分布最广的物质,大约形成于38亿年前,是人类环境的一个重要组成部分,它以固态水、液态水、气态水的形式广泛分布于海洋、陆地与大气之中,并构成一个大体连续、相互作用,又相互不断交换的圈层,即水圈。水圈包括江河湖海中一切淡水、咸水、土壤水、浅层和深层地下水以及南北两极冰帽和各大陆高山冰川中的冰,还包括大气圈中的水蒸气和水滴,以及生物体内的水。

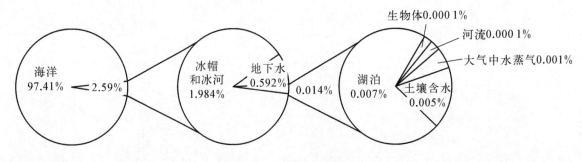

图 3-1　地球上水的分布

　　据水文地理学家的估算,全球总储水量约为 $13.86 \times 10^8\ km^3$,主要由海洋水、陆地水和大气水三部分构成。其中,海洋水量为 $13.5 \times 10^8\ km^3$,占地球总水量的 97.41%,这部分水不能直接为人类社会利用;陆地上湖泊、河流、冰川与地下水等水体的总量约 $0.36 \times 10^8\ km^3$,占地球总水量的 2.59%。在这"2.59%"中,80%又是以冰盖与冰川的形式位于难于开发利用的南极地区,其次为地下水,人类可利用的淡水总量只有 $101\ 700\ km^3$,不足世界总水量的 1%。这部分淡水直接供应人类生活、生产需要,与人类的关系最密切,虽然在较长时间内可以保持平衡,但在一定时间、空间范围内,它的数量却是有限的,并不是取之不尽、用之不竭的。此外,大气水量约 $1.3 \times 10^4\ km^3$,占地球总水量的 0.001%。地球上水的分布如图 3-1 所示,各种水的蓄积量如表 3-1 所示。

表 3-1　地球上水的分布 　　　　　　　　　　　　　　　　　　　　(单位:km^3)

总水量	海洋水	陆　地　水							大气水
		河水	湖泊淡水	内陆湖咸水	土壤水	地下水	冰盖/冰川中的水	生物体内的水	
		1 700	100 000	105 000	70 000	8 200 000	27 500 000	1 100	
1 385 990 800	1 350 000 000			35 977 800					13 000

（二）水循环

地球上水的总储量是有限的,是不能新生的,但却能通过水的循环而再生。根据水循环的驱动原因、过程及其特征差异,水循环可以分为自然循环和社会循环两种类型。

1. 水的自然循环　传统意义上的水循环即水的自然循环,它是指地球上各种形态的水在太阳辐射和重力作用下,通过蒸发、水汽输送、凝结降水、下渗、径流等环节,不断发生相态转换的周而复始的运动过程。从全球范围看,典型的水的自然循环过程可表达为:从海洋的蒸发开始,蒸发形成的水汽大部分留在海洋上空,少部分被气流输送至大陆上空,在适当的条件下这些水汽凝结成降水。海洋上空的降水回落到海洋,陆地上空的降水则降落至地面,一部分形成地表径流补给河流和湖泊,一部分渗入土壤与岩石空隙,形成地下径流,地表径流和地下径流最后都汇入海洋。由此构成全球性的连续有序的水循环系统(图3-2)。

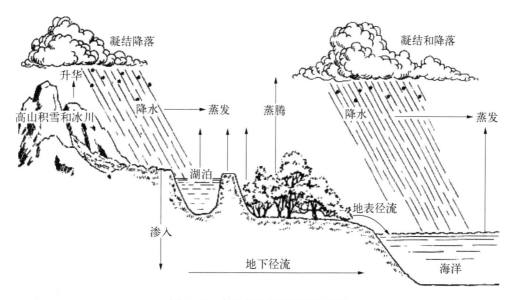

图3-2　水的自然循环过程示意图

水的自然循环服从质量守恒定律,地球的水循环可视为是闭合系统,而局部地区的水循环则通常是既有水输入又有水输出的开放系统。局部地区水循环在空间和时间上的不均匀,可能导致某些时段某些地点出现严重旱灾或洪涝。

水的自然循环一方面可使地球上的水资源不断得到更新,成为一种可再生的资源;另一方面在水的自然循环过程中几乎每一个环节都有杂质混入,使水质发生变化。

2. 水的社会循环　水的社会循环是指人类社会由于生产与生活的需求,从各种天然水体中取用大量的水,使用后又以生活污水、生活废水(工业废水与农业退水等)等形式排出,最终又流入天然水体之中。由此构成了一个以人类社会为中心的局部循环体系,我们称之为水的社会循环(图3-3)。

水的社会循环也同样服从质量守恒定律,但是在水的"抽提、使用与排出"这一过程中,水质会出现明显变化。人类抽取河水和湖水,并用于工农业生产与生活消费,在此过程中污染物可能进入水中并产生污水,因此,以上环节产生的污水需通过污水处理系统妥善处理,然后再排放到邻近的河流、湖泊或海洋之中。

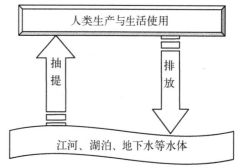

图3-3　水的社会循环过程示意图

二、天然水的水质

(一)天然水的水质

在自然界中不存在化学概念上的纯水。天然水在循环过程中不断地与环境中的各种物质相接触,或多或少地溶解它们,所以天然水实际上是一种成分极其复杂的溶液。不同的水体在不同的环境条件下所形成的天然水化学成分和含量差别很大。研究表明,天然水中含有的物质几乎包括元素周期表中所有的化学元素,俄国学者阿列金曾把天然水中的溶质成分概略性地分为五类。

1) 溶解性气体:水中溶解的主要气体有 N_2(61%)、O_2(34%)、CO_2 和 H_2S,微量气体有 CH_4、H_2、He 等。

2) 主要离子:Na^+、K^+、Ca^{2+}、Mg^{2+}、Cl^-、SO_4^{2-}、HCO_3^-、CO_3^{2-} 是天然水中含量最多的 8 种离子,其含量占天然水中离子总量的 95%~99%。

3) 营养物质:水中的营养物质主要是氮和磷的化合物。

4) 微量元素:包括天然水中含量低于 0.01%的阴离子(如 I^-、Br^-、F^-)、微量金属离子、放射性元素等。

5) 有机物质:水中的有机物质主要是腐殖质胶体等。

天然水复杂的化学成分,既是水的自然循环的必然结果,又是维系全球生态系统生存、发展的必要条件。但受水的社会循环影响,天然水的化学成分、化学性质及物理、生物特性等均会出现明显变化,并对地球生态产生重大影响。

(二)天然水体的水质特征

1. 大气降水　　大气降水的水质在很大程度上与降水地区的环境条件密切相关,靠近海岸处的降水可混入风卷入的海水飞沫,其中 Na^+、Cl^- 含量较高;内陆的降水可混入大气中的灰尘、细菌,城市和工业区上空的降水可混入煤烟、工业粉尘等。

但总的来看,大气降水是杂质较少而矿化度很低的软水,其含盐量一般为 3~50 mg/L。纯净的雨水因溶有空气中的 CO_2,形成碳酸(H_2CO_3),所以具有微酸性,pH 在 5.6~7.0。一般降水开始时杂质较多,长期降雨后,杂质变少。

2. 河水　　河水的水质受流域范围内的气候条件、集水区被侵蚀的岩石性质、补给水源成分、生物活动等因素影响。在局部河段,人类活动影响明显,如河流流经城市段多成为河流水质污染的严重地段。

河水的含盐量一般在 100~200 mg/L,世界河流平均含盐量约为 100 mg/L,我国河流平均含盐量约为 166 mg/L,但有些污染河段可达到很高的矿化度。河水中各种主要离子的比例为 Ca^{2+}>Na^+、HCO_3^->SO_4^{2-}>Cl^-,但也有不少河流是 Na^+>Ca^{2+},个别河流是 Cl^->HCO_3^-。河水中溶解氧在一般情况下呈现饱和状态,但若受到有机物污染则会出现缺氧状态,待有机污染物被氧化分解后又可恢复正常。

3. 湖水　　湖泊是河流及地下水补给而成的,其水的组成与湖泊所处的气候、地质、生物等条件密切相关。湖泊有着与河流不同的水文条件,湖水流动非常缓慢而蒸发表面积大,有相对稳定的水体且具有调节性,湖水的化学成分和河水相差很大。

湖水的矿化度可以由小于 1 g/L(外流湖)的淡水湖到大于 50 g/L(封闭湖)的盐湖,周期性径流湖的矿化度为 1~24.7 g/L。湖泊水质类型一般是淡水湖或低度咸水湖,其水质基本离子成分大多是 Ca^{2+}>Na^{2+}、HCO_3^->SO_4^{2-}>Cl^- 的类型,少量为 Na^+>Ca^{2+},而 Cl^->HCO_3^- 是咸水湖的特点。

4. 地下水　　水流缓慢,与岩石、土壤作用时间长,温度、压力变化大,生物作用弱、悬浮杂质少,水清澈透明,有机物、细菌含量少,受地面污染不直接。地下水的矿化度高,成分复杂,溶解盐类含量较大,硬度较大,含较多 Fe^{2+}、Mn^{2+}、NO_2^-、NO_3^-、H^+、As^{3+} 等。浅层地下水易受污染,受污染后不易恢复。

5. 海水　　海水的水质主要取决于入海河流径流量的大小、海流的性质和强弱,其次还受蒸发量与降水量的影响,海水的含盐量一般为 35 g/L。

三、水质指标与水质标准

(一) 水质指标

无论是天然水还是各种污水、废水里都含有一定数量的杂质。为了评价水的质量,必须明确水质和水质标准的概念。

水质是指水和其中所含的杂质共同表现出来的物理、化学和生物学的综合特性。各项水质指标则表示水中杂质的种类、成分、数量,是判断水质的具体衡量标准。水质指标项目多达百种,可分为物理性、化学性与生物学性三大类。

1. 物理性指标　属于这一类的水质指标主要为感官物理性指标,如温度、色度(反映水颜色的指标,颜色的定量程度就是色度,通常要求生活饮用水的色度小于 15 度)、嗅和味、浑浊度(水中悬浮物对光线透过时所发生的阻碍程度,生活饮用水的浊度不能超过 5 度)、透明度等。

除感官物理性指标外,还有残渣和电导率。残渣分为总残渣、可滤残渣和不可滤残渣三种。总残渣是水或污水在一定温度下蒸发,烘干后残留在器皿中的物质,包括不可滤残渣(即截留在滤器上的全部残渣,也称为悬浮物)和可滤残渣(即通过滤器的全部残渣,也称为溶解性固体)。悬浮物可影响水体的透明度,降低水中藻类的光合作用,限制水生生物的正常运动,减缓水底活性,导致水体底部缺氧,使水体同化能力降低。电导率又叫电阻率,是反映水的导电能力的一个参数,与水中的含盐量呈正相关,单位为西[门子]/米(S/m)。

2. 化学性指标　属于这一类的水质指标主要有以下三种。

1) 一般性化学指标,如 pH、碱度、硬度、阴离子、总含盐量、一般有机物质等。pH 是水中氢离子的负对数,是反映水体酸碱性的一个指标,pH 为 7 的溶液为中性,pH 越大溶液碱性越强,pH 越小酸性越强。略显碱性的水适合人体饮用,反渗透出水显酸性。硬度是指水中的容易同一些阴离子结合在一起产生沉淀的金属离子的总浓度。一般我们把水中含有的钙镁离子总量叫"硬度",每升水中含有相当于 10 mg 氧化钙为 1 度。硬度高的水容易结垢产生沉淀。

2) 有毒的化学性质指标,如各种重金属、氰化物、多环芳烃、各种农药等。

3) 氧平衡指标,如溶解氧(dissolved oxygen, DO)、化学需氧量(chemical oxygen demand, COD)、生化需氧量(bio-chemical oxygen demand, BOD)、总有机碳(total organic carbon, TOC)、总需氧量(total oxygen demand, TOD)。水中的 DO 是水生生物生存的基本条件,一般含量低于 4 mg/L 时鱼类就会窒息死亡。DO 高,适合微生物生长,水体自净能力强。有时 DO 是判断水体是否污染和污染程度的重要指标。COD 指在一定条件下采用一定的强氧化剂处理水样时所消耗的氧化剂的量。COD 越大,说明水体中有机物的含量越高,污染也就越严重。BOD 表示水中有机物经微生物分解时所需的氧量,用单位体积的污水所消耗的氧量(mg/L)表示。TOC 是指水中所有有机污染物质中的碳含量,耗氧过程是高温燃烧氧化过程,即把有机碳氧化为 CO_2,然后测得所产生 CO_2 的量,就可算出污水中有机碳的量。TOD 指水中被氧化的物质燃烧变成稳定的氧化物所需的氧量。

3. 生物性指标　一般包括细菌总数、总大肠菌群数、各种病源细菌、病毒等。细菌总数指单位体积水中的细菌总量,其检验方法是在玻璃平皿内,接种 1 ml 水样或稀释水样于加热液化的营养琼脂培养基中,冷却凝固后在 37℃ 培养 24 小时,培养基上的菌落数乘以水样的稀释倍数即为细菌总数。总大肠菌群数又称大肠菌群指数,是水样中大肠菌群数目的表示方法,一般指 1 L 水样中能检出的大肠菌群数。

(二) 水质标准

水质标准是人们在一定的时期和地区内,依据水质污染与效应的关系及一定的目标而制定的对水的质量要求的规定。它是经权威机关批准和颁布的特定形式的文件。有国务院各主管部委、局颁布的国家标准,省、市一级颁布的地方标准,有不同行业统一颁布的行业标准和各大型全国性企业统一颁布的企业标准。

不同用途的水质要求有不同的质量标准。根据供水目的的不同,存在着饮用水水质标准、农用灌溉水水质标准等。各种工业生产对水质要求的标准也各不相同。农田灌溉用水的水质一般需考虑 pH、含盐量、盐分组成、钠离子与其他阴离子的相对比例、硼和其他有益或有毒元素的浓度等指标。

第二节 水体污染概述

水体污染是指当污染物进入河流、湖泊、海洋或地下水等水体后,其含量超过了水体的自净能力,使水体的水质和水体底质的物理、化学性质或生物群落组成发生变化,从而降低了水体的使用价值及使用功能的现象。

一、水体污染源

水体污染源有自然污染源和人为污染源两大类。自然污染源是指自然界自发向环境排放有害物质、造成有害影响的场所,人为污染源则是指人类社会经济活动所形成的污染源。水体污染最初主要是自然因素造成的,如地表水渗漏和地下水流动将地层中某些矿物质溶解,使水中盐分、微量元素或放射性物质浓度偏高,导致水质恶化;自然污染源一般只发生在局部地区,其危害往往也具有地区性。随着人类活动范围和强度的加大,人类生产、生活活动逐步成为水污染的主要原因。根据人类活动的不同形式,可以将水体污染源分成以下几种类型。

(一)工业废水

随着工业化进程的不断发展,企业在生产过程中排出的"工艺过程用水、机械设备冷却水、烟气洗涤水、设备和场地清洗水、生产废液残渣"等越来越多,工业废水已成为水体污染最重要的污染源。不同工业企业由于其生产产品、生产过程与生产工艺等方面的差异,其废水中的污染物有很大差异,表现出不同的水质特点(表3-2)。

表3-2 工业废水的水质特点

工业部门	工业企业性质	废水特点
化工业	化肥、纤维、橡胶、染料、塑料、农药、油漆、洗涤剂、树脂	有机物含量高,pH变化大,含盐量高,成分复杂,难生物降解,毒性强
石油化工业	炼油、蒸馏、裂解、催化、合成	有机物含量高,成分复杂,水量大,毒性较强
冶金业	选矿、采矿、烧结、炼焦、冶炼、电解、精炼、淬灭	有机物含量高,酸性强,水量大,有放射性,有毒性
纺织业	棉毛加工、漂洗、纺织印染	带色,pH变化大,有毒性
制革业	洗皮、鞣革、人造革	有机物含量高,含盐量高,水量大,有恶臭
造纸业	制浆、造纸	碱性强,有机物含量高,水量大,有恶臭
食品业	屠宰、肉类加工、油品加工、乳制品加工、水果加工、蔬菜加工等	有机物含量高,致病菌多,水量大,有恶臭
动力业	火力发电、核电	高温,酸性,悬浮物多,水量大,有放射性

根据废水中所含污染物的性质,工业废水可分为有机废水、无机废水、重金属废水、放射性废水、热污染废水、酸碱废水以及混合废水等;根据产生废水的行业性质,又可分为造纸废水、石化废水、农药废水、印染废水、制革废水、电镀废水等。

总的来看,工业废水呈现如下几个特点:

1) 污染量大。工业行业用水量大,其中70%以上转变为工业废水排入环境,废水中污染物浓度一般也很高,如造纸和食品等行业的工业废水中,有机物含量很高,BOD_5常超过2 000 mg/L,有的甚至高达30 000 mg/L以上。

2) 成分复杂。工业污染物成分复杂、形态多样,包括有机物、无机物、重金属、放射性物质等有毒有害污染物。特别是随着合成化学工业的发展,世界上已有数千万种合成品,每周又有数百种新的化学品问世,在生产过程中这些化学品(如多氯联苯)不可避免地会进入废水当中。污染物质的多样性极大地增加了工业废水处理的难度。

3）感官不佳。工业废水常带有令人不悦的颜色或异味,如造纸废水的浓黑液,呈黑褐色,易产生泡沫,具有令人生厌的刺激性气味等。

4）水质水量多变。工业废水的水量和水质随生产工艺、生产方式、设备状况、管理水平、生产时段等的不同而有很大差异,即使是同一工业的同一生产工序,生产过程中水质也会有很大变化。

(二) 生活污水

生活污水是人们日常生活中产生的各种污染物质的混合液,包括厨房、厕所、洗涤排出的污水,是水体的主要污染源之一。随着城市的发展和生活水平的提高,生活污水量及污染物总量都在不断增加,部分污染物指标(如 BOD_5)甚至超过工业废水成为水环境污染的主要来源。

不同城市的生活污水,其组成有一定差异。总的来看,生活污水具有如下特性:

1）生活污水中 99.9% 是水,固形物不到 0.1%,虽也含有微量金属(如锌、铜、铬、锰、镍和铅等),但污染物质以悬浮态或溶解态的有机物(如氮、硫、磷等盐类)和无机物(如纤维素、淀粉、脂肪、蛋白质及合成洗涤剂等)为主,其中的有机物质大多较易降解,在厌氧条件下易产生恶臭。

2）含有多种致病菌、病毒和寄生虫卵等。

3）含有大量合成洗涤剂,不易被生物降解。此外,洗涤剂中含有大量的磷,能引起水体富营养化。

(三) 农业污水

农业污水(也叫农业退水)是指在农业生产过程中农作物栽培、牲畜饲养、食品加工等过程排出的污水和液态废物。农业污水主要来自农田灌溉水和生活污水。农业生产用水量很大,是各类用水的大户。据统计,我国一年农业灌溉总用水量 $4\,000×10^8\ m^3$ 左右,占总用水量的 67%,如加上其他农业用水,估计整个农业用水量占到总用水量的 80%,是全国水资源最大可能利用量的 35%～40%。在农业生产过程中由于过量施加化肥和农药,从而导致农田地表径流中含有大量的氮、磷营养物质和有毒的农药,农业已成为大多数国家水环境最大的面污染源。

农业污水主要含有各种微生物、悬浮物、化肥、农药、不溶解固体和盐分等生物和化学污染物质。在污水灌溉区,河流、水库和地下水均会引起污染。一般而言,农业污水的特点有三:① 含有较高浓度的化肥和农药;② 有机质、植物营养素及病原微生物含量高;③ 农业污水面广、分散,难于收集,难于治理。

二、水体污染物及其环境效应

不同水体污染源有不同的污染物,这些污染物质的种类和环境效应可概括如下。

(一) 悬浮物

悬浮物是指悬浮在水中的细小固体或胶体物质,主要来自水力冲灰、矿石处理、建筑、冶金、化肥、化工、纸浆和造纸、食品加工等工业废水和生活污水。悬浮物的环境影响主要表现为以下几点。

1）使水体浑浊,从而影响水生植物的光合作用。

2）悬浮物的沉积还会窒息水底栖息生物,破坏鱼类产卵区,淤塞河流或湖库。

3）悬浮物中的无机和胶体物较容易吸附营养物、有机毒物、重金属、农药等,形成危害更大的复合污染物。

(二) 耗氧有机物

生活污水和食品、造纸、制革、印染、石化等工业废水中含有糖类、蛋白质、油脂、氨基酸、脂肪酸、酯类等有机物质。这些物质以悬浮态或溶解态存在于污废水中,排入水体后能在微生物作用下最终分解为简单的无机物二氧化碳和水,并消耗大量的氧,使水中溶解氧降低,因而被称为耗氧有机物。耗氧有机物是当前全球最普遍的一种水污染物,清洁水体中 BOD_5 含量应低于 3 mg/L,BOD_5 超过 10 mg/L 则表明水体已受到严重污染。耗氧有机物的环境影响主要表现在:

1) 在标准状况下,水中溶解氧约 9 mg/L。当溶解氧降至 4 mg/L 以下时,将严重影响鱼类和水生生物的生存;当溶解氧降低到 1 mg/L 时,大部分鱼类会窒息死亡。

2) 当溶解氧降至 0 时,水中厌氧微生物占据优势,有机物将进行厌氧分解,产生甲烷、硫化氢、氨和硫醇等难闻、有毒气体,造成水体发黑发臭,影响城市供水及工农业用水、景观用水。

(三)植物营养物

植物营养物主要指含氮、磷的无机物或有机物,主要来自生活污水、部分工业废水和农业退水。适量的氮、磷为植物生长所必需,但过多的营养物排入水体,则会产生严重的环境效应。

1) 水体出现富营养化现象。过多的营养物排入水体后会刺激水中藻类及其他浮游生物大量繁殖,导致水中溶解氧下降,水质恶化,鱼类和其他水生生物大量死亡,出现严重的富营养化现象。当水体出现富营养化时,大量繁殖的浮游生物往往使水面呈现红色、棕色、蓝色等颜色,这种现象发生在海域称为"赤潮",发生在江河湖泊则叫做"水华"。

2) 水体出现富营养化现象时一方面破坏水产资源,另一方面也对人们的生产与生活带来严重影响。如 2007 年 5 月 29 日太湖蓝藻暴发,供给全市市民的饮用水源也被蓝藻污染,结果引发无锡饮水告急。

(四)重金属污染物

重金属是指比重大于或等于 5.0 的金属,在自然界分布广泛,在正常的天然水体中含量很低。作为水污染物的重金属,主要是指汞、镉、铅、铬及砷等生物毒性显著的元素,也包括具有一定毒性的一般重金属如锌、镍、钴、锡等。最应引起人们注意的重金属污染物是铅、汞、镉。

铅可以作为农药及汽油、油漆、家具、瓷器等的添加剂。燃煤也会释放出大量的铅。铅的危害主要是会引起儿童智力发育障碍。儿童处于发育阶段,机体对铅毒的易感性较高。另外,高浓度的铅尘大多距地面 1 m 以下,这个高度恰好与儿童的呼吸带高度一致。因此,儿童通过呼吸进入体内的铅远远超过成人,加上某些儿童有吮吸手指的不洁行为,学习用具如铅笔、蜡笔、涂改笔及油漆桌椅中的铅,都可"趁机而入"。此外,铅在极低浓度下可经胎盘转移,损害胎儿及出生后婴儿的智能及生长发育。

汞是一种重要的化工产品,可以在采矿和相关的化工生产中流入环境而造成污染。另外燃煤、化妆品、日光灯、温度计等都可能含有一定数量的汞。如果大量吸入和接触,汞会对人的神经系统和肝脏、肾脏等器官产生严重的损坏。汞污染造成中毒最典型的就是"水俣病"。1956 年,日本水俣湾附近发现了一种奇怪的病。这种病症最初出现在猫身上,被称为"猫舞蹈症"。病猫步态不稳,抽搐、麻痹,甚至跳海死去,被称为"自杀猫"。随后不久,此地也发现了患这种病症的人。患者由于脑中枢神经和末梢神经被侵害,轻者口齿不清、步履蹒跚、面部痴呆、手足麻痹、感觉障碍、视觉丧失、震颤、手足变形,重者神经失常,或酣睡,或兴奋,身体弯弓高叫,直至死亡。后来研究证明,汞来自湾边的一个化工厂的污水排放。

镉用途很广,镉盐、镉蒸灯、颜料、烟雾弹、合金、电镀、焊药、标准电池等,都要用到镉。镉是一种毒性很大的重金属,其化合物也大都属毒性物质。日本富县的神通川流域出现的"痛痛病"就是镉环境污染造成的人类健康公害事件之一。由于矿山废水污染了农田,镉通过食物链进入了人体,慢慢积累在肾脏和骨骼中并引发了中毒。患了"痛痛病"的人,主要症状为骨质疏松。曾有一个患者,打了一个喷嚏,全身数处发生骨折,后来发展为骨质软化和萎缩。患者疼痛加剧,自下肢开始,再到膝、腰、背等各个关节,最后疼痛遍及全身,"痛痛病"因而得名。

重金属污染的特点是因其某些化合物的生产与应用的广泛,在局部地区可能出现高浓度污染。从重金属对生物与人体的毒性危害来看,重金属污染的特点表现为:

1) 重金属的毒性通常由微量所致,一般重金属产生毒性的浓度范围在 $1\sim10$ mg/L,毒性较强的金属汞、镉等为 0.01～0.001 mg/L。

2）重金属及其化合物的毒性几乎都通过与机体结合而发挥作用,某些重金属可在生物体内转化为毒性更强的有机化合物,如著名的日本水俣病就是由汞的甲基化作用形成甲基汞,破坏人的神经系统所致。

3）重金属污染物一般具有潜在危害性。它们与有机污染物不同,水中的微生物难于使之分解消除,经过"虾吃浮游生物,小鱼吃虾,大鱼吃小鱼"的水中食物链被富集,浓度逐级加大。而人正处于食物链的终端,通过食物或饮水,将有毒物摄入人体。若这些有毒物不易排泄,将会在人体内积蓄,引起慢性中毒。

（五）难降解有机物

难降解有机物是指那些难以被微生物降解的有机物,它们大多是人工合成的有机物。例如,有机氯化合物、有机芳香胺类化合物、有机重金属化合物以及多环有机物等。它们的特点是能在水中长期稳定地存留,并通过食物链富集最后进入人体。它们中的一部分化合物具有致癌、致畸和致突变的作用,对人类的健康构成了极大的威胁。

（六）石油类

石油污染来源主要是工业排放、石油运输船清洗船舱和机件、意外事故时油的溢出、海上及陆上采油等造成的。水体中油污染的危害是多方面的。

1）含有石油类的废水排入水体后形成油膜,阻止大气对水的复氧,并妨碍水生植物的光合作用。

2）石油类经微生物降解需要消耗氧气,造成水体缺氧。

3）石油类黏附在鱼鳃及藻类、浮游生物上,可致其死亡;石油类还可抑制水鸟产卵和孵化。

4）石油类的组成成分中含有多种有毒致癌物质,如苯并芘、苯并蒽芘等,食用受石油类污染的鱼类等水产品,会危及人体健康。

5）破坏优美的海滨风景,降低疗养、旅游地功能。

（七）酸碱

水中的酸主要来源于矿山排水及许多工业废水,如化肥、农药、黏胶纤维、酸法造纸等工业废水;碱性废水主要来自碱法造纸、化学纤维制造、制碱、制革等工业的废水。酸碱污染的环境效应为:

1）会使水体 pH 发生变化,破坏水的自然缓冲作用,消灭或抑制细菌及微生物的生长,妨碍水体自净,影响水生生态系统的平衡。例如,当 pH<6.5 或 pH>8.5 时,水中微生物的生长就会受到抑制。

2）严重的酸碱污染还会腐蚀船只、桥梁及其他水上建筑。

3）酸碱污染会使水的含盐量增加,对工业、农业、渔业和生活用水都会产生不良的影响。

（八）病原体

生活污水、医院污水和屠宰、制革、洗毛、生物制品等工业行业废水,常含有各种病原体(如病毒、病菌、寄生虫),传播霍乱、伤寒、胃炎、肠炎、痢疾及其他多种病毒传染疾病和寄生虫病。1848 年、1854 年英国两次霍乱流行,1892 年德国汉堡霍乱流行,都是由水中病原体引起的。

（九）热污染

天然水体接受"热流出物"而使水温升高的现象叫热污染。火力发电厂、核电站的冷却水、炼钢、炼油产生的冷却水是主要来源。水温升高的环境影响表现在:

1）降低了水中溶解氧的含量;

2）水温升高后,水体生化反应速度加快,0～40 ℃内温度每升高 10 ℃,可使化学反应速度增加约一倍,使某些化合物的毒性提高。

3) 破坏了水生生态平衡,加速细菌繁殖,限制鱼类繁殖,使鱼死亡等(助长水草)。

(十) 放射性物质

放射性物质主要来自核工业部门和使用放射性物质的民用部门。放射性物质污染地表水和地下水,影响饮水水质,并且通过食物链对人体产生内照射,可能出现头痛、头晕、食欲下降等症状,继而出现白细胞和血小板减少,超剂量的长期作用可导致肿瘤、白血病和遗传障碍等。

三、不同水体污染的特征

人类活动排放的各种污染物质,通过多种途径进入河流、湖泊、海洋或地下水等水体,当超过水体的自净能力时,将使水环境的物理、化学、生物特性发生改变,最终对人类的生产、生活及生态环境造成一系列不利影响。

(一) 河流污染特征

所谓河流污染是指有毒有害物进入河流的数量超过了河流的自净能力,从而造成河流水环境质量降低,影响到水体使用功能的现象。河流污染具有以下特点:

(1) **污染程度随径流量变化** 河流的径流量和入河的污水量、污染物量决定着河流的稀释比。在排污量相同的情况下,河流的径流量越大,河流污染的程度越轻,反之就越重。由于河流的径流量具有随时间变动的特点,因此河流污染的程度也表现出明显的时间变化特性。

(2) **污染扩散快** 河流是流动的,河流上游受到污染会很快影响到下游的水环境质量。从水污染对水生生物生活习性(如某些鱼类的洄游)的影响来看,一段河流受到污染后,可以迅速影响到整个河流的生态环境。

(3) **污染影响大** 河流特别是水质相对洁净的大江大河是目前人类主要的饮用水源,河流中种类繁多的污染物可以通过饮用水危害人类。不仅如此,河流还可通过水生动植物食物链以及农田灌溉等途径直接或间接危及人类健康。

(二) 湖泊(水库)污染

湖泊往往是一个地区的较低洼处,是数条河流的汇入点,也常常成为污染物的归宿地。湖泊污染就是指污染物质进入湖泊的数量超过了湖泊的自净能力,造成湖泊水体污染的现象。湖泊因为水流交换滞缓,从而呈现出一系列与河流污染不同的特点:

(1) **污染来源广、途径多、种类复杂** 湖泊污染的来源可分为外源和内源两大类。外源包括入湖河道携带的工业废水和生活污水,湖区周围的农田排水和降雨径流;内源包括船舶排水、养殖废水及底泥(包括湖内生物死亡后,经微生物分解产生的污染物)。总之,湖泊流域内的几乎一切污染物质,都可通过各种途径最终进入湖泊水环境。

(2) **污染稀释和搬运能力弱** 由于湖泊水面宽广、流速缓慢、水力停留时间较长,造成污染物质进入湖泊后,不易迅速被湖水稀释而达到充分混合,也难于通过湖流的搬运作用,经过出湖河流向下游输送,因此常会出现湖泊水质分布不均匀以及污染物向湖底沉降的现象,尤其是大容量深水湖泊更为显著。此外,流动缓慢的湖泊还使大气复氧作用降低,导致湖泊对某些污染物质的自净能力减弱。

(3) **生物降解和累积能力强** 湖泊是天然孕育水生动植物的有利场所,水生生物的大量繁殖,往往成为影响湖泊水质动态变化的重要因素。湖中生物对多种污染物具有降解作用,如在藻类、细菌或底栖动物的作用下,将有机污染物分解为二氧化碳和水,有利于湖泊的净化,然而某些毒性不大的污染物质也可能被转化成毒性很强的物质,如无机汞可被生物转化成甲基汞,使湖泊污染的危害加重。此外,湖中生物对某些污染物质还具有累积作用,这些污染物除了直接从湖水进入生物体外,还通过多级生物的吞食,在食物链中不断进行转移和富集。

(三) 地下水污染特征

地下水是埋藏于地表以下的天然水。由于地下水具有分布广泛、水质洁净、温度变化小、便于储存和开采等特点,因此地下水愈来愈成为城镇、工业区,特别是干旱或半干旱地区主要的供水水源。但当各种途径进入地下水的污染物质超过了地下水的自净能力时,就会造成地下水的污染。由于特殊的埋藏条件,地下水污染具有如下显著特点:

(1) 污染来源广泛　　地下水污染的途径多种多样,主要有:工业废水和生活污水未经处理而直接排入渗坑、渗井、溶洞、裂隙,进入地下水;工业废弃物和生活垃圾等固体废物,在无适当的防渗措施条件下,经雨水淋洗,有毒有害物质缓慢渗入地下水;用不符合灌溉水质标准的污水灌溉农田,或受污染的地表水体长期渗漏,从而进入地下水;在沿海地区过度开采地下水,使地下水位严重下降,海水倒灌污染地下水等。地下水的污染具有过程缓慢、不易发现的特点。

(2) 污染难于治理　　地下水在无光和缺氧的条件下,生物作用微弱,水质动态变化小,化学成分稳定,但如果受到污染,则难于再恢复其原来状态。加上污染溶液入渗所经过的地层还能起二次污染源的作用,因此即使彻底消除地下水的污染源,一般也需要十几年、甚至几十年才能使水质得到完全净化。

(3) 污染危害严重　　地下水是世界许多干旱、半干旱地区以及地表水污染严重地区重要的饮用和生产水源。据对我国 80 个大中城市的统计,以地下水作为供水水源的城市占 60% 以上,地下水污染对水资源短缺地区的生存和发展,无异于雪上加霜。

(四) 海洋污染特征

人类活动直接或间接地将物质或能量排入海洋环境(包括河口),以致损害海洋生物资源、危害人类健康、妨碍海洋渔业、破坏海水正常使用或降低海洋环境优美程度的现象,称为海洋污染。海洋是地球上最大的水体,具有巨大的自净能力,但这种对污染物的消纳能力并不是无限的。海洋污染的特点主要表现在:

(1) 污染源多而复杂　　海洋的污染源极其复杂,除了海上船舶、海上油井排放的有毒有害物,沿海地区产生的污染物直接注入海洋外,内陆地区的污染物也大都通过河流最后排入海洋。此外,大气污染物也可以通过气流运行到海洋上空,随降水进入海洋。因此海洋有地球上一切污染物的"垃圾桶"之称。

(2) 污染持续性强　　海洋是地球各地污染物的最终归宿。与其他水体污染不同,海洋环境中的污染物很难再转移出去。随着时间的推移,一些不能溶解或不易降解的污染物(如重金属和有机氯化物)会越积越多。DDT 进入海洋后,经过 10～50 年才仅能分解掉 50%,就是一例。

(3) 污染扩散范围大　　由于具有良好的水交替条件,海洋中的污染物可通过表流、潮汐、重力流等作用与海水进行很好的混合,将污染物质带到遥远的海域。例如,人类已从北冰洋和南极洲捕获的鲸鱼体内分别检出了 0.2 mg/kg 和 0.5 mg/kg 的多氯联苯,这表明多氯联苯已由近岸扩散到远洋,足见污染物在海洋环境中的扩散范围是相当大的。

四、水体污染的危害

水体受到污染后,会对人体的健康,工业生产、农作物生产等都会产生许多危害和不良影响。

(一) 对人体健康的危害

人类是地球生态系统中最高级的消费种群,环境污染对大气环境、水环境、土壤环境及生态环境的损伤和破坏最终都将以不同途径危及人类的生存环境和人体健康。各种污染物质通过饮用水、植物和动物性食物、各种工业性食品、医药用品及各种不洁的工业品使人体产生病变或损伤。

人喝了被污染的水或吃了被水体污染的食物,就会给健康带来危害。如 20 世纪 50 年代发生在日本的水俣病事件就是工厂将含汞的废水排入水俣湾的海水中,汞进入鱼体内并产生甲基化作用形成甲基汞,使污染物毒性增加并在鱼体中积累形成很高的毒物含量,人类食用这种污染鱼类就会引起甲基汞中毒而致病。人类每年向水体排放的工业废水中含有上万吨的汞,大部分最终进入海洋,对人类健康产生的潜在的长期危害相当严重,因此汞被视为危害最大的毒性重金属污染物。

饮用水中氟含量过高,会引起色素沉淀,严重时会引起牙齿脱落。相反含氟量过低时,会发生龋齿病等。人畜粪便等生物性污染物管理不当也会污染水体,严重时会引起细菌性肠道传染病,如伤寒、霍乱、痢疾等,也会引起某些寄生虫病。例如,1892 年德国汉堡市由于饮水不洁,导致霍乱流行。水体中还含有一些可致癌的物质,农民常常施用一些除草剂或杀虫剂,如苯胺、苯并芘和其他多环芳烃等,它们都可进入水体,这些污染物可以在悬浮物、底泥和水生生物体内积累,若长期饮用这样的水,就可能诱发癌症。据统计 20 世纪 90 年代水污染引发的癌症死亡率比 30 年前高出 1.45 倍。

(二) 对工业的影响

随着国民经济的发展,工业用水量越来越大,水资源短缺和水污染成为制约工业发展的主要因素。水质受到污染后,对工业的影响主要表现在三个方面:

1) 影响工业产品的产量和质量,造成严重的经济损失。某纺织厂有 7 种产品曾被评为全国和省内的优质产品,一种被评为纺织局名优产品,后因用水被污染,水洗工艺达不到要求,在 42×10^4 m 有色织布中仅有 2×10^4 m 达到优质标准。研究表明,我国水污染导致工业生产的经济损失每年高达 1 000 亿元以上(李锦秀等,2003)。

2) 增加工业用水的处理费用。某市 70 家纺织、印染、酿酒、化工、造纸和热电工厂,处理 0.5×10^8 t 硬水的费用由 1979 年 0.3 亿元增加到 1988 年 2.2 亿元。

3) 增加市政部门运营费用。水污染将导致城市供水成本增加、城市污水处理厂投资建设增加和运行费用增加。近年来,全国各地自来水价格不断上涨,其中自来水污水处理成本增加是重要原因之一。

此外,受到污染的水对工厂厂房、设备、下水道等产生腐蚀,也影响了正常的生产。

(三) 对农业的影响

农业是用水大户,水体污染后,将对农业生产产生重要影响。

1) 水污染使农业用水资源更加紧张。在我国用水结构中,农业用水占 73.4%,农业总缺水量 220×10^8 t,因缺水少生产粮食 350×10^8 kg 以上。如果按污染缺水占 25% 计算,则污染性农业缺水有 55×10^8 t,造成的粮食减产大约在 87.5×10^8 kg。

2) 水体污染后灌溉农田一方面会直接破坏土壤,导致耕地资源生产力提高受到严重制约,影响农作物的生长,造成减产,严重时则颗粒无收。例如,1974 年河北农民引蓟运河水浇小麦,由于河水中含过量的有害物质,致使近 5 万亩*小麦枯死。另一方面,一旦土壤被污染后,就在相当长时间内难以恢复,造成土地资源的浪费。我国目前受污染的耕地面积很大。根据中国渔业网公布的资料显示,江苏省有近 1/4 的耕地,约 1 600 万亩左右遭受重金属污染。由于水污染造成的耕地盐碱化很多,例如,山东省德州市夏津、武城两县,由于受河水污染,曾有 100 多万亩耕地盐碱化,河北省吴桥的 59 万亩耕地,有 40 多万亩遭到污染。

3) 水污染更重要的影响是使食物的质量安全不能得到保障。根据中国社会科学院环境与发展研究中心郑易生等估计,由于用污水灌溉造成受污粮食总产量达 $1 882 \times 10^4$ t。用污染的水灌溉农田,使病原体等通过粮食、蔬菜、鱼等食物链迁移到人体内,除了可造成人体的急性中毒外,绝大多数会对人体产生慢性危害。例如,污染水中的重金属通过水、土壤,在植物的生长过程中逐步渗入食品中。食用了被过量重金属元素污染的动植物后会对人体产生危害,如长期食用含有铬的食物会引起支气管哮喘、皮肤腐蚀、溃疡和变态性皮炎,特别是会引起呼吸系统癌症。

---

* 1 亩≈666.7 m²。

（四）对渔业的影响

当水体受到污染后，会直接危及水生生物的生长和繁殖，造成渔业减产。由于水体污染，全国 70%～80% 的主要河流不符合渔业水质标准，全国鱼虾绝迹的河流长达 240 km。如黄河的兰州段原有 18 个鱼种，其中 8 个鱼种现已绝迹。为弥补淡水鱼天然资源的不足，淡水养殖业发展很快，产量在渔业生产中所占比例越来越大。但是，淡水养殖水域也受到污染，急性死鱼事件时有发生。如 1984 年江苏骆马湖污染，50 多万公斤鱼急性中毒死亡；1985 年江苏独墅湖污染，60 多万公斤鱼死亡；近年来，武汉东湖多次出现 5 万公斤以上的死鱼事件。此外，由于水体污染也会使鱼的质量下降，据估算每年由于鱼的质量问题造成的经济损失多达 300 亿元。

五、水体自净作用与水环境容量

（一）水体的自净作用

水体自净是指污染物随污水排入水体后，经物理、化学与生物化学作用，使污染物浓度降低或总量减少，受污染的水体部分或完全地恢复原状的现象。水体所具备的这种能力称为水体自净能力或自净容量。水体的自净作用往往需要一定时间、一定范围的水域以及适当的水文条件。另一方面，水体自净作用还决定于污染物的性质、浓度以及排放方式等。若污染物的数量超过水体的自净能力，就会导致水体污染。

水体自净过程十分复杂，按其作用机制不同可以分成三类。

（1）物理自净　　物理自净是指污染物进入水体后，由于稀释、扩散和沉淀等作用，使水中污染物的浓度降低，使水体得到一定的净化，但污染物总量不变。物理自净能力的强弱取决于水体的物理及水文条件，如温度、流速、流量等，以及污染物自身的物理性质，如密度、形态、粒度等。物理自净对海洋和流量大的河段等水体的自净起着重要作用。

（2）化学自净　　化学自净是指污染物在水体中以简单或复杂的离子或分子状态迁移，并发生化学性质或形态、价态的转化，使水质发生化学性质的变化，减少污染危害，如酸碱中和、氧化还原、分解化合、吸附、溶胶凝聚等过程。这些过程能够改变污染物在水体中的迁移能力和毒性大小，也能改变水环境化学反应条件，影响化学自净能力的环境条件有酸碱度、氧化还原电势、温度、化学组分等。污染物自身的形态和化学性质对化学自净的影响也很大。

（3）生物自净　　生物自净是指水体中的污染物经过生物吸收、降解作用而使浓度降低的过程，如污染物的生物降解、生物转化和生物富集等作用。水体生物自净作用也称为狭义的自净作用。淡水生态系统中的生物净化以细菌为主，需氧微生物在溶解氧充足时，能够将悬浮和溶解在水体中的有机物分解成简单、稳定的无机物（二氧化碳、水、硝酸盐和磷酸盐等），使水体得到净化。水中的一些特殊的微生物种群和高等水生植物，如浮萍、凤眼莲等，能够吸收浓缩水中的汞、镉等重金属或难以降解的人工合成有机物，使水逐级得到净化。影响水体生物自净的主要因素是水中的溶解氧浓度、温度和营养物质的碳氧比例。水中溶解氧是维持水生生物生存和净化能力的基本条件，因此，它是衡量水体自净能力的主要指标。

水体自净的三种机制往往同时发生，并相互交织。哪一方面起主导作用，取决于污染物性质、水体的水文学和生物学特征。

水体污染恶化过程和水体自净过程是同时产生和存在的。但在某一水体的部分区域或一定的时间内，这两种过程总有一种相对主要，它决定着水体污染的总特征。这两种过程的主次地位在一定的条件下可以相互转化。如距离污水排放口近的水域，往往表现为污染恶化过程，形成严重污染区，在下游水域则以污染物净化过程为主，形成轻度污染区，再向下游最后恢复到原来水体质量状况。所以，当污染物排入清洁水体之后，水体一般呈现三个不同水质区，即水质恶化区、水质恢复区和水质清洁区。

（二）水环境容量

水体所具有的自净能力就是水环境接纳一定量污染物的能力。一定水体所能容纳污染物的最大负荷量被称为水环境容量。水环境容量与水体所处的自净条件(流量、流速等)、水体中的生物组成、污染物本身的性质等有关。一般来说,污染物的物理化学性质越稳定,水域环境容量越小;易降解有机物的水环境容量比难降解有机物的水环境容量大得多;而重金属污染物的水环境容量则很小。

水环境容量与水体的用途和功能密切相关。水体功能越强,其要求的水质目标越高,其水环境容量越小;反之,当水体的水质目标不太严格时,水环境容量可能较大。

水体对某种污染物的水环境容量的公式为

$$W = V (C_s - C_b) + C$$

式中,W 为某地面水体对某污染物的水环境容量(kg);V 为该地面水体的体积(m^3);C_s 为地面水中某污染物的环境标准值(水质目标)(g/L);C_b 为地面水中某污染物的环境背景值(g/L);C 为地面水对该污染物的自净能力(kg)。

第三节 污染物在水体中的扩散与转化

一、污染物在水体中的扩散

(一)污染物在水体中的运动特性

污染物进入水体之后,随着水的迁移运动、污染物的分散运动以及污染物质的衰减转化运动,使污染物在水体中得到稀释和扩散,从而降低了污染物在水体中的浓度,它起着一种重要的"自净作用"。根据自然界水体运动的不同特点,可形成不同形式的扩散类型,如河流、河口、湖泊以及海湾中的污染物扩散类型。这里重点介绍河流中污染物扩散。

1. 推流迁移   推流迁移是指污染物在水流作用下产生的迁移作用。推流作用只改变水流中污染物的位置,并不能降低污染物的浓度。

在推流的作用下污染物迁移通量的计算公式为

$$f_x = u_x c, \quad f_y = u_y c, \quad f_z = u_z c$$

式中,f_x、f_y、f_z 分别表示 x、y、z 方向上的污染物推流迁移通量;u_x、u_y、u_z 分别表示在 x、y、z 方向上的水流速度分量;c 为污染物在河流水体中的浓度。

2. 扩散运动   污染物在水体中的扩散运动包括分子扩散、湍流扩散和弥散。分子扩散是由分子的随机运动引起的质点扩散现象,是各向同性的。湍流扩散是水体湍流场中质点的各种状态的瞬时值相对于其平均值的随机脉动而导致的扩散现象,湍流扩散系数是各向异性的。弥散运动是由于横断面上实际的流速不均匀引起的,由空间各点湍流流速的时均值与流速时均值的系统差别所产生的扩散现象。在用断面平均流速描述实际运动时,必须考虑一个附加的、由流速不均匀引起的弥散作用。

3. 污染物的衰减和转化   进入水环境中的污染物可以分为保守物质和非保守物质两大类。

保守物质进入水环境以后,随着水流的运动而不断变换所处的空间位置,还由于分散作用不断向周围扩散而降低其初始浓度,但它不会因此而改变总量。重金属、很多高分子有机化合物都属保守物质。对于那些对生态系统有害,或暂时无害但能在水环境中积累,从长远来看是有害的保守物质,要严格控制排放,因为水环境对它们没有净化能力。

非保守物质进入水环境以后,除了随着水流流动而改变位置,并不断扩散而降低浓度外,还因污染物自身的衰减而加速浓度的下降。非保守物质的衰减有两种方式:① 由其自身的运动变化规律决定的;② 在水环境因素的作用下,由于化学的或生物的反应而不断衰减,如可以生化降解的有机物在水体中微生物作用下的氧化分解过程。

(二)河流水体中污染物扩散的稳定态解

在河流水体中处于稳定流动状态、污染源连续稳定排放的条件下,水中的污染物分布状况也是稳定的。

这时,污染物在某一空间位置的浓度不随时间变化,这种状态称为稳态。

假设在某种条件下,河流水运动的时间尺度很大,在这样的时间尺度下的污染物浓度的平均值保持在一种稳定的状态。这时,可以通过取时间平均值,将问题按稳态处理,以简化模型的复杂程度。这种平均的水流状态可以用稳态模型来描述。因为排入河流水体中的污染物能够与水介质相互融合,具有相同的流体力学性质,所以可以将污染物质点与水流一起分析。

一维模型　假定只在 x 方向上存在污染物浓度梯度,则稳态的一维模型为

$$D_x \frac{\partial^2 c}{\partial x^2} - u_x \frac{\partial c}{\partial x} - Kc = 0$$

这是一个二阶线性偏微分方程,其特征方程为

$$D_x \lambda^2 - u_x \lambda - K = 0$$

特征根为

$$\lambda_{1,2} = \frac{u_x}{2D_x}(1 \pm m)$$

式中,

$$m = \sqrt{1 + \frac{4KD_x}{u_x^2}}$$

若给定初始条件为:$x = 0$ 时,$c = c_0$。一维模型的解为

$$c = c_0 \exp\left[\frac{u_x x}{2D_x}\left(1 - \sqrt{1 + \frac{4KD_x}{u_x^2}}\right)\right]$$

对于一般条件下的河流,推流形成的污染物迁移作用要比弥散作用大得多,在稳态条件下,弥散作用可以忽略,则有

$$c = c_0 \exp\left(-\frac{K \cdot x}{u_x}\right)$$

c_0 也可以按下式计算,公式为

$$c_0 = \frac{Qc_1 + qc_2}{Q + q}$$

式中,Q 为河流流量;c_1 为河流中污染物的本底浓度;q 为排入河流的污水的流量;c_2 为污水中的某污染物浓度;c 为污染物的浓度,它是时间 t 和空间位置 x 的函数;D_x 为纵向弥散系数;u_x 为断面平均流速;K 为污染物的衰减速度常数。

例题:向一条河流稳定排放污水,污水流量 $q = 0.15$ m³/s,BOD₅ 浓度为 30 mg/L,河流流量 $Q = 5.5$ m³/s,流速 $u_x = 0.3$ m/s,BOD₅ 本底浓度为 0.5 mg/L,BOD₅ 的衰减速度常数 $K = 0.2d^{-1}$,纵向弥散系数 $D_x = 10$ m²/s,试求排放点下游 10 km 处的 BOD₅ 浓度。

$$c_0 = \frac{0.15 \times 30 + 5.5 \times 0.5}{5.5 + 0.15} = 1.2832(\text{mg/L})$$

计算考虑纵向弥散条件下的下流 10 km 处的深度为

$$c = 1.2832\exp\left[\frac{0.3 \times 10\,000}{2 \times 10}\left(1 - \sqrt{1 + \frac{4(0.2/86\,400)10}{0.3^2}}\right)\right] = 1.187\,93(\text{mg/L})$$

计算忽略纵向弥散条件下的下流 10 km 处的深度为

$$c = 1.2832\exp\left(-\frac{0.2 \times 10\,000}{0.3 \times 86\,400}\right) = 1.187\,91(\text{mg/L})$$

由本例可以看出,在稳态条件,忽略纵向弥散系数的结果与考虑纵向弥散系数时十分接近。

(三) 河流水质模型

1. 污染物与河水的混合　当污染物排入河流后,从污水排放口到污染物在河流横断面上达到均匀分布,通常要经过竖向混合与横向混合两个过程。

由于河流的深度通常要比宽度小很多,污染物排入河流后,在比较短的距离内就达到了竖向的均匀分布,亦即完成竖向混合过程。完成竖向混合所需的距离大约是水深的数倍至数十倍。在竖向混合阶段,河流中发生的物理作用十分复杂,它涉及污水与河水之间的质量交换、热量交换与动量交换等问题。在竖向混合阶段也发生横向混合作用。

从污染物达到竖向均匀分布到污染物在整个断面上达到均匀分布的过程称为横向混合阶段。在直线均匀河道中,横向混合的主要动力是横向弥散作用。在河曲中,由于水流形成的横向环流,大大加速了横向混合的进程,完成横向混合所需的距离要比竖向混合大得多。

在横向混合完成之后,污染物在整个断面上达到均匀分布。如果没有新的污染物输入,保守性污染物将一直保持恒定的断面浓度;非保守污染物则由于生物化学作用产生浓度变化,但在整个断面上的分布始终是均匀的。

在竖向混合阶段,由于研究的问题涉及空间三个方向,竖向混合问题又称为三维混合问题。相应的横向混合问题称为二维混合问题,完成横向混合以后的问题称为一维混合问题。

如果研究的河段很长,而水深、水面宽度都相对较小,一般可以简化为一维混合问题。处理一维混合问题要比二维、三维混合问题简单得多。

2. 生物化学分解　河流中的有机物由于生物降解所产生的浓度变化可以用一级反应式表达,公式为

$$L = L_0 e^{-kt}$$

式中,L 为 t 时刻的有机物的剩余生物化学需氧量;L_0 为初始时刻有机物的总生物化学需氧量;k 为有机物降解速度常数。

K 的数值是温度的函数,它和温度之间的关系可以表示为

$$\frac{K_T}{K_{T1}} = \theta^{T-T1}$$

若取 $T_1 = 20℃$,以 K_{20} 为基准,则任意温度 T 的 K 值为

$$K = K_{20} \theta^{T-20}$$

式中,θ 称为 K 的温度系数,其数值在 1.047 左右($T = 10 \sim 35℃$)。在实验中通过测定生化需氧量和时间的关系,可以估计 K 值。

河流中的生化需氧量(BOD)衰减速度常数 K_r 值的计算公式为

$$K_r = \frac{1}{t} \ln\left(\frac{L_A}{L_B}\right)$$

式中,L_A、L_B 为河流上游断面 A 和下游断面 B 处的 BOD 浓度;t 为 A、B 断面间的流行时间。

如果有机物在河流中的变化符合一级反应规律,在河流流态稳定时,河流中 BOD 的变化规律可以表达为

$$L = L_0 \left[\exp\left(K_x \frac{x}{u_x} \right) \right]$$

式中,L 为河流中任意断面处的有机物剩余 BOD 量;L_0 为河流中起始断面处的有机物 BOD 量;x 为自起始断面(排放点)的下游距离。

3. 大气复氧　水中溶解氧的主要来源是大气。氧由大气进入水中的质量传递速度可以表示为

$$\frac{\mathrm{d}c}{\mathrm{d}t} = \frac{K_L A}{V}(c_s - c)$$

式中,c为河流中溶解氧的浓度;c_s为河流水中饱和溶解氧的浓度;K_L为质量传递系数;A为气体扩散的表面积;V为水的体积。

对于河流,$A/V = 1/H$,H是平均水深,$(c_s - c)$表示河水中的溶解氧不足量,称为氧亏,用D表示,则公式为

$$\frac{\mathrm{d}c}{\mathrm{d}t} = K_a D$$

式中,K_a为大气复氧速度常数。

饱和溶解氧浓度C_s是温度、盐度和大气压力的函数,在101.32 kPa压力下,淡水中的饱和溶解氧浓度的计算公式为

$$C_s = 468/(31.6 + T)$$

式中,C_s为饱和溶解氧浓度(mg/L);T为温度(℃)。

4. 简单河段水质模型　简单河段是指只有一个排放口时的单一河段,研究时,一般把排放口置于河段的起点,即定义排放口处的纵向坐标$x = 0$。上游河段的水质视为河流水质的本底值。单一河段的模型一般比较简单,是研究各种复杂模型的基础。

描述河流水质的第一个模型是由斯特里特(H. Streeter)和菲尔普斯(E. Phelps)在1925年建立的,简称为S-P模型。S-P模型是描述一维稳态河流中BOD-DO的变化规律。

在建立S-P模型时,提出如下基本假设:河流中的BOD的衰减和溶解氧的复氧都是一级反应,反应速度是定常的,河流中耗氧是由BOD的衰减引起的,而河流中的溶解氧来源则是大气复氧。

S-P模型是关于BOD和DO的耦合模型,公式为

$$\begin{cases} \dfrac{\mathrm{d}L}{\mathrm{d}t} = -K_d L & (\text{BOD方程}) \\ \dfrac{\mathrm{d}D}{\mathrm{d}t} = K_d L - K_a D & (\text{DO方程}) \end{cases}$$

式中,L为河水中BOD值;D为河水中的氧亏值;K_d为河水中BOD衰减(耗氧)速度常数;K_a为河水中复氧速度常数;t为河段内河水的流行时间。

S-P模型的解析解为

$$\begin{cases} L = L_0 e^{-K_d t} \\ D = \dfrac{K_d L_0}{K_a - K_d}[e^{-K_d t} - e^{-K_a t}] + D_0 e^{-K_a t} \end{cases}$$

式中,L_0为河流起始点的BOD值;D_0为河流起始点的氧亏值。

河流中溶解氧的计算公式为

$$O = O_s - D = O_s - \frac{K_d L_0}{K_a - K_d}[e^{-K_d t} - e^{-K_a t}] - D_0 e^{-K_a t}$$

式中,O为河水中的溶解氧值;O_s为饱和溶解氧值。该式称为S-P氧垂公式。

在很多情况下,人们希望能够找到溶解氧浓度最低的点——临界点。在临界点河水的氧亏值最高,且变化速度为零,则$\dfrac{\mathrm{d}D}{\mathrm{d}t} = K_d l - K_a D_c = 0$

由此得

$$D_c = \frac{K_d}{K_a} L_0 e^{-K_d t_c}$$

式中,D_c为临界点的氧亏值;t_c为由起始点到达临界点的流行时间。

临界氧亏发生的时间 t_c可以由下式计算,公式为

$$t_c = \frac{1}{K_a - K_d}\ln\left\{\frac{K_a}{K_d}\left[1 - \frac{D_0(K_a - K_d)}{L_0 K_d}\right]\right\}$$

S-P模型广泛应用于河流水质的模拟预测中,也用于计算允许最大排污量。

二、污染物在水体中的转化

总的来看,污染物进入水体后的转化可分为三种情况:① 有机物在水中经微生物的转化作用可逐步降解为无机物,从而消耗水中溶解氧;② 难降解的人工合成的有机物形成特殊污染;③ 重金属污染物发生形态或状态的迁移转化。

(一)水体中耗氧有机物降解

水体中耗氧有机物主要指动、植物残体和生活污水及工业废水中碳水化合物、脂肪、蛋白质等易分解的有机物,它们在分解过程中消耗水中的溶解氧,使水质恶化。有机物在水体中的降解是通过化学氧化、光化学氧化和生物化学氧化来实现的。其中,生物化学氧化具有重要意义,下面主要介绍有机物的生物化学分解。

1. 有机物生物化学分解

进入水体的天然有机化合物,如碳水化合物(糖类)、纤维素、脂肪、蛋白质等,一般较易通过生化降解,其降解通过两大基本反应来完成。

(1)水解反应　　水解反应是水与另一化合物反应,该化合物分解为两部分,水中氢原子加到其中的一部分,而羟基加到另一部分,因而得到两种或两种以上新的化合物的反应过程。水体中耗氧有机物的水解反应主要指复杂的有机物分子遇水后,在水解酶参与作用下,分解为简单的化合物的反应。其中一些反应可发生在细菌体外,如蔗糖本身包含葡萄糖和果糖两部分,水解后分为葡萄糖与果糖两个分子。

蔗糖　　　　　　　　　　　　　　　　　　葡萄糖　　　　果糖

另一类水解反应可在微生物细胞内进行,如化合物的碳链双键在加水后转化成单键,反应式为

(2)氧化反应　　生物氧化作用主要有脱氢作用与脱羧作用两类。

1)脱氢作用:脱氢作用有两种类型,一种是从—CHOH—基团脱氢,如乳酸形成丙酮酸的反应,反应式为

$$CH_3CHOHCOO \rightleftharpoons CH_3COCOO + 2H^+ + 2e$$

乳酸　　　　　　丙酮酸

另一种是从—CH$_2$CH$_2$—基团脱氢,如由琥珀酸脱氢形成延胡索酸的反应,反应式为

$$COOCH_2CH_2COO \Longrightarrow COOCH \Longequal CHCOO + 2H^+ + 2e$$

2)脱羧作用:脱羧作用是生物氧化中产生 CO$_2$ 的主要过程,其反应式为

$$RCOCOOH \longrightarrow RCOH + CO_2$$

2. 代表性耗氧有机物的生物降解

(1) 碳水化合物的生化降解　　碳水化合物也叫糖,是自然界存在的最多的一类有机化合物,是一切生命体维持生命活动所需能量的主要来源。糖也是由碳、氢、氧组成的不含氮的有机物,通式为 C$_n$(H$_2$O)$_m$,根据分子构造的特点它通常可分为单糖、二糖和多糖。

碳水化合物的生化降解首先是微生物在细胞膜外通过水解使其从多糖转化为二糖,其反应式为

$$(C_6H_{10}O_5)_n + \frac{n}{2}H_2O \longrightarrow \frac{n}{2}C_{12}H_{22}O_{11}$$

转化为二糖或单糖后,透入细胞膜内,在细胞内部或外部二糖可再水解为单糖,在细胞内部单糖可作为能源而被利用。例如,乳糖、纤维二糖都可转化为葡萄糖。

$$C_{12}H_{22}O_{11} + H_2O \longrightarrow 2C_6H_{12}O_6$$

进一步的变化,无论是在有氧或无氧条件下,单糖都可以转化为丙酮酸。

$$C_6H_{12}O_6 \xrightarrow[\text{酶}]{\text{细菌}} 2CH_3\overset{\overset{\text{O}}{\|}}{C}COOH + 4H$$

此过程统称为糖解过程。在有氧条件下,丙酮酸在乙酰辅酶 A 作用下进入三羧酸循环,最终被完全氧化成二氧化碳和水。

$$2CH_3\overset{\overset{\text{O}}{\|}}{C}COOH + 4H + 6O_2 \xrightarrow[\text{酶}]{\text{细菌}} 6CO_2 + 6H_2O$$

在无氧条件下,丙酮酸不能充分氧化,而是把丙酮酸本身作为受氢体,反应的最终产物是各种酸、酮、醇等,这是它的发酵过程。在一发酵过程中碳水化合物发酵分解产生大量有机酸,有时超过水体的缓冲能力,使 pH 下降,甚至会抑制细菌的生命活动,这叫酸性发酵。

(2) 含氮有机物的降解　　含氮有机物是指除碳、氢、氧外,还含有氮、硫、磷等元素的有机化合物,其中包括蛋白质、氨基酸以及尿素、胺类、腈类、硝基化合物等。一般来说,含氮有机物的生物降解难于不含氮有机物,其产物污染性强。同时,它的降解产物与不含氮有机物的降解产物会发生相互作用,影响整个降解过程。

蛋白质是由多种氨基酸分子组成的复杂有机物,含有羧基(—COOH)和氨基(—NH$_2$),由肽键(R—CONH—R$'$)连接起来。它的降解首先包括肽键的断开和羧基、氨基的脱除,然后是逐步的氧化。蛋白质分子量很大,不能直接进入细胞,所以细菌利用蛋白质的第一步,也是先在细胞体外发生水解,由细菌分泌的水解酶起催化作用,蛋白质在水解中断开肽键,分解成具较小分子量的各部分,其反应通式为

蛋白质水解到达二肽阶段可以进入细胞膜内。氨基酸在细胞内的进一步分解可在有氧或无氧条件下进行。其反应形式有多种,主要是通过氧化还原反应脱除氨基。

氨基酸在有氧条件下脱氨生成含有不少于一个碳原子的饱和酸,反应式为

$$CH_3\underset{\underset{NH_2}{|}}{CH}COOH + O \longrightarrow CH_3COCOOH + NH_3$$

丙氨酸   丙酮酸

有氧脱氨、脱碳反应式为

$$CH_3\underset{\underset{NH_2}{|}}{CH}COOH + O_2 \longrightarrow CH_3COOH + CO_2 + NH_3$$

水解脱氨反应式为

$$CH_3\underset{\underset{NH_2}{|}}{CH}COOH + H_2O \longrightarrow CH_3\underset{\underset{OH}{|}}{CH}COOH + NH_3$$

乳酸

无氧时,加氢还原脱氨反应式为

$$CH_3\underset{\underset{NH_2}{|}}{CH}COOH + 2H \longrightarrow CH_3CH_2COOH + NH_3$$

丙酸

氨基酸分解生成的有机酸,同碳水化合物一样,在有氧条件下可经过三羧酸循环,完全氧化为 CO_2 和 H_2O,在无氧条件下就要发生发酵过程。脱氨基的结果生成 NH_3,这种过程称为蛋白质的氨化作用。NH_3 在水中水解生成氢氧化铵,会提高水的 pH,在促成甲烷发酵中起作用。在有氧条件下,NH_3 进一步发生硝化作用。

蛋白质中含硫的氨基酸主要是胱氨酸以及蛋氨酸,它们的分解会生成硫化氢。例如,在有氧条件下反应式为

$$HOOC—\underset{\underset{NH_2}{|}}{CH}CH_2SH + O_2 \longrightarrow NH_3 + H_2S + 其他产物$$

半胱氨酸

在无氧条件下反应式为

$$HOOC—\underset{\underset{NH_2}{|}}{CH}CH_2SH + 2H_2O \longrightarrow CH_3COOH + HCOOH + NH_3 + H_2S$$

硫化氢在有氧条件下可以继续氧化,与水中重金属反应生成黑色硫化物。

尿素这种含氮化合物并不是细菌分解蛋白质的产物,而是人和动物的排泄物。它在尿素细菌作用下,在有氧条件下氨化,这也是污染水中氨的来源之一。其反应公式为

$$O\!\!=\!\!C\!\!\underset{\underset{NH_2}{}}{\overset{\overset{NH_2}{}}{\Big\langle}} + 2H_2O \longrightarrow (NH_4)_2CO_3$$

$$(NH_4)_2CO_3 \longrightarrow 2NH_3 + CO_2 + H_2O$$

硝化和硫化:含氮有机物的降解产物,如 NH_3 和 H_2S 都会造成水污染,如果在有氧条件下,可以由细菌作用继续发生硝化和硫化过程。

硝化细菌是一类无机营养型细菌即自由菌,也可以把 NH_3 分解为 NO_2^- 和 NO_3^-。硝化过程也是不断脱氢氧化过程。例如,第一阶段,先转化为亚硝酸,公式为

$$NH_3 \xrightarrow{+H_2O} NH_4OH \xrightarrow{-2H} NH_2OH \xrightarrow{-2H} HNO \xrightarrow{+H_2O} NH(OH)_2 \xrightarrow{-2H} HNO_2$$

总反应为

$$2NH_3 + 3O_2 \longrightarrow 2HNO_2 + 2H_2O + 6\times10^5\ J$$

第二阶段再转化为硝酸,公式为

$$HO-N=O \xrightarrow{+H_2O} HO-N=(OH)_2 \xrightarrow{-2H} HO-\overset{\overset{O}{\|}}{N}=O$$

总反应为

$$2HNO_2+O_2 \longrightarrow 2HNO_3+2\times10^5 J$$

在缺氧的水体中,硝化过程就不能进行,反而可以进行所谓反硝化过程,是硝酸盐又还原成为 NH_3,其反应式为

$$2HNO_3 \xrightarrow[-2H_2O]{+4H} 2HNO_2 \xrightarrow[-2H_2O]{+4H} (NOH)_2 \xrightarrow{-H_2O} N_2O \xrightarrow[-H_2O]{+2H} N_2$$

有机氮在水体中的逐级转化过程一般要持续若干日,才能转化为硝酸态氮。从需氧污染物在水体中的转化过程来看,有机氮→NH_3→N→NO_2→N→NO_3,可作为耗氧有机物自净过程的判断标志。

硫化细菌和硫磺细菌也是自养菌,可以把硫化氢氧化为硫及硫酸盐,反应式为

$$2H_2S+O_2 \longrightarrow 2H_2O+2S+能量$$

$$2S+3O_2+2H_2O \longrightarrow 2H_2SO_4+能量$$

(3) 甲烷发酵　碳水化合物、脂肪和蛋白质在降解后期都生成低级有机酸类物质,在无氧条件下进行酸性发酵,这时最终产物未能完全氧化而停留在酸、醇、酮等化合物状态,如果 pH 降低甚多,可能使细菌中断生命活动而使生物降解无法继续进行。但是,如果条件适宜,就可以发生另一种发酵过程,使有机物继续进行无氧条件下的氧化,最终产物为甲烷,称为甲烷发酵。

甲烷发酵是在专门的产甲烷菌参与下进行的,其反应式为

$$2CH_3CH_2OH+CO_2 \longrightarrow 2CH_3COOH+CH_4$$

$$2CH_3(CH_2)_2COOH+CO_2+2H_2O \longrightarrow 4CH_3COOH+CH_4$$

$$CH_3COOH \longrightarrow CO_2+CH_4$$

这些反应的实质,是以 CO_2 作为受氢体的无氧氧化过程,可表示为

$$8H+CO_2 \longrightarrow 2H_2O+CH_4$$

甲烷在有氧条件下可发生氧化降解,直到完全生成 CO_2 或 H_2O 为止。

概括地说,碳水化合物、脂肪、蛋白质等有机物生物降解的共同规律是:首先在细胞体外发生水解,然后在细胞内部继续水解和氧化。降解的后期产物都是生成各种有机酸,在有氧条件下,可以继续分解,其最终产物是 CO_2、H_2O 及 NO_3^- 等;在缺氧条件下则进行反硝化、酸性发酵等过程,其最终产物除 CO_2 和 H_2O 外,还有 NH_3、有机酸、醇等。

(二)水体富营养化过程

水体富营养化是水污染的一个重要类型,水体富营养化带来一系列的不良后果,对水域生态系统以及人类健康都产生不同程度的危害。因此,水体富营养化受到人们广泛关注。

1. 水体富营养化的类型、特征及危害　"营养化"是一种氮、磷等植物营养物含量过多所引起的水质污染现象,根据成因差异可分为天然富营养化与人为富营养化两种类型。

(1) 天然富营养化　自然界的许多湖泊,它们在数千万年前,或者更远年代的幼年时期,处于贫营养状态。然而,随着时间的推移和环境变化,湖泊一方面从天然降水中接纳氮、磷等营养物质,一方面因地表土壤的侵蚀和淋溶,也使大量的营养元素进入湖内,逐渐增加了湖泊水体的肥力,大量的浮游植物和其他水生植物的生长就有了可能,这就为草食性的甲壳纲动物、昆虫和鱼类提供了丰富的食料。当这些动植物死亡后,它们的机体沉积在湖底,积累形成底泥沉积物。残存的动植物残体不断分解,由此释放的营养物质又被

新的生物体所吸收。按照这样的方式和途径,经过千万年的天然演化过程,原来贫营养湖泊就逐渐地演变成为富营养湖泊。湖泊营养物质的这种天然富集、湖水营养物质浓度逐渐增高而发生水质变化的过程,就是通常所称的天然富营养化。

　　(2)人为富营养化　　人为富营养化主要与人类的生产与生活活动密切相关。城市人口众多,是工业生产用水与居民生活用水集中的地方,城市排放出大量含有氮、磷营养物质的生活污水入湖泊、河流和水库,增加了这些水体的营养物质的负荷量。另一方面,在农村为了提高农作物产量,施用的化学肥料和牲畜粪便逐年增加,经过雨水冲刷和渗透,以面源的形式使大量的植物营养物质最终输送到水体中。据估计,农业地区输出的总磷可达森林地区输出量的 10 倍以上,而城市径流中的总磷量又可以是农业集水区径流量的 7 倍左右,城市、农业、森林地带的地表径流都可能是某种水体富营养化的重要原因。

　　天然富营养化与人为富营养化的共同点是由于水体中氮、磷富集,引起水体溶解氧下降、水质恶化;不同点是天然富营养化是湖泊水体生长、发育、老化、消亡整个生命史的必须过程,经历时间漫长,需以地质年代或世纪来描述,人为富营养化因人类排放含有氮、磷的工农业生活污水所致,演化速度极快,短时间内可使湖泊由贫变富。

　　水体富营养化时呈现如下特征:① 浮游生物大量繁殖,水中溶解氧含量降低;② 水体中藻类的种类减少,个体迅速增加,特别是蓝藻、红藻的个体数量猛增,而其他藻类逐渐减少(硅藻、绿藻);③ 因占优势的浮游藻类颜色不同,水面往往呈现蓝、红、棕、乳白等颜色,在海水中出现叫"赤潮"、在淡水中称"水华"。

　　水体出现富营养化时,危害是多方面的:① 破坏水产资源。藻类繁殖过快,占空间,使鱼类活动受限。溶解氧降低,使鱼类难以生存。② 造成藻类种类减少。而有些藻类有胶质膜,有的甚至有毒,对鱼类是有害的,不能成为良好的饵料,危及鱼类生存。③ 危害水源。硝酸盐和亚硝酸盐对人、畜都有害。一方面亚硝酸盐将血红蛋白的二价铁氧化为三价铁,使血红蛋白成为高铁血红蛋白,丧失输氧能力,造成机体缺氧;另一方面它是强致癌物亚硝胺的前体物。④ 加快湖泊老化的进程。

　　2. 氮、磷污染与水体富营养化　　水体富营养化过程主要是水体中自养型生物(浮游植物)在水中形成优势的过程,因此,影响生物生长的营养成分就成为这些生物的限制因素。因为自养型生物通过进行光合作用,以太阳光能和无机物合成自身的原生质,所以,藻类(自养型生物)繁殖的程度取决于水体中某些成分的含量。如果在一个确定的湖泊水体中,它在光照、温度、降水以及形态、地质构造等都相对稳定的情况下,湖水中藻类的变化就与外界输入的营养物质有关。

　　在藻类的生长过程中,通过进行光合作用,藻类将自身所需的养料(无机盐等)摄入自身体内,合成细胞内新的有机物质,藻类才得以繁殖。在地表淡水系统中,磷及磷酸盐含量常是植物生长的限制因子(虽然是微量的),而在海水系统中,往往氨氮和硝酸盐限制着植物的生长及总的生产量。例如,淡水湖泊中磷含量是微量、有限的,如果增加磷酸盐就会导致植物的过度生长;海水中磷含量丰富,而氮含量是有限的,含氮污染物进入水体就会消除这一因子,出现植物的过度生长。这种大量含氮、磷及其他无机盐的污水主要来自城市生活污水及农业的废弃物。

　　斯塔姆(Stumm)用化学计量关系式表征了淡水水体中藻类新陈代谢的过程。即光合生产 P(有机物生产速度,自养型生物生长速度)与异养呼吸 R(有机物分解速度,异养生物生长速度)应为静止状态,$P \approx R$,关系式为

$$106CO_2 + 16NO_3^- + HPO_4^{2-} + 122H_2O + 9H_2 + (痕量元素和能量)$$

$$P \| R$$

$$\{C_{106}H_{263}O_{110}N_{16}P_1\} + 138O_2$$

　　这种化学计量关系反映了利贝格最小值定律(Liebig law of the minimum):植物生长取决于外界供给它所需要的养料中数量最小的那一种。藻类分子量中所占的重要百分比中磷最小,氮次之,因此,藻类的生产量主要取决于水体中磷的供应量。

　　研究表明水体富营养化与氮、磷的富集有关,水体中氮、磷浓度的比值与藻类增殖有密切的关系。日本学者提出,湖水总氮和总磷浓度的比值在 10∶1～25∶1 的范围内时有直线关系。其中,比值为 12∶1～13∶1 时,最适宜于藻类的繁殖。我国学者提出湖水中氮与磷的比值范围在各湖泊中有所不同:武汉东湖为11.8∶1～15.5∶1,杭州西湖为 72∶1,长春南湖为 20.4∶1,云南滇池为 15.1∶1。但当总氮与总磷的浓度

比值低于 4∶1 以下时,氮很可能就成为湖泊水质富营养化的限制因子。

水体富营养化的结果,破坏了水体生态系统原有的平衡。若水体中光合生成有机物的速度用 P 表示,呼吸消耗有机物的速度用 R 表示,两者应保持近似的平衡(P≈R)。藻类繁生将形成 P≥R 的状态,即在水体中有机物的生长远大于其消耗,使有机物积蓄起来,表现在:① 促进细菌类微生物的繁殖,一系列异养生物的食物链都会有所发展,水体中耗氧量将大大增加。② 藻类只是在水体表层接受阳光的范围内生长,并排出氧气,在深层的水中就无法进行光合作用而出现耗氧,在夜间或阴天也将耗氧。藻类的死亡和沉淀都把有机物转入深层或底层的水中,那里将聚集大量待分解的有机物,但却没有足够的溶解氧供应,而变为厌氧分解状态,使大量的厌氧细菌繁殖起来。③ 无机氮的富集,开始是硝化细菌繁殖,大量消耗溶解氧,在缺氧状态下又会转为反硝化过程。这样在底层建立起 R≥P 的腐化污染状态,并逐步向表层发展。在严重时可使一部分水体区域完全变为腐化区。富营养化使水体中有机物大量生长的结果,会引起水质污染、藻类、植物及鱼类死亡。这些现象可能周期性地交替出现,破坏水域的生态平衡,并加速湖泊等水域的衰亡过程。

3. 水体富营养化状态判断标准　湖水营养物质浓度、藻类中叶绿素 a 含量、湖水透明度以及溶解氧等指标可以反映水质营养状态,人们常以此作为判断水质营养状态的标准。吉克斯塔特(Gekstatter)提出的划分水质营养状态的标准(表 3-3)在美国环境保护局的水质富营养化监测中得到了广泛运用。

表 3-3　吉克斯塔特划分水质营养状态的主要参数和标准

参 数 项 目	单 位	贫营养	中营养	富营养
总磷浓度	mg/L	<0.01	0.01~0.02	>0.02
叶绿素 a 浓度	μg/L	<4	4~10	>10
塞克板透明度	m	>3.7	2.0~3.7	<2.0
溶解氧饱和度	%	>80	10~80	<10

沃伦威德(R. A. Vollenweider)根据多年对氮、磷营养物质与湖泊富营养化相互关系研究的成果,提出了不同水深的湖泊单位面积氮、磷允许负荷量和危险负荷量的标准,即沃伦威德负荷量标准(表 3-4)。允许负荷量是指水质从贫营养状态向中营养状态过渡的临界值,危险负荷量则是中营养状态向富营养状态过渡的临界值。

表 3-4　沃伦威德总氮、总磷负荷量标准

湖泊平均水深 /m	总氮负荷量/[g/[(m² · a)]		总氮负荷量/[g/[(m² · a)]	
	允许水平	危险水平	允许水平	危险水平
5	1.0	2.0	0.07	0.13
10	1.5	3.0	0.10	0.20
50	4.0	8.0	0.25	0.50
100	6.0	12.0	0.40	0.80
200	9.0	18.0	0.60	1.20

(三) 重金属在水体中的迁移转化

重金属元素主要是指汞、镉、铅以及类金属砷等毒性显著的元素,它是无机有毒物质的主要组成部分。重金属在水体中不能被微生物降解,只能发生形态间的相互转化及分散和富集过程。这些过程统称为重金属迁移。重金属在水体中的迁移主要与沉淀、络合、螯合、吸附和氧化还原等作用有关。

1. 溶解-沉淀作用　重金属化合物在水中迁移能力,直观地可以溶解度来衡量。溶解度小者,迁移能力小。溶解度大者,迁移能力大。

重金属在水中可经过水解反应生成氢氧化物,也可以与相应的阴离子生成硫化物、碳酸盐等。而这些化合物的溶度积都很小,容易生成沉淀物。这一情况使得重金属污染物在水体中随水流扩散的范围有限,从水质自净方面看,这似乎是好的一面,但大量聚集于排水口附近底泥中的重金属可能成长为长期的次生污

染源。

2. 吸附作用 天然水体中的悬浮物和底泥中含有丰富的胶体,包括各种黏土矿物、水合金属氧化物和各种可溶性的腐殖质。胶体由于具有巨大的比表面、表面能和带电荷,能强烈地吸附各种分子和离子,对重金属离子在环境中的迁移有重大影响。在自然界中,许多元素和化合物是以胶体状态进行迁移的。胶体的吸附作用是使许多微量重金属从不饱和天然溶液中转入固相的最重要途径。

天然水体中的胶体一般可分为三大类:① 无机胶体,包括各种次生黏土矿物和各种水合氧化物;② 有机胶体,包括天然和人工合成的高分子有机物、蛋白质、腐殖质等;③ 有机-无机胶体复合体。

(1) 胶体物质对污染物的吸附作用

1) 黏土矿物对重金属的吸附:黏土矿物吸附重金属离子的机制,目前还未完全清楚,本书仅介绍两种黏土矿物吸附重金属离子的机制。

a. 离子交换吸附:黏土矿物微粒通过层状结构边缘的羟基氢和—OM基中 M^+ 离子以及层状结构之间的 M^+ 离子,交换水中重金属离子而将其吸附,反应式为

$$m(Si-OH) + M^{n+} \Longrightarrow (Si-O)_m M^{(n-m)+} + mH^+$$

重金属离子价数越高,水化离子半径越小,浓度越大,就越有利于和黏土矿物微粒进行离子交换而被大量吸附。

b. 在溶液中先水解,而后吸附,反应式为

$$M^{n+} + mH_2O \Longrightarrow M(OH)_m^{(n-m)} + mH^+$$
$$(Si-OH) + M(OH)_m^{(n-m)+} \Longrightarrow Si-M(OH)_{m+1}^{(n-m)+}$$

即重金属离子先水解,然后夺取黏土矿物微粒结构边缘 OH^+ 离子,形成羧基络合物而被微粒吸附。

2) 水合金属氧化物对重金属离子的吸附:一般认为,水合金属氧化物对重金属离子的吸附过程是重金属离子在这些颗粒表面发生配位化合过程,反应式为

$$n(Si-OH) + M^{n+} \Longrightarrow (SiO)_n \longrightarrow M + nH^+$$

3) 腐殖质颗粒对重金属离子的吸附:主要是通过它的螯合作用和离子交换作用。由于腐殖质中活性羧基、酚基的氢可以质子化,所以能与重金属离子进行离子交换而将它吸附。腐殖质的离子交换吸附机制以及螯合吸附机制的反应式为

(2) **水体中胶体微粒的凝聚胶体物质** 天然水体中有机和无机胶体微粒带有负电荷,外电层吸附阳离子。溶液中存在大量某些其他阳离子时,会引起胶体发生凝聚作用。

重金属化合物被吸附在有机胶体、无机胶体和矿物微粒上以后,就随它们在水体中运动。如果这些胶体微粒能够相互凝聚到一起,形成比较粗大的絮状物,就可能在水流中沉降下来,沉积在水体底部最终成为沉积物。

3. 络合与螯合作用 水体中存在着多种多样的天然和人工合成的无机与有机配体,它们能与重金属形成稳定的络合物和螯合物,对重金属在水体中的迁移有很大影响。天然水中最常见的无机配位体有 Cl^-、SO_4^{2-}、HCO_3^-、OH^- 等,在某些情况下还有 F^-、S^{2-} 和磷酸盐等,它们均能与重金属形成络合离子。例如,Cd^{2+} 在海水中与 OH^- 和 Cl^- 形成 $CdOH^+$、$Cd(OH)_2$、$HCdO_2^-$、CdO_2^{2-}、$CdCl^+$、$CdCl_2$、$CdCl_3^-$、$CdCl_4^{2-}$ 等络合离子,使 $Cd(OH)_2$ 的溶解度增加 100 倍以上。

天然水体中有机配位体主要是腐殖质。腐殖质是极为复杂的有机物质,含有—COOH、—OH、—C═O、—O—CH₃等功能基团,几乎能与所有的重金属形成可溶性螯合物。可以有效地阻止重金属生成难溶盐沉淀,也可以与底泥中的重金属结合形成可溶性螯合物而重新进入水层,对水体带来危害。

4. 氧化、还原作用 重金属元素大多属于周期表中的过渡性元素,在不同条件下往往可以多种价态存在,发生电子得失的氧化还原反应。各价态变化反应要求不同的氧化还原条件,而在水体中存在富氧的氧化性区域和缺氧的还原性区域,这样就使得在不同条件下的水体中重金属元素可以不同的价态存在。重金属的价态不同,其活性与毒性效应也不同。以铬为例,铬在水体中主要有两种价态:正三价(Cr^{3+})和正六价(CrO_4^{2-})。从毒性上看六价铬远大于三价铬,所以过去制定饮水卫生标准均以六价铬为依据,但近年来研究证明,在正常pH的天然水中三价铬与六价铬可以相互转化。水体中发生的氧化还原反应往往与pH有密切关系。

第四节 水体污染防治

随着世界人口的持续增加,生产生活用水在量上出现了显著增长,在水质上由于人们生活水平的提高对水环境质量也提出了更高的要求。如何在全球水污染负荷日益加重的背景下,科学、经济地进行水污染的控制,保证水环境的可持续利用,已成为世界各国特别是发展中国家最紧迫的任务之一。

一、水体污染控制模式

按水污染控制的工作程序、污水处理的实际程度,水污染控制可概括为系统整合全过程的"三级控制"模式(图3-4)。

第一级,污染源头控制(上游段)。源头控制主要是利用法律、管理、经济、技术、宣传教育等手段,对生活污水、工业废水、农村面源和城市径流等进行综合控制,防止污染发生,削减污染排放。控源的重点是工业污染源和农村面源,进入城市污水截流管网的工业废水水质应满足规定的接管标准。

第二级,污水集中处理(中游段)。对于人类活动高度密集的城市区域,除了必要的分散控源外,应有计划、有步骤地重点建设城市污水处理厂,进行污水的大规模集中处理。污水处理厂的建设较为普遍,其特点是技术成熟,占地少,净化效果好,但工程投资甚大。同时应重视城市污水截流管网的规划及配套建设,适当改造已有的雨水/污水合流系统,努力实现雨污分流。

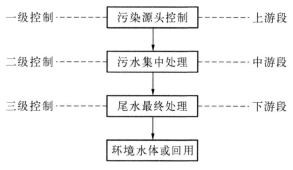

图3-4 水污染"三级控制"模式

第三级,尾水最终处理(下游段)。城市尾水是指虽经处理但尚未达到环境标准的混合污水。一般而言,城市污水处理厂对去除常规有机物具有优势,但对引起水体富营养化的氮、磷和其他微量有毒难降解化学品的去除效果不佳。尾水并不等于清水(如尾水中氮、磷负荷一般占原污水的60%～80%),直接排入与人类关系密切的清水水域,仍然存在极大的危险性,在发达国家日益受到重视的微量有毒污染问题,就是例证。此外,城市污水处理厂基建投资和运行成本甚高,在经济较为落后的发展中国家,大规模地普建污水处理厂存在困难,城市尾水中实际上含有大量未经任何处理的污水(如我国目前城市污水集中处理率仅13.65%)。因此,在排入清水环境前,加强对污水处理厂出水为主的城市尾水的处置,无论是对削减常规有机污染或是微量有毒污染而言,都尤为重要。三级深度处理可进一步解决城市尾水的处置问题,但因费用高昂,一般难以推广。国内外的研究及实践表明,以土壤或水生植物为基础的污水生态工程是较理想的尾水处理技术,甚至可作为一般城市污水集中处理重要的技术选择。此外,利用水体自净能力的尾水江河湖海处置工程也较为普遍,而污水的重复利用也是一个重要的发展方向。

"三级控制"是一个从污染发生源头到污染最终消除的完整的水污染控制链,在控制过程中,实行清污分流,污水禁排清水水域,以保障区域水环境的长治久安。

二、水体污染的源头控制

污染源头控制的实质是污染预防。事实证明,水污染预防要比通过"末端治理"试图消除水污染更加经济、有效。对于并非来自单一、可确定的水污染源,如农村面源、城市径流以及大气沉降等,"末端治理"的办法并不适用,加强水污染预防尤为必要。下面根据水污染发生源的不同,分别介绍不同的污染源头的控制对策。

(一) 工业水污染

工业废水排放量大,成分复杂,因此工业水污染的预防是水污染源头控制的重要任务。工业水污染的预防应当从合理布局、清洁生产、就地处理以及管理性控制等多方面着手,采取综合性整治对策,才能取得良好的效果。

(1) **优化结构、合理布局**　　在产业规划和工业发展中,应从可持续发展的原则出发制定产业政策,优化产业结构,明确产业导向,限制发展能耗物耗高、水污染重的工业,降低单位工业产品的污染物排放负荷。工业的布局应充分考虑对环境的影响,通过规划引导工业企业向工业区相对集中,为工业水污染的集中控制创造条件。

(2) **清洁生产**　　清洁生产是采用能避免或最大限度减少污染物产生的工艺流程、方法、材料和能源,将污染物尽可能地消灭在生产过程之中,使污染物排放减小到最少。在工业企业内部推行清洁生产的技术和管理,不仅可从根本上消除水污染,取得显著的环境效益和社会效益,而且往往还具有良好的经济效益。

(3) **就地处理**　　城市污水处理厂一般仅能去除常规有机污染,工业废水成分复杂,含有大量难降解有毒有害物质,对污水处理厂的正常运行构成威胁,因此必须加强对工业企业污染源的就地处理或工业小区废水联合预处理,达到污水处理厂的接管标准。工业废水中的许多污染物往往可以通过处理、回收,获得一定的经济效益。

(4) **管理措施**　　进一步完善工业废水的排放标准和相关控制法规,依法处理工业企业的环境违法行为。建立积极的刺激和激励机制,如通过产品收费、税收、排污交易、公众参与等方法来控制污染,通过提高环境资源投入的价格,促使工业企业提高资源的利用效率。

(二) 生活水污染

随着生活水平的提高,城镇生活用水量日益增长,生活污水问题逐渐突出。在世界发达国家及我国发达地区,生活污水已逐步取代工业废水成为水环境主要的有机污染来源。

(1) **合理规划**　　由于生活污水具有源头分散、发生不均匀的特点,很难从源头上对城市生活污水进行逐个治理,因此从规划入手实现居民入小区,引导人口的适度集中,既符合社会经济的发展需要,又有利用生活污水的集中控制。

(2) **公众教育**　　现代水输系统使公众逐渐对废物产生一种"冲了就忘"的态度,所以应将加强"绿色生活"教育、提高公众环保意识,作为减少家庭水污染物排放、降低城市污水处理负担的重要内容。例如,节约用水,鼓励选用无磷洗衣粉,避免将危险废物如涂料、石油等产品随意冲入下水道等。

(三) 面源污染

1. 农村面源　　农村面源种类繁多,布局分散,难以采取与城市区域"同构"的集中控制措施以消除污染。农村面源控制的首要任务就是控源,具体措施包括:

(1) **发展节水农业**　　农业是全球最大的用水部门,农业节水不仅可以减少对水资源的占用,而且"节水即节污",从而降低农田排水,减少对水环境的污染。

(2) **减少土壤侵蚀**　　富含有机质的土壤持水性能好,不易发生水土流失,因此减少土壤侵蚀的关键是改善土壤肥力,具体措施包括调整化肥品种结构,科学合理施肥,增加堆肥、粪便等有机肥的施用,实行作物轮作,减少土壤肥力的消耗等。此外,研究表明,中等坡度土地的等高耕作(沿自然等高线耕作)较之直行耕作可减少土壤流失50%以上,应重视开展土地的等高耕作制度。当然,有时解决高侵蚀区(如大于25°的坡地)水土流失的唯一的办法是将土地从农业耕作中解脱出来,实行退耕还林(森林)、还草(草地)、还湿(湿地)。

(3)合理利用农药 推广害虫的综合管理(IPM)制度,以最大限度地减少农药施用量,该模式包括各种物理技术、栽培技术和生物技术。例如,使用无病抗虫品种,实行不同作物的间种和轮作,利用昆虫抑制害虫,选用低毒、高效、低残留的多效抗虫害新农药,合理施用农药等。

(4)截流农业污水 恢复多水塘、生态沟、天然湿地、前置库等,以储存农村污染径流,目的是实现农村径流的再利用,并在到达当地水道之前,对其进行拦截、沉淀、去除悬浮固体和有机物质。

(5)畜禽粪便处理 现代畜禽饲养常常会产生大量的高浓缩废物,因此需对畜禽养殖业进行合理布局,有序发展,同时加强畜禽粪尿的综合处理及利用,鼓励有机肥还田。此外,应严格控制高密度水产养殖业发展,防止水环境质量恶化。

(6)乡镇企业废水及村镇生活污水处理 对乡镇企业的建设应统筹规划,合理布局,积极推行清洁生产,对高能耗、高污染、低效益的乡镇企业实施严格管制。在乡镇企业集中的地区以及居民住宅集中的地区,逐步建设一些简易的污水处理设施。

2. 城市径流 在城市地区,暴雨径流所携带的大量污染物质,是加剧水体污染的一个重要原因。工程技术人员和城市规划者们提出了许多减少和延缓暴雨径流的措施。

(1)充分收集利用雨水 通过设立雨水收集桶、收集池等装置,将雨水收集用于城市的道路浇洒或绿化,既有利于减轻城市供水系统的压力,而且由于雨水不含自来水中常有的氯,也有利于植物的生长。此外,在平坦的屋顶上建造屋顶花园,不仅能减少暴雨径流,还可在冬季减少楼房的热损失,在夏季保持建筑物凉爽,提高城市环境的舒适度。

(2)减少城市硬质地面 大面积地铺筑地面会加剧城市径流,用多孔表面(如砾石、方砖或其他更复杂的多孔构筑)取代某些水泥和沥青地面,有利于雨水的自然下渗,减少径流量。据研究,多孔铺筑地面能去除暴雨水中80%~100%的悬浮固体、20%~70%的营养物和15%~80%的重金属。但多孔表面没有传统铺筑地面耐久,因此从经济角度看,多孔表面更适合于交通流量少的道路、停车场、人行道。

(3)增加城市绿化用地 一般说来,城市中绿地越多,径流就越少。目前,国外很多城市通过暴雨滞洪地或湿地的建设,以延缓城市径流并去除污染,这些系统可去除约75%的悬浮物及某些有机物质和重金属。这些地区往往建设成为城市公园,还可为某些野生动植物提供生境。

三、水体污染的集中处理

对于已经污染的水体需要采取人工处理的方法进行集中治理。所谓污水人工处理就是利用各种人工技术措施将各种形态的污染物从污水中分离、分解或转化为无害、稳定的物质,从而使污水对水环境的不利影响得以消除的过程。

(一)水体污染的处理方法

现代的污水处理技术按其作用原理可以分为物理处理法、化学处理法、物理化学处理法和生物处理法四大类。

1. 物理处理法 物理处理法就是通过物理作用,以分离、回收污水中不溶解的呈悬浮状态的污染物(包括油膜和油珠),在处理过程中不改变其化学性质。物理处理法操作简单、经济,常采用的有重力分离法、离心分离法、过滤法、蒸发结晶法以及气浮法等。

(1)重力分离(即沉淀)法 重力分离法就是利用污水中呈悬浮状的污染物和水密度不同的原理,借助重力沉降或上浮的作用,使悬浮物分离出来。沉淀或上浮处理设备有沉砂池、沉淀池和隔油池。在污水处理与利用方法中,沉淀和上浮法常常作为其他处理方法的预处理。如用生物处理法处理污水时,一般需要事先经过预沉池去除大部分悬浮物,以减少生化处理构筑物的处理负荷,而经过生化处理的出水仍然要经过三次沉淀池的处理,进行泥水分离保证出水水质。

(2) **离心分离法**　　离心分离法是含有悬浮污染物的污水在高速旋转时,由于悬浮颗粒(如乳化油)和污水受到离心力大小不同而被分离的方法。常用的离心设备按其离心力产生的方式可以分为由水流本身旋转产生离心力的旋流分离器和由设备旋转带动液体旋转产生离心力的离心分离机两种。旋流分离器分为压力式和重力式,因为具有体积小、单位容积处理能力高的优点,近几十年来广泛应用于轧钢污水处理及高浊度河水的预处理。离心机的种类很多,按分离因数分为常速离心机和高速离心机。常速离心机分离纸浆废水的效果可以达到 60%～70%,还可以用于沉淀池的沉渣脱水等。高速离心机适用于乳状液的分离,如用于分离羊毛废水,可以回收 30%～40%的羊毛脂。

(3) **过滤法**　　过滤法是利用过滤介质截留污水中的悬浮物。过滤介质有钢条、筛网、砂布、塑料、微孔管等,常用的过滤设备有格栅、栅网、微滤机、砂滤机、真空滤机、压滤机(后两种多用于污泥脱水)。

(4) **蒸发结晶法**　　蒸发结晶法可以用于酸洗铜的废水,往往是通过蒸发浓缩、冷却得到铜晶体和酸性母液而达到无害化处理或回收利用的目的。

(5) **气浮(浮选)法**　　气浮法是将空气通入污水,并以微小气泡形式从水中析出成为载体,相对密度接近于水的微小颗粒状的污染物(如乳化油)黏附在气泡上,并随气泡上升至水面,从而使污水中的污染物得以分离。根据空气打入方式不同,气浮处理法有加压溶气气浮法、叶轮气浮法和射流气浮法等。为了提高气浮效果,有时需要向污水中投加混凝剂。

2. 化学处理法　　化学处理法是向污水中投加某种化学物质,利用化学反应来分离、回收污水中的某些污染物或使其转化为无害物质。常用的方法有化学沉淀法、混凝法、中和法、氧化还原法(包括电解)等。

(1) **化学沉淀法**　　化学沉淀法是向污水中投加某种化学物质,使它与污水中的溶解性物质发生互换反应,生成难以溶于水的沉淀物,以降低污水中溶解物质的方法。常用于处理含重金属、氰化物等工业生产污水。按使用的沉淀剂的不同,可以分为石灰法(又称氢氧化物沉淀法)、硫化物法和钡盐法等。

(2) **混凝法**　　混凝法是向水中投加混凝剂,使污水中的胶体颗粒失去稳定性,凝聚成为大颗粒而下沉。混凝法可以去除污水中细分散固体颗粒、乳状油和胶体物质等。该方法可以降低污水的浊度和色度,去除多种高分子物质、有机物、某种重金属毒物(汞、镉、铅)和放射性物质等,也可以去除能够导致富营养化的物质(如磷等可溶性无机物),此外还能改善污泥的脱水性能。因此,混凝法在工业污水处理中使用非常广泛,既可以作为独立处理工艺,又可以与其他处理法配合使用,作为预处理、中间处理或最终处理。目前,常用的混凝剂有硫酸铝、碱式氯化铝、铁盐(主要指硫酸亚铁、三氧化铁和硫酸铁)等。当单独使用混凝剂不能达到应有的净水效果时,为加强混凝过程、节约混凝剂使用量,常常同时投加助凝剂。

(3) **中和法**　　中和法用于处理酸性废水和碱性废水。向酸性废水投加碱性物质,如石灰、氢氧化钠、石灰石等,使废水变为中性。对碱性废水可以吹入含有 CO_2 的烟道气进行中和,也可以用其他酸性物质中和。

(4) **氧化还原法**　　利用液氯、臭氧、高锰酸钾等强氧化剂或利用电解时的阳极反应,将污水中的有害物质氧化分解为无害物质;利用还原剂或电解时的阴极反应,将污水中的有害物质还原为无害物质,以上方法统称为氧化还原法。氧化还原方法在污水处理中的应用实例有:空气氧化法处理含硫污水;碱性氯化法处理含氰污水;臭氧氧化法在进行污水除臭、脱色、杀菌和除酚、氰、铁、锰,降低污水的 BOD 和 COD 等均有显著效果。还原法目前主要用于含铬废水的处理。

3. 物理化学处理法　　利用萃取、吸附、离子交换、膜分离技术等操作过程,处理或回收利用工业废水的方法称为物理化学处理法。工业废水在应用物理化学法进行处理或回收利用之前,一般需要经过预处理,尽量去除废水中的悬浮物、油类、有害气体等杂质或调整水中的 pH,以便提高回收效率和减少损耗。常常采用的物理化学法有以下几种。

(1) **萃取(液-液)法**　　萃取法是将不溶于水的溶剂投入污水中,使污水中的溶质溶于溶剂,然后利用溶剂与水的密度差,将溶剂分离出来。再利用溶剂与溶质沸点差,将溶质蒸馏回收,再生后的溶剂可以循环使用。常采用的萃取设备有脉冲筛板塔、离心萃取机等。

(2) **吸附法**　　吸附法是利用多孔性的固体物质使污水中的一种或多种物质被吸附在固体表面而去除的方法,常用的吸附剂有活性炭。此法可以用于吸附污水中的酚、汞、铬、氰等有毒物质,而且还有除色、脱臭等作用。吸附法目前多用于污水的深度处理,吸附操作可以分为静态和动态两种。静态吸附是指在污水不流动的条件下进行的操作,动态吸附则是在污水流动条件下进行的吸附操作。污水处理多采用动态吸附操作,常用的吸附设备有固定床、移动床和流动床三种。

（3）**离子交换法** 离子交换法是用固体物质去除污水中的某些物质,即利用离子交换剂的离子交换作用来置换污水中的离子化物质。随着离子交换树脂的生产和使用技术的发展,近年来在回收和处理工业污水的有毒物质方面,效果良好,操作方便。在污水处理中使用的离子交换剂有无机离子交换剂和有机离子交换剂两大类。采用离子交换法处理污水时必须考虑树脂的选择性。树脂对各种离子的交换能力是不同的,交换能力的大小主要取决于各种离子对该种树脂的亲和力(又称选择性)的大小。目前,离子交换法广泛应用于去除污水中的杂质,如去除(回收)污水中的铜、镍、镉、锌、汞、金、银、铂、磷酸、有机物和放射性物质等。

（4）**电渗析法(膜分离技术的一种)** 电渗析法是在离子交换技术基础上发展起来的一项新技术。它与普通离子交换方法不同,省去了用再生剂再生树脂的过程。因此具有设备简单、操作方便的优点。电渗析法是在外加直流电场的作用下,利用阴阳离子交换膜对水中离子的选择透过性,使一部分溶液中的离子迁移到另一部分溶液中去,达到浓缩、纯化、合成、分离的目的。该方法广泛用于海水、苦咸水除盐,制取去离子水等。

（5）**反渗透法(膜分离技术的一种)** 反渗透法利用一种特殊的半渗透膜,在一定压力下,将水分子压过去,而溶解于水中的污染物则被膜截留,污水被浓缩,压透过膜的水就是处理过的水。目前,该处理方法已经用于海水淡化、含重金属的废水处理和污水的深度处理等方面。制作半透膜的材料有醋酸纤维素、磺化聚苯醚等有机高分子物质。为了降低操作压力以节省设备和运作费用,目前,对于膜的材料和性能正在深入研究中。反渗透处理工艺流程由预处理、膜分离和后处理三部分组成。

（6）**超过滤法(膜分离技术的一种)** 超过滤法也是利用特殊半渗透膜的一种膜分离技术。以压力为推动力,使水溶液中大分子物质与水分离,膜表面空隙大小是主要控制因素。用于电泳涂漆废液等工业废水的处理。

4. 生物处理法 污水的生物处理法就是利用微生物新陈代谢功能,使污水中呈溶解和胶体状态的有机污染物被降解并转化为无害物质,使污水得以净化。根据参与作用的微生物种类和供氧情况,可以分为两大类,即好氧生物处理法和厌氧生物处理法。

（1）**好氧生物处理法** 好氧生物处理法是在有氧的条件下,借助好氧微生物(主要是好氧菌)的作用来进行。根据好氧微生物在处理系统中所呈的不同状态,可以分为活性污泥法、生物膜法和氧化塘法等。活性污泥法是当前使用最广泛的一种生物处理法,该法是将空气连续鼓入曝气池的污水中,经过一段时间,水中即形成繁殖有巨量好氧微生物的絮凝体——活性污泥。它能够吸附水中的有机物,生活在活性污泥上的微生物以有机体为食物,获得能量并不断长大繁殖。从曝气池流出并含有大量活性污泥的污水——混合液,进入沉淀池分离后,澄清的水被排放,分离出来的污泥作为种泥,部分回流进入曝气池,剩余的(增殖)部分从沉淀池排放。活性污泥法有多种池型及运行方式,常用的有普通活性污泥法、完全混合表面曝气法、吸附再生法等。废水在曝气池内停留时间一般为 4～6 小时,能够去除废水中 90% 左右的有机物。

生物膜法是使污水连续流经固体填料(碎石、煤渣或塑料填料),在填料上大量繁殖生长微生物形成污泥状的生物膜。生物膜上的微生物能够起到与活性污泥同样的净化作用,吸附和降解水中的有机污染物,从填料上脱落的衰老生物膜随处理后的污水流入沉淀池,经过沉淀池水分离,污水得以净化而排放。生物膜法普遍采用的处理构筑物有生物滤池、生物转盘、生物接触式氧化池和生物流化床等。

此外,氧化塘法和土地处理系统(污水灌溉)皆属于生物处理法中的自然生物处理范畴。氧化塘法是利用藻、菌共生系统处理污水的一种方法。污水中存在着大量的好氧细菌和耐污藻类,污水中的有机物被细菌利用,分解成为简单的含氮、磷物质,这些物质为藻类生长繁殖提供了必要的营养,而藻类利用阳光进行光合作用,释放出大量的氧气,供细菌生长,这种相互共存关系被称为藻菌共生系统。氧化塘就是依据这一系统使污水净化。氧化塘法构筑简单,运转费用低,能源消耗少,被广泛应用于处理中小城镇生活污水和造纸、食品加工等工业废水,一般可以降低 BOD_5 75%～90%,但此法占地面积较大,所以发展受到限制。

（2）**厌氧生物处理法** 在无氧的条件下,利用厌氧微生物的作用分解污水中的有机物,达到净化水质的目的。它已有百年悠久历史,但由于它与好氧法相比存在着处理时间长、对低浓度有机污水处理效率低等缺点,因此发展缓慢。过去,厌氧法常常用于处理污泥和高浓度有机污水。近 30 多年来,出现世界性能源危机,促使污水处理向节能和实现能源化发展,从而促进了厌氧生物处理法的发展,一大批高效新型厌氧生物反应器相继出现,包括厌氧生物滤池、升流式厌氧污泥床、厌氧流化床等。它们的共同特点是反应器中生物固体浓度很高,处理能力大大提高,从而使厌氧生物处理法所具有的能耗小并可以回收能源、污泥剩余量少、生成的污泥稳定易于处理、对高浓度有机污水处理率高等优点得到充分体现。厌氧生物处理法经过多年发展,现在已经成为污水处理的主要方法之一。厌氧生物处理法不但可以处理高浓度和中等浓度的有机废水,还可以用于处理低浓度有机废水。

(二)污水处理的分级

由于污水中污染物质的多样性,因此不可能用单一的处理方法去除其中的全部污染物,往往需要多种处理方法、多个处理单元有机组合,才能达到预期处理程度的要求,而处理程度又主要取决于原污水的性质、出水受纳水体的功能以及有无后续再处置工程等。

按污水处理深度的不同,污水处理大致可分为预处理、一级处理、二级处理和三级处理(深度处理)。

1. 预处理　预处理的工艺主要包括格栅、沉砂池,用于去除污水中粗大的悬浮物、密度大的无机砂粒及其他较大的物质,以保护后续处理设施正常运行并减轻污染负荷。预处理中,污水通过算子筛去掉树枝和碎布之类的残渣,并进入特别设计的通道,使其流速降低,砂砾等依靠重力沉淀下来。

2. 一级处理　一级处理多采用物理处理方法,其任务是从污水中去除呈悬浮状态的固体污染物。经一级处理后,悬浮物去除率为60%～70%,有机物去除率为20%～40%,废水的净化程度不高,一般达不到排放标准,因此一级处理多属二级处理的前处理。

3. 二级处理　二级处理的主要任务是大幅度去除污水中呈胶体和溶解状态的有机污染物,生物处理法是最常用的二级处理方法。经二级处理后,有机物去除率可达70%～90%,处理后出水 BOD_5 可降至20～30 mg/L,常规指标达到国家目前规定的污水排放标准。因此,通常要求城市污水处理厂达到污水的二级处理水平。

4. 三级处理　三级处理是在二级处理之后,进一步去除残留在污水中的污染物质,其中包括微生物未能降解的有机物、氮、磷及其他有毒有害物质,以满足更严格的污水排放或回用要求。三级处理通常采用的工艺有生物除氮脱磷法,或混凝沉淀、过滤、吸附等一些物理化学方法。三级处理虽也可实现尾水的深度处理,但由于代价高昂,一般难以大规模推广。

由于工业废水的水质成分极其复杂,因此没有通用的集中处理工艺流程。应根据各类工业企业废水水质的具体情况,选取适宜的废水处理技术和工艺流程。对处理后达到城市污水截流管网接管标准的工业废水,可纳入城市污水处理厂进行统一处理。

需要指出的是,污水的一级、二级、三级处理与水污染的“三级控制”模式是两个不同的概念。污水的一级、二级、三级处理是从纯技术角度而言,指对废水的人工处理程度;而“三级控制”则是一个更广义的概念,它从规划与管理的角度而言,指对水污染从发生源头到最终消除这样的一个完整的水污染控制过程。“三级控制”既包括合理规划布局、优化产业结构、加强环境管理及宣传教育等社会经济手段,又包括清洁生产、污水人工处理、尾水生态处理等一系列技术措施。

四、尾水的生态处理

由于经济、技术等原因,城市生活污水及工业废水的有效处理难以一步到位,即使是城市污水处理厂的出水,其中仍含有不少有毒有害污染物,因此有必要充分利用生态环境的自净能力对尾水做最终处理。

尾水的生态处理是指依赖水、土壤、细菌、高等植物和阳光等基本的自然要素,利用土壤-微生物-植物系统的自我调控机制和综合自净能力,完成尾水的深度处理,同时通过对尾水中水分和营养物的综合利用,实现尾水无害化与资源化的有机结合。它具有基建投资省、运行费用低、净化效果好的特点,是尾水深度处理的主导技术。

尾水生态处理的主要类型包括稳定塘系统和土地处理系统。稳定塘也称污水塘或氧化塘,它对尾水的净化同生物处理法对污水的净化过程相似,主要包括好氧过程和厌氧过程。稳定塘分好氧塘、兼性塘和厌氧塘,其中兼性塘的顶层以好氧过程为主,好氧细菌和真菌将有机物质分解成二氧化碳和水,二氧化碳以及稳定塘中的氮、磷和有机物则被藻类所利用,底层一般以厌氧过程为主,厌氧菌将有机物质分解为甲烷和二氧化碳。土地处理系统则是利用土地以及其中的微生物和植物根系对污染物的净化能力来净化尾水,同时利用其中的水分和肥分促进农作物、牧草或林木生长,尾水中的污染物在土地处理系统中通过多种过程去除,包括土壤的过滤截留、物理和化学的吸附、化学分解和沉淀、植物和微生物的摄取、微生物氧化降解以及蒸发等。

　　一般来说,尾水生态处理的净化效率高、运行效果稳定,通常优于常规二级处理,不少指标达到甚至超过三级处理的水平,因而也常用作污水二级处理的替代技术。值得指出的是,尾水生态系统对多种有机化学品(如多氯联苯、苯、甲苯、氯苯、硝基苯、萘等优先控制污染物)的净化效果理想。不足的是,与常规的人工处理方法相比,污水生态系统处理污水通常需要更多的停留时间和占用较大的空间。

参考文献

陈立民,戴星翼.2003.环境学原理.北京:科学出版社.

程发良,常慧.2002.环境保护基础.北京:清华大学出版社.

何强,井文涌,王翊亭.2003.环境学导论.北京:清华大学出版社.

鞠美庭.2004.环境学基础.北京:化学工业出版社.

李锦秀,廖文根,陈敏建,等.2003.我国水污染经济损失估算.中国水利,11(A刊):62—66.

刘培桐.2007.环境学概论.第二版.北京:高等教育出版社.

莫祥银.2009.环境科学概论.北京:化学工业出版社.

盛连喜,曾宝强,刘静玲,等.2002.现代环境科学导论.北京:化学工业出版社.

孙承,韩威.2009.环境科学概论.北京:中国人民大学出版社.

王岩,陈宜俍.2003.环境科学概论.北京:化学工业出版社.

赵景联.2005.环境科学导论.北京:机械工业出版社.

周富春,胡莺,祖波.2009.环境保护基础.北京:科学出版社.

左玉辉.2004.环境学.北京:高等教育出版社.

第四章 土壤污染与防治

本章在阐明土壤污染、土壤污染源、主要污染物和土壤的自净作用等基本概念和基本知识的基础上,着重介绍了土壤重金属污染和持久性有机污染物污染,包括土壤中重金属的形态分级、重金属在土壤中的迁移转化规律以及重金属污染土壤修复技术;持久性有机污染物的定义及特性、分类及来源,土壤持久性有机污染物污染及其环境行为、持久性有机物对人体健康的危害及污染土壤的修复技术。

第一节 土壤污染概述

一、土壤污染

(一) 土壤污染的概念

土壤污染是指人类活动产生的污染物进入土壤,产生土壤环境质量现存的或潜在的恶化,对生物、水体、空气或/和人体健康产生危害或可能有危害的现象。

土壤污染可分为三种情况:① 土壤物理、化学或生物性质的改变,使土壤生产力下降,植物受到伤害而导致产量减少或植物死亡;② 土壤物理、化学或生物性质已经发生改变,虽然植物仍能生长,但污染物被吸收进入植物体内,使农产品中有害成分含量过高,人畜食用后可引起中毒及各种疾病;③ 土壤污染物含量较高,间接地污染空气、地表水和地下水等,进一步影响人的健康。

(二) 土壤污染的特点

1. 隐蔽性 水体和大气的污染比较直观,而土壤污染往往要通过粮食、蔬菜、水果或牧草等农作物的生物状况的改变以及摄食这些作物的人或动物的健康状况变化才能反映出来。

2. 长期性 土壤污染是污染物在土壤中的长期积累过程,而土壤一旦遭到污染,极难恢复。积累在污染土壤中的难降解污染物很难靠稀释作用和自净作用来消除,特别是重金属元素。土壤的重金属污染几乎是一个不可逆过程,污染一旦发生,仅仅依靠切断污染源的方法往往很难恢复。许多有机化学物质的污染也需要一个比较长的降解时间。

3. 间接危害性 与大气污染和水体污染相比,土壤污染对人体的危害具有间接危害性。污染物进入土壤后,可随水渗漏对地下水造成污染,或通过地表径流进入江河、湖泊等,对地表水造成污染;同时,土壤中的有些污染物也可以气态的形式进入大气,造成大气的污染;此外,土壤污染物还可通过食物链危害人体健康。

二、土壤污染源

土壤污染源是指人类活动向土壤环境排放有害物质的污染物排放源。土壤污染源主要包括工业污染源、农业污染源和生物污染源。

(一) 工业污染源

在工业废水、废气和废渣中,含有多种污染物,其浓度一般较高,一旦进入农田,在短时间内即可引起土壤和农作物危害。

污水灌溉是造成我国土壤污染的最主要途径之一。污水灌溉是指利用城市污水、工业废水或混合污水进行农田灌溉,补充农田水分不足的农业灌溉方式。这种未经处理的工业废水和混合型污水中含有多种有机污染物和无机污染物。

工业废渣、污泥和城市垃圾等固体废物的堆放、填埋和处置过程中,不仅侵占大量耕地,而且可通过大气扩散或降水淋渗,使周围地区的土壤受到污染。

(二) 农业污染源

农业生产过程中化学肥料和农药等的不合理使用,常常会带来土壤污染。同时,由于化肥和农药使用范围不断扩大,数量和品种不断增加,与食物链的关系密切,近年来,农业过程对土壤的污染开始受到人们越来越多的关注。研究表明,在喷散农药时,有一半直接落于土壤表面,一部分则通过作物落叶、降雨最后再进入土壤,经常使用农药是土壤中农药残留的主要来源。

(三) 生物污染源

牲畜排出的废物长期以来被看成是土壤肥料的主要来源,对农业增产起了重要作用。若这些废物未经处理,直接施用,则会造成土壤生物污染。同样,人粪尿、生活污水和被污染的河水也都含有致病的各种病原菌和寄生虫等,用这种未经处理的肥源施于土壤,不仅会造成土壤生物污染,而且能传播疾病引起公共卫生问题。

三、土壤污染物

土壤污染物指进入土壤中并影响土壤正常作用的物质,即会改变土壤的成分、降低农作物的数量或质量、有害于人体健康的那些物质。按污染物性质大致分为如下四类。

(一) 有机物类

污染土壤的有机物,主要是化学农药、除草剂等。例如,有机氯类,包括六六六、DDT、艾氏剂、狄氏剂等;有机磷类,包括马拉硫磷、对硫磷、敌敌畏等;氨基甲酸酯类,有的为杀虫剂,有的为苯氧羧酸类除草剂,如2,4-D和2,4,5-T等。

工业"三废"中的有机污染物,较常见的有酚、油类、多氯联苯、苯并芘等有机化合物。

这类合成有机污染物通过不同途径进入土壤后,除一部分发挥作用之外,另一部分因其较稳定不易分解而在土壤中累积,造成土壤污染。

(二) 重金属污染物

重金属进入土壤的途径很多,如使用含重金属的废水进行灌溉、随含重金属的粉尘落入土壤、使用含重金属的废渣作为肥料、使用含重金属的农药制剂等。常见的一些重金属污染物包括汞、镉、铅、铬、铜、锌、镍和砷等。因为重金属不能被土壤微生物分解,而且可在生物体内富集。因此,土壤一旦被重金属污染,其影响很难彻底消除。

(三) 放射性物质

大气核爆炸降落的污染物、原子能和平利用所排出的液体和固体的放射性废弃物,均有可能随同自然沉降、雨水冲刷和废弃物的堆放而污染土壤。

（四）致病微生物

土壤中的病原微生物,主要来源于人畜粪便及用于灌溉的污水(未经处理的生活污水及医院污水),当人与污染的土壤接触时可传染各种细菌及病毒。这些被污染的土壤经过雨水冲刷,又可能污染水体。

四、土壤的自净作用

土壤的自净作用是指在自然因素的作用下,通过土壤自身的作用,使污染物在土壤环境中的浓度或毒性降低的过程。其净化过程包括土壤中的各种有机、无机污染物及病原微生物等有毒物质的分解、吸附、吸收、沉淀和转化等。土壤自净作用是土壤环境容量研究的基础,也是选择土壤污染防治措施的理论基础。按其作用机制的不同,土壤自净作用可分为物理净化作用、化学净化作用和生物净化作用。

1. 物理净化作用 污染物的稀释、扩散、挥发和淋溶等物理过程均可使土壤中污染物的浓度降低。但物理过程不能改变污染物的化学性质。

2. 化学净化作用 污染物在土壤中所发生的凝聚与沉淀、络合与螯合、化合与分解、吸附与解吸、酸碱中和反应、光化学氧化等都可以降低污染物在土壤中的浓度或活性。

3. 生物净化作用 土壤的生物净化作用是指土壤中的动物、植物和微生物通过吸收、降解或转化等生物过程,使污染物毒性降低或消失的过程。

上述自净作用的结果,使进入土壤中的污染物的有害作用降低或消失。但土壤的自净能力有限,一旦超过了限度就会造成危害。某些重金属和农药等污染物在土壤中虽然也可以发生一定的迁移、转化,但不能完全降解、消失,仍可蓄积在土壤中,造成土壤污染。

五、土壤环境背景值

（一）土壤环境背景值的概念

土壤环境背景值是指没有或很少受到人类活动(特别是人为污染)影响的土壤环境本身的化学元素组成及其含量。它是各种成土因素综合作用下成土过程的产物。随着人类活动对自然环境的影响不断增强和扩展,要找到完全不受人类活动影响的自然土壤已经很难,现在土壤环境背景值只能是尽可能不受或少受人类活动影响的数值。因此,土壤环境背景值只是土壤环境发展中一个历史阶段的、相对意义上的数值,并非确定不变的数值。

土壤环境背景值是环境科学领域的基础研究之一,是区域土壤环境质量评价、土壤环境容量计算、土壤环境质量标准的确定以及土壤环境中的元素迁移转化规律研究等多方面工作的基础数据。

（二）土壤环境背景值的研究方法

土壤环境背景值研究是基础性研究,涉及的学科多,技术要求高。研究的基本程序包括:情报检索、野外样品采集、样品处理和保存、实验室分析和数量统计检验等。

1. 情报检索与资料收集 通过情报检索可以获得国内外土壤环境背景值的研究现状及研究技术等相关资料。在此基础上收集环境背景值调查区的有关资料,包括区域的气象、水文、地貌、地质、土壤、植被的数据资料、图片及航空、卫星相片等。通过对资料的收集整理和综合分析,了解土壤环境背景值与环境的关系,为土壤样品采集点的布设提供依据。

2. 样点布设和样品采集 首先确定采样单元,在划分单元时应注意减少同一单元的差异性,样点要均匀地分布在调查区内。布点时要综合考虑土壤类型、母质母岩、地质地貌、植被类型、土地利用类型等因素。每个采样单元所包括的样点数越多,所获得的背景值越具代表性,但样点过多,样品的采集和分析费用会增加,因此,采样点的数量的确定应综合考虑科学数据的基本保证和经济条件。

样点数量应满足数理统计的需要,一般一个调查单元样点数不低于 30 个。

现场的样品布设一般采用网络法和代表剖面法。所选样点的土壤面应发育完整、层次清楚,无人为干扰,并具有代表性。采样点不应安排在多种土类和多种母质交叉分布的边缘地带;应避开工业污染源的影响;既要考虑交通便利,同时又要远离铁路、公路(至少 300 m 以外)。

采集的样品装入塑料袋或土壤标本盒中,并装好标签,拿回实验室内风干、磨细、过筛、混合、分装,用于化学分析。

3. 样品分析和数据处理 样品分析方法的可靠性和稳定性是获得土壤环境中化学元素正确含量的重要环节。在样品的分析过程中应严格执行质量控制,包括全程序空白值控制、精密度控制和准确度控制等。由于在采样过程中可能包括污染样品或高背景值样品,所以要对分析数据进行数理统计,剔除异常值。

(三) 土壤环境背景值的应用

1. 制定土壤环境质量标准 土壤环境质量标准是为了保护土壤环境质量,保障土壤生态平衡,维护人体健康而对污染物在土壤环境中的最大容许含量所作的规定,是环境标准的一个重要组成部分,是国家环境法规之一。

2. 在农业生产上的应用 土壤环境背景值反映了土壤化学元素的丰度,是研究土壤化学元素、特别是研究微量和超微量化学元素的有效性,是预测元素含量丰缺,制定施肥规划和施肥方案的基础,在农业生产上有着广泛的应用。

3. 环境与人体健康研究中的应用 土壤元素背景值与人类健康密切相关。由于成土母质和成土条件等的影响,一些土壤元素表现异常,从而影响人类的健康,引起地方性疾病。例如,生活在硒的低背景值区域中的人容易患地方性克山病、大骨节病以及动物的白肌病等;在碘的低背景值区域,容易产生人体地方性甲状腺肿。

4. 土壤环境背景值异常在找矿上的意义 由于土壤化学元素来源于母岩、母质,土壤元素背景值是母岩、母质化学特征的反映,因此,土壤中某些元素背景值异常,可能是成矿元素的指示标志,是区域找矿的依据。

一些吸附型的稀土元素,在岩石风化过程中于风化壳中逐渐富集,从而导致土壤化学元素背景值异常。对区域土壤背景值异常进行分析,可以发现对找矿有指示作用的土壤化学标志,为区域找矿提供依据。

第二节 土壤重金属污染

一、土壤中重金属的形态分级

土壤中的重金属可与土壤矿物质(主要是黏土矿物和硅酸盐矿物)、有机物(主要是植物代谢产物,如腐殖酸等)及微生物发生沉淀与溶解、络合与螯合、吸附与解吸等多种物理、化学和生物作用,从而使重金属在土壤中表现出不同的赋存状态。虽然土壤重金属总量能在一定程度上反映农田土壤的污染状况,但很难反映土壤重金属的环境行为和生态效应,因此,土壤重金属形态常被认为是决定土壤重金属生物有效性及其环境行为的关键。由于土壤组成和性质的复杂性,使土壤重金属的存在形态比较复杂,20 世纪 70 年代以来,不同学者提出了多种土壤重金属形态分级方法。这些方法大多基于不同提取剂对土壤重金属的连续提取,因此,所得到的土壤重金属形态实际上是基于提取剂的操作定义。虽然连续提取法是否能真实反映土壤重金属的生物有效性及其环境效应还存在争议,但连续提取法利用不同提取剂替代了土壤环境中的复杂的组分,并对土壤中重金属的物理、化学和生物过程进行了模拟,使复杂的问题得以简化,因此,基于连续提取的土壤重金属形态分级在土壤重金属化学行为研究中应用广泛。

在多种形态分级方法中,应用较多的是 Tessier 的五级连续提取法和欧洲共同体物质标准局的三步提取法(BCR 法)以及在此基础上改进的方法。Tessier 连续提取法将土壤重金属分为交换态、碳酸盐结合态、铁锰氧化物结合态、有机物结合态和残渣态五种形态;BCR 法将土壤重金属分为酸溶态、可还原态、可氧化态和残渣态。两种方法的提取过程如表 4-1 所示。

表 4-1　土壤重金属化学形态分析方法

方　法	形　态	提　取　试　剂	反　应　条　件
Tessier 法	交换态	1M* CaCl$_2$,pH7.0	25℃振荡 1 h
	碳酸盐结合态	1M NaOAc,pH5.0(HOAc 调节)	25℃振荡 5 h
	铁锰氧化物结合态	0.04M NH$_2$OH·HCl[25%(V/V)HOAc]	96℃振荡 5 h
	有机物结合态	0.02M HNO$_3$,30% H$_2$O$_2$	85℃振荡 2h
		30% H$_2$O$_2$	85℃振荡 3h
		3.2M NH$_4$OAc[20%(V/V)HNO$_3$]	25℃振荡 30 min
	残渣态	HF+HClO$_4$+HCl	
BCR 法	酸溶态	0.11M HOAc	25℃振荡 16 h
	可还原态	0.1M NH$_2$OH·HCl,pH2.0(HNO$_3$ 调节)	25℃振荡 16 h
	可氧化态	30% H$_2$O$_2$	25℃振荡 1 h
		1M NH$_4$OAc(pH2.0,HNO$_3$ 调节)	25℃振荡 16h
	残渣态	HF+HClO$_4$+HCl	

* M 表示摩尔浓度,1 M=1 mol/L。

土壤中不同形态重金属的生物有效性差异较大,通常认为,不同形态重金属的生物可利用程度顺序为:水溶态、交换态＞碳酸盐结合态＞铁锰氧化物结合态＞有机结合态＞残渣态。

1) 水溶态是指土壤溶液中重金属离子,它们可用蒸馏水提取,且可被植物根部直接吸收,由于在大多数情况下水溶态含量极微,一般在研究中不单独提取而将其合并于交换态中。交换态重金属是指吸附在黏土、腐殖质及其他成分上的金属,对环境变化敏感,易于迁移转化,能被植物吸收。交换态重金属反映人类近期排污影响及对生物毒性作用。

2) 碳酸盐结合态重金属是指土壤中重金属元素在碳酸盐矿物上形成的共沉淀结合态,是石灰性土壤中比较重要的一种形态。对土壤环境条件特别是 pH 最敏感,当 pH 下降时易重新释放出来而进入环境中;相反,pH 升高有利于碳酸盐的生成。

3) 铁锰氧化物结合态是被土壤中氧化铁锰或黏粒矿物的专性交换位置所吸附的部分,不能用中性盐溶液交换,只能被亲合力相似或更强的金属离子置换,土壤中 pH 和氧化还原条件变化对铁锰氧化物结合态有重要影响,pH 和氧化还原电位较高时,有利于铁锰氧化物的形成。

4) 有机结合态是土壤中各种有机物如动植物残体、腐殖质及矿物颗粒的包裹层等与土壤中重金属螯合而成,是重金属通过化学键形式与土壤有机质结合的产物。

5) 残渣态是指结合在土壤硅铝酸盐矿物晶体中的金属离子,是自然地质风化过程的结果,在自然界正常条件下不易释放,不易为植物吸收。残渣态结合的重金属主要受矿物成分及岩石风化和土壤侵蚀的影响。

根据生物对重金属不同形态的吸收难易程度,重金属形态还可分为可利用态、潜在可利用态和不可利用态三类。土壤中生物可利用态重金属具有含量低、迁移性强、易被生物吸收利用等特点,主要包括水溶态和交换态;生物潜在可利用重金属在酸性介质及适当的环境条件下可释放出来,是生物可利用态重金属的潜在来源,主要包括碳酸盐结合态、铁锰氧化物结合态和有机物结合态;不可利用态主要指土壤中残渣态重金属,这些重金属存在于硅酸盐、原生和次生矿物晶格中,在自然界条件下不易释放,不易为植物吸收。

重金属在土壤中的形态分配与重金属本身的性质有关,也与土壤组成和土壤性质有关。土壤 pH、有机质含量、阳离子交换量、黏粒含量、氧化物含量及氧化还原电位(Eh)等的变化均可影响土壤重金属的形态和活性。有研究表明,东北黑土中铅和铜以残渣态和有机物结合态为主;镉以残渣态和交换态为主;锌以残渣态和铁锰氧化物结合态为主;镉的活性形态含量最高,交换态镉与土壤阳离子交换量呈显著正相关;铜有机结合态与土壤有机质含量呈显著正相关。对长江三角洲和珠江三角洲土壤中铅、铜、镉的化学形态及其转化进行研究时发现,土壤 pH 对重金属在土壤中的转化有显著影响,土壤 pH 下降可使交换态镉、铜、铅的比例增加。

二、土壤中重金属的迁移转化

重金属作为过渡元素,在不同的土壤条件下往往以不同的形态存在。不同形态的重金属其化学行为以及对植物的危害也不相同。土壤的酸碱度、氧化还原条件、吸附作用以及重金属与土壤中某些化合物形成难溶性物质等均能对重金属的迁移转化产生影响。

(一) 土壤胶体的吸附作用

土壤的离子吸附和交换是土壤最重要的化学性质之一。对于重金属来说,土壤对重金属离子的吸附是一种普遍的保持机制,进入土壤的重金属处于吸附和解吸的动态平衡中,这种平衡影响了土壤重金属的环境行为,控制了重金属在土壤系统中迁移和在食物链中的传递。

土壤中含有丰富的无机和有机胶体,对进入土壤中的重金属元素具有明显的固定作用。土壤胶体对重金属的吸附作用模式包括离子交换吸附和专性吸附。

离子交换吸附指重金属离子通过与土壤表面电荷之间的静电作用而被土壤吸附。土壤表面通常带有一定数量的负电荷,所以带正电荷的金属离子可以通过这种作用被土壤吸附。一般来说,阳离子交换容量较大的土壤具有较强吸附带正电荷重金属离子的能力;而带负电荷的重金属含氧基团在土壤表面的吸附量则较小。但土壤表面正负电荷的多少与溶液 pH 有关,当 pH 降低时,其吸附负电荷离子的能力将增强。通常,离子交换吸附的重金属离子可以被土壤中高浓度的阳离子交换下来。

专性吸附是指重金属离子通过与土壤中金属氧化物表面的—OH、—OH$_2$ 等配位基或土壤有机质配位而结合在土壤表面。这种吸附可以发生在带不同电荷的表面,也可发生在中性表面上,其吸附量的大小与土壤表面电荷的多少和强弱无关。专性吸附的重金属离子通常不能被中性盐所交换,只能被亲合力更强和性质相似的元素所解吸或部分解吸。

(二) 土壤重金属的络合-螯合作用

重金属元素在土壤中除吸附作用以外,还存在着络合与螯合作用。一般认为,当土壤溶液中重金属离子浓度较高时,以吸附交换作用为主;而重金属离子浓度较低时,则以络合-螯合作用为主。

在无机配位体中,人们比较多地重视金属与羟基和氯离子的络合作用。认为这两者是影响一些重金属难溶盐溶解度的重要因素。

羟基离子对重金属的络合作用实际上是重金属离子的水解反应。重金属在较低 pH 条件下可以水解,水解过程中 H$^+$ 离开水合重金属离子的配位分子,反应式为

$$M(H_2O)_n^{2+} + H_2O = M(H_2O)_{n-1}OH^+ + H_3O^+$$

Hg^{2+}、Cd^{2+}、Pb^{+2}、Zn^{2+} 的水解作用表明,羟基与重金属的络合作用可大大提高重金属氢氧化物的溶解度。

氯络重金属离子的形式只会出现在含盐土壤中氯离子浓度较高时。土壤中氯离子浓度较低时,则不会形成重金属离子的氯络合物。

土壤中腐殖质具有很强的螯合能力,具有与金属离子牢固螯合的配位体,如氨基、亚氨基、酮基、羟基、羧基及硫醚等基因。这些螯合配位体通过含有的氮、氧或硫的活性基可与金属离子形成环状的螯合物。

一般胡敏酸和富里酸中的酸羟基是螯合剂,富里酸中所含的多糖也有较强的螯合力。某些腐殖质所含的蛋白质的氨基酸也有螯合金属的能力。

土壤中螯合物的稳定性与金属离子性质有关,从螯合物的稳定性看,金属离子之间差异很大。常见有机-金属螯合物的稳定性顺序为:Pb>Cu>Ni>Co>Zn>Mn>Mg>Ba>Ca>Hg>Cd。

(三) 土壤 pH 与重金属的迁移转化

土壤的 pH 对重金属的溶解度有重要影响。在碱性条件下,进入土壤的重金属多以难溶态的氢氧化物形式存在,也可能以碳酸盐和磷酸盐的形态存在。它们的溶解度都比较小,因此,土壤溶液中重金属离子浓度也较低。例如,铜、镉、铅、锌等重金属氢氧化物的离解度直接受土壤 pH 控制,其平衡反应式及溶度积(K_{sp})为

$$Cu(OH)_2 \rightleftharpoons Cu^{2+} + 2OH^- \qquad K_{sp} = 1.6 \times 10^{-19}$$
$$Cd(OH)_2 \rightleftharpoons Cd^{2+} + 2OH^- \qquad K_{sp} = 2 \times 10^{-14}$$
$$Zn(OH)_2 \rightleftharpoons Zn^{2+} + 2OH^- \qquad K_{sp} = 4.5 \times 10^{-17}$$
$$Pb(OH)_2 \rightleftharpoons Pb^{2+} + 2OH^- \qquad K_{sp} = 4.2 \times 10^{-15}$$

根据溶度积便能从理论上推求重金属离子浓度与土壤 pH 的关系。

例如,$[Cu^{2+}][OH^-]^2 = 1.6 \times 10^{-19}(K_{sp})$

$\qquad [Cu^{2+}] = 1.6 \times 10^{-19}/[OH^-]^2$

$\qquad [H^+][OH^-] = 1 \times 10^{-14}$

$\qquad [Cu^{2+}] = 1.6 \times 10^{-19}/[1 \times 10^{-14}/H^+]^2$

$\qquad \log[Cu^{2+}] = \log 1.6 \times 10^{-19} - 2\log 1 \times 10^{-14} - 2\,pH = 9.2 - 2\,pH$

同理,$\log[Cd^{2+}] = 14.3 - 2\,pH$

$\qquad \log[Zn^{2+}] = 11.65 - 2\,pH$

$\qquad \log[Pb^{2+}] = 13.62 - 2\,pH$

从上述的计算可以看出,随着土壤 pH 升高,重金属离子的浓度则下降。但对于两性化合物 $Cu(OH)_2$ 和 $Zn(OH)_2$ 而言,土壤 pH 过高时,它们又会溶解。因此以上的计算方法只能在一定的 pH 范围内适用。

(四)土壤氧化还原条件与重金属的迁移转化

土壤是一个氧化还原体系,土壤的氧化还原状况对土壤重金属的迁移转化有重要影响。土壤氧化还原体系是一个由多个无机的和有机的氧化还原单体系组成的复杂体系。土壤水分状况、土壤中有机物和硫的含量是影响土壤氧化还原电位的重要因素。

重金属元素按其性质一般可以大致分为氧化难溶性(氧化固定)元素和还原难溶性(还原固定)元素。例如,铁、锰等属于前者,镉、铜、锌、铬等则属于后者。当土壤处于淹水还原状态时,铜、锌、镉、铬等能形成难溶性化合物而固定于土壤中,这就减轻了它们的危害;反之,转化为氧化条件时,则增加其溶解性,即增加了它们的毒害。铁、锰的情况则完全相反。

土壤氧化还原电位较低时,可形成大量金属硫化物沉淀,从而使得有害重金属暂时脱离食物链。如当土壤氧化还原电位低于 $-150 \times 10^{-3}\,V$ 时,土壤溶液中镉、锌离子浓度急剧减少,而硫化镉和硫化锌沉淀大量形成。

三、土壤中主要重金属污染元素

(一)镉(Cd)

世界土壤中镉的平均含量为 0.5 mg/kg,我国土壤镉的平均含量为 0.079 mg/kg。镉与锌属同一副族元素,化学性质相似,在自然界中常伴随于闪锌矿(ZnS)内出现。土壤中的镉来源于矿物的开采与冶炼、电镀、颜料、蓄电池的生产等。离子态的镉,如 $CdCl_2$、$Cd(NO_3)_2$,呈水溶性,易迁移,可被植物吸收,而难溶性的镉化合物,如镉沉淀物、胶体吸附态镉等不易迁移和为植物吸收。但两种形态的镉在一定条件下可相互转化。

土壤胶体的镉的吸附能力较强,而且是一个快速反应过程。镉的吸附率与土壤胶体的种类和数量有关,一般顺序为:腐殖质＞重壤土＞壤土＞砂土。土壤中的难溶态镉,在旱地土壤中以 $CdCO_3$、$Cd_3(PO_4)_2$ 和 $Cd(OH)_2$ 形式存在,其中以 $CdCO_3$ 为主;在水田土壤中则以 CdS 为主。

土壤酸碱度、氧化还原条件对镉的形态与迁移转化有重要影响。如土壤酸度的增强,可增加 $CdCO_3$、CdS 的溶解度,使水溶态 Cd^{2+} 含量增大,同时还影响土壤胶体对 Cd^{2+} 的吸附。随着土壤 pH 下降,土壤胶体对镉的解吸率增加。土壤氧化还原条件的变化对镉形态转化的影响主要表现在:水田淹水形成还原环境时,镉以难溶性 CdS 为主;当排水形成氧化条件时,S^{2-} 可被氧化形成单质 S,并进一步氧化为 H_2SO_4,而使土壤 pH 下降,CdS 逐渐转化为 Cd^{2+}。

由于镉是作物生长的非必需元素,并易为作物所吸收,因此,可溶态镉含量稍有增加,就会使作物体内镉含量相应地增加。与其他重金属元素相比,镉的土壤环境容量要小得多,因而对控制镉污染而制定的土壤环境标准较为严格。

(二)汞(Hg)

世界上土壤中汞的含量平均值为 $0.03 \sim 0.1$ mg/kg,我国土壤汞的背景值为 0.04 mg/kg。汞主要分布在土壤表层 20 cm 范围内。天然土壤中汞主要来源于母岩和母质,人为污染也是土壤中汞的重要来源。土壤中汞的形态较复杂,无机汞化合物有 HgS、HgO、$HgCO_3$、$HgHPO_4$、$HgSO_4$、$HgCl_2$ 和 $Hg(NO_3)_2$ 和 Hg 等;有机汞化合物有甲基汞(CH_3Hg)、有机络合汞等。除 CH_3Hg、$HgCl_2$ 和 $Hg(NO_3)_2$ 外,大多为难溶化合物。其中以甲基汞和乙基汞的毒性最强。

土壤环境中汞的迁移转化比较复杂,主要表现为汞的氧化与还原、吸附与解吸、络合与螯合过程。

1. 土壤中汞的氧化还原　　土壤中的汞以三种价态形式存在,即 Hg、Hg^+ 和 Hg^{2+}。在正常的土壤氧化还原电位和 pH 范围内,汞能以零价(单质汞)形态存在于土壤中,这是汞的重要环境地球化学特征。由于单质汞在常温下有很高的挥发性,除部分存在于土壤中外,还以蒸气的形式挥发进入大气圈参与大气循环。Hg^{2+} 在含有 H_2S 的还原条件下可生成难溶性的 HgS。因此,汞主要以 HgS 形式残存于土壤中。但当土壤中的氧化条件占优势时,HgS 也可以缓慢地被氧化为 $HgSO_3$ 和 $HgSO_4$。

2. 土壤中汞的吸附与解吸　　Hg^{2+} 可为土壤带负电荷的胶体所吸附。不同黏土矿物对汞的吸附能力不同,一般来说,蒙脱石、伊利石对汞的吸附力较强,高岭石较弱。

3. 汞在土壤中的络合与螯合　　土壤中的有机无机配体与汞的络合-螯合作用对汞的迁移转化影响较大。例如,OH^-、Cl^- 与汞的络合作用大大提高了汞化物的溶解度。土壤中有机配位体,如腐殖质的羟基和羧基对汞有很强的螯合能力,加上腐殖质对汞离子很强的吸附交换能力,致使土壤腐殖质部分的含汞量远高于矿物质部分的含汞量。在还原性条件及厌氧微生物作用下,可将无机汞转化为甲基汞和二甲基汞。在有甲基供体存在的条件下,即使没有微生物参与,汞也可被甲基化。汞的甲基化不但大大加强了汞的毒性,而且加强了汞的迁移能力。

植物对汞的吸收和累积与土壤中汞含量的关系。汞在植物不同部位的累积顺序为:根>叶>茎>种子。不同的农作物对汞的吸收和积累能力是不同的。粮食作物积累的顺序为:水稻>玉米>高粱>小麦。

(三)铅(Pb)

世界土壤中铅的平均含量约为 20 mg/kg。土壤铅的自然来源主要为母岩母质,土壤铅污染源主要来自含铅矿的开采和冶炼、污泥施用、污水灌溉和含铅汽油的作用。

土壤无机铅主要以二价的难溶化合物存在,如 $Pb(OH)_2$、$PbCO_3$ 和 $Pb_3(PO_4)_2$ 等。由于土壤中各种阴离子对铅的固定作用和有机质对铅的络合-螯合作用较强,因此,土壤中可溶性铅含量较低。黏土矿物对铅的吸附作用及铁锰氢氧化物(特别是锰的氢氧化物)对 Pb^{2+} 的专性吸附作用对铅的迁移能力、活性与毒性影响较大。土壤氧化还原电位增高,会降低铅的可溶性;而土壤 pH 降低,则土壤 H^+ 浓度变大,被吸附铅的解吸作用增强,并增加 $PbCO_3$ 的溶解,会使可溶性铅含量有所增加。

铅主要富集于植物的根部和茎叶,并主要影响植物的光合作用和蒸腾作用,长期大量地施用含铅的污泥和进行污水灌溉,可能影响土壤中氮的转化,从而影响植物的生长。

(四)砷(As)

世界土壤中砷的平均含量为 6 mg/kg,我国土壤中砷的平均含量为 9.6 mg/kg。土壤砷污染主要来源于冶金、化工、燃煤、炼焦、造纸、皮革、电子工业等,农业方面来自含砷农药(杀虫剂、杀菌剂)的施用。

自然界砷的化合物大多以砷酸盐的形态存在于土壤中,如砷酸钙、砷酸铝、亚砷酸钠等。在一般的土壤

pH和氧化还原电位范围内,砷主要以 As^{3+} 和 As^{5+} 存在,两种价态的砷在土壤中可以相互转化。例如,在旱田土壤中,大部分以砷酸根状态存在,当土壤处于淹水条件时,随着氧化还原电位的降低,则还原成亚砷酸。As^{3+} 的易迁移性、活性和毒性都远远高于 As^{5+}。为了有效地防止砷的污染及危害,提高土壤氧化还原电位,减少低价砷酸盐的形成,降低砷的活性是非常必要的。

砷是植物强烈吸收累积的元素。砷对植物的毒害主要是阻碍植物体内水分和养分的输送,砷酸盐浓度达 1 mg/L 时,水稻即开始受害;达到 5 mg/L 时,水稻减产一半;达到 10 mg/L 时,水稻生长不良,以致不抽穗。

四、重金属污染土壤修复技术

土壤重金属污染可以导致土壤的生产力下降、农产品产量和品质的降低,还可以通过径流和淋洗作用污染地表水和地下水,并通过食物链危害人体健康。同时由于土壤重金属不能被微生物分解,土壤一旦受到重金属污染,可表现为长期的潜在危害,因此,重金属污染土壤的修复成为备受人们关注的重要课题。近几十年来,有关污染土壤修复技术的研究取得了明显的进展。根据土壤重金属污染修复的原理,主要修复技术包括物理修复、化学修复和生物修复三大类。

(一)物理修复

1. 客土法 客土法是应用较多的物理修复方法,是将一定量的无污染土壤覆盖在已污染土壤表层,或将污染土壤去除、运入新的无污染土壤,使污染土壤得到恢复的方法。客土应尽量选择黏土或有机质比较高的土壤,以增加土壤的环境容量,减少客土的用量。采用客土法治理重金属污染,效果显著,不受土壤条件的限制。但工程量大、费用高、土壤结构和肥力恢复时间长,并且存在污染土壤的处理问题,因此目前只用于污染严重、污染面积小的区域。

2. 玻璃化技术 将重金属污染的土壤置于高温高压条件下,形成玻璃态结构,使重金属固定其中,稳定了土壤重金属,达到消除重金属污染的目的。该技术可以从根本上消除土壤中重金属的污染,且去除速度快,但其技术工程量大、费用高,常用于重金属重污染区的抢救性修复,对某些特殊废物如放射性废物非常适用。

3. 电动修复 电动修复是在水分饱和的土壤中施加电场,电场能打破土壤对金属的束缚,金属离子能以电渗透的方法转移到阴极附近或被吸到土壤表层而加以清除。电动修复是一种净化土壤污染的原位修复技术,该技术近年来在一些欧美发达国家发展很快,已经进入商业化阶段。电动修复使用的电极最好是石墨,因为金属电极本身容易被腐蚀,引起二次土壤污染。电极的多少、间距及深度,电流的强度一般根据实际需要而定。该技术在去除低渗透性土壤中的铅、砷、铬、镉、铜、铀、汞和锌等重金属是非常有效的。电动修复技术具有经济效益高、后处理方便、二次污染少等优点,在修复重金属污染土壤方面有着良好的应用前景。

4. 土壤淋洗 土壤淋洗是用淋洗液(清水或含有能提高重金属可溶性试剂的溶液)来淋洗污染土壤,把土壤固相中的重金属转移到土壤液相,从而去除土壤重金属污染的方法。将挖掘出的地表土经过初期筛选去除表面残渣,分散大块土后,与某种提取剂充分混合,经过第二步筛选分离后,用水淋洗除去残留的提取剂,处理后"干净"的土壤可归还原位被再利用,富含重金属的废水进一步处理可回收重金属和提取剂。用来提取土壤重金属的提取剂很多,包括有机或无机酸、碱、盐和螯合剂,如硝酸、盐酸、磷酸、氢氧化钠、草酸、柠檬酸、EDTA 和 DTPA 等。EDTA 可提高金属离子的移动性,能在很宽的 pH 范围内与大部分金属形成稳定的螯合物,不仅能解吸被土壤吸附的金属,也能溶解不溶性的金属化合物,现已证明 EDTA 是一种有效的螯合提取剂,对重金属的重度污染土壤效果较好,日本、美国用此方法进行重金属污染土壤的治理取得了良好的效果。但 EDTA 价格昂贵,易造成地下水污染及土壤养分流失。

(二)化学修复

化学修复指主要通过添加各种化学物质,改变土壤的化学性质,直接或间接改变重金属的形态及其生物有效性,最终抑制或降低作物对重金属的吸收的土壤修复方法。常用的方法包括控制土壤 pH、改变土壤氧化还原状况、沉淀、吸附重金属和利用拮抗技术等。

1. 控制土壤 pH pH 控制技术是一种最简单的方法。其原理为:在污染土壤中加入碱性改良剂,将土壤 pH 调整至使重金属离子具有最小溶解度的范围,从而实现其稳定化。常用的 pH 改良剂有石灰、苏打、石灰窑灰渣以及硅肥、钙镁磷肥等碱性肥料。

2. 改变土壤氧化还原状况 通过控制土壤水分,调节土壤氧化还原状况,可达到降低土壤重金属危害的作用。在湿润(氧化)条件种植的水稻比淹水(还原)条件下种植的水稻糙米中的镉含量高出 6 倍。其他重金属元素如铜、锌、铅等也可通过土壤氧化还原电位的调节来调控其生物有效性。因此,在作物壮籽期保持水田有一个稳定的淹水期,可以减少重金属进入果实或籽实中的量。但氧化还原电位对不同元素的影响不同,如砷在氧化条件下,呈砷酸根状态,生物毒性小,在还原条件下,呈亚砷酸根状态,对植物的毒性要比砷酸根大得多。

通过对已污染的土壤添加氧化还原试剂,改变土壤中重金属离子的价态来降低重金属的毒性和迁移性。常用的还原剂有硫酸亚铁、硫代硫酸钠、亚硫酸氢钠、二氧化硫等,如通过添加还原剂可把六价铬还原为三价铬,从而降低其毒性。另外,添加还原性有机物质可以降低某些重金属的活性,因为还原性有机物质可分解为有机酸(如胡敏酸、富里酸、氨基酸)或糖类及含氮、硫等的杂环化合物,通过其活性基团与重金属元素(Zn、Mn、Cu、Fe 等)络合或螯合,从而影响重金属的有效性。常见的用于修复重金属污染土壤的有机物质主要有稻草、牧草、紫云英、家畜粪肥以及腐殖酸等。重金属污染严重的农田,配合石灰施入猪厩肥能明显降低重金属(Cu、Pb、Zn、Cd)对水稻生长发育的危害程度。此外,施用有机肥等可增强土壤胶体对重金属的吸附能力,促进土壤中金属硫化物沉淀的形成等作用。

合理施用堆肥、厩肥、植物秸秆等有机肥,不仅可以改善土壤的理化性状、增加土壤有机质,而且可以增加土壤胶体对重金属的吸附能力,同时影响重金属在土壤中的形态及植物对其的吸收。有机质作为还原剂,可促进土壤中的镉形成硫化镉沉淀,也促进毒性较高的 Cr^{6+} 变成毒性较低的 Cr^{3+}。向镉污染土壤中加入有机肥,由于有机肥中大量的官能团和较大比表面积的存在,可促进土壤中的重金属离子与其形成重金属有机络合物,增加土壤对重金属的吸附能力,提高土壤对重金属的缓冲性,从而减少植物对其的吸收,阻碍它进入食物链。因此,合理施用有机肥,一方面可以对农田镉污染起到了净化的作用;另一方面,也克服了传统治理方法既需消耗大量资金,又造成营养元素流失、二次污染等问题。

3. 沉淀技术 添加的化学试剂是根据其形成的化合物的溶度积大小来确定金属化合物的稳定性,如形成硫化物沉淀、硅酸盐沉淀、共沉淀、无机络合物沉淀和有机络合物沉淀。沉淀剂包括碳酸盐、硅酸盐、磷酸盐、石灰硫磺合剂等。例如,Pb、Cd、Hg、Zn 等造成的污染,施用碳酸盐可达到较好的处理效果。

4. 吸附技术 作为处理土壤中重金属废物的吸附剂有活性炭、黏土、金属氧化物(氧化铁、氧化镁、氧化铝)等。有研究表明,当土壤镉浓度达 49.5 mg/kg 时,加入土重 1%~2% 的膨润土、合成沸石等,莴苣叶中的镉浓度可降低 60%~88%。但由于吸附是可逆的过程,当外界环境条件发生变化时,污染物可能重新释放到环境中。

5. 拮抗技术 化学性质相近的金属元素常常产生拮抗竞争作用,因此可根据土壤中重金属元素的拮抗作用,利用一些对人体没有危害或危害较轻的重金属拮抗作用来控制土壤中重金属污染。研究表明,土壤中适宜的镉/锌比可以抑制植物对镉的吸收,因此,可以通过向镉污染土壤中加入适量锌,减少镉在植物体内的富集。另外,硅能降低植株对锰的吸收,同时提高植株对锰的耐受力;土壤中的铁会抑制烟草对镉的吸收,可通过对土壤添加铁来减轻烟草对镉的吸收。

(三) 生物修复

重金属污染土壤的生物修复,是利用生物(主要是微生物、植物和动物)作用,削减、净化土壤中重金属或降低重金属毒性的污染修复技术。这种技术主要通过两种途径来达到对土壤中重金属的净化作用:① 通过生物作用改变重金属在土壤中的化学形态,固定重金属或降低重金属的毒性,降低其在土壤环境中的移动性和生物可利用性;② 通过生物吸收、代谢达到对重金属的削减、净化与固定作用。生物修复以其安全、廉价的特点正成为研究和开发的热点。

根据所用生物类型的不同,重金属污染土壤的生物修复包括动物修复、微生物修复和植物修复三种类型。

某些低等动物能吸收土壤中的重金属,如饲养在牛粪和生活垃圾中的蚯蚓对硒和铜元素的富集能力很强。这种途径虽能在一定程度上减少土壤中的重金属,但蚯蚓吸收重金属后有可能再释放到土壤中造成二次污染。

土壤中某些微生物区系能促进重金属参与微生物体的组成,另外,微生物可产生生物多聚物来螯合或沉淀重金属离子,形成重金属络合物。例如,蓝细菌、硫酸还原菌以及某些藻类能产生多糖、糖蛋白等物质。因而向污染土壤接种微生物能促进微生物吸收和固定重金属。微生物修复技术吸引人的优点是其原材料来源广泛,能充分利用发酵工业生物残渣中的细菌、酵母、真菌和藻类等。

植物修复(phytoremediation)是重金属污染土壤生物修复的主要方法,是一种利用自然生长植物或遗传培育植物修复金属污染土壤的技术的总称。根据美国能源部建议,能用于植物修复的植物最好应具有以下几个特征:① 即使在重金属浓度较低时也有较高的积累速率;② 能在体内积累高浓度的污染物;③ 能同时积累几种重金属;④ 生长快、生物量大;⑤ 具有抗虫抗病能力。

按照植物修复的作用过程和机制,重金属污染土壤的植物修复技术主要包括植物稳定(phytostabilization)、植物挥发(phytovolatilization)、植物提取(phytoextraction)。它在技术和经济上都优于传统的物理或化学的方法,是解决环境中重金属污染问题的一个很有发展和应用前景的方法。

1. 植物稳定　植物稳定是利用耐重金属植物降低土壤中有毒金属的移动性,从而减少重金属被淋滤到地下水或通过空气扩散进一步污染环境的可能性。植物在植物稳定中主要有两种功能:① 保护污染土壤不受侵蚀,减少土壤渗漏来防止金属污染物的淋移。重金属污染土壤由于污染物的毒害作用常缺乏植被,荒芜的土壤更易遭受侵蚀和淋漓作用,使污染物向周围环境扩散。稳定污染物最简单的办法是种植耐金属胁迫植物复垦污染土壤。② 通过金属在根部积累、沉淀、氧化还原或根表吸收等过程来加强土壤中重金属的固定,如植物通过分泌磷酸盐与铅结合成难溶的磷酸铅,使铅固化而降低铅的毒性。此外,植物还可以通过改变根际环境(如 pH 和氧化还原电位值)来改变重金属的化学形态,从而改变土壤重金属的生物有效性。研究表明,印度芥菜的根能使有毒的、生物有效性高的六价铬还原为低毒的、无生物有效性的三价铬。植物稳定技术适合土壤质地黏重,有机质含量高的污染土壤的修复。目前该技术主要用于矿区污染土壤修复,而在城市和工业区采用不多。然而,植物稳定并没有清除土壤中的重金属,只是暂时将其固定,使其对环境中生物不产生毒害作用,如果环境条件发生变化,重金属的生物有效性也会发生改变。

2. 植物挥发　植物挥发是利用植物的吸收、积累和挥发而减少土壤中一些挥发性污染物,即植物将污染物吸收到体内后将其转化为气态物质并释放到大气中。如硒在印度芥菜的作用下可产生挥发性硒、某些湿地植物也可以清除土壤中的硒。其他挥发性重金属,如汞、砷、铅等也能通过植物挥发作用而被部分去除。植物挥发通过植物及其根际微生物的作用,将环境中挥发性污染物直接挥发到大气中去,无需收获和处理含污染物的植物体,不失为一种有潜力的植物修复技术。但这种方法仅限于挥发性污染重金属,应用范围小;同时,植物挥发还将污染物从土壤转移到大气,对人类和生物具有一定的风险。

3. 植物提取　植物提取是指利用重金属超积累植物从土壤中吸取一种或几种重金属,并将其转移、储存到地上部分,随后收割地上部分并集中处理。连续种植这种植物,即可使土壤中重金属含量降低到可接受水平。植物提取是目前研究最多、最有发展前景的土壤重金属污染修复方法。用于植物提取来去除土壤重金属污染的植物称为超积累植物,这些植物对一种或几种重金属具有超强吸收能力,而本身不受毒害。如十字花科遏蓝菜属是一种已被鉴定的锌和镉的超积累植物,是一种生长在富含锌、钙、铅、镍土壤的野生草本植物。近年来,各国科学家对利用这种植物修复锌、钙、铅、镍污染土壤表现出浓厚的研究和开发兴趣。Brown 等的水培试验发现,遏蓝菜地上部分锌和镉含量可分别达 33 600 mg/kg 和 1 140 mg/kg(干重),且地上部分锌含量高达 26 000 mg/kg(干重),植物尚未表现中毒症状。Baker 等调查发现,生长在污染土壤的野生遏蓝菜地上部分锌含量为 13 000~21 000 mg/kg。盆栽试验也证明该植物有很强的吸收、转运和积累锌、镉能力。根据植物的提取量计算,连续种植该植物 14 茬,污染土壤中锌含量可从 440 mg/kg 降低到 300 mg/kg。

超积累植物的界定一般考虑两个主要因素:① 地上部重金属含量高于地下部分;② 地上部较普通作物累积 10~500 倍以上某种重金属。对于不同金属,其超积累植物富集浓度也有所不同。目前采用较多的为

Baker 和 Brooks 所提出的参考值,即把植物地上部(干重)中含镉达 100 mg/kg,钴、铜、镍、铅达 1 000 mg/kg,锰、锌达 10 000 mg/kg 以上。

目前,全世界已发现 400 多种超积累植物,而最重要的超积累植物主要集中在十字花科,研究得最多的植物主要在芸薹属、庭荠属及遏蓝菜属。

植物修复的主要优势表现在:① 使用范围广,在清除土壤中重金属污染物的同时,可清除污染土壤周围的大气、水体中的污染物;② 原位修复,从而减小了对土壤性质的破坏和对周围生态环境的干扰;③ 可通过传统农业措施种植植物,使成本大大降低,而且可从产生的富含金属的植物体中回收贵重金属,取得直接的经济效益;④ 植物本身对环境的净化和美化作用,更易被社会所接受;⑤ 植物修复过程也是土壤有机质含量和土壤肥力增加的过程,被修复过的土壤适合多种农作物的生长。重金属污染土壤的植物修复的主要问题为:① 如何提高植物修复效率,目前最具有推广价值的超积累植物植株矮小、生物量低、生长缓慢和生活周期长,因而修复效益低,不易于机械化操作;② 通常一种植物只吸收一种或两种重金属,对土壤中共存的其他金属忍耐能力差,从而限制了植物修复技术在复合污染土壤治理方面的应用;③ 植物是一个生命有机体,对土壤肥力、气候、水分、盐度、pH 等有一定的要求,而且这些植物多为野生植物,目前对其生活习性和耕种方法还不甚了解。

第三节　土壤持久性有机污染物

一、持久性有机污染物的定义和特性

(一) 持久性有机污染物的定义

持久性有机污染物(persistent organic pollutants, POPs)是指具有长期残留性、生物蓄积性、半挥发性和高毒性,能够通过各种环境介质(大气、水、土壤等)长距离迁移并对人类健康和环境造成严重危害的天然或人工合成的有机化合物。

近年来持久性有机污染物作为一个新的全球性环境问题引起了人们的高度关注。2001 年 5 月 22~23 日,91 个国家政府签署了《关于持久性有机污染物的斯德哥尔摩公约》,开始在全球共同解决持久性有机污染物问题。至今,已经有 151 个国家签署了该公约。

作为化工和农业大国之一,中国的化学品(包括持久性有机污染物)的生产、使用、排放总体比较严重,污染还在持续增加,危害开始显现。由于持久性有机污染物在自然环境中极难降解,可长期在生态系统中累积,对人们的身体健康和社会的可持续发展构成重大威胁。我国持久性有机污染物的基本情况和面临的形势比较严峻,公约首批控制的 12 种持久性有机污染物中,我国仍有部分在生产和使用。此外,历史遗留下来的大量含持久性有机污染物的废物和污染场地,实现无害化管理的任务也十分艰巨。

(二) 持久性有机污染物的特性

1. 高毒性　持久性有机污染物在低浓度时也会对生物体造成伤害,如二噁英类物质中最毒者的毒性相当于氰化钾的 1 000 倍以上,号称是世界上最毒的化合物之一。持久性有机污染物具有"三致"(致癌、致畸、致突变)效应,对人类和动物的生殖、遗传、免疫、神经、内分泌等系统等具有很大的危害。

2. 持久性　持久性有机污染物在环境中对于正常的生物降解、光解和化学分解作用有较强抵抗能力,因此,这些物质一旦排到环境中,可以在大气、水体、土壤和底泥等环境中长久存在。目前常用半衰期($t_{1/2}$)作为衡量其在环境中持久性的评价参数。污染物的半衰期是指污染物浓度在环境中减少到一半所需的时间。例如,二噁英类物质在土壤和沉积物中的半衰期约为 17~273 年。

3. 生物富集性　持久性有机污染物是亲脂疏水性物质,这就意味着它们易于进入生物体的脂肪组织,在活的生物体的脂肪组织中进行生物富集,且富集的浓度会随着食物链的延长而升高,即具有生物放大作用。生物富集作用常用生物富集因子(BCF)来表示,指有机化合物在生物体内或生物组织内的浓度与土壤中浓度之比,是估算生物富集化学物质能力的一个度量。

4. 远距离迁移性   持久性有机污染物具有半挥发性。在环境温度下,持久性有机污染物蒸发进入大气,以游离气体存在或者吸附在大气颗粒物上,并能够随着大气、水体流动以及生物体的迁移等实现长达数百、数千千米的远距离迁移。温度高的低纬度地区,产生的持久性有机污染物的蒸气压高;低温的极地等高纬度地区,持久性有机污染物的蒸气压低,从蒸气中分离而沉积到极地等地球表面,导致全球范围的污染传播,表现出所谓的"全球蒸馏效应"和"冷浓缩现象"。

二、持久性有机污染物分类及来源

(一)持久性有机污染物的类型

持久性有机污染物既有天然的,也有人工合成的,以人工合成的居多。根据国际持久性有机污染物公约,持久性有机污染物分为杀虫剂、工业化学品和生产中的副产品三类,共 12 种。

1. 杀虫剂   有 9 种杀虫剂为持久性有机污染物公约限制生产和使用的化合物。① 艾氏剂:施于土壤中,用于清除白蚁、蚱蜢、南瓜十二星叶甲和其他昆虫。1949 年开始生产,已被 72 个国家禁止,10 个国家限制。② 氯丹:控制白蚁和火蚁,作为广谱杀虫剂用于各种作物和居民区草坪中。1945 年开始生产,已被 57 个国家禁止,17 个国家限制。③ 滴滴涕(DDT):曾用作农药杀虫剂,但目前用于防治蚊蝇传播的疾病。1942 年开始生产,已被 65 个国家禁止,26 个国家限制。④ 狄氏剂:用来控制白蚁、纺织品害虫,防治热带蚊蝇传播疾病,部分用于农业。产生于 1948 年,已被 67 个国家禁止,9 个国家限制。⑤ 异狄氏剂:喷洒棉花和谷物等作物叶片的杀虫剂,也用于控制啮齿动物。1951 年开始生产,已被 67 个国家禁止,9 个国家限制。⑥ 七氯:用来杀灭火蚁、白蚁、蚱蜢、作物病虫害以及传播疾病的蚊蝇等带菌媒介。1948 年开始生产,已被 59 个国家禁止,11 个国家限制。⑦ 六氯代苯(HCB):用于处理种子,是粮食作物的杀真菌剂。已被 59 个国家禁止,9 个国家限制。⑧ 灭蚁灵:用于杀灭火蚁、白蚁以及其他蚂蚁。已被 52 个国家禁止,10 个国家限制。⑨ 毒杀芬:棉花、谷类、水果、坚果和蔬菜杀虫剂。1948 年开始生产,已被 57 个国家禁止,12 个国家限制。

2. 工业化学品   包括多氯联苯(PCBs)和六氯苯(HCB)。① PCBs:用作电器设备如变压器、电容器、充液高压电缆和荧光照明整流器以及油漆和塑料中,是一种热交流介质;② HCB:化工生产的中间体。

3. 生产中的副产品   包括二噁英和呋喃,其来源为:① 不完全燃烧与热解,包括城市垃圾、医院废弃物、木材及废家具的焚烧,汽车尾气,有色金属生产、铸造和炼焦、发电、水泥、石灰、砖、陶瓷、玻璃等工业企业;② 含氯化合物的使用,如氯酚、多氯联苯、氯代苯醚类农药和菌螨酚;③ 氯碱工业;④ 纸浆漂白;⑤ 食品污染,食物链的生物富集、纸包装材料的迁移和意外事故引起食品污染。

在 12 种持久性有机污染物类物质中,以二噁英和呋喃的环境特性和生物毒性相对较复杂,对生物体的危害损伤较严重。

(二)持久性有机污染物的来源

1. 工业   城市工业三废的排放使污染物积累,如焦化厂和加压煤气化工艺废水中的苯并(a)芘[B(a)P]等十余种多环芳烃类(PAHs),合成染料中的联苯胺、偶氮染料、对氯苯胺等许多致突变物和致癌物,电器产品中的多氯联苯。美国环境保护局确定二噁英类主要来自燃烧和焚化、化学品制造、工业城市废弃物处理及含再生资源的利用。国内许多水系因受周边企业不同程度的污染,水中有机提取物种类高达 135 种,主要以烷烃、杂环类、有机硝基化合物、有机酸类、多环芳烃类、胺类及酚类为主。

2. 农业   有机氯农药难降解、高残留,在食品和环境中仍可检出残留。苯氧酸型除草剂、杀虫剂的使用,使二噁英在土壤中残留增加。

3. 交通   汽车尾气的排放会产生多种有机污染物,柴油车尾气碳烟颗粒冷凝物样品曾检出 41 种多环芳烃类和 144 种有机物及其同分异构体,主要为有机酸、有机碱、极性化合物、醛类、二噁英类、多环芳烃类。

4. 生活   城市采暖季节燃料的燃烧、民用燃气、厨房烹调和烟草烟气中均含有多环芳烃类物质。香烟侧流烟雾颗粒物中曾检出 123 种有机物及其异构体,含有较多的多环芳烃,含氮、氧的杂环化合物,苯酚等酚类化合物。含氯(如聚氯乙烯塑料)的生活垃圾和医院废弃物的焚烧会产生二噁英。

三、土壤环境中的持久性有机污染物

据联合国环境规划署报告,每年大约有 $3\times10^8\sim4\times10^8$ t 有机物进入环境,其中大部分进入了土壤环境,土壤成了有机污染物的最大受体。土壤是植物和一些生物的营养来源,土壤中的持久性有机污染物无疑会导致持久性有机污染物在食物链上发生传递和迁移。世界各国土壤中都发现了持久性有机污染物,在加拿大和美国中西部地区工业、乡村和城市土壤中均存在二噁英,且工业地区的浓度大于乡村地区。在西班牙,土壤中同样存在二噁英,且在工业地区的二噁英浓度大于控制地区。对我国天津市郊污灌区农田土壤的检测表明,有机氯农药的检出率均为 100%,其中污水灌溉菜地的污染状况最为严重,六六六残留量达 404 $\mu g/kg$,DDT 达 270 $\mu g/kg$,普遍高于其他地块,表现出污水灌溉的显著影响,无污水灌溉的旱地污染较轻。另外,据 1996~1997 年对山东省烟台、威海、临沂等 8 地(市)的 45 处苹果园普查,发现有机氯农药六六六、DDT 的残留较为普遍,检出率 100%,超标率 20%。超标果园中,土壤六六六和 DDT 残留量分别超标 3.3 倍和 3.4 倍。在江汉平原多目标地球化学调查中,30 个土壤样品中,8 个样品有机氯农药含量超过土壤污染标准,占 26.7%。根据对我国土壤有机氯农药的残留状况的调查,我国农业土壤有机氯农药的残留量南北差距较为显著,呈现南方>北方空间格局,平均残留水平南方相当于北方的 3.3 倍。菜地中残留量高于农田,南方尤为突出。

四、持久性有机污染物的环境行为

(一)土壤吸附

不同土壤类型中有机污染物降解差异较大的重要原因之一是不同土壤对污染物的吸附不同。土壤对有机污染物的吸附包括可逆吸附和不可逆吸附两种形式,影响持久性有机污染物去向的主要是不可逆吸附。不可逆吸附导致污染物与土壤固相部分,尤其是土壤有机质形成牢固的结合,大大延长了有机污染物的降解过程。大多数亲脂性的有机污染物,如多氯二苯并二噁英/呋喃、多氯联苯、多环芳烃等,都可被强烈吸附在土壤中的有机质上。例如,沙子中多环芳烃的降解明显快于土壤,沙子吸附的多环芳烃在 7 天后即被分解到检出限以下,而土壤吸附的多环芳烃的生物降解出现了明显的延迟,土壤中的结合残留态多环芳烃大约为最初加入的 23%。多环芳烃在土壤中的最后归属几乎完全由表面吸附所控制,三环或三环以上的多环芳烃容易被土壤强烈吸附。

(二)淋溶、挥发

对于大多数持久性有机污染物来说,由于本身极低的水溶性和土壤对其强烈的吸附作用使其淋溶作用很弱。干燥土壤对杀虫剂的吸附作用比湿润土壤强,因此减少了其挥发,而杀虫剂在湿润土壤中的挥发较大,因为水和杀虫剂竞争吸附位点。杀虫剂的迁移是由地表径流和潜水流引起的。灌溉条件下残留的杀虫剂在土壤剖面中有淋溶,在棉花轮作小区中 0~50 cm 都可以发现二氯二苯三氯乙烷(DDT)和二氯二苯二氯乙烯(DDE)的存在,而在对照本底区内仅 0~20 cm 有 DDT 和 DDE。大多数杀虫剂在迁移过程中都会发生缓慢降解,但数量很小。

由于分压低和土壤固相吸附能力强,三环以上的多环芳烃几乎不可能挥发。小分子量的多环芳烃可以从污染土壤中挥发出来,并被植物叶吸收。2,3,7,8-四氯二苯并二噁英从营养液中挥发后气态的二噁英被植物地上部分吸附是一种很重要的转移机制。

(三)非生物降解

有机污染物在土壤中的非生物降解主要有光解、水解和氧化还原。有些有机污染物,如多环芳烃能直接吸收紫外光并发生光解,光解和生物降解相结合是有机污染物转移和解毒的一个很有前途的新途径。土壤

中有机污染物的水解主要有两种类型：① 在土壤孔隙水中发生的反应；②发生在黏土矿物表面的反应。有些有机污染物,尤其是农药,很容易进行氧化或还原反应,从而导致其降解。

（四）微生物降解

土壤微生物能够降解许多有机污染物。对于高度亲脂性的除草剂和杀虫剂,氧化通常是微生物降解这些物质的第一步,这一步可增加污染物的水溶性。土壤微生物对有机污染物的降解主要包括以下两种方式：① 共代谢又称协同代谢。一些难降解的有机物,通过微生物的作用能被改变化学结构,但并不能被用作碳源和能源,微生物必须从其他底物获取大部或全部的碳源和能源,这样的代谢过程称为共代谢。由于绝大部分持久性有机污染物不能作为微生物的碳源和能源,因此在利用微生物进行持久性有机污染物的降解时,必须添加其他有机物作为碳源和能源,才能使持久性有机污染物通过共代谢作用而被降解。② 微生物具有极其多样的代谢类型和很强的变异性,使之不仅可以分解自然界存在的所有有机物,而且也获得了降解人工合成大分子有机物的能力。在不能以其他方式得到能量和碳源的情况下,微生物也能利用有机污染物作为碳源和能源,将其矿化为 CO_2 和 H_2O。

（五）植物过程

1. 植物吸附　　由于有机污染物具有亲脂性,它们很难进入植物体内部,因此通常所测得的根用植物样品中高多环芳烃浓度可能是由作物的表面吸附引起的。因此,持久性有机污染物在根系表面的吸附对于其根际行为研究就显得相当重要。污染物吸附在生物活性较强的根表面对增加其转化可能有一定意义。

2. 植物吸收和积累　　植物吸收和积累的有机污染物只占土壤中总量的极少部分,并且能被植物根系吸收的多环芳烃局限于亲脂性较低的化合物,如蒽、萘。有研究表明,植物根系中积累的多环芳烃的浓度与土壤中的浓度没有关系。由于有机污染物的亲脂性,它们只能通过植物根中的油通道系统被植物吸收(该机制只对某些植物种类如胡萝卜等特别重要),但是多环芳烃通过叶和根机制的吸收效率很低。

3. 植物代谢　　有机污染物被吸收后,植物可通过木质化将有机物及其残片储藏在新的结构中,也可将它们矿化为 CO_2 和 H_2O,从而将原来的化学物质转化为无毒或低毒的代谢物储藏于植物细胞的不同位置,但也有可能转化为毒性更大的污染物。对于大多数有机污染物,植物只能将其代谢而不能将其彻底矿化。近来有证据表明植物可矿化多氯联苯类化合物,但数据仍很缺乏。

植物对有机污染物降解的成功与否取决于有机污染物的生物可利用性,后者与化合物的相对亲脂性、土壤类型(有机质含量、pH、黏土矿物含量与类型)和污染物在土壤中的存在时间有关。植物来源的某些酶能降解某些有机化合物,如脱卤素酶、过氧化物酶和磷酸酶。多数植物对持久性有机污染物的降解能力很低,这是因为植物根系分泌及根际微生物产生的酶只能以土壤中常见的有机物为底物,而对外来的高亲脂性有机污染物降解能力很低。

五、持久性有机污染物对人体的危害

持久性有机污染物在土壤中半衰期大多在 1～12 年,个别长达 600 年,而它们的生物富集因子或生物富集系数(BCF) 高达 4 000～70 000。由于其生物富集性高,所以持久性有机污染物对人体健康和生态环境具有极大的危害。持久性有机污染物对人类的影响主要通过食物链实现,其次是通过呼吸和皮肤接触进入人体内。

持久性有机污染物一旦通过各种途径进入人体内,就会在人体的脂肪、胚胎和肝脏等组织和器官中积累下来,到一定程度后就会对人体健康造成危害。各种持久性有机污染物的毒性作用机制现在并不是完全明确,对人体造成伤害,一般并不是某一种或某一族持久性有机污染物单独作用的结果,而是某几族持久性有机污染物相互协同作用的结果。实验室和环境影响研究表明,持久性有机污染物可造成人体的神经系统、免疫系统、内分泌系统和生殖系统等的破坏,同时,还可能导致人体发育异常并具有致癌作用。

(一) 对神经系统的危害

近年来的研究表明,持久性有机污染物可能对儿童大脑发育有严重的影响,可导致儿童神经系统功能的损坏。此外,持久性有机污染物还可能引起精神心理疾患症状,如焦虑、疲劳、易怒、忧郁等。

(二) 对免疫系统的危害

持久性有机污染物会抑制免疫系统的正常反应、影响巨噬细胞的活性、降低生物体的病毒抵抗能力。研究表明,海豚的 T 细胞淋巴球增殖能力的降低和体内富集的 DDT 等杀虫剂类持久性有机污染物显著相关,海豹食用了被多氯联苯污染的鱼会导致维生素 A 和甲状腺激素的缺乏而易感染细菌。一项对因纽特人的研究发现,母乳喂养和奶粉喂养婴儿的健康 T 细胞和受感染 T 细胞的比率与母乳中杀虫剂类持久性有机污染物的含量相关。在北京进行的一项针对持久性有机污染物的调查发现,在北京采集的孕妇的乳汁里,三百多位孕妇中,有 90% 检出多氯联苯等持久性有机污染物,有 10% 的人处在比较危险的水平。

(三) 对内分泌系统的危害

多种持久性有机污染物被证实为潜在的内分泌干扰物质,它们与雌激素受体有较强的结合能力,会影响受体的活动。例如,亚老哥尔(多氯联苯商品名)在体内试验中表现出一定的雌激素活性。

(四) 对生殖和发育的危害

人体暴露于持久性有机污染物会出现生殖障碍、先天畸形、机体死亡等现象。美国国家环保局(EPA)在评价二噁英的生殖毒和内分泌毒的同时指出,它可使男性儿童雌性化、影响儿童发育、抑制肌体免疫功能,对肝脏等都可能造成伤害。日本将二噁英列入影响人类生育的三大环境激素中最难解决的一种,声称它可致人的流产、死胎和子宫内膜异位和子宫内膜炎等。一项对 200 名孩子的研究(其中 3/4 孩子的母亲在孕期食用了受持久性有机污染物污染的鱼)发现,这些孩子出生时体重轻、脑袋小,7 个月时认知能力较一般孩子差,4 岁时读写和记忆能力较差,11 岁时的智商值较低,读、写、算和理解能力都较差。美国科学家就发现多氯联苯可以导致儿童弱智。此外,在动物研究中,受持久性有机污染物暴露的鸟类产卵率降低、种群数目减少;捕食了含多氯联苯鱼类的海豹生殖能力下降。

(五) 致癌作用

1997 年,世界卫生组织(WHO) 的国际癌症研究中心(IARC),在大量的动物实验和人体流行病学调查的基础上,宣布二噁英为 I 类人体致癌物,完全确定了它对人类的致癌作用。多氯联苯混合物被列为 IIA 类致癌物(较大可能的人体致癌物),氯丹、DDT、七氯、六氯苯、灭蚁灵、毒杀芬被列为 IIB 类致癌物(可能的人体致癌物)。世界自然基金会的一次检测发现,欧盟 13 个国家环境部部长的血液中含有包括 DDT 在内的 55 种有害甚至致癌物质。另有研究发现,患恶性乳腺癌的女性与患良性乳腺肿瘤的女性相比,其乳腺组织中多氯联苯水平较高。

(六) 其他毒性

持久性有机污染物还会引起一些其他器官组织的病变,如皮肤角质化、色素沉着、多汗症和弹性组织病变等症状。另有报道表明,慢性接触多氯联苯可使肝、肾、肺等内脏发生病理改变。氯丹在人体内代谢后,会转化为毒性更强的环氧化物,使血钙降低。二噁英可经皮肤、黏膜、呼吸道、消化道进入体内,可对人体的肝、肾等器官造成损伤。

六、土壤持久性有机污染物的修复

持久性有机污染物中有机氯农药、多氯联苯是工业用化学品,而二噁英和呋喃是工业和燃烧过程中所产生的副产物。对于有机氯农药和多氯联苯,世界上各国基本上均已停产或限制其产量,这类污染物向环境中的排放会越来越少,主要问题是研究如何将已存在于环境中的污染物消除。按照污染土壤的修复原理,持久性有机污染物污染土壤的修复可概括为物理修复技术、化学修复技术和生物修复技术。

(一)物理修复技术

物理修复技术的主要方法包括土地填埋、换土和通风去污等转移污染物的工程措施。填埋法是将被污染的土壤移到指定地点进行填埋后,换上干净的土壤。换土法是指将被污染的土壤移去,然后铺上未受污染的土壤。这两种方法只适用于小面积土壤的修复,并且存在费用高、对污染物的清除不彻底等问题。通风技术是人工向土壤通入气流,促使有机物挥发,由气流将土壤中的气相有机物带走,达到净化土壤的目的。这些物理修复技术只能把污染物暂时转移,不能从根本上解决持久性有机污染物在环境中的污染问题。其他的物理处理技术还包括高温焚烧、水泥窑技术、原位玻璃化技术和热解吸等。

(二)化学修复技术

主要包括化学清洗法、超临界萃取法、微波萃取法等。化学清洗法是用一些化学溶剂和表面活性剂等清洗被有机农药污染的土壤,将有机农药污染物清洗出土壤的方法,此法费用较低,但是存在着易造成二次污染的缺陷。超临界萃取法是采用超临界流体萃取土壤有机农药污染物,使污染物被浓缩而除去,这种方法设备投资大,运行成本高。微波萃取法是利用微波能来提高萃取效率的一种新技术,它可对土壤中的有机农药污染物进行选择性萃取,从而使有机农药从土壤中分离出去。

(三)生物修复技术

生物修复技术(bioremediation)主要是通过自然界中动物、植物、微生物的作用,将土壤中的有机污染物原位降解为 CO_2 和 H_2O 或转化为无害物质的方法。生物修复技术与物理和化学修复技术相比具有成本低、效率高、无二次污染、不破坏植物生长所需的土壤环境及易操作等特点,是一种具有广阔应用前景的治理方法。

生物修复技术包括微生物修复、动物修复、酶修复和植物修复。

微生物修复是利用微生物的生命代谢活动分解有机农药污染物的污染土壤修复方法,该方法费用低、效果好、无二次污染,但对土壤中的营养等条件要求较高。

动物修复是利用一些土壤动物吸收或富集土壤中残留农药,通过动物自身的代谢作用,把部分农药分解为低毒或无毒产物的修复方法,此方法对土壤条件要求较高。

酶生物修复技术是直接利用某些特定的酶降解有机农药污染物的修复方法,该方法可降解一些特定的难降解的污染物,对低浓度农药的处理效果较好,被认为是有机污染物生物修复技术中比较有效和可行的方法。但目前酶修复技术仍存在酶分离提取时间长、费用高、酶不稳定、易失活等缺点。

植物修复技术是指利用植物及其根际微生物去除、转化和固定土壤环境中持久性有机污染物的一种修复方法。这种方法的中间代谢产物复杂,代谢产物的转化难以观测,但操作方便、易于原位处理污染物。根据修复机制,植物对持久性有机污染物的修复分为植物的直接吸收、植物根分泌的酶对持久性有机污染物的降解、植物与根际微生物的联合作用。

1. 植物对持久性有机污染物直接吸收 植物可直接吸取土壤中的持久性有机污染物,进入植物体内的持久性有机污染物会在植物根部富集或迁移到植物组织的其他部分,而本身形态、性质未发生变化。持久性有机污染物被植物吸收至体内后有多种去向:植物可将其分解,并通过木质化作用使其成为植物组织的一部分;也可转化为无毒的中间产物储存在植物体内;或是经矿化作用被完全降解成 CO_2 和 H_2O 等无机物,从而达到去除环境中有机污染的目的。影响根系吸附、吸收的主要因素是持久性有机污染物的物理化学性质、植物蒸腾作用的强度及土壤中污染物的浓度等。

2. 植物根分泌的酶对持久性有机污染物的降解　　植物根系能分泌一定数量的酶到土壤中,如过氧化物酶、羟化酶、糖化酶、漆酶、去卤酶和腈水解酶等。这些酶能提高污染物的可溶解性,从而提高它们的生物可利用性。同时,一些酶还可以直接降解有机污染物(邢维芹等,2004)。

3. 植物与根际微生物的联合作用　　植物根系的代谢活动可为土壤微生物的生长提供良好的微生态环境。一方面,植物根系巨大的表面积为微生物提供了生长和繁殖场所,使植物根际微生物的数量明显多于周围土壤;另一方面,植物向根系输送氧气和释放根系分泌物(如糖类、氨基酸、脂肪酸、生长素、核苷酸等),为微生物的生长繁殖提供了充足养料,从而促进微生物的生长、繁殖和代谢。研究表明,具有发达根系的植物能够促进根际菌群对除草剂、杀虫剂、表面活性剂和石油产品等有机污染物的吸收、降解;植物根区的菌根真菌与植物形成共生作用,有其独特的酶途径,用以降解不能被细菌单独转化的有机物。

参考文献

鲍桐,廉梅花,孙丽娜,等. 2008. 重金属污染土壤植物修复研究进展. 生态环境,17(2):858—865.

曹启民,王华,张黎明. 2006. 中国持久性有机污染物污染现状及治理技术进展. 中国农学通,22(2):361—365.

陈怀满,等. 2005. 环境土壤学. 北京:科学出版社:216—270.

李天杰,郑应顺,王云. 1995. 土壤环境学. 北京:高等教育出版社:32—57.

刘培桐,薛纪渝,王华东. 1995. 环境学概论. 第二版. 北京:高等教育出版社:121—143.

彭胜巍,周启星. 2008. 持久性有机污染土壤的植物修复及其机制研究进展. 生态学杂志,27(3):469—475.

夏家淇,骆永明. 2007. 我国土壤环境质量研究几个值得探讨的问题. 生态与农村环境学报,23(1):1—6.

邢维芹,骆永明,李立平,等. 2004. 持久性有机污染物的根际修复及其研究方法. 土壤,36(3):258—263.

余刚,牛军峰,黄俊. 2005. 持久性有机污染物——新的全球性环境问题. 北京:科学出版社:1—254.

Queviller P H, Ure A, Muntau H, et al. 1993. Improvement of analytical measurements within the BCR-programme: Single and sequential extraction procedures applied to soil and sediment analysis. International Journal of environmental analytical chemistry, 51:129—134.

Silveira M L, Alleoni L R F, O'Connor G A, et al. 2006. Heavy metal sequential extraction methods-A modification for tropical soils. Chemosphere,64(11):1929—1938.

Tessier A, Campbell P G C, Bisson M. 1979. Sequential extraction procedure for the speciation of particulate trace metals. Analytical Chemistry,51(7):844—851.

Ure A M, Quevauviller P H, Muntau H, et al. 1993. Speciation of heavy metals in soils and sediments. An account of the improvement and harmonization of extraction techniques undertaken under the auspices of the BCR of the commission of the European communities. International Journal of environmental analytical chemistry, 51:135—151.

第五章　固体废物污染与处置

本章概要介绍了固体废物的概念、特点、来源和分类,重点介绍了固体废物的危害及其管理的原则、措施,并针对矿业废弃物、工业废弃物、农业废弃物、城市生活垃圾和危险废弃物等不同固体废弃物,分述了其处理与利用的原理与途径。

第一节　固体废物污染概述

一、基本概念

(一) 固体废物

固体废物(wastes)指在生产、生活和其他活动中产生的、丧失了原有利用价值或者虽未丧失利用价值但被抛弃或者放弃的固态、半固态和置于容器中的气态的物品、物质以及法律、行政法规规定纳入固体废物管理的物品、物质。

"废物"是一个相对概念,是相对某一过程或某一方面没有使用价值,而并非在一切过程或一切方面都没有使用价值。另外,由于各种产品本身具有使用寿命,超过了寿命期限,也会成为废物。因此,废物的概念具有时间性和空间性,一种过程的废物随着时空条件的变化,却可能成为另一过程的原料,所以,废物不是无用之物,而是"放在错误地点的原料"。

(二) 危险废物

危险废物(hazardous wastes)指操作、储存、运输、处理和处置不当时会对人体健康或环境带来重大威胁的废物。具有下列情形之一的固体废物和液态废物,列入《国家危险废物名录》:① 具有腐蚀性、毒性、易燃性、反应性或者感染性等一种或者几种危险特性的;② 不排除具有危险特性,可能对环境或者人体健康造成有害影响,需要按照危险废物进行管理的。

(三) 固体废物处理

固体废物处理(treatment of solid wastes)是通过物理、化学、生物等不同方法,使固体废物转化为适于运输、储存、资源化利用以及最终处置的一种过程。固体废物的物理处理包括破碎、分选、沉淀、过滤、离心等处理方式,其化学处理包括焚烧、焙烧、浸出等处理方法,生物处理包括好氧和厌氧分解等处理方式。

(四) 固体废物处置

固体废物处置(disposal of wastes)指采取能将已无回收价值或确属不能再利用的固体废物(包括对自然界及对人身健康危害性极大的危险废物)长期置于与生物圈隔离地带的技术措施,也是解决固体废物最终归宿的手段,亦称最终处置技术,包括堆置、填埋、海洋投弃等。

(五) 固体废物利用

固体废物利用指从固体废物中提取物质作为原材料或者燃料的活动,包括在产品生产工艺过程中的循环利用、回收利用,以及交由其他单位的综合利用。

二、固体废物的特点

1. 有用与无用的相对性　从字面来看,固体废物是废弃之物、无用之物。但被丢弃的物质是多种多样的,是否成为废物具有鲜明的时间和空间特征。从时间方面讲,随着社会发展、科学进步,资源尤其是矿物资源的日渐枯竭,昨天的废物势必又将成为明天的资源。例如,过去堆积如山、严重污染环境的煤矸石,现在可以综合利用,用作建材或燃烧发电。从空间角度看,废物仅仅相对于某一过程或某一方面没有使用价值,而可以是另一过程的原料。例如,城镇垃圾可以堆肥,可以焚烧发电。只有真正理解固体废物的相对性,只有认识固体废物都具有一定的资源价值,才能制定出符合自然规律与社会法则的战略措施,实现对固体废物的科学管理。

2. 具有资源与环境的双重价值　人类对固体废物的处理与利用,关系到人类对资源的有效利用。若能变一用为多用,自然资源就能够永续地循环利用,人类活动对环境施加的压力就会变小。

此外,固体废物还具有其他一些特性,如产生量大、种类繁多、性质复杂、来源分布广泛,并且一旦发生了固体废物所导致的环境污染,其危害具有潜在性、长期性和不可恢复性。固体废物本身又是其他形式污染物的处理产物,因而需要进行最终处置。本身的特性以及它对环境造成污染的形式决定了对其进行污染控制和管理的特点。而这些特点的存在,导致了需要建立不同于其他污染物的管理方法和管理体制。

三、固体废物来源与分类

(一)固体废物的来源

人类在产品制造过程中,不可能对原料加以100%的利用,在生产过程中必然会产生一定量的废物,在自然资源的开采和产品的消费过程中,也必将产生各种各样的废物。物质和能源消耗量越多,废物产生量也就越大。据估计,进入社会经济体中的物质,仅有10%～15%以建筑物、工厂、装置、器具等形式积累起来,其余绝大部分都变成了废物(图5-1)。

(二)固体废物的分类

固体废物来源广泛,种类繁多,成分复杂,其分类方法很多。按其化学组成可分为有机废物和无机废物,按其对环境与人类健康的危害程度可分为一般废物和危险废物,按其形态可分为固体

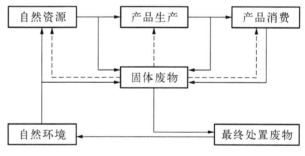

图5-1　固体废物产生与转化

废物(块状、粒状、粉状)、半固态废物(泥状、浆状、糊状)和液态(气态)废物。

1995年国家颁布实施的《中华人民共和国固体废物污染环境防治法》将固体废物分为工业固体废物、城市生活垃圾和危险废物三大类,而没有把农业固体废物纳入其中。我国是世界农业大国,农业固体废弃物数量巨大,处理不当,会对环境造成越来越严重的污染。所以,农业固体废物应纳入固体废物分类中的重要一类(图5-2)。

1. 工业固体废物　工业固体废物是指在工业、交通等生产活动中产生的固体废物。工业固体废物是来自各个工业生产部门的生产、加工及流通中所产生的粉尘、碎屑、污泥等。废物产生的主要行业有冶金、石油、化工、煤炭、电力、交通、轻工、机械加工、建筑等。

2. 矿业废物　矿业固体废物主要指来自矿业开采和矿石洗选过程中所产生的废物。矿石开采过程中,需剥离围岩,排出废石,采得的矿石亦需经选洗,提高品位,排出尾矿。许多国家将来自矿业开采和矿石洗选过程中所产生的废石和尾矿独列为矿业废物。矿业固体废物主要包括煤矸石、采矿废石和尾矿。

3. 城市生活垃圾　城市生活垃圾又称城市固体废物,是在城市居民日常生活中或者为城市日常生活

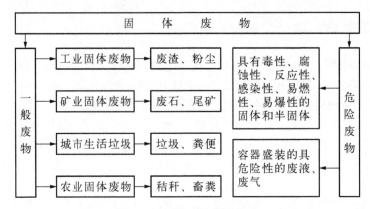

图5-2 固体废物分类体系

提供服务的活动中产生的固体废物。城市生活垃圾主要来自城市居民家庭、行政事业单位、商业服务业以及部分工厂企业。城市生活垃圾主要包括厨房余物、废纸、废织物、废塑料、废金属、废玻璃、陶瓷碎片、废家具、砖瓦渣土、庭园废物、粪便等。城市生活垃圾成分复杂,有机物含量高。居民生活水平、生活习惯、季节、气候因素对城市生活垃圾成分影响明显。

4. 农业废物 农业固体废物是指农业生产及其产品加工过程所产生的固体废物。农业固体废物主要来自种植业、林业、禽畜饲养、水产养殖和农副产品加工业。常见的农业固体废物有稻草、秸秆、果树枝条、落叶、废塑料、死禽死畜、人畜粪便、污泥等。

5. 危险废物 《中华人民共和国固体废物污染环境防治法》定义危险废物为"列入国家危险废物名录或者国家规定的危险废物鉴别标准和鉴定方法认定的、具有危险特性的废物"。由于危险废物特殊的危害特性,它与一般的城市生活垃圾及工业固体废物在管理方法和处理处置费用上都有较大的差异。危险废物的主要特征并不在于其相态,而是在于其危险特性,即毒性、易燃性、易爆性、腐蚀性、反应性、毒性和感染性。所以危险废物可以包括固态、残渣、油状物质、液体以及具有外包装的气体等。

第二节 固体废物污染危害与管理

一、固体废物污染危害

(一)固体废物的污染途径

固体废物,特别是固体废物中的有害成分可以通过环境介质——大气、水体、土壤进入生态系统,参与生态系统物质循环,给人类造成潜在的、长期的危害。如果固体废物处理处置不当,会通过多种途径危害人体健康。其中,尤以工矿业固体废物所含化学成分形成的化学物质型污染和生活垃圾(特别是人畜粪便)中所含的多种病原微生物形成的病原体型污染最为突出。其传播途径如图5-3所示。

(二)固体废物污染危害

固体废物对人类环境的危害,主要表现在以下六个方面。

1. 侵占土地 固体废物产生后,需占地堆放。产生废物的处理量越少,堆积量越大,占地也越多。据估算,每堆积 $1×10^4$ t 渣约需占地1亩。一些国家固体废物侵占土地的状况为:美国 $200×10^4$ hm^2、英国 $60×10^4$ hm^2。我国工矿业废渣、煤矸石、尾矿累积量超过 $70×10^8$ t,占地 $90×10^4$ hm^2。我国许多城市利用市郊堆存城镇垃圾,既侵占了大量农田,严重地破坏地貌、植被和自然景观。根据北京市高空远红外探测的结果显示,北京市区几乎被环状的垃圾堆所包围。

随着生产发展和消费增长,垃圾占地的矛盾日益尖锐。即使是固体废物的填埋处置,若不着眼于场地的选择评定以及场基的工程处理和填埋后的科学管理,废物中的有害物质还会通过不同途径进入环境中,并对

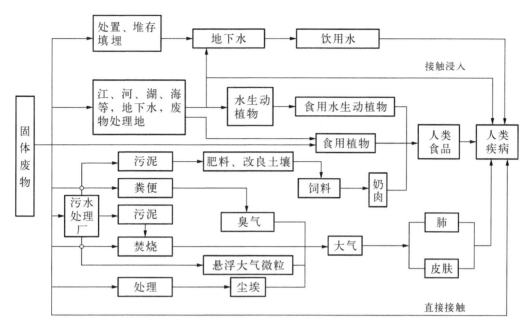

图 5-3 固体废物传播疾病的途径

生物包括人类产生危害。

2. 污染土壤　　废物堆放或没有适当防渗措施的垃圾填埋,其中的有害成分很容易经过风化雨淋和地表径流的侵蚀渗入土壤中,土壤的性质和土壤结构发生改变,土壤中微生物的活动也将受到影响。这些有害成分的存在,不仅有碍植物根系的发育和生长,而且还会在植物有机体内积蓄,通过食物链危及人体健康。

20 世纪 70 年代,美国在密苏里州曾把混有四氯二苯-对二噁英(2,3,7,8-TCDD)的废渣当作沥青铺洒路面,造成严重污染,土壤中 TCDD 含量达 30 μg/L,污染深度达 60 cm,致使牲畜大批死亡,居民也受许多种疾病折磨。最后,美国政府不得不花 3 300 万美元买下了该镇的全部地产,还赔偿了居民搬迁等的一切损失。

3. 污染水体　　在世界范围内,有不少国家直接将固体废物倾倒于河流、湖泊或海洋,甚至以后者当成处置固体废物的场所之一,应当指出,这是有违国际公约、理应严加管制的。固体废物随天然降水或地表径流进入河流、湖泊,或随风飘落污染地面水体,会随渗滤液渗透到土壤中,进入地下水,使地下水污染。若将固体废物直接排入河流、湖泊或海洋,则会造成更大的水体污染。生活垃圾未经无害化处理任意堆放,也已造成许多城市地表水、地下水污染。我国几乎每个大中城市都有污染严重的河湖水体,其中生活垃圾的影响不容忽视。

美国的腊夫运河(Love Canal)事件是典型的固体废物污染地下水事件。1930～1953 年,美国胡克化学工业公司在纽约州尼亚加拉瀑布附近的腊夫运河废河谷填埋了超过 2 800 t 桶装有害废物,1958 年填平覆土,然后在上面兴建了学校和住宅。1978 年大雨和融化的雪水造成有害废物外溢,而后陆续出现井水变臭、婴儿畸形、居民身患怪异疾病,大气中有害物质浓度超标 500 多倍,造成严重后果。

目前,一些国家把大量固体废物投入海洋,海洋也正面临着固体废物潜在的污染威胁。1990 年 12 月在伦敦召开的消除核工业废料国际会议上公布的数字表明,近 40 年来,主要由美、英两国在大西洋和太平洋北部的 50 多个"墓地"大约投弃过 46×10^{15} Bq(贝可,表示放射性活度,$1 \text{ Bq} = 1 \text{ S}^{-1}$)的放射性废料,尤其是美国倾倒最多。1975 年美国向 153 处洋面垃圾投量区投弃了市政及工业固体废物 500×10^4 t 以上,对海洋造成潜在的污染危害。

4. 污染空气　　固体废物污染大气的主要途径有:① 堆放的固体废物中的细微颗粒、粉尘等可随风飞扬,从而对大气环境造成污染。② 堆积的废物中某些物质的分解和化学反应,可以产生浓度不等的毒气或恶臭,造成地区空气污染。例如,煤矸石自燃会散发出大量的 SO_2、CO_2、NH_3 等气体,造成严重的大气污染。辽宁、山东、江苏三省的 112 座矸石堆中,自然起火的有 42 座。废物填埋场中有机固体废物在适宜的温度和湿度下被微生物分解,产生沼气等有毒气体,部分逸出会对大气环境造成影响。此外,固体废物在运输和处理过程中也能产生有害气体和粉尘。

5. 影响环境卫生 我国工业固体废物的综合利用率为 50%～60%,每年积存量巨大。据我国 661 个设市城市统计,至 2005 年底全国设市城市的生活垃圾清运量为 1.6×10^8 t,集中处理率保持在 50%～60%,处理方式以填埋为主,2005 年填埋量占总处理量的 85.4%,但相当数量的填埋处理不能达到无害化处理要求。至 2005 年底,全国设市城市生活垃圾无害化处理率约为 30%左右,无害化处理率较低。未经无害化处理的垃圾、粪便进入环境,严重影响人们的居住环境的卫生状况,导致传染病菌繁殖,对人们的健康构成潜在的威胁。

6. 其他危害 某些特殊的有害固体废物排放,除以上各种危害外,还可能造成燃烧、爆炸、接触中毒、严重腐蚀等特殊损害。

二、固体废物的管理

(一)固体废物管理的内容

固体废物的管理包括对固体废物的产生、收集、运输、储存、处理和最终处置等全过程的管理。要求把每一个环节都当作污染源进行严格的控制,不同环节固体废物管理内容是不同的。

1. 产生 在固体废物的产生环节,要求生产者按照有关规定将所产生的废物分类,并用符合法定标准的容器包装,做好标记,进行登记,建立废物清单,以待收集运出。

2. 容器 对不同的固体废物要求采用不同容器包装,以防止暂存过程中产生污染。因而,容器的质量、材质、形状等要能满足所装废物的标准要求。

3. 储存 储存管理是指对固体废物进行处理处置前的储存过程实行严格控制,包括储存设施维护、监测以及采取的消除污染措施。

4. 收集运输 收集运输管理是指对厂家的固体废物收集进行管理,并对收集过程中的运输和收集后运送到中间储存处或处理处置厂(场)的过程实行污染控制。固体废物的运输需选择合适的容器,确定装载的方式,选择适宜的运输工具,确定合理的运输路线,并制订泄漏或临时事故补救措施。

5. 综合利用 综合利用管理是指在农业、工业、矿业、城镇垃圾以及其他固体废物回收资源和能源过程中对于废物污染的控制。

6. 处理处置 处理处置管理是指在固体废物有控堆放、卫生填埋、安全填埋、深层处置、深海投弃、焚烧、生化解毒和物化解毒等过程中对于废物污染的控制。

(二)固体废物管理的原则

固体废物管理应遵循减量化、资源化和无害化的"三化"原则。

减量化是对已经产生的固体废物通过处理减少其体积或质量的过程,如固体废物的焚烧、破碎、压实等。这里需要强调的是,固体废物的资源化也是一种非常有效的减量化处理手段。

资源化也称为综合利用,是指通过对废物中的有用成分进行回收、加工、循环利用或其他再利用,使废物直接变为产品或转化为能源及二次原料,如废旧容器的回用、废塑料热解制燃料油、垃圾焚烧发电、废纸回用做纸浆等。

无害化是指对已经产生、但又无法或暂时无法进行综合利用的固体废物通过处理降低或消除其危害特性的过程,是保证最终处置长期安全性的重要手段。

我国确立的固体废物的"三化"原则与发达国家的"4R"原则:reduction(减量化)、reuse(重复利用)、recycle(再生)和 recovery(回收),包含的理念基本是一致的。

在经历了许多事故与教训之后,人们越来越意识到对固体废物实行全程管理的重要性,于是出现了"源头控制"的新概念,即对工业生产过程等经济再生产过程进行从源头到最终产品的全过程控制管理,运用各种手段促使节能、降耗,推行清洁生产,降低或消除污染。这种模式符合预防为主的环境管理方针,也与可持续发展战略是一致的。

固体废物全程管理将固体废物从产生到处置的全过程分为五个环节进行控制。第一个阶段,通过改变原材料,改进生产工艺和更换产品等,避免或减少固体废物的产生。第二个阶段,对生产过程中产生的固体废物,尽量进行系统内的回收利用。但是,在各种生产和生活活动中不可避免地要产生固体废物,建立和健全与之相适应的处理处置体系也是必不可少的。第三阶段进行系统外的回收利用,如废物交换等。第四阶段进行无害化/稳定化处理。第五阶段采取科学措施处置/管理固体废物,实现其安全处理处置。

(三)固体废物管理法规与标准

1. 固体废物管理法规　　解决固体废物污染控制问题的关键之一是要建立和健全相应的法规、标准体系。美国1965年制定的《固体废物处置法》是世界第一个固体废物的专业性法规,经多次修订,日臻完善,《资源保护及回收法》(RCRA)(1984年)迄今已成为世界上最全面、最详尽的关于固体废物管理的法规。法规对固体废物处理、储存和处置的中间和最终设施提出标准要求,以保证固体废物管理设施能以保护公众健康和环境安全的方式进行设计、建设和运行。对已废弃的固体废物处置场对环境造成的污染,美国于1980年颁布了《全面环境责任承担赔偿和义务法》(CERCLA),俗称"超级基金法"。该法规定,联邦政府直接负责解决处置场地有害物质的释出以及可能危及公众健康和环境的污染问题,对废弃的无人管理的处置场所提供清理费用。

日本的《废物处理和清扫法》规定了全体国民的义务和废物处理的主体,不仅企业有适当处理其产生的固体废物的义务,公民也有保持生活环境清洁的义务。德国《废弃物管理法》(1986年)认为,简单的垃圾末端处理并不能从根本上解决固体废物污染问题,而需建立垃圾中心处理站,对垃圾进行销毁、回收利用、循环或土地填埋,以解决垃圾的减量和再利用问题。

我国在1978年的宪法中,首次提出了"国家保护环境和自然资源,防治污染和其他公害"的规定。1979年颁布了《中华人民共和国环境保护法》,这是我国环境保护的基本法,对我国环境保护工作起着重要的指导。在此之后,我国相继颁布了一系列有关环境保护的法律法规,对海洋环境保护、海洋开发、海洋倾废引起的污染防治、地表水及地下水的污染防治、大气污染防治及监督管理做出了详细的规定。我国早期关于固体废物管理的法律内容多包含在其他法规中,如1985年国务院批准的《关于开展资源综合利用若干问题的暂行规定》对固体物的综合利用、化害为利做了具体的规定。1985年国家环境保护局开始组织人力制定《固体废物污染环境防治法》,历时10年,于1995年10月30日颁布,并于1996年4月1日正式实施。

2. 固体废物污染控制标准　　废水、废气污染采用末端浓度标准控制的方法加以防治,而固体废物的污染防治无法采用末端浓度控制的方法。目前,我国固体废物控制标准采用处置控制的原则,即在现有成熟处置技术的基础上,制定废物处置的最低技术要求,再辅以释放物控制,以达到固体废物污染环境防治的目的。

固体废物污染控制标准分为两大类,一类是废物处置控制标准,即规定对某种特定废物的处理、处置标准要求。目前,这类标准中有《含多氯联苯废物污染控制标准》(GB 13015-1991),规定了不同水平的含多氯联苯废物的允许采用的处置方法;《城市垃圾产生源分类及垃圾排放》(CJ/T 3033-1996)规定了有关城镇垃圾排放的内容以及城镇垃圾收集、运输和处置过程的管理要求。另一类是设施控制标准,目前已经颁布或正在制定的标准大多属于这类标准,如《生活垃圾填埋场污染控制标准》(GB 16889-2008)、《危险废物填埋污染控制标准》(GB 18598-2001)、《一般工业固体废物贮存、处置场污染控制标准》(GB 18599-2001)等。这些标准都规定了各种处置设施的选址、设计与施工、入场、运行、封场的技术要求和释放物的排放标准以及监测要求。这些标准在制定完成并颁布后成为固体废物管理的最基本的强制性标准。

我国制定的固体废物管理法规和固体废物污染控制标准,对促进和加强我国固体废物的管理工作起着重要的作用,但因我国对防治固体废物污染的立法起步较晚,法规、标准的数量有限,现有的法规体系尚不能满足固体废物环境管理的需要。另一方面,我国国土广阔,各地经济、人口发展很不平衡,自然条件千差万别,又面临较为严峻的资源形势和固体废物污染形势,因此,健全固体废物污染防治法规体系,加大执法力度,运用法律手段(结合行政、经济、技术、舆论等手段),加强固体废物污染的管理,是经济和社会可持续发展的重要保证。

第三节　固体废物处理与利用

固体废物成分复杂,种类多样。固体废物无害化、减量化和资源化的处理技术也呈现多样化。结合我国固体废物排放实际,选取具有代表性的重要固体废物种类,分述其利用与处理处置技术与方法。

一、矿业固体废物处理与利用

矿业固体废物包括矿山开采和矿石洗选过程所产生的废物。主要包括为废石(包括煤矸石)和尾砂两大类。对矿业固体废物的利用,至今没有很好的办法,利用率低于50%,可见矿业固体废物的处理利用很有前途。煤矸石、金属矿山尾砂在我国矿业固体废物中占主导地位,下面以煤矸石和金属矿山尾砂为例,探讨矿业固体废物的处理与利用。

(一)煤矸石的处理利用

煤矸石是采煤过程和洗煤过程中排出的固体废物,是一种在成煤过程中与煤层伴生的含碳量较低、比煤坚硬的黑灰色岩石。一般认为,煤矸石的综合排放量占原煤产量的15%～20%,煤矸石的产地分布和原煤产量有着直接关系,目前,我国煤矸石年排放量超过$400×10^4$ t的有东北、内蒙古、山东、河北、陕西、山西、安徽、河南、新疆,煤矸石积存近$40×10^8$ t,占地$6.5×10^4$ hm^2以上。煤矸石是我国排放量最大的工业固体废物之一,大量的煤矸石不仅占用大量的土地,而且其中所含的有害物质,尤其是硫化物散发后会污染大气和水源,严重污染了环境。

1. 煤矸石的处理　　煤矸石可以用来填充矿坑,尤其适合正在生产的煤矿,这样可以避免二次搬运,节省时间和费用。煤矸石可以就近用作采煤或其他矿业塌陷区的充填材料,既可以使采煤/采矿破坏的土地得到恢复,又减少煤矸石占地,减少对环境的污染。在山区或丘陵地区,煤矸石可以用作填充沟谷、洼地,既利于水土保持,又可填埋造地。

覆土造田是彻底消除煤矸石污染的根本方法,在国外已经实施多年,效果相当显著。通常是利用报废的矿坑作为排矸场,填满后经过平整、耙松与酸碱改良,最后覆上一定厚度的表土,经一段时间放置,便可以进行林牧利用,甚至进行农业生产。

对于旧煤矸石山来说,如果都用搬迁、覆盖造田的方法,显然需要很长时间和巨大的资金,研究人员通过薄层熟土覆盖,选择抗旱、耐盐碱、耐贫瘠的植物种,遵循草-灌-乔生物群落演替顺序,逐渐绿化旧煤矸石山。

2. 煤矸石的综合利用

(1)煤矸石生产水泥　　煤矸石中SiO_2、Al_2O_3、Fe_2O_3的含量较高,是一种天然黏土质原料,它不仅可成为水泥生料中硅质及铝质组分的主要来源,代替黏土配料生产水泥,而且还能释放出一定热量,替代部分燃料。煤矸石可以广泛用来生产普通硅酸盐水泥、无熟料水泥和特种水泥。

(2)煤矸石生产建筑用瓦　　经过处理加工后的煤矸石具有一定可塑性、结合性和烧结性,因此,煤矸石经过配料、粉碎、成型、干燥和焙烧等工序可制成瓦。除煤矸石必须破碎外,其他工艺与普通黏土瓦的生产工艺基本相同。

(二)矿山废石处理利用

在矿山开采过程中,由于掘进或剥离时产生的未达到工业价值的矿床围岩或矿体夹石均称为废石。矿山废石的排放量十分巨大,全国废石的年产生量在$4×10^8$ t以上。由于废石中所含有用组分很少,没有回收的价值,致使矿山废石的利用率很低,其总利用率不足5%。只有单一组分的废石作为建筑材料得到了部分利用,而大量的废石被堆弃于野外,占用了大量的土地资源,破坏了生态环境。

目前,矿山废石处理方法主要有填埋、回填和堆积。填埋法是利用自然坑凹地或人工坑凹地填埋废石。用填埋法处理废石可使坑凹地变为平地。但填埋地上不宜修造建筑物和构筑物,并应当采取防渗措施以防止废石经雨水浸泡后污染物迁移,从而对地下水产生污染。用废石回填矿山井下采空区是经济而又常用的方法。回填采空区有两种途径:① 直接回填法,即将上部中段的废石直接倒入下部中段的采空区,可节省大量的提升费用,无需占地,但要对采空区采用适当的加固措施,大多数矿山都部分采用了这种回填方法;② 将废石提升到地表后,进行适当的破碎加工,再用废石、尾砂和水泥拌和回填采空区,这种方法安全性好,也可减少占地,但处理成本较高。废石山堆放也是常用的方法之一,即由采矿场运出的废石经卷扬机提升,沿斜坡道向上堆弃,形成锥体形的废石场。堆积场地一般选用低洼宽阔的用地,以防止坍塌和发生泥石流。

(三) 金属矿山尾砂处理利用

我国共伴生矿产资源的综合利用率不到 20%,矿产资源总回收率只有 30%,与国外先进国家相比差距较大。长期以来,我国的金属矿山已经积累了大量的尾砂。据统计,到目前为止,我国各类矿山堆存的尾矿已达 80×10^8 t,并以年排放量 3×10^8 t 的速度在增长。

1. 回收有价金属和矿物 金属尾矿中大都含有色、黑色、稀贵、稀土和非金属矿物等有价组分。尽管这些有价组分含量甚微、提取难度大、成本高,但由于废物量巨大,从总体上看这些有价组分的数量相当可观,是宝贵的二次矿产资源,是尾矿综合利用时首先必须考虑的。

(1) 铁矿尾砂 目前,首钢、鞍钢、本钢、马钢、包钢等公司的选矿厂,通过增加再选设备,如采用高梯度磁选机,经过弱磁选、重选和浮选,从尾矿中再选回收铁精矿,均取得了较好的经济、社会和环境效益。

(2) 有色金属尾砂 有色金属矿山尾砂中往往含有多种有价金属,通过重选-浮选-磁选-重选工艺对矿山尾砂进行回收。如金川镍矿从尾矿中进一步回收镍,使镍的选矿回收率从原来的 50% 左右增加到 90%,同时还回收了如铜、钴、银及铂族金属等。武山铜矿为高硫型铜矿床,硫回收率只有 40% 左右,尾矿中含硫高达 20%,每年约有 5×10^4t 黄铁矿流失。该矿投资 40 万元,建立尾矿库再选收硫工程(包括尾矿的采掘、输送、选别三部分),每年增产 4.44×10^4t 硫精矿,净增效益约 400 万元。

2. 生产建材 矿山尾矿经破磨加工后的细粒尾矿,其主要矿物成分由硅酸盐、铝硅酸盐、碳酸盐矿物和微量金属矿物组成,化学成分以 SiO_2、Al_2O_3、CaO、MgO、Fe_2O_3、K_2O、Na_2O 为主,是建筑、陶瓷、玻璃工业的重要矿物原料。

(1) 生产水泥和混凝土 尾矿砂不仅可以代替部分水泥原料,且能起到矿化作用,从而提高熟料产量、质量并降低能耗。唐山市某水泥厂利用迁安铁矿废弃尾矿砂代替黏土和铁矿石生产水泥熟料,不但节约了大量黏土和矿山资源,减少大量污染,还可使水泥熟料成本每吨下降 2~3 元,节约了大片土地。尾矿还可以作为配料配置混凝土,根据不同粒级要求,尾矿颗粒不必加工,可以作为混凝土的粗细骨料直接使用。

(2) 尾矿制砖 尾矿砖种类多,既可生产免烧砖、免蒸砖、墙体砌砖等建筑用砖,也可生产铺路砖、涂化饰面砖。

(3) 生产玻璃 中国地质科学院尾矿利用技术中心利用高钙镁型铁尾矿生产出来的高级饰面玻璃,其主要性能优于大理石,尾矿加入量达到 70%~80%。

二、工业固体废物处理与利用

工业生产行业多,产品种类丰富,其产生的固体废物十分繁多,成分复杂,数量也十分巨大。每时每刻产生着、堆积着的固体废物必将污染环境,因而必须对其进行综合利用。从固体废物的产生来源,并结合我国工业固体废物的实际情况,这里重点介绍能源工业中的粉煤灰的综合利用。

1. 概述

(1) 粉煤灰的来源 粉煤灰是煤粉经高温燃烧后形成的一种类似火山灰质的混合材料,主要是燃煤电厂、冶炼厂、化工厂排放的固体废物,其中燃煤电厂是最主要来源。粉煤灰总量居工业废渣之首,但其利用率仅约 40%,尚有多半的粉煤灰被湿排入储灰场、填埋场或江湖海中,给环境造成了严重污染。

(2) 粉煤灰的组成 粉煤灰的化学组成与黏土质相似,其主要成分为 SiO_2、Al_2O_3、Fe_2O_3、CaO 和未燃炭,另含有少量 K、P、S、Mg 等化合物和 As、Cu、Zn 等微量元素,其中 SiO_2、Al_2O_3 和 Fe_2O_3 的含量约占 80%。

2. 粉煤灰的综合利用

(1) 粉煤灰的综合利用概况 随着电力工业的发展,燃煤电厂的粉煤灰、灰渣和灰水的排放量逐年增加。大量的粉煤灰不加处理时,会产生扬尘,污染大气;排入水体会造成河湖淤塞,而其中的有毒物质则会对人体造成损害。西方发达国家从20世纪20年代就开始研究粉煤灰的再资源化问题,我国从20世纪50年代开始研究利用粉煤灰,现已有了很大发展。目前,粉煤灰主要用来生产粉煤灰水泥、粉煤灰砖、粉煤灰硅酸盐砌块、粉煤灰加气混凝土及其他建筑材料,还可用作农业肥料和土壤改良剂等。

(2) 粉煤灰在水泥工业和混凝土工程中的应用

1) 粉煤灰可代替黏土原料生产水泥:由硅酸盐水泥熟料和粉煤灰加入适量石膏磨细制成的水硬胶凝材料,成为粉煤灰硅酸盐水泥,简称粉煤灰水泥。因粉煤灰的化学组成与黏土类似,故可用它来代替黏土配制水泥生料。水泥工业采用粉煤灰配料可利用其中未燃尽的炭,还可降低燃料消耗。

2) 粉煤灰作砂浆或混凝土的掺合料:粉煤灰是一种很理想的砂浆和混凝土的掺合料。在混凝土中掺加粉煤灰代替部分水泥或细骨料,不但能降低成本,而且能提高混凝土的和易性、不透水性、不透气性、抗硫酸盐性能和耐化学侵蚀性能,降低水化热,改善混凝土的耐高温性能,减轻颗粒分离和析水现象,减少混凝土的收缩和开裂以及抑制杂散电流对混凝土中钢筋的腐蚀。粉煤灰用作混凝土掺合料,20世纪50年代在国外的水坝建筑中得到推广。我国在混凝土和砂浆中掺加粉煤灰的技术也得到推广使用。我国三峡大坝的建设中,已广泛使用了粉煤灰硅酸盐水泥,效果良好。

(3) 粉煤灰在建筑制品中的应用

1) 蒸制粉煤灰砖:蒸制粉煤灰砖是以电厂粉煤灰和生石灰或其他碱性激发剂为主要原料,也可加入适量的石膏,并加入一定量的煤渣等骨料,经加工、搅拌、消化、轮碾、压制成型、常压或高压蒸汽养护后而制成的一种墙体材料。蒸制粉煤灰砖的粉煤灰用量约为60%～80%,石灰的掺量一般为12%～20%、石膏的掺量为2%～3%。

2) 烧结粉煤灰砖:粉煤灰烧结砖以粉煤灰、黏土及其他工业废料为原料,经原料加工、搅拌、成型、干燥、焙烧制成砖。其生产工艺与传统的黏土烧结砖的生产工艺基本相同,只需在生产黏土砖的工艺上增加配料和搅拌设备即可。烧结粉煤灰砖利用了工业废渣,节省了部分土地;利用粉煤灰中含有少量的碳,节省部分燃料;烧结粉煤灰砖比普通黏土砖轻20%,可减轻建筑物自重和造价。粉煤灰烧结砖项目发展迅速,我国已建、在建数百条粉煤灰烧结砖生产线。

3) 泡沫粉煤灰保温砖:泡沫粉煤灰保温砖是以粉煤灰为主要原料,加入一定量的石灰和泡沫剂,经过配料、搅拌、浇注成型和蒸压而成的一种新型保温砖。这种蒸压泡沫粉煤灰保温砖适用于1 000℃以下各种管道冷体表面以及高温窑炉中保温绝热。

(4) 粉煤灰作农业肥料和土壤改良剂   粉煤灰农用投资少、用量大、需求平稳、发展潜力大,是适合我国国情的重要利用途径,目前,粉煤灰农业利用量已达到5%,主要利用方式有土壤改良剂、农业肥料等。

1) 土壤改良剂:粉煤灰松散多孔,属于热性砂质,能广泛应用于改造重黏土、生土、酸性土和盐碱土,弥补其酸、瘦、板、黏的缺陷。① 粉煤灰施入土壤后,可使土壤质地发生变化,改善土壤的可耕性。黏质土壤掺入粉煤灰,黏粒含量相对减少,砂粒含量相对增加,土壤变得疏松。② 提高土壤温度。粉煤灰呈现黑色,吸热性能好,施入土壤后,可使土层温度增高1～2℃。地温提高对土壤养分的转化、微生物的活动、种子萌芽和作物生长发育都有促进作用。用它覆盖小麦和水稻育苗,可使秧苗发芽快、长得壮、抗低温,利于作物早熟和丰产。③ 提高土壤保水能力。作为植物生长的土壤富有一定的空隙,粉煤灰中的硅酸盐矿物与炭粒具有多孔特性,因此,将粉煤灰施入土壤,能提高土壤的空隙率,增加土壤含水量,有利于植物正常生长。④ 增加土壤的有效成分,提高土壤肥力。粉煤灰除含有氮、磷、钾之外,还含有锰、铁、钠、硅、钙等元素,故可视为复合微量元素肥料,对农作物的生长有良好的促进作用。⑤ 改善酸性土和盐碱土。粉煤灰中含有的大量 CaO、MgO、Al_2O_3 等有用组分与土壤溶液中的酸性、碱性物质发生反应,从而有效改变土壤的酸碱性能。

2) 农业肥料:粉煤灰含有磷、镁、钾、硼、铬、锰、铁、硅、钙等农作物生长所必需的营养元素。当粉煤灰 P_2O_5 含量达到4%时,可以直接磨细成钙镁磷肥;若含磷量较低,也可适当添加磷矿石、镁粉、添加剂 $Mg(OH)_2$ 和助溶剂等,经焙烧、研磨,制成钙镁磷肥;粉煤灰添加适量石灰石、钾长石、煤粉,经焙烧、研磨,制成硅酸钙钾复合肥。广泛用于小麦、水稻、大豆、棉花、黄瓜和西红柿栽种,增产效果显著。

三、城镇垃圾处理与利用

(一) 城镇垃圾的组成、分类和性质

城镇垃圾包括城镇居民的生活垃圾、企事业单位和机关团体的办公垃圾、商业网点经营活动的垃圾、医疗垃圾和市政维护管理的垃圾等。

我国城镇垃圾的产生量大,无害化处置率低,为防止城镇垃圾污染,保护环境和人体健康,处理、处置和利用城镇垃圾具有重要意义,而城镇垃圾的组成、性质差异深刻影响城镇垃圾所采取的处理、处置和利用技术。

1. 城镇垃圾的组成和分类　城镇垃圾的成分很复杂,但大致可分为有机物、无机物和可回收废品三类。属于有机物的垃圾主要为动植物性废弃物;属于无机物的垃圾主要为炉灰、庭院灰土、碎砖瓦等;可回收废品主要为金属、橡胶、塑料、废纸、玻璃等。垃圾中各组分的含量与城市功能区类型、居民生活水平和习惯等因素有关(表5-1)。

表 5 - 1　同一个城市不同功能地区的垃圾组成　　(单位:%)

取 样 点	金属	玻璃	塑料	纸类	织物	草木	厨余	灰渣	砖瓦	含水率
普通住宅区	1.96	12.8	14.6	15.1	2.86	11.2	32.6	1.92	6.74	53.9
高级住宅区	8.75	18.4	15.6	35.1	4.16	1.48	16.3		0.22	33.2
学 院 区	7.18	25.2	12.7	17.6	4.64	13.6	11.7	10.1	0.79	36.2
商 业 区	6.69	11.5	18.5	38.5	6.24	12.5	2.65		0.31	34.6
大 饭 店	4.79	25.1	18.2	44.4	2.43	0.20	4.7		0.30	10.3
医 院	1.25	26.1	14.1	38.9	3.55	1.04	13.3	1.71		39.4
公 园	6.56	9.52	12.4	12.2	1.63	14.8	5.5	22.6	12.8	26.0

近年来,西方工业发达国家的城镇垃圾成分已有了根本的变化。家庭燃料已从过去的煤、木柴改为煤气、电力,垃圾中曾占很大比例的炉渣大为减少。城市居民的日常食品改为冷冻、干缩、预制的成品和半成品,家庭垃圾中的有机物,如瓜皮、果核等大为减少;而各类纸张或塑料包装物,金属、塑料、玻璃器皿以及废旧家用电器等产品大大增加。尽管我国城镇垃圾构成与西方发达国家存在显著区别,但差别缩小趋势明显,尤其是东部发达地区(表5-2)。

表 5 - 2　几个国家城镇垃圾构成　　(单位:%)

成　分	英 国	法 国	荷 兰	瑞 士	意大利	美 国	中	国*
有机物	27	22	21	20	25	12	52.2	38.5
纸	38	34	25	45	20	50	9.8	2.8
灰渣	11	20	20	20	25	7	15.4	44.2
金属	9	8	3	5	3	9	1.5	0.5
玻璃	9	8	10	5	7	9	7.2	7.0
塑料	2.5	4	4	3	5	5	11.5	4.3
其他	3.5	4	17	2	15	8	2.4	2.7

* 左侧为京、津、沪等东部沿海大城市垃圾构成,右侧为中西部内陆中小城市。

2. 城镇垃圾的性质　城镇垃圾的组成决定其性质,其中垃圾的含水量、容重及热值等特性对垃圾处理、处置和利用技术影响明显。

(1) 含水量　含水量指城镇新鲜垃圾样品在105℃的条件下烘干8 h,取出后放在干燥器中冷却0.5 h后的损失量,用百分数表示,公式为

$$C_w = \frac{W_{damp} - W_{dry}}{W_{damp}} \times 100\%$$

式中,C_w为含水量(%);W_{damp}为样品湿重(kg);W_{dry}为样品干重(kg)。

· 105 ·

各行业垃圾的含水量不同,而且还随季节的不同有所变化。其中,居民与餐饮业垃圾含水量较高,都超过50％;商业垃圾的含水量较低,约为30％。垃圾含水量直接影响其容重、发热量、能源可利用性等。

(2)**容重**　垃圾容重系指在自然状态下单位体积城市垃圾的重量,公式为

$$d = \frac{1\,000}{m} \sum_{i=1}^{m} \frac{M_i}{V}$$

式中,d 为容重(kg/m³);m 为重量测定次数;i 为重复测定次数;M_i 为样品重量(kg);V 为样品体积(L)。

各行业垃圾的容重不同。其中,居民与餐饮业垃圾的容重较高,约为235 kg/m³;商业垃圾的容重较小,约为120 kg/m³。这与含水量情况基本相似。

(3)**热值**　热值又称为发热量,指1 kg 的垃圾完全燃烧后释放出来的热量,单位为 kJ/kg。热值表示垃圾作为燃料的价值与能力。垃圾的热值越高,经济效益越好。

表5-3　不同类别与不同行业垃圾热值　　　　　　　　(单位: kJ/kg)

垃圾类别	纸类	塑料	织物	食物残渣	草木	灰渣
热值	11 466	2 409	10 551	1 139	10 682	3 694
行业类别	居民	商业	餐饮	卫生	教育	
热值	4 329	9 093	5 165	6 867	6 111	

(4)**着火点与燃烬温度**　垃圾的组分决定垃圾的着火点与燃烬温度,焚烧处理设备的设计必须满足垃圾进入炉膛之前不发生燃烧,而垃圾离开焚烧炉之前要燃烧充分。

表5-4　几种典型垃圾的着火点与燃烬温度　　　　　　　　(单位:℃)

类别	食物残渣	纸类	含氯塑料	不含氯塑料	织物	煤
着火点	168	299	424	430	331	560
燃烬温度	780	688	499	503	406	712

从表5-4中可以看出,垃圾样品较煤炭更容易燃烧,燃烧初期纸张与织物起重要作用,然后是塑料,而食物残渣完全燃烧需要较长时间。因垃圾富含水分,焚烧炉设计温度应该高于上述着火点与燃烬温度。

(三)城镇垃圾收集、运输

城镇垃圾的收运是垃圾处理系统中的一个重要环节,是处理垃圾的第一道工序,其费用约占整个垃圾处理系统的60％～80％。城镇垃圾的收运并非单一阶段操作过程,通常包括三个阶段:第一阶段是搬运与储存(简称运储),指从垃圾发生源到储存容器或集装点的过程。第二阶段是收集与清运(简称清运),通常指垃圾的近距离运输。一般用清运车沿一定路线收集清除储存器中的垃圾,并运至垃圾中转站,有时也就近直接送至处理厂或处置场。第三阶段为转运,特指垃圾的长距离运输,即在中转站将垃圾转载至大容量的运输工具上,运往远处的垃圾处理处置场。

城市垃圾的收运方式主要有两种,即混合收集与分类收集。混合收集指将未经任何处理的原生固体废物混杂在一起的收集方式;分类收集指按城市垃圾的组成成分进行分类的收集方式。后者可以提高回收物资的纯度与数量,减少垃圾处理量,有利于垃圾的资源化和减量化,降低垃圾的运输与处理费用,但需要居民配合,分类进行投放。随着生活水平提高,环境意识增强,分类投放必将为居民接受,混合收集被分类收集取代是城镇垃圾收运方式发展的必然趋势。

(四)城镇垃圾的处理

城市垃圾的处理原则,首先是无害化,处理后的垃圾化学性质应稳定,病原体被杀灭,要达到我国无害化处理暂行卫生评价标准的要求。其次是资源化,处理后将其作为二次资源加以利用。第三是应坚持环境效益、经济效益和社会效益相统一。

（1）城市垃圾的预处理　　城市垃圾无害化处理前需进行预处理。预处理的主要措施有分类、破碎、风力分选、浮选、磁选、静电分选等。风力分选是利用垃圾与空气逆流接触,使垃圾中密度不同的成分分离,分离出来的轻物质一般均属有机可燃物(如纸、塑料等),重物质则为无机物(如金属、玻璃、渣等)。浮选是将经过筛分或风力分选后的轻物质送入水池中,玻璃屑、碎石、碎砖、骨头、高密度塑料等物质沉至池底,轻的有机物则浮在水面。磁选用于从破碎后固体废物中回收金属碎片。静电分选一般在磁选之后,用以从垃圾中除去无水分小颗粒夹杂物,其效果较风力分选、筛分为佳。由于含水分的有机物导电性好,可为高压电极所吸引,而不吸收水分的玻璃、陶瓷器、塑料、橡胶等杂物导电性差,不受电场作用,依重力方向下落,从而将两类物质分离。目前,这些预处理技术在工业发达国家采用较多,我国采用较少。

（2）城市垃圾的最终处理　　城市垃圾的最终处理方法有直接回收、卫生填埋、焚烧、堆肥和蚯蚓床。

A. 直接回收:直接回收是对生活垃圾中的有用部分进行收集,经修理和翻新后以极低的价格卖给居民使用或集中送往(售给)再生制品生产部门。实行城市垃圾分类收集,提高其中有用物质的回收率和利用率,是实现城市垃圾处理与资源化最有效途径之一。

城市生活垃圾中可回收的有用物质有废纸、废玻璃、废金属、废塑料、废橡胶、废家具以及废旧家用电器等。长期以来,我国废品回收处于无序状态,废品收购者、拾荒者侧重于利润较高的废旧物品回收,但废品价格持续走低,居民对卖废品不再热心。另外,我国城市垃圾一直采用混合收集的方法,居民垃圾不分类,结果致使可回收利用的部分被污染,从而降低甚至失去了再生利用价值,并增加了垃圾产量、处理难度及处理费用。

B. 卫生填埋:卫生填埋是利用工程手段,采取有效技术措施,将垃圾压实减小容积,减少填埋占地,防止渗滤液及有害气体对水体和大气的污染,使整个过程对公共卫生安全及环境均无害的一种土地处理垃圾方法。

每天把运到填埋场的垃圾在限定的区域铺成 40～75 cm 的薄层,然后压实以减少其体积,并在每天操作之后用一层 15～30 cm 的松土、沙或粉煤灰等覆盖、压实,既可防止垃圾的飞散和降雨时的流失,又可防止蚊、蝇等害虫孳生以及臭气和火灾的发生。垃圾层和覆盖层共同构成一个单元,即填埋单元。具有同样高度的一系列相互衔接的填埋单元构成一个填埋层,完整的卫生填埋场是由一个或多个填埋层组成(图 5-4)。

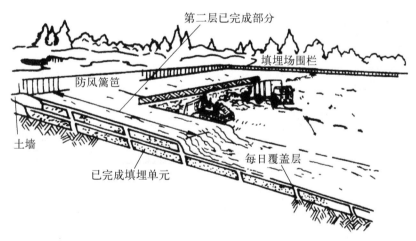

图 5-4　卫生填埋场剖面

卫生填埋场产生的渗滤液和填埋气体,如果处理不善,极易产生二次污染,对周边大气、地表水、地下水、土壤构成严重威胁。因此,防止渗滤液渗漏、降解气体逸出、病原菌转播扩散以及场地的开发和利用是卫生填埋场地选择、设计、建造、操作和封场过程应着重考虑的问题。

1) 渗滤液的产生与控制:渗滤液是穿经垃圾并自垃圾中吸收容纳溶解物和悬浮物的液体。渗滤液的产生主要来源有四方面:① 直接降水,是垃圾渗滤液的主要来源;② 垃圾分解产生;③ 地表水渗入;④ 地下水侵入。

垃圾渗滤液控制对策主要有三个方面。一是渗滤液产生量的控制,包括入场垃圾含水率的控制、地表水渗入的控制和地下水侵入的控制。可通过将入场垃圾中易腐化的有机成分分离制作堆肥,降低垃圾中有机物的含量,实现垃圾渗出液产生量的减少。地表水渗入的控制通过填埋场工程设计实现。设计合理的地表径流控制系统,可将降水的一部分变成地面径流流出填埋场,另一部分通过地面蒸发离开,只有少部分渗入覆盖层,在覆盖层中部分被植物吸收并蒸腾入大气,其余则通过覆盖层顶层土壤的扩散、迁移进入覆盖层内的衬层——排水层的顶部排水系统,大部分沿坡面流入收集管网而排出填埋场,仅有小部分水能下渗到废物层形成渗滤液。地下水侵入的控制主要通过对填埋场底部进行防渗处理实现。一方面可以防止地下水浸入填埋场,造成渗滤液水量大幅度上涨;另一方面又可防止渗滤液渗入地下污染地下水。地下水侵入控制也可通过设置地下水排水管网和抽取地水,降低地下水位来实现(图5-5)。

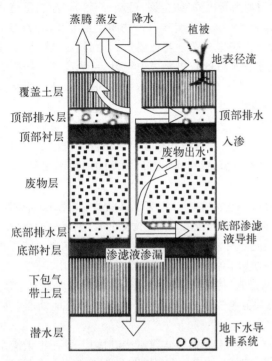

图5-5 填埋场地表水与地下水渗入的工程防护

二是渗滤液的收集排放系统设置,包括初级集排水系统、次级集排水系统以及排出水系统。初级集排水系统位于初级衬层表面,废弃物下面。由排水层(砾石排水层、土工网格排水层)、过滤层(砂过滤层、土工织物过滤层)、集水管(穿孔集水支管、集水干管以及集排水竖管)组成(图5-6)。次级集排水系统位于主衬里层(或初级衬里层)和辅助衬里层之间,其作用除了收集和排出主衬里层的渗漏外,主要是监测主衬里层运行状况,以及用作主衬里层渗漏的应急手段(图5-7)。渗滤液排出水系统主要包括集水井、泵、阀、排水管道和带人孔的竖井。集水井位于填埋场底坡下游,收集来自集水管道的渗滤液。带人孔的竖井的作用是集排水管道的日常维护。

三是渗滤液的处理与最终处置。垃圾渗滤液的组成复杂,污染浓度高,随着填埋场使用年限的变化,渗滤液的组成会发生变化。因此,为最终达标排放,渗滤液的处理流程一般比较复杂,运行费用也极高。目前,已经采用的和正在研究的渗滤液工艺与方法主要有生物处理法、物理化学法、土地处理法和排往城市污水处理厂。

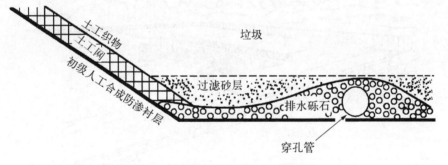

图5-6 渗滤液初级集排水系统示意

2) 填埋气体的产生与控制:垃圾填入填埋场后,微生物首先进行好氧分解,消耗填埋场中的氧气,产生大量的热,造成厌氧环境,随之进入厌氧分解阶段。这一过程较为复杂,目前已发现场内产生的气体组分有100种以上,其中以 CO_2、CH_4 为主。在分解过程中,填埋场有机物首先转化为可溶性分子态的有机物,在甲烷菌的作用下进一步降解为高分子有机酸,然后分解为乙酸及盐酸盐,随之产生 CH_4 和 CO_2。在产气稳定阶段厌氧条件下产生的气体中,CH_4 和 CO_2 分别约占 $50\%\sim70\%$ 和 $30\%\sim50\%$,还伴有含量较低 NH_3、H_2S 和有机气体。

CO_2 密度大于空气,所以向下运动随渗滤液排除,而 CH_4 密度小于空气,向上运动,在填埋场覆盖层下聚集,如果不排掉,将会使覆盖层下部气压增大,从而导

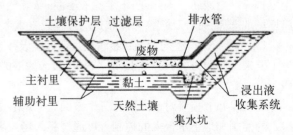

图5-7 渗滤液次级集排水系统示意

致隔水层破裂。因此，一般填埋场均建有气体集排系统，既可避免二次污染问题，又实现填埋气体的资源化利用。

3) 封场：封场是卫生填埋操作的最后一环。其目的是使废物与环境隔离；调节填埋场地表排水，减少降水渗入；减少填埋场地表面的侵蚀；填埋场地的综合利用。因此，封场要同场地基础结构建设、地表径流控制、渗出液收集、气体控制等措施结合起来考虑。

填埋场顶部覆盖系统要与填埋场的底部及四周的防渗衬里配套设计及建造。顶部防渗覆盖层材料的选择及设计施工要同基础结构建设的防渗衬里一致。这样使填埋场形成一个完整的封闭式结构，把填埋的废物同环境完全屏蔽隔离，进而减少了污染环境的可能性。

一个典型的卫生填埋场顶部覆盖系统应该有五个部分组成(图5-8)。填埋的废物之上为由黏土和高密度聚乙烯构成的顶部防渗覆盖层，黏土层厚约60 cm，高密度聚乙烯膜厚0.5 mm。防渗覆盖层之上为由砂和砾石构成的排水层，厚度为30 cm。排水层之上为无纺布过滤层，过滤层之上为60 cm厚的顶部土壤，最上部为植被。封场填埋区域因填埋的垃圾分解会造成地面下陷，因此封场填埋的土地只能用作公园、绿化地、农田或牧场。

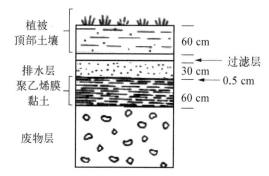

图5-8　填埋场顶部覆盖系统

C. 焚烧：垃圾焚烧处理是将城市垃圾作为固体燃料送入垃圾焚烧炉中，在高温作用下，垃圾中可燃成分与空气中的氧气进行剧烈的化学反应，放出热量，转化为高温的燃烧气和性质稳定而量较少的固体残渣。从各国国情来看，国土面积大的美国主要采用填埋法处置垃圾，因为填埋法较焚烧法便宜；日本、瑞士、荷兰、瑞典、丹麦等国的技术经济实力较强，且可供填埋垃圾的场地又少，所以焚烧法处置垃圾的比重大。当垃圾的热值大于3.3 MJ/kg时，可用自燃方式进行焚烧，否则需借助辅助燃料进行焚烧。工业发达国家城市垃圾的热值多在4.2 MJ/kg以上，所以这些国家的垃圾焚烧工艺一般是自燃方式。我国城市垃圾中可燃物少，产生的热值一般均不足3.3 MJ/kg，难以自燃。若采用辅助燃料进行燃烧，则既耗能源又不经济，故我国目前并不适宜大规模发展焚烧法处理垃圾。随着人民生活水平的提高，我国城市垃圾的成分将会发生变化，垃圾热值将大大增加，垃圾焚烧发电条件将日趋成熟。我国目前用焚烧法处理医院垃圾，一方面因为医院垃圾中纱布、棉花、废纸等可燃物多；另一方面医院垃圾需要彻底消毒，以防病原污染扩散。

垃圾焚烧法的优点为：垃圾中的病原体灭除彻底；焚烧后的灰渣约占原体积的5%，减容效果大；产生的热量可以发电或供热，如工业发达国家4 t垃圾焚烧后产生的热量，与1 t煤油的热量几乎相等。欧洲各国及日本等现代化的垃圾焚烧厂一般都附有发电厂或供热动力站，充分利用焚烧法处置垃圾的过程中产生的相当数量的热能。

由于城市垃圾成分的复杂性、性质的多样性和不均匀，焚烧过程中发生了许多不同的化学变化，产生的烟气中除包括大量的CO_2外，还含有对人体和环境有直接或间接危害的成分，即焚烧烟气污染物。焚烧烟气污染物主要包括HCl、SO_x等酸性气体，Hg、Pb、Cd等重金属，二噁英、呋喃等有机污染物。其中二噁英是至今为止发现的毒性最强的物质，其危害的严重性曾一度影响垃圾焚烧处理的发展，至今仍存在很大争议。因而，制定更加严格的垃圾焚烧环保标准、革新烟气净化工艺对防治城市垃圾焚烧造成的二次污染具有十分重要意义。

D. 堆肥：堆肥是依靠自然界广泛分布的细菌、放线菌、真菌等微生物，在一定的人工条件下，有控制地促进可被生物降解的有机质向稳定的腐殖质转化的生物化学过程。堆肥是我国城市生活垃圾处理的四大技术之一，也是采用较多的方法。一方面因为我国农村有着数千年历史的堆肥习惯；另一方面因为农村需要肥料。

城市中的粪便和垃圾中的有机物与灰土是理想的堆肥原料，我国垃圾堆肥的配料大体分为三种：① 纯垃圾；② 垃圾与粪便之比为7∶3的混合堆肥；③ 垃圾与污泥之比为7∶3的混合堆肥。采用这些原料堆肥，既可以达到垃圾无害化处理的目的，又可以生产出优质有机肥料。

堆肥有好氧和厌氧两种。好氧堆肥是在有氧条件下，借助好氧微生物的作用，将有机物氧化成简单的无机物质,同时释放能量的过程。好氧堆肥时间短,好氧堆肥露天进行所需时间,冬季约为 1 个月,夏季约为半个月,目前多采用此法对城市垃圾进行堆肥处理。好氧堆肥可在露天或发酵装置内进行,将粉碎后的垃圾、粪便和灰土分层在地面上,堆高 3 m,底宽 4 m,顶宽 2 m,长度不限,加上覆盖表面。在堆底预先挖通风沟,堆中预先插入通风管,以保证好氧分解菌所需的氧气。堆中好氧菌分解有机物时产生生物热,堆温逐渐升高。当气温 20℃时,3～5 天后堆中温度可上升至 60℃左右,各种病原菌可被杀死,达到无害化目的。约 10 天后,堆温开始下降,堆肥形成半成品。然后进行翻堆或强制通风,通常每周进行一次倒垛再堆,倒垛 3～4 次,约20～30 天得到完全成熟的堆肥制品。堆肥后体积可减小 30%～50%,堆肥后经干燥质量约为堆肥前的40%～60%。堆肥初始料的碳氮比为 30：1 最好,其适宜值在 (26：1)～(35：1);含水率以 50%～60% 为宜,过高、过低不利于好氧微生物分解有机质。堆肥初期 pH 降低到 5～6,最终成品 pH 升高到 7～8。

E. 蚯蚓床:利用蚯蚓处理城市垃圾是一种新的尝试,目前在西方发达国家已经产业化,但规模还比较小。蚯蚓可将城市垃圾转变为肥效高、无臭味的蚯蚓粪土,同时还获得大量蚯蚓体。蚯蚓体内蛋白质含量与鱼肉相当,是畜禽和水产养殖的优良饲料,可以收到一举多得的效果。美国现有 9 万个蚯蚓场,日本有垃圾工厂 200 多家,年处理垃圾 5.5×10^4 t,可每年增殖蚯蚓体 2 500 t,年产 1.8×10^4 t 蚯蚓粪,一年即可收回蚯蚓厂基建投资。蚯蚓处理城市垃圾的机制是:① 蚯蚓体内分泌能分解蛋白质、脂肪、碳水化合物和纤维素的各种酶类;② 在蚯蚓消化道中,有大量细菌、霉菌、放线菌等微生物共生,分解消化有机垃圾的能力很强,日食量为其体重的 60%～70%。蚯蚓是喜湿、好暖、怕光的低等动物,寿命约两年。蚯蚓死亡时能产生一种自溶酶的物质,将自己的身体分解成液体,死后无影无踪。发展蚯蚓养殖是处理城市垃圾、化害为利的有效措施之一,今后应大力发展。目前我国养殖蚯蚓处理城市垃圾还处于试验推广阶段。

四、农业固体废物处理与利用

我国是农业大国,随着农业生产水平和农民生活水平的提高,对原来用作燃料和肥料的农业废弃物的利用越来越少,因此农业废弃物越来越多。农业废弃物主要包括农田与果园残留物、牲畜粪便与栏圈垫物、农副产品剩余物、村民粪尿与生活垃圾。

(一)调整用肥结构,实现废物还田

近些年来,我国不少地区不重视农家肥的施用,单纯依赖化肥,导致土壤有机质含量下降。据调查,黑龙江省 50% 的农户农业种植不施农家肥,不足 15% 的农户农家肥施用量在 15 000 kg/hm^2 以上,致使土壤有机质显著下降。据研究,目前东北平原土壤有机质含量从 20 世纪 70 年代的 8%～10% 下降到 3% 以下。要改变这一变化趋势,必须调整用肥结构,实行废物还田,做到用养结合。废物还田的渠道有多种,主要包括:① 直接还田,如秸秆粉碎还田等;② 发酵还田,如各种堆肥、沤肥即沼气肥等;③ 生产有机复合肥,如人畜尿粪与工业废料加工成有机复合肥。

(二)沼气及其残余物的利用

利用农村有机垃圾、植物秸秆、人畜粪便、活性污泥制取沼气,工艺简单,质优价廉,为农村生活提供了所需能源。沼气制取过程还可以杀灭病虫卵,有利于环境卫生。此外,沼气渣可以作为有机肥料还田,改善土壤理化性状。

1. 沼气发酵条件　沼气发酵是由多种细菌群参加完成的,人工制取沼气的基本条件为:沼气细菌、发酵原料、发酵浓度、酸碱度、厌氧环境、适宜的温度及持续搅拌。

(1)**沼气细菌**　制取沼气必须有沼气细菌才行。沼气细菌普遍存在于粪坑底污泥、下水污泥、沼气发酵的渣水、沼泽污泥之中。

(2)**充足的发酵原料**　沼气发酵原料是产生沼气的物质基础,又是沼气细菌赖以生存的养料来源。

(3)**发酵原料浓度**　沼气池中的料液在发酵过程中需要保持一定的浓度才能正常产气运行,如果发酵料液中含水量过少、发酵原料过多、发酵液的浓度过大,产甲烷菌又食用不了那么多,就容易造成有机酸的

大量积累,结果使发酵受到阻碍。农村沼气池一般采 6%～10% 的发酵料液浓度较适宜。

(4) 适当的酸碱度　沼气发酵细菌最适宜的 pH 为 6.8～7.5。

(5) 严格的厌氧环境　沼气发酵中起主要作用的是厌氧分解菌和产甲烷菌。它们怕氧气,在空气中暴露几秒钟就会死亡,也就是说空气中的氧气对它们有毒害致死的作用。因此,严格的厌氧环境是沼气发酵的最主要条件之一。

(6) 适宜的温度　一般说沼气细菌在 8～60℃ 都能进行发酵。农村的沼气发酵因为条件的限制,一般都采用常温发酵。

(7) 持续的搅拌　静态发酵沼气池原料加水混合与接种物一起投进沼气池后,按其比重和自然沉降规律,从上到下将明显的逐步分成浮渣层、清液层、活性层和沉渣层。这样的分层分布,对微生物以及产气是很不利的。为改变这种不利状况,就需采取搅拌措施,变静态发酵为动态发酵。

2. 沼气发酵过程　沼气发酵是沼气微生物在厌氧条件下,以发酵的方式分解有机物,最终产生以甲烷为主的可燃性气体的过程。沼气发酵是一个极其复杂的过程,大体上经历水解发酵、产酸和产甲烷三个阶段。

(1) 水解发酵阶段　各种固体有机物通常不能进入微生物体内被微生物利用,必须在好氧和厌氧微生物分泌的胞外酶、表面酶(纤维素酶、蛋白酶、脂肪酶)的作用下,将固体有机质水解成分子量较小的可溶性单糖、氨基酸、甘油、脂肪酸。

(2) 产酸阶段　各种可溶性物质(单糖、氨基酸、脂肪酸)在纤维素细菌、蛋白质细菌、脂肪细菌、果胶细菌胞内酶作用下继续分解转化成低分子物质,如丁酸、丙酸、乙酸以及醇、酮、醛等简单有机物质。同时也有部分氢、二氧化碳和氨等无机物的释放。

(3) 产甲烷阶段　由产甲烷菌将第二阶段分解出来的乙酸等简单有机物分解成甲烷和二氧化碳,其中二氧化碳在氢气的作用下还原成甲烷。

3. 综合利用

1) 沼气除提供能源之外,沼气渣还是重要的有机肥料。在密闭的发酵池内发酵沤制,水溶性大,养分损失少,虫卵病菌少,具有营养元素齐全、肥效高、品质优等特点,氮、磷、钾含量分别比露天粪坑和堆沤肥高出 60%、50%、90%,被作物吸收率比露天粪坑和堆沤肥高出 20%。沼肥还含有多种微量元素和 17 种氨基酸,而且重金属含量低,是无公害农业生产的理想用肥,非常适宜生产无公害农产品。

2) 沼液是一种溶肥性质的液体,不仅含有较丰富的可溶性无机盐类,同时还含有多种沼气发酵的生化产物,具有易被作物吸收及营养成分含量高、抗逆强等特点。使用沼液浇灌植株,可起到杀虫抑菌的作用,减少农药使用量,降低农药残留。

3) 长期使用沼肥还可以起到改良土壤结构,培肥地力,增强土壤的保水、保肥能力,促进作物生长和增产的效用。

我国从 1958 年开始在农村生产和利用沼气,发展较快。例如,广州市郊区鹤岗村发展猪舍与沼气相结合的低压沼气池,农民利用收集的城市厨房垃圾作饲料喂生猪,猪粪尿注入沼气池制取沼气,沼气作燃料,滤液用来养鱼,沼气渣用作农田肥料,成为一个多功能典型生态农场。农业固体废物沼气化是处理农业固体废物的有效途径,在农村,尤其是我国南方农村具有广阔的发展前景。

五、危险废物的处置与利用

(一) 危险废物的分类及鉴别

1. 危险废物的来源及分类　工业固体废物中有很多属于危险废物,医院临床废物、城市垃圾中的废电池和废日光灯、某些日用化工产品等都属于危险废物。我国危险废物产生量每年约 $1\,000 \times 10^4$ t,全国目前累计堆存量超过 $3\,000 \times 10^4$ t。从行业分布来看,危险废物几乎来自国民经济的所有行业,其中化学原料及化学制品制造业产生的危险废物占总产生量的 40%;有色金属冶炼及压延加工业、有色金属矿采选业、造纸及纸制品业、电器机械及器材制造业四个行业产生的危险废物占总产生量的 35%。从产生的危险废物种类来看,我国危险废物名录中的 49 类废物在我国均有产生,而其中碱溶液或固态碱、废酸或固态酸、无机氟化物、含铜废物和无机氰化物五种废物的产生量占总产生量的58%。

联合国环境规划署(UNEP)在《巴塞尔公约》中列出了"应加控制的废物类别"共45类,"须加特别考虑的废物类别"共2类。各国据此制定了自己的鉴别标准和危险废物名录。2008年由中国国家环境保护部、国家发展和改革委员会联合颁布并实施《国家危险废物名录》(以下简称《名录》)。《名录》把危险废物分为49类(表5-5)。国家规定,凡《名录》所列废物类别高于鉴别标准的属危险废物,列入国家危险废物管理范围;低于鉴别标准的不列入国家危险废物管理范围。

表5-5 我国危险废物类别

废物组别	废物名称	废物组别	废物名称
HW01	医疗废物	HW26	含镉废物
HW02	医药废物	HW27	含锑废物
HW03	废药物、药品	HW28	含碲废物
HW04	农药废物	HW29	含汞废物
HW05	木材防腐剂废物	HW30	含铊废物
HW06	有机溶剂废物	HW31	含铅废物
HW07	热处理含氰废物	HW32	无机氟化物废物
HW08	废矿物油	HW33	无机氰化物废物
HW09	油/水、烃/水混合物或乳化液	HW34	废酸
HW10	多氯(溴)联苯类废物	HW35	废碱
HW11	精(蒸)馏残渣	HW36	石棉废物
HW12	染料、涂料废物	HW37	有机磷化合物废物
HW13	有机树脂类废物	HW38	有机氰化物废物
HW14	新化学药品废物	HW39	含酚废物
HW15	爆炸性废物	HW40	含醚废物
HW16	感光材料废物	HW41	废卤化有机溶剂
HW17	表面处理废物	HW42	废有机溶剂
HW18	焚烧处置残渣	HW43	含多氯苯并呋喃类废物
HW19	含金属羰基化合物废物	HW44	含多氯苯并二噁英废物
HW20	含铍废物	HW45	含有机卤化物废物
HW21	含铬废物	HW46	含镍废物
HW22	含铜废物	HW47	含钡废物
HW23	含锌废物	HW48	有色金属冶炼废物
HW24	含砷废物	HW49	其他废物
HW25	含硒废物		

2. 危险废物鉴别 危险废物污染具有潜在性和长期性,危害恶果一旦显现,就难以在短期内消除。危险废物的特征决定了其对大气、水体、土壤等生态环境存在长期和潜在的隐患,其污染特征具有隐蔽性、滞后性、累计性、协同性、连带性,并对人类的生存条件构成严重威胁。表5-6为美国各类危险废物鉴别标准。

2007年国家环境保护总局、国家质量监督检验检疫总局联合颁布实施了7项新增或修订危险废物系列鉴别标准。危险废物鉴别标准涉及了易燃性、反应性、腐蚀性和毒性,基本涵盖了我国危险废物类型(医疗废物除外)的各个方面,为全面监管各种类型的危险废物提供了技术基础。

表5-6 各类危险废物鉴别标准(美国)

序号	危险特性及其鉴别	阈值
1	易燃性:闪点低于定值;经过摩擦、吸湿、自发的化学变化有着火的趋势;在加工、制造过程中发热或在点燃时燃烧剧烈而持续,以致管理期间会引起危险的物质	美国ASTM法,闪点低于60℃
2	腐蚀性:对接触部位作用时,使细胞组织、皮肤有可见破坏或不可治愈变化;使接触物质发生质变或使容器泄漏的废弃物	pH>12.5或pH<2的液体;在55.7℃以下时对钢制品腐蚀率大于0.64 cm/a

续　表

序　号	危险特性及其鉴别	阈　值
3	反应性:通常情况下不稳定,极易发生剧烈的化学反应;与水猛烈反应,或形成可爆炸性的混合物,或产生有毒的气体、臭气;含有氰化物或硫化物;在常温常压下即可发生爆炸反应;在加热或有引发源时可爆炸;对热或机械冲击有不稳定性	
4	浸取毒性:用规定的浸出或萃取方法的浸出液中任何一种污染物浓度超过标准值的规定,污染物指镉、汞、砷、铅、铬、硒、银、六氯化苯、甲基氯化物、毒杀芬 $2,4-D$ 和 $2,4,5-T$	美国 EPA/EP 法试验超过饮用水 100 倍
5	急性毒性:一次投给实验动物的毒性物质,半致死量 (LD_{50}) 小于规定值的毒性废物	美国国家安全卫生研究厅法试验:口服毒性 $LD_{50} \leqslant 50$ mg/kg,吸入毒性 $LD_{50} \leqslant 2$ mg/L,吸收毒性 $LD_{50} \leqslant 200$ mg/kg
6	水生生物毒性:用鱼类试验,常用 96 h 半数(TLm)受试鱼死亡的浓度值小于规定值	TLm<1 000 mg/kg
7	植物毒性	半抑制浓度 TLm_{50}<1 000 mg/L
8	生物积蓄性:生物体富集某种元素或化合物达到环境标准以上,试验时呈阳性结果	阳性
9	遗传变异性:由毒物引起的有丝分裂或减数分裂细胞的脱氧核糖核酸或核糖核酸分子变化,产生致癌、致变、致畸的严重影响	阳性
10	刺激性:皮肤发炎	皮肤发炎 $\geqslant 8$ 级

(二) 危险废物的收集、运输及贮存

危险废物在其收集、贮存、转运以及处理与处置期间必须进行不同于一般废物的特殊管理。必须按照国家有关规定申报登记,建设符合标准的专门设施和场所妥善保存并设立危险废物标示牌,按有关规定自行处理处置或交由持有危险废物经营许可证的单位收集、运输、贮存和处理处置。

1. 危险废物的收集　城市生活垃圾中混有废电池、废日光灯管、废油漆罐、废杀虫剂、医疗临床废物等大量有毒有害危险废物,工厂将废药品、废试剂、废油漆等混入煤灰、炉渣或垃圾。这一状况必须彻底改变,绝不允许将有毒有害危险废物混进一般废物之中。不同性质的危险废物要分类收集,逐步建立和完善危险废物的回收网络。危险废物应按有关规定进行包装、标记、登记,交运时带上注明数量、性质、有害成分及含量、去向以及其他应注意事项等的卡片,使废物安全地自产生点运达处置场所。

装运危险废物的容器应根据危险的不同特性而设计,不易破损、变形、老化,能有效地防止渗漏、扩散。装有危险废物的容器必须贴有标签,在标签上详细标明危险废物的名称、质量、成分、特性以及发生泄漏、扩散污染事故时的应急措施和补救方法。危险废物的包装应该有引起注意、醒目的标志(图 5-9)。

2. 危险废物的运输　桶或袋装危险废物可由产出者直接运往收集中心或转运站,也可以通过地方主管部门配备的专用运输车辆按规定路线运往指定的地点贮存或进一步处理。转运站的位置宜选择在交通路网便利的附近,由设有隔离带或埋于地下的液态危险废物贮罐、油分离系统及盛装有废物的桶或罐等库房群所组成。鼓励成立专业化的危险废物运输公司,发展多种形式的危险废物专用车辆,逐步实现危险废物运输专业化。

澳大利亚环保部门对危险废物采用货单跟踪系统进行运输管理。危险废物运输货单(共五联)第一联由废物产生者送交环保局,第二联由废物产生者保存,第三联由处置场工作人

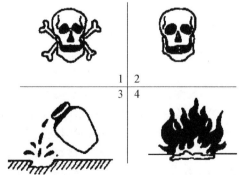

图 5-9　我国部分危险物包装标志

1. 剧毒品(白纸印黑色);2. 有毒品(白纸印黑色);

3. 腐蚀性物品(白纸印黑色);4. 易燃物(白底红色)

员送交环保局,第四联由处置场工作人员保存,第五联由废物运输者保存。实践证明,这是一种有效地防止危险废物在运输时向环境扩散的措施。

3. 危险废物的贮存 对已产生的危险废物,若暂时不能回收利用或进行处理处置的,其产生单位必须建设专门的危险废物贮存设施进行贮存,并设立危险废物标志,或委托具有专门危险废物贮存设施的单位进行贮存,贮存期限不得超过国家规定。贮存危险废物的单位应具有相应的许可证,严禁将危险废物以任何形式转移给无许可证的单位,或转移到非危险废物贮存设施中。危险废物的贮存设施的选址与设计、运行与管理、安全防护、环境监测及应急措施等须遵循《危险废物贮存污染控制标准》的规定。一般来讲,危险废物的贮存设施应满足以下要求:① 保证贮存废物的库房室内空气流通,或安装气体净化装置,以防止具有毒性和易爆炸的气体集聚产生危险;② 贮存易燃易爆的危险废物的场所应配备消防设备,贮存剧毒危险废物的场所必须有专人 24 小时看管;③ 贮存废物的场所应有隔离设施、报警装置和防风、防晒、防雨设施。

(三)危险废物的处理与处置

1. 危险废物的处理 危险废物的处理方法因废物的来源、性质、成分、数量差异而不同。常见的处理方法主要有物理处理、化学处理、生物处理以及固化。

(1)物理处理 物理处理指通过磁选、液固分离、干燥、蒸馏、蒸发、洗提、吸收、溶剂萃取、吸附、膜工艺、冷冻等物理处理技术,改变危险废物的体积及结构外形,使之更便于加工或处置。

(2)化学处理 化学处理指通过中和、沉淀、氧化或还原、水解、辐照等化学处理技术,改变危险废物的有害成分或将它们转变成更适合于做下一步处理或处置的形态。

(3)生物处理 生物处理指通过生物降解、生物吸附等生物过程处理危险废物或含有害成分的有机废水,使之便于下一步处理或处置。

(4)固化 固化的实质是使危险废物中的有害成分呈现化学惰性或被包容起来,从而减小废物的毒性和迁移性,以便于运输、利用和处置。固化适用于易浸出有害成分的固体废物,或液态或半液态废物。用作固化的材料主要有水泥、石灰、黏土、沥青、有机聚合物以及专用化学品等。

2. 危险废物的最终处置 危险废物的最终处置是危险废物环境管理中最重要的一环。目前,最常用的危险废物的最终处置方法有焚烧法和安全填埋法。焚烧和安全填埋技术也被广泛用于处理生活垃圾和非危险性废物。

(1)焚烧 危险废物进场后,经登记、称重、取样、分类贮存后,进行废物资源化利用。对不宜回收利用且具有一定热值的危险废物进行焚烧。

焚烧设施的建设、运营和污染控制管理应遵循《危险废物焚烧污染控制标准》及其他有关规定。危险废物焚烧处置应满足以下要求:危险废物焚烧处置前必须进行前处理或特殊处理,达到进炉的要求;危险废物在炉内燃烧均匀、完全;焚烧炉温度应达到 1 200℃以上,烟气停留时间应在 2 s 以上,燃烧效率大于 99.9%,焚烧去除率大于 99.99%。

焚烧厂主要由焚烧炉和烟气净化装置构成。除此之外,焚烧设施必须有前处理系统、报警系统和应急处理装置。

不宜焚烧的危险废物包括不属于运营执照许可范围内的危险废物、高压气瓶或液体容器盛装的物质、放射性废物或含放射性物质的废物、爆炸性或震动敏感物质、含水银的废物、含二噁英的废物、空气污染防治设备所收集的飞灰、重金属浸出值超过规定限值的废物。医院临床废物、含多氯联苯废物等一些传染性或毒性大或含持久性有机污染成分的特殊危险废物宜在领取特殊许可的焚烧厂专门焚烧设施中焚烧。

(2)填埋 危险废物安全填埋处置适用于不能回收利用其组分和能量的危险废物。危险废物经过焚烧处理和资源化利用产生的废渣以及经固化处理后的废渣,都要进行安全填埋,才能完成整个处置过程。

1)危险废物安全填埋场的基本要求:安全填埋是危险废物减量、稳定化后的最终处理方式,涉及填埋场结构、填埋作业、防渗结构、渗沥液导流和处理方式、取样与监测、雨水集排水等一系列配套技术,这些技术国外均非常成熟,在国内已经得到应用。

危险废物安全填埋场必须按入场要求和经营许可证规定的范围接收危险废物,达不到入场要求的,须进行预处理并达到填埋场入场要求。

危险废物安全填埋场必须有满足要求的防渗层,不得产生二次污染。天然基础层饱和渗透系数小于 $1.0\times10^{-7}\,cm/s$,且厚度大于 5 m 时,可直接采用天然基础层作为防渗层;天然基础层饱和渗透系数为 $1.0\times10^{-7}\sim1.0\times10^{-6}\,cm/s$ 时,可选用复合衬层作为防渗层,高密度聚乙烯的厚度不得低于 1.5 mm;天然基础层饱和渗透系数大于 $1.0\times10^{-6}\,cm/s$ 时,须采用双人工合成衬层(高密聚乙烯)作为防渗层,上层厚度在 2.0 mm 以上,下层厚度在 1.0 mm 以上。

2) 防渗及渗滤液回流新技术:日本福冈大学研究出一种防渗膜破损检查及修复技术。即在防渗膜上下安装传感器,利用该膜的电绝缘性,当防渗膜破损时通过传感器可测得电位分布发生的变化,由此可查到膜破损的确切位置,及时将该处填埋物挖出并进行防渗膜的修复,传感器分布得越密,测得膜破损位置的准确度越高。这种方法能准确知道膜破损的位置,加快修复速度,大大减少渗滤液污染地下水的危险。

国内研究机构在积极研究渗滤液的回流技术,并在部分安全填埋场处置危险废物中得到应用。即采取适当方法将填埋场底部收集到的渗滤液从覆盖层表面或下部重新注入填埋场的技术。这项技术是作为渗滤液生化处理(土地处理法)的一种而发展起来的。不仅有利于渗滤液的储存,减少渗滤液的量,降低废水处理系统的运行费用,而且可使填埋场达到稳定状态的时间从几十年减少到 2～3 年。此外,还建立渗滤液、生产废水(资源化、固化/稳定化、焚烧等过程中产生的废水)处理系统,废水经二级混凝沉降去除重金属,重新回用于生产车间和填埋场洒水。

3) 作业要求:严格按照作业规程进行单元式作业,做好压实和覆盖。做好清污水分流,减少渗滤液产生量,设置渗滤液导排设施和处理设施。对易产生气体的危险废物填埋场,应设置一定数量的排气孔、气体收集系统、净化系统和报警系统。填埋场终场后,要进行封场处理,进行有效的覆盖和生态环境恢复。填埋场封场后,经监测、论证和有关部门审定,才可以对土地进行适宜的非农业开发和利用。

参考文献

李国学,周立祥,李彦明.2005.固体废物处理与资源化.北京:中国环境科学出版社.

林肇信,刘天齐,刘逸农.1999.环境保护概论.北京:高等教育出版社.

刘志强,郝梓国,刘恋,等.2016.我国尾矿综合利用研究现状及建议.地质论评,62(5):1277—1282.

卢颖,孙胜义.2007.我国矿山尾矿综合利用研究现状及建议.矿业工程,52(2):53—55.

王群慧,叶暾旻,谷庆宝.2004.固体废物处理与资源化.北京:化学工业出版社.

王岩,陈宜俍.2003.环境科学概论.北京:化学工业出版社.

夏国进.2008.某金矿氰化尾矿浮选回收金试验研究及生产实践.有色金属(选矿部分),(4):18—19.

向鹏成,谢英亮.2002.尾矿利用的经济潜力分析.矿产保护与利用,(1):50—54.

杨宏毅,卢英方.2006.城市生活垃圾的处理和处置.北京:中国环境出版社.

赵由才,牛冬杰,柴晓利.2006.固体废物处理与资源化.北京:化学工业出版社.

朱能武.2006.固体废物处理与利用.北京:北京大学出版社.

庄伟强.2008.固体废物处理与利用.北京:化学工业出版社.

第六章　物理环境污染与防治

　　物理性污染包括噪声、振动、电磁辐射、放射性、热、光等的污染。本章详细介绍了噪声污染、放射性污染、热污染等物理性污染的基本概念、原理;阐明这些物理性污染对人体健康和环境的危害和影响;简要介绍了各种物理性污染的控制和防范措施,为改善人类生活环境、创建和谐社会提供理论基础。

第一节　噪声污染与防治

一、噪声的定义和特点

(一) 噪声的定义

　　噪声是声波的一种,它具有声音的所有特征。从物理学的观点看,噪声指声波频率和强弱变化毫无规律、杂乱无章的声音。从心理学的观点看,噪声是人们不需要的、使人烦躁的声音。

　　当噪声对人及周围环境造成不良影响时,就形成噪声污染。随着工业、交通运输业的发展,噪声的种类越来越多,强度越来越大,噪声污染已成为城市的一大环境公害,几乎没有一个城市居民不受噪声的干扰或危害。

(二) 噪声污染的特点

　　噪声污染一般具有以下三个方面的特点。
　　(1) 噪声污染界定的特殊性　　噪声是人们不需要的声音的总称,除了声音本身的物理性质外,还与判断者心理和生理上的因素有关,所以任何声音都可能成为噪声。
　　(2) 噪声污染的局部性　　声音在空气中传播时衰减很快,其影响面不如大气污染和水污染那么广,因此有局部性的特点。
　　(3) 噪声污染的暂时性　　噪声没有污染物残留,也不会积累,它的能量最后消失为空气的热能,所以噪声污染一直没有引起人们的重视。

二、噪声的分类

(一) 按噪声源的产生机制分类

　　噪声主要来源于物理(固体、液体和气体)的振动,按其产生的机制可分为三种。
　　(1) 空气动力噪声　　叶片高速旋转或高速气流通过叶片,会使叶片两侧的空气发生压力突变,激发声波,如通风机、鼓风机、压缩机、发动机迫使气体通过进、排气口时发出的声音即为气体动力噪声。
　　(2) 机械噪声　　物体间的撞击、摩擦、交变的机械力作用下的金属板、旋转的动力不平衡,以及运转的机械零件轴承、齿轮等都会产生机械性噪声,如锻锤、织机、机车等产生的噪声均属此类。
　　(3) 电磁性噪声　　由于电机等的交变力相互作用产生的声音,如电流和磁场的相互作用产生的噪声,发动机、变压器的噪声等。

(二) 按噪声源的时间特性分类

　　环境中出现的噪声,按声强随时间是否有变化,大致可分为稳定噪声和非稳定噪声两种。

（1）稳定噪声　　噪声的强度不随时间变化,如电机、风机和织机的噪声。
（2）非稳定噪声　　噪声的强度随时间而变化,分周期性噪声、无规则起伏噪声和脉冲噪声等。

（三）按环境噪声的来源分类

环境噪声指在工业生产、建筑施工、交通运输和社会生活中产生的干扰周围生活环境的声音。环境噪声按其来源分为四类。
（1）交通噪声　　主要指机动车辆、飞机、火车和轮船等交通工具在运行时发出的噪声。这些噪声的噪声源是流动的,干扰范围大。
（2）工业噪声　　主要指工业生产劳动中产生的噪声。主要来自机器和高速运转设备。
（3）建筑施工噪声　　主要指建筑施工现场产生的噪声。在施工过程中,大量使用各种机械设备进行挖掘、打洞、搅拌以及运输物料和构件,必然会产生噪声。
（4）社会生活噪声　　主要指人们在商业交易、体育比赛、游行集会、娱乐场所等各种社会活动中产生的喧闹声,以及收录机、电视机、洗衣机等各种家电的嘈杂声。

三、噪声的危害

（一）噪声对人体的危害

1. 对听力的损伤　　噪声对人体最直接的危害是听力损伤。人们在强噪声环境中暴露一段时间,会感到双耳难受,甚至会出现头痛等感觉。离开噪声环境到安静的场所休息一段时间,听力就会逐渐恢复正常。这种现象叫做暂时性听阈偏移,又称听觉疲劳。如果人们长期在强噪声环境下工作,听觉疲劳不能得到及时恢复,且内耳器官会发生器质性病变,即形成永久性听阈偏移,又称噪声性耳聋。人若突然暴露于极其强烈的噪声环境中,听觉器官会发生急剧外伤,引起鼓膜破裂出血,可能使人耳完全失去听力,即出现爆震性耳聋。

2. 对睡眠的干扰　　噪声会影响人的睡眠质量,强烈的噪声甚至使人无法入睡,心烦意乱。人的睡眠一般分为四个阶段,即瞌睡阶段、入睡阶段、睡着阶段和熟睡阶段。睡眠质量好坏取决于熟睡阶段的时间长短,时间越长,睡眠越好。噪声可促使人们由熟睡向瞌睡阶段转化,缩短睡眠时间,或者刚要进入熟睡便被噪声惊醒,无法进入熟睡阶段,从而造成多梦,影响睡眠质量。

3. 对人体生理的危害　　许多证据表明,大量心脏病的发展和恶化与噪声有着密切的联系。实验证明,噪声会引起人体紧张的反应,使肾上腺激素增加,引起心率和血压升高。对一些工业噪声调查的结果表明,在高噪声条件下劳动的钢铁工人和机械车间工人比安静环境下工作的工人循环系统的发病率要高,患心脏病、高血压的病人也多。对多所中小学生的调查表明,暴露于飞机噪声下的儿童比安静环境下的儿童血压要高。很多人认为,20世纪生活中的噪声是造成心脏病的重要原因之一。

另外,噪声会引起消化系统的疾病。据调查,在某些吵闹的工业企业里,职工溃疡病的发病率比安静环境下的高5倍。噪声还能影响人的视力。试验表明,当噪声强度达到90 dB(A)时,人的视觉细胞敏感性下降,识别弱光反应时间延长;当噪声达到95 dB(A)时,瞳孔放大,视力模糊;而噪声达到105 dB(A)时,多数人的眼球对光亮度的适应都有不同程度的减弱。

4. 对人体的心理影响　　噪声引起的心理影响主要是烦躁,使人激动、易怒,甚至失去理智。噪声容易使人疲劳,会影响精力集中和工作效率,尤其是对一些非重复性动作的劳动者,影响更加明显。另外,因噪声有掩蔽效应,往往使人不易察觉一些危险信号,从易造成工伤事故。

5. 对孕妇、胎儿和儿童的影响　　国内外的医学研究表明,强烈的噪声对孕妇和胎儿都会产生许多不良后果。接触强烈噪声的孕妇,其妊娠呕吐的发生率和妊娠高血压综合征的发生率都更高;噪声使母体产生紧张反应,引起子宫血管收缩,影响供给胎儿发育所必需的养料和氧气,导致出生儿体重偏轻。

由于儿童发育尚未成熟,各组织器官都十分娇嫩和脆弱,所以更容易受到噪声危害。研究表明:噪声环境下儿童血压高,同时智力发育比安静环境中的低20%;如果噪声经常达到80 dB(A),儿童会产生头痛、头昏、耳鸣、情绪紧张、记忆力减退等症状,甚至会损伤儿童的听觉系统。

6. 对交谈、思考和通讯的影响　　环境噪声妨碍人们之间的交谈和通讯(表 6-1)。思考也是语言思维活动,其受噪声干扰的影响与交谈是一致的。

表 6-1　噪声对交谈和通讯的干扰

噪声级/dB(A)	主 观 反 映	保持正常谈话的距离/m	通 讯 质 量
45	安静	11	很好
55	稍吵	3.5	好
65	吵	1.2	较困难
75	很吵	0.3	困难
85	大吵	0.1	不可能

(二) 噪声对动物的危害

噪声对自然界的动物也有一定程度的危害。其危害包括听觉器官、内脏器官和中枢神经系统的病理性改变和损伤。强噪声会使鸟羽毛脱落,不产卵,甚至会使其内出血和死亡。20 世纪 60 年代美国空军 F-104 喷气飞机进行了 6 个月的飞行试验,结果 10 000 只暴露于飞机轰鸣声下的农场的鸡死亡了 6 000 只。经解剖尸体研究发现,暴露于强噪声下鸡的脑细胞中的尼塞尔物质大大减少。

(三) 噪声对物质结构的危害

噪声可能损坏物质结构。140 dB(A)以上的噪声可使墙体震裂、瓦震落、门窗破坏,甚至使烟囱及古老的建筑物发生倒塌,使钢产生"声疲劳"而损坏。在特高强度的噪声[160 dB(A)以上]影响下,不仅建筑物受损,发生体本身也可能因声疲劳而损坏,并使一些自动控制和遥控仪表设备失效。

四、噪声污染的评价

噪声污染是感觉公害,其影响不仅取决于声波本身客观物理量大小,还取决于人的生理和心理因素。为了正确反映各种噪声对人产生的心理和生理影响,人们需要建立科学的评价方法,把噪声的客观物理量与主观评价量联系起来,对噪声污染作出科学评价。

(一) 噪声的客观量度

声音在空气或弹性媒介中传播的空间称为声场。在声场中声源向媒质输送能量的快慢程度用声功率做客观量度,声场中声音的强弱用声压、声强做客观量度。

1. 声功率　　声功率是描述声源在单位时间内向外辐射能量大小的物理量,其计量单位为 W。如一架大型喷气式飞机的声功率为 10 kW,1 台大型鼓风机的声功率为 0.1 kW。

2. 声压与声压级　　声波通过媒质时引起媒质压强的变化称为声压。当声波不存在时,声压为 0。声压单位为 Pa 或 N/m^2。

正常人刚刚听到的最微弱的声音的声压为 $2 \times 10^{-5} Pa$,称为人耳的听阈。使人耳产生疼痛感觉的声压,如飞机发电机噪声的声压为 20 Pa,称为人耳的痛阈。从听阈到痛阈,声压的绝对值相差 10^6 倍。显然,用声压的绝对值表示声音的大小是不方便的,为了便于应用,人们便引出一个对数量来表示声音的大小,这就是声压级,其公式为

$$L_p = 10 \lg \frac{P^2}{P_0^2} = 20 \lg \frac{P}{P_0}$$

式中,P 为声压(Pa);P_0 为基准声压,等于 $2 \times 10^{-5} Pa$,是 1 000 Hz 的听阈声音;L_p 为对应声压 P 的声压级(dB)。

3. 声强与声强级　　声波在媒质中传播时伴随着声能流。在声场中某一点,通过垂直于声波传播方向的单位面积在单位时间内所传过的声能,称为在该点声波传播方向上的声强。声强的常用单位为 W/m^2。

一个声音的声强级等于这个声音的声强与基准声强的比值的常用对数乘以 10。它的数学表达式为

$$L_I = 10\lg\frac{I}{I_0}$$

式中,L_I 为对应于声强为 I 的声强级;I_0 为基准声强,在噪声测量中,通常采用 $I_0 = 10^{-12}\,W/m^2$。

声压级和声强级都是描述空间某处声音强弱的物理量。对于空气来说,在室温时,与基准声压 $P_0 = 2 \times 10^{-5}\,Pa$ 相对应的声强近似等于基准声强 I_0,因此,在自由声场中,声压级与声强级在数值上近似相等。

4. 噪声频谱　　声源在单位时间内的振动次数称为声的频率,单位为 Hz。频率在 20～20 000 Hz 的声波,人耳可以听到,这一频段的声波为可听声波;低于 20 Hz 的次声波,高于 20 000 Hz 的超声波,人耳是听不到的。在可听声波段,频率在 20～500 Hz 是低频,频率在 500～2 000 Hz 为中频,而高频则是 2 000～16 000 Hz。人耳对 1 000～4 000 Hz 的中高频的声音最敏感,在此频带以外,随着频率的降低或升高,人耳感觉会越来越弱。

(二) 噪声的主观评价

1. 响度级　　噪声作为单纯的物理扰动,声强级、声压级可以客观反映强弱,但还不能完全反映人耳对声音强弱的主观感觉。判断一个声音的强弱,不但与声强级、声压级有关,还与声音频率有关。人耳对不同频率纯音的灵敏度相差非常大,次声波、超声波无论声压级如何人耳均无法听到,可听声波中 1 000～4 000 Hz 的中高频的声音听起来最响。

为了定量的描述人耳对不同频率声音的主观感觉,即声音是否响亮,人们通过用对比实验得到的称为"响度级"的量来表示,单位为 phon(方)。通常做法是:以频率为 1 000 Hz 的纯音作为基准音,其他频率的声音听起来与基准音一样响,该声音的响度级就等于基准音的声压级。即某一声音的响度级是在人的主观响度感觉上与该声音相同的 1 000 Hz 纯音的声压级。

利用与基准声音比较的方法,可以得到整个可听声范围的纯音的响度级。图 6-1 为 D. W. 鲁宾森和 R. S. 达德森提出的等响曲线。该曲线为国际标准化组织所采用,所以又称 ISO 等响曲线。

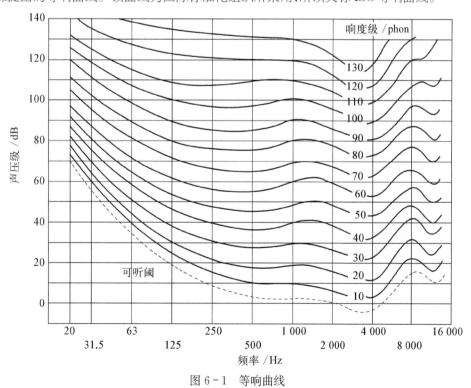

图 6-1　等响曲线

2. 声级　声音通常是由许多不同频率、不同强度的分音叠加而成的。将不同频率的分音的声压级换算成响度级,然后再将响度级叠加,求得总的响度级,这种反映总响度级大小的量称为声级。因人耳的听觉特性决定声压级相同而高频声音比低频声音听起来更响。为了模拟人耳对听觉的反应,在噪声测量计中设置由电阻、电容等电子器件组成的计权网络,当声音进入网络时,中、低频的声音按比例衰减地通过,而1 000 Hz以上的高频声音则无衰减地通过。由于计权网络是把可听声频按 A、B、C、D 等种类特定频率进行计权的,所以就把 A 网络计权的声压级称为 A 声级,B 网络计权的称为 B 声级,同样有 C 声级、D 声级等,单位分别计为 dB(A)、dB(B)、dB(C)、dB(D)。其中 A 声级与人耳对噪声强度和频率的感觉最相近,能较好地反映出人们对噪声吵闹的主观感。因此,A 声级已为国际标准化组织和绝大多数国家用做对噪声进行主观评价的主要指标。

对稳定不变的噪声,用声级来评价是非常方便的。但当噪声随时间变化时,用一个声级值就不能概括其特性,这样就引出"等效声级"的概念。

3. 等效声级　在声场中的一定点位上,某一段时间内 A 声级变化不断,用能量平均的方法以 A 声级表示该段时间内的噪声大小。这个按能量的平均值表示的声级称为等效连续 A 声级,简称等效声级或平均声级。用公式表示为

$$L_{Aeq, T} = 10\lg\left(\frac{1}{T}\int_0^T 10^{0.1L_A}\,dt\right)$$

式中,L_{Aeq} 为 T 时间内的等效连续 A 声级(dB);L_A 为 t 时刻的瞬时 A 声级(dB);T 为连续取样的总时间(min)。

当测量是采样测量,且采样的时间间隔一定时,等效连续 A 声级又可以按下列公式求得

$$L_{Aeq, T} = 10\lg\left(\frac{1}{N}\sum_{i=1}^{N} 10^{0.1L_i}\right)$$

式中,L_i 为第 i 次采样测得的 A 声级(dB);N 为采样总数。

如果噪声是稳态的,等效声级就是该噪声的 A 计权声级。等效连续 A 声级在评价非稳态噪声大小时尤为重要。国际标准化组织已采用等效声级的评价方法,许多国家的环境噪声标准也以等效声级为评价指标。

噪声夜间对人的影响更大。为此,将夜间噪声进行增加 10 dB 加权处理后,用能量平均的方法得出昼夜等效声级 L_{dn}。其计算式为

$$L_{dn} = 10\lg\left[\frac{1}{24}\left(T_d\,10^{0.1L_d} + T_n\,10^{0.1(L_n+10)}\right)\right]$$

式中,L_d 是白天(7:00～22:00)T_d 个小时(15 小时)的等效声级;L_n 为夜间(22:00～7:00)T_n 个小时(9 小时)的等效声级。

昼夜等效声级自使用以来,获得了较大的成功。包括美国在内多个国家环保部门推荐用昼夜等效声级进行环境噪声评价。

4. 噪声污染级和交通噪声指数　噪声污染级是综合能量平均和变动特性(用标准偏差表示)两者的影响而给出的对噪声的评价量,主要用于评价交通噪声,其计算式为

$$L_{NP} = L_{Aeq} + 2.56\sigma$$

式中,L_{NP} 为噪声污染级;L_{Aeq} 为等效声级;σ 为标准偏差。

噪声服从正态分布,可用下式求得

$$L_{NP} = L_{50} + d + d^2/60$$

式中,$d = L_{10} - L_{90}$,L_{10} 是在测量时间内出现时间或次数在 10% 以上的 A 声级,其余类推。

交通噪声指数的定义为

$$\text{TNI} = L_{90} + 4(L_{10} - L_{90}) - 30$$

式中,TNI 为交通噪声指数。

对于正态分布的交通噪声,等效声级可用下式简化计算,公式为

$$L_{Aeq} \approx L_{50} + 0.115\sigma^2$$

或

$$L_{Aeq} \approx L_{50} + d^2/60$$

式中,$d = L_{10} - L_{90}$。

5. 计权有效连续感觉噪声级　　飞机噪声污染日益严重,在发达国家中已仅次于地面交通噪声污染。近年来,在飞机噪声方面更多采用计权有效连续感觉噪声级(WECPNL)。计权有效连续感觉噪声级是在有效感觉噪声级(EPNL)基础上,考虑白天、晚上、夜间的不同效应等因素,对飞机噪声进行评价的方法。其公式为

$$WECPNL = \overline{EPNL} + 10\lg(N_1 + 3N_2 + 10N_3) - 39.4$$

式中,$\overline{EPNL}$为 N 次飞行的有效感觉噪声级的能量平均值(dB);N_1 为 7 时到 19 时的飞行次数;N_2 为 19 时到 22 时的飞行次数;N_3 为 22 时到 7 时的飞行次数。

大多数飞机的有效感觉噪声级可用下式近似求得

$$\overline{EPNL} = L_A + 13$$

式中,L_A 为 A 计权声级。而计权有效感觉噪声级为

$$WECPNL = L_A + 10\lg(N_1 + 3N_2 + 10N_3) - 27$$

五、噪声的控制标准

一般而言,噪声控制标准应因时因地而异,如工厂中的噪声标准与农村地区、住宅区与城市中心区等应有不同的控制标准。此外,白天和夜晚也应有不同的控制标准。目前,具体的噪声控制标准有三类。

(一)听力保护标准

该标准一般指工厂中的噪声标准,调查噪声性耳聋的发病率是制定听力保护标准的依据。按照国际标准化组织的定义,500 Hz、1 000 Hz 和 2 000 Hz 三个频率的平均听力损失超过 25 dB(A)时,称为噪声性耳聋。目前大多数国家听力保护标准定为 90 dB(A),它能够保护 80% 的人;有些国家定为 85 dB(A),它能够使 90% 的人得到保护。实际上只有在 80 dB(A)的条件下,才能保护 100% 的人不致耳聋。但从技术和经济条件上考虑,很难实现这一标准。目前我国制定的听力保护标准《工业企业噪声卫生标准》为 1979 年颁布,规定现有企业为 90 dB(A),新建、改建企业要求达到 85 dB(A)。

我国颁布的《工业企业噪声卫生标准》规定(表 6-2):工业企业的市场车间和作业场所的工作地点的噪声标准为 85 dB(A),现有工业企业经过努力,暂时达不到标准可适当放宽,但不超过 90 dB(A)。这是指每天在噪声环境中工作 8 小时而言的。如果每天接触噪声不到 8 小时的工种,噪声标准可适当放宽。根据国际标准化组织建议,按照等能量理论,规定工作时间减半,允许噪声提高 3 dB(A)。

表 6-2　我国《工业企业卫生标准》

每个工作日噪声暴露时间/h	8	4	2	1	1/2	1/4	1/8	1/16
新建企业容许噪声级/dB(A)	85	88	91	94	97	100	103	106
现有企业容许噪声级/dB(A)	90	93	96	99	102	105	108	111
最高噪声级/dB(A)				115				

(二)机动车辆噪声标准

由于城市噪声的 70% 来源于交通噪声,如果车辆噪声得以控制,则城市噪声就能大大降低。因此,我国

制定了相应的执行标准(表6-3)。

表6-3 我国机动车辆噪声标准

车 辆 种 类	1985年以前执行标准/dB(A)	1985年以后执行标准/dB(A)
载重汽车(3.5~15 t)	89~92	84~89
轻型越野车	89	84
公共汽车(4~11 t)	88~89	83~86
小 轿 车	84	82
摩 托 车	90	84
轮式拖拉机(约44 kW)	91	86

(三)声环境质量标准

环境噪声是为保护人群健康和生存环境而对噪声容许范围所作的规定。制定原则应以保护人的听力、睡眠休息、交谈思考为依据,应具有先进性、科学性和现实性。环境噪声基本标准是环境噪声标准的基本依据。各国大都参照国际标准化组织推荐的基数(例如睡眠30 dB),并根据本国和地方的具体情况而制定。

为贯彻《中华人民共和国环境保护法》和《中华人民共和国环境噪声污染防治法》,保护环境,保障人体健康,防治环境噪声污染,国家环保部与国家质量监督检验检疫总局于2008年8月19日联合发布《声环境质量标准》(GB 3096-2008)为国家环境质量标准,该标准于2008年10月1日起正式实施。该标准中明确规定了五类区域的环境噪声限值(表6-4)。

表6-4 各类声环境功能区的环境噪声限值 [单位: dB(A)]

类 别		含 义	昼 间	夜 间
0类		康复疗养区等特别需要安静的区域	50	40
1类		以居民住宅、医疗卫生、文化教育、科研设计、行政办公为主要功能,需要保持安静的区域	55	45
2类		以商业金融、集市贸易为主要功能,或者居住、商业、工业混杂,需要维护住宅安静的区域	60	50
3类		以工业生产、仓储物流为主要功能,需要防止工业噪声对周围环境产生严重影响的区域	65	55
4类	4a类	高速公路、一级公路、二级公路、城市快速路、城市主干路、城市次干路、城市轨道交通(地面段)、内河航道两侧区域	70	55
	4b类	铁路干线两侧区域	70	60

(四)部分相关的环境噪声标准

国际噪声立法开始于20世纪初,到20世纪50年代西方发达国家陆续制定和颁布了全国性的、比较完善的噪声控制法规。我国1979年颁布并实施《中华人民共和国环境保护法》(试行),对噪声控制有了较为明确规定。现已制定若干有关环境噪声控制的法律、条例、标准与命令等,在防治环境噪声污染,保护和改善生活环境,保障人体健康,促进经济和社会发展等方面发挥重要作用。部分环境噪声标准目录如表6-5所示。

表6-5 相关环境质量标准和环境噪声排放标准

标 准 名 称	标 准 编 号	发 布 时 间	实 施 时 间
声环境质量标准	GB 3096-2008	2008-08-19	2008-10-01
机场周围飞机噪声环境标准	GB 9660-1988	1988-08-11	1988-11-01

标　准　名　称	标 准 编 号	发 布 时 间	实 施 时 间
内河船舶噪声级规定	GB 5980－2009	2009－03－19	2009－11－01
工业企业厂界环境噪声排放标准	GB 12348－2008	2008－08－19	2008－10－01
社会生活环境噪声排放标准	GB 22337－2008	2008－08－19	2008－10－01
摩托车和轻便摩托车定置噪声排放限值及测量方法	GB 4569－2005	2005－04－15	2005－07－01
摩托车和轻便摩托车加速行驶噪声限值及测量方法	GB 16169－2005	2005－04－15	2005－07－01
三轮汽车和低速货车加速行驶车外噪声限值及测量方法(中国Ⅰ、Ⅱ阶段)	GB 19757－2005	2005－05－30	2005－07－01
汽车加速行驶车外噪声限值及测量方法	GB 1495－2002	2002－01－04	2002－10－01
汽车定置噪声限值	GB 16170－1996	1996－03－07	1997－01－01
建筑施工场界噪声限值	GB 12523－1990	1990－11－09	1991－03－01
铁路边界噪声限值及其测量方法	GB 12525－1990	1990－11－09	1991－03－01

六、噪声污染控制

噪声源、传播途径、接收者是噪声污染的三个要素,只有这三个要素同时存在,才会构成噪声污染。因此,噪声污染必须从这三个方面综合考虑才能得到有效控制。控制噪声污染首先要降低噪声源的噪声,其次从传播途径降低噪声,最后考虑接收者的防护。

(一) 噪声源的控制

控制噪声源是降低噪声最根本和最有效的方法。噪声源控制,即从声源上降噪,就是通过研制和选择低噪声的设备,采取改进机器设备的结构,改变操作工艺方法,提高加工精度或装配精度等措施,使发声体变为不发声体或降低发声体辐射的声功率,将其噪声控制在所容许的范围之内。

噪声源控制的具体措施主要有以下几种:① 选用内阻尼大、内摩擦大的低噪声材料。材料较大的内摩擦可使振动能转变为热能耗损掉,故可以大幅度降低噪声辐射。② 采用低噪声结构。在保证机器功能不变的前提下,通过改变设备的结构形式可以有效降低噪声,如皮带传动所辐射的噪声要比齿轮传动小得多。③ 提高零部件的加工精度和装配精度。该方法可以降低由于机件间的冲击、摩擦和偏心振动所引起的噪声。④ 抑制结构共振。

(二) 传播途径的控制

噪声传播过程中的途径控制是噪声控制最常用的方法。当机器或工程已经完成后,再从声源上来控制会受到限制,但从声的传播途径上控制却大有可为、效果明显。同时由于技术和经济原因,当从声源上难以实施噪声控制时,就需要从噪声传播途径上加以控制。具体方法如下。

(1) 合理布局　　在城市规划时把高噪声工厂或车间与居民区、文教区等分隔开。在工厂内部把强噪声车间与生活区分开,强噪声源尽量集中安排,便于集中治理。

(2) 充分利用噪声随距离衰减的规律　　如距离大于噪声源最大尺寸3～5倍以外的地方,距离若增加1倍,噪声衰减6 dB(A)。因而在厂址选择上把噪声级高、污染面大的工厂车间设在远离需要安静的地方。

(3) 利用屏障阻止噪声传播　　可利用天然地形如山冈、土坡、树木等。在噪声严重的工厂和施工现场或交通道路两侧设置足够高度的围墙或隔声屏。绿化不仅改善城市环境,而且一定密度和宽度种植面积的树丛、草坪也能引起声音衰减。一般的宽林带(几十米甚至上百米)可以降噪10～20 dB(A)。在城市里可采用绿篱、乔灌木和草坪的混合绿化结构,宽度10 m左右的平均降噪4～5 dB(A)。

(4) 利用声源指向性特点降低环境噪声　　高频噪声的指向性较强,可改变机器设备安装方位降低对周围的噪声污染。

（5）采用局部降噪技术措施　　在上述措施均不能满足环境要求时,可采用局部声学技术来降噪,如吸声、隔声、消声、隔振、阻尼减振等。这要对噪声传播的具体情况进行分析后,综合应用这些措施才能达到预期效果。

（三）接收者的保护

对接收者的保护也是一个重要手段,是环境保护的目标。接收者可以是人,也可以是灵敏的设备(如电子显微镜、激光器、灵敏仪器等)。工人可以佩带护耳器(如耳罩或耳塞)或在隔声间操作等加以保护,同时还可以采取轮班作业以缩短在强噪声环境中的暴露时间;仪器设备可以采取隔声、隔振设计等手段加以保护。

（四）噪声控制技术

1. 吸声技术　　在房间中,由于声波传播中受到壁面的多次反射而形成混响声,混响声的强弱与房间壁面对声音的反射性能密切有关。壁面材料的吸声系数越小,对声音的反射能力越大,混响声相应越强,噪声源产生的噪声级就提高得越多。一般的工厂车间,壁面往往是坚硬的,对声音反射能力很强,如混凝土壁面、抹灰的砖墙、背面贴实的硬木板等。由于混响作用,噪声源在车间内所产生的噪声级比在露天广场所产生的要提高近 10 dB(A)。

为了降低混响声,通常用吸声材料装饰在房间壁面上,或在房间中挂一些空间吸声体。当从噪声源发出的噪声碰到这些材料时,被吸收掉一部分,从而使总噪声级降低。

吸声材料有多孔材料和柔顺材料。多孔性吸声材料的物理结构特征是材料内部有大量的、互相贯通的、向外敞开的微孔,即材料具有一定的透气性,如纤维类(玻璃棉、岩棉、植物纤维、木质纤维等)、泡沫材料(泡沫塑料、泡沫混凝土等)、吸声建筑材料(微孔吸声砖等)等。当声波入射到多孔性吸声材料表面后,一部分声波从多孔材料表面反射,另一部分声波透射进入多孔材料,进入多孔材料的这部分声波,引起多孔性吸声材料内的空气振动,由于多孔性材料中空气与孔的摩擦和黏滞阻力等,将一部分声能转化为热能。此外,声波在多孔性吸声材料内经过多次反射进一步衰减,当进入多孔性吸声材料内的声波再返回时,声波能量已经衰减很多,只剩下小部分的能量,大部分则被多孔性吸声材料损耗吸收掉。多孔材料主要吸收中高频噪声,大量的研究和实验表明:多孔性吸声材料,如矿棉、超细玻璃棉等,只要适当增加厚度和容重,并结合吸声结构设计,其低频吸声性能也可以得到明显改善。柔顺材料也有许多小孔,但气孔密闭,彼此不相同,吸收中低频声音显著,对高频声波吸收能力较差。

吸声结构是指用一定材料组成的吸声构件,吸声结构有共振器、穿孔板吸声结构、微穿孔板吸声结构和薄板吸声结构。单个共振吸声器是安于刚性壁内的一个密闭空腔,腔内表面坚硬,并通过一个小的开口与腔外大气相通。它像似一个肚大颈细、质地坚硬的瓶子。当声波进入孔颈时,由于孔颈的摩擦阻尼,声能变成热能,使声波衰减。穿孔板吸声结构是在打孔的薄板后面设置一定深度的密闭空腔,组成穿孔板吸声结构,这是经常使用的一种吸声结构,相当于单个共振器的并联组合。微穿孔板吸声结构是孔径在 1 mm 以下,穿孔率为 1%～5% 的金属板与背后空气层组成的吸声结构。为达到更宽频带的吸收,常作成双层或多层的组合结构。薄板吸声结构指在薄板后设置空气层,其吸声原理是当声波入射到薄板结构时,薄板在声波交变压力的激发下而振动,使薄板发生弯曲变形,出现了板内部摩擦损耗,而将机械能变为热能。

2. 隔声技术　　当声波在传播途径中,遇到匀质屏障物(如木板、金属板、墙体等)时,由于介质特性阻抗的变化,使部分声能被屏障物反射回去,一部分被屏障物吸收,只有一部分声能可以透过屏障物辐射到另一空间去,透射声能仅是入射声能的一部分(图 6-2)。由于反射与吸收的结果,从而降低噪声的传播。由于传出来的声能总是或多或少地小于传进来的能量,这种由屏障物引起的声能降低的现象称为隔声。具有隔声能力的屏障物称为隔声结构或隔声构件。

隔声量的大小与隔声构件的材料、结构和入射声波的频率有关。

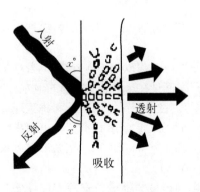

图 6-2　隔声原理示意图

一般情况下,隔声墙的单位面积质量越大,隔声效果越好,单位面积的质量每增加一倍,隔声量平均增加 6 dB(A)。

在工程上,常把隔声构件设计为单层或双层结构。单层隔声构件的材料要求密实、均匀、厚重,如钢筋混凝土、钢板、木板和砖墙等。隔声构件的性能与材料的刚性、阻尼、面积和密度等有关。同样质量的双层结构的隔声构件,其隔声效果要比单层结构好,隔声量一般高 5~10 dB(A)。这是因为夹层中间的空气层和充填的多孔吸声材料,对声波穿过第一层结构时产生的振动具有弹性缓解作用和吸收作用。

3. 消声技术　消声技术是指通过安装消声器从而减弱噪声的技术。消声器主要用于控制空气动力性噪声,安装在空气动力设备的气流进出口或通道上,阻止或减弱噪声的传播。

消声器的种类很多,根据消声原理主要分为阻性消声器、抗性消声器和阻抗复合型消声器三种类型。近年来,小孔消声器和多孔扩散消声器在排气噪声的控制中逐渐得到广泛应用。

阻性消声器是一种能量吸收性消声器,在气流通过的途径上固定多孔性吸声材料,利用多孔吸声材料对声波的摩擦和阻尼作用将声能转化为热能,以达到消声目的。阻性消声器适合于消除中、高频率的噪声,消声频带范围较宽,对低频噪声的消声效果较差。因此,常使用阻性消声器控制风机类进排气噪声等。

抗性消声器则利用声波的反射和干涉效应等,通过改变声波的传播特性,阻碍声波能量向外传播,主要适合于消除低、中频率的窄带噪声,对宽带高频率噪声则效果较差。因此,常用来消除如内燃机排气噪声等。

鉴于阻性消声器和抗性消声器各自的特点,因此常将它们组合成阻抗复合型消声器,以同时得到高、中、低频率范围内的消声效果。如微穿孔板消声器就是典型的阻抗复合型消声器,其基本构件是在容器内顺着气流方向放置若干微穿孔板(图 6-3)。微穿孔板消声器的优点是耐高温、耐腐蚀、阻力小等,缺点是加工复杂,造价高。

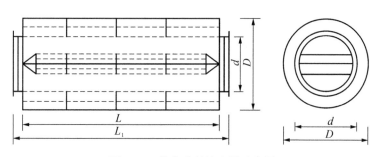

图 6-3　微穿孔板消声器示意图

第二节　放射性污染与防治

从 1895 年德国科学家伦琴发现 X 射线和 1898 年波兰科学家居里夫人发现镭元素,至今一百多年来,人类对核能的研究和利用取得了巨大的发展。截至 2007 年全球已有 400 多座核电站在运行,核发电量已占全球总发电容量的六分之一,核能正不断地为人类造福。但与此同时,核事故时有发生,放射性核废物的排放量也在不断增加,已严重威胁着自然环境和人类生产生活。

1986 年 4 月 26 日前苏联切尔诺贝利核电站发生核泄漏事故,危及居住在前苏联 1.5×10^5 km² 的 694.5 万人;在受污染的俄罗斯地区,成年人的发病率比一般水平高 20%~30%,而儿童的发病率则高出 50%。根据国际原子能机构(IAEA)估计,1995 年全球核废物总量已达 447 000 MTHM(metric tons of heavy metal,吨重金属,即在核反应堆产生的乏燃料中存在的钚和铀同位素的质量)。原子弹和贫铀弹等核武器的使用,除了在爆炸地方对生态系统产生最直接的破坏外,其所产生的含铀粉尘和气溶胶,随空气飘动会对更远的地方造成大气污染、水污染和土壤污染,进而通过食物链和饮水链影响生态系统的稳定性。放射性污染已经成为当今非常重要的环境问题之一。

一、放射性污染的概念与特点

放射性污染是放射性核同位素污染的简称,是指人工生成或天然放射性核同位素在环境中的放射水平高于天然本底或超过国家规定的安全标准。

放射性污染不同于其他各种物理性环境污染,如噪声污染、热污染等的最大特点是其危害作用的持续性和长效性。一般的物理性污染都是当时性作用,即只有污染源工作时才对周围环境发生影响,一旦污染源停止工作,如电台停播、机器停转、热源关闭,其对周围环境的污染也立即消失,而放射性污染发出放射线却不会同核爆炸结束、反应堆停堆而停止,它一旦产生和扩散到环境中,就会不断地向周围环境发出放射线,只是各种放射性核素以其固定的速率(半衰期,即活性减少到一半所需时间,从几分钟到几千年不等)减少其活性。

① 放射性污染具有完全的物理化学稳定性。自然环境的阳光、温度无法改变放射性核素的活性,人们也无法用任何化学或物理手段使放射性核素失去放射性。② 放射性污染对人体(生物)危害具有累积性。实验表明,多次长时间小剂量的核辐射所产生的危害近似于一次辐射该剂量所产生的危害。③ 放射性污染具有公众无感知性。不像化学污染、噪声污染那样,公众可以感知其存在,放射性污染的辐射人类的感官是无法直接感受到的。

二、放射性污染的来源

自然界中一些物质的原子核通过衰变,可以发射特殊类型的辐射,人是感觉不到的,只能通过仪器进行探测。天然存在于自然界的放射性物质有铀、钍系和钾的同位素以及空气中的氡和宇宙射线等,叫做天然放射性物质,或天然辐射源。它们广泛分布在岩石、土壤、水和空气中,人类对于这些天然射线的照射,早已经适应。我们讨论的重点是由于人类活动而引入环境的人工辐射源,它是目前造成环境放射性污染的主要来源。

(一)核工业的"三废"排放及核事故

核工业开始于二战时期的核军事工业,20 世纪 50 年代以后,核能开始应用于动力工业。核工业在核燃料的生产、使用与回收的各个循环阶段都会产生"三废",对周围环境带来一定程度的放射性污染。规划布局合理、运营正常的核电站对环境的放射性污染很轻微,但核电站的放射性逸出事故所产生的散落物会给环境造成严重的污染。如前苏联、日本等都曾发生核电站污染事故。由于不充分的试验和设计,美国三里岛核电站于 1979 年发生严重的技术事故,逸出的散落物相当于一次大规模的核试验。

(二)核试验的沉降物

全球频繁的核试验是造成放射性污染的主要来源,它造成的环境污染面积广,影响范围大。在大气层进行核试验时,带有放射性的颗粒物沉降到地面,造成对大气、海洋、地面动植物和人体的污染,而且这种污染随大气运动扩散到全球环境。即使是地下核试验,由于"冒顶"或其他事故,仍能对环境造成污染。

自 1945 年美国在新墨西哥州的洛斯阿拉莫斯进行了人类首次核试验以来,全球已进行了 1 000 多次核试验,这对全球大气环境和海洋环境的污染是难以估量的,对人类和动植物的负面影响也是深远的。核试验造成的全球性污染比其他原因造成的污染严重得多,因此是地球上放射性污染的主要来源。

(三)医疗照射

目前,由于辐射在医学上的广泛应用,已使医用射线源成为主要的环境人工污染源。如果使用不当或保管不善,将会对人体造成危害,对环境造成污染。

(四)其他来源的放射性污染

其他辐射污染来源可归纳为两类:① 工业、军队、核舰艇或研究用的放射源,因运输事故、遗失、偷窃、误用以及废物处理等失去控制而造成污染环境;② 一般居民消费用品,包括含有天然或人工放射性核素的产品,如建筑材料、放射性发光表盘、夜光表及彩电产生的照射等。

三、放射性污染的危害

对于放射性核素的危害,人们既熟悉又陌生。在常人的印象里,它是与威力无比的原子弹、氢弹的爆炸联系在一起的。随着世界和平利用核能呼声的高涨,核武器的禁止使用,核试验已大大减少,人们似乎已经远离放射性污染危害。然而近年来,随着放射性同位素及射线装置在工农业、医疗、科研等各个领域的广泛应用,放射性核素危害的可能性却在增大。

放射性污染造成的危害主要通过放射性核素发出的射线照射而危害人体和其他生物,这些射线主要有 α 射线、β 射线、γ 射线。α 射线有较强的电离作用,但粒子穿透力较小,在空气中易被吸收,外照射对人的伤害不大,但进入人体后会因内照射造成较大的伤害。β 射线是带负电的电子流,穿透能力比 α 射线强,但电离作用比 α 射线小得多。γ 射线是波长很短的电磁波,具有很强的穿透能力,对人的危害最大。

放射性核素排入环境中,可造成对大气、水体和土壤的污染,由于大气扩散和水流输送可在自然界得到稀释和迁移。放射性核素可被生物富集,使某些动物、植物,特别是一些水生生物体内放射性核素的浓度比环境中的增高许多倍。例如,牡蛎肉中的锌的同位素浓度可以达到周围海水中浓度的 10 万倍。

环境中的放射性核素可通过多种途径进入人体,使人受到放射性伤害。放射性核素对人体的危害程度主要取决于所受辐射剂量的大小。过量的放射性核素进入人体或受到过量的放射性外照射会对人体的健康造成损害,引发癌症、白内障、白血病等急慢性的放射病,或损害其他器官,如骨髓、生殖腺等,严重时会造成死亡。例如,在数十戈瑞(Gy,吸收剂量专用单位,1 Gy=1 J/kg)高剂量照射下,可以在几分钟或几小时内致人死亡;受到 6 Gy 以上的照射时,两周内的死亡率可达 100%;受到 3～5 Gy 的照射,四周内的死亡率为 50%。

四、放射性污染防治

随着社会发展和人民生活水平的提高,核辐射污染问题已经不是仅仅局限于核工业、医疗、核试验研究领域,在冶金、建材、环保等涉及民生的诸多领域都引起了重视。对于放射性污染的防治,主要举措是在应用核能、核技术时要制定相应的法律法规和技术规范。我国自 20 世纪 80 年代以来参照国际标准完善了有关核辐射防护、环境管理及使用放射性核素管理等一系列法律法规,如《中华人民共和国核材料管理条例》、《中华人民共和国放射性污染防治法》、《放射性同位素与射线装置安全和防护条例》、《民用核安全设备监督管理条例》等,在放射性污染管理控制上做到有法可依。

(一)辐射防护标准

目前我国一般采用"最大容许剂量当量"来限制从事放射性工作人员的照射剂量。我国 2002 年发布的《电离辐射防护与辐射源安全基本标准》(GB 18871－2002)中规定了剂量当量(表6-6)。该规定还对辐射照射的控制措施、放射性废物管理、放射性物质安全运输、伴有辐射照射设施的选择要求、辐射监测、辐射事故管理、辐射防护评价以及工作人员的健康管理等均有详细的规定和必要的阐述。

表6-6 我国电离辐射防护有关剂量当量的规定

剂量当量限值分类			年有效剂量当量限值/mSv*
职业照射	辐照工作人员	由审管部门决定的连续五年年平均 任何一年 眼晶体 四肢(手和足)或皮肤	20 50 150 500
	16～18 岁学生、学徒工和孕妇	任何一年 眼晶体 四肢(手和足)或皮肤	6 50 150

剂量当量限值分类			年有效剂量当量限值/mSv*
公众照射	公众人员	一年	1
		特殊情况(连续五年的年平均剂量不超过 1 mSv,则某一单一年份可提高的限值数)	5
		眼晶体	15
		皮肤	50
	慰问者和探视人员	成人	5
		儿童	1

* Sv(希沃特)为剂量当量度量单位,1 Sv=1 J/kg。

《放射性废物管理规定》(GB 14500 - 2002)中规定,含人工放射性核素比活度[单位质量(固体)或体积(液体气体)的活度]大于 2×10^4 Bq/kg,或者含天然放射性核素比活度大于 7.4×10^4 Bq/kg 的污染物,应作为放射性废物看待,小于此水平的放射性核素也应妥善处理。

(二)辐射的防护方法

1. 外照射防护

（1）时间防护　人体所受辐射剂量与受照射时间成正比。人体受照射时间越长,人体接受的照射量越大,这就要求操作准确、敏捷,以减少受照射时间,达到防护目的;也可以增配工作人员轮换操作,以减少每人的受照时间。

（2）距离防护　点状辐射源周围的辐射剂量与离源的距离平方成反比,因此应在远距离操作,以减轻辐射对人体的影响。

（3）屏蔽防护　在放射源与人体之间放置一种合适的屏蔽材料,通过屏蔽材料对射线的吸收来降低外照射剂量。例如,针对穿透力弱、射程短的 α 射线,用薄的铝膜将其吸收,或用封闭＋手套来避免进入人体表及体骨;针对穿透力较强的 β 射线,用铝、有机玻璃、烯基塑料可以将其屏蔽;针对穿透力很强、危害极大的 γ 射线,常用高密度物质来屏蔽(考虑经济因素,常用铁、铅、钢、水泥等材料)。

2. 内照射防护　
放射性物质一旦进入人体,它就会长期沉积在某些组织或器官中,既难以准确检测,又难以排出体外,从而造成终生伤害。因此,必须严格防止内照射的发生。具体方法为:制定各种必要的规章制度;工作场所通风换气;在放射性场所严禁吸烟、吃东西、饮水;在操作放射性物质时需佩戴防护用具;加强放射性物质的管理;严密监视放射性物质的污染情况,尽早采取措施,防止污染扩大等。

(三)放射性污染的治理

核素的放射性只能依赖自身衰变而减弱直至消失,因而,针对放射性特征(放射性强弱、寿命长短)和核废物形态(废液、废气、固体废物)的差异,应采取不同方法,进行放射性污染的治理。放射性废物处理流程通常包括废物的收集以及废液与废气的净化、浓集和固体废物的减容、贮存、固化、包装及运输处置等。

1. 放射性废液的处理　
现在已经发展起来多种有效的废液处理技术,如化学处理、离子交换、吸附法、膜分离法、生物处理、蒸发浓缩等。根据放射性比活度的高低、废水量的大小、水质及不同的处置方式,可以选择一种或几种方法联合使用,达到理想的处理效果。

目前对高放废液(比活度>3.7×10^9 Bq/L)处理的技术方案有:① 把现存的和将来产生的全部高放废液都利用玻璃、水泥、陶瓷或沥青固化起来,进行最终处置而不考虑综合利用;② 从高放废液中分离出有用的锕系元素(^{241}Am、^{287}Np、^{238}Pu 等),然后将高放废液固化起来进行处置;③ 从高放废液中提取有用的核素,如^{90}Sr、^{137}Cs、^{155}Eu、^{147}Pm 等,其他废液做固化处理;④ 把所有放射性核素全部提取。

对中低废液(比活度<3.7×10^9 Bq/L)的处理应考虑:① 尽可能多的截留水中的放射性物质,使大体积水得到净化;② 把放射性废液浓缩,尽可能减小需要贮存的体积及控制废液的体积;③ 把放射性废液转换成

不会弥散的状态或固化块。

2. 放射性固体废物的处理 放射性固体废物指铀矿石提取后的废矿渣,被放射性物质污染而不能用的各种器皿和废液处理过程中的残渣、滤渣的固化体。对铀矿渣一般采用土堆堆放或回填矿井的方法,这不能根本解决问题,但目前也无更有效方法。对可燃性放射性固体废物最好用焚烧法,焚烧产生的废气和气溶胶物质需严加控制,灰烬要收集并掺入固化物中。不可燃性放射性固体废物主要以受污染的设备、部件为主,因此应先进行拆卸和破碎处理,然后再煅烧熔融处理,减少其体积,以利于最终包装储存;或采用去污法,如溶剂洗涤、机械刮削、喷镀、熔化等手段,降低污染程度,达到可接受水平。

3. 放射性废气的处理 对挥发性放射性废气用吸附法和扩散稀释法处理,如放射性碘可用活性炭吸附达到净化的目的。浓度较低的放射性废气也可以由高烟囱稀释排放。

对表面吸附有放射性物质的气溶胶和微粒,可通过除尘技术达到净化。先经过机械除尘器、湿式洗涤除尘器进行预处理,除去气溶胶中粒径较大的固态或液态颗粒;然后进入中效过滤,除去大部分中等粒径的颗粒;最后是高效过滤,几乎可以全部滤除粒径大于 $0.3~\mu m$ 的微粒,使气溶胶废气得到净化。

第三节 热污染与防治

一、热污染的概念

在能源消耗和能量转换过程中有大量的化学物质(如 CO_2 等)及热蒸汽排入环境,使局部环境或全球环境升温,并可能对人类和生态系统产生直接或间接、即时或潜在的危害,这种现象称之为"热污染"或者"环境热污染"。

热污染作为一种物理污染曾一度被忽视,随着国民经济的发展,此项污染的危害正日趋加重,造成的损失也正在加大,应引起足够重视。

二、热污染的形成

热污染是异常热量的释放或被迫吸收产生的环境"不适"造成的。人为热的排放对局部地区温度变化影响明显,就近百年全球气候变化来讲,影响因子按重要程度依次为 CO_2 浓度增大、城市化、海温变化、森林破坏、气溶胶、沙漠化、太阳活动、O_3、火山爆发及人为加热。概括起来,人类活动主要从三个方面影响自然环境,从而引起热污染。

1. 改变了大气的组成,从而改变了太阳辐射和地球辐射的透过率

(1) 大气中 CO_2 的含量的增加 CO_2 不仅能让太阳光透过大气层,直接辐射到地面上来,而且还能吸收地面辐射的红外线,将其逆射回地面。所以,CO_2 犹如一个屏障,把近地层的热量屏蔽住,使热量不能向宇宙空间辐射,起到了使近地层大气升温的作用。由于燃烧矿物燃料,20 世纪中大气的 CO_2 含量增加了 10% 以上,特别是 20 世纪下半叶,因 CO_2 等造成的温室效应使地球表面的平均温度增加约 1℃。

(2) 大气中微细颗粒物的增加 由于微细颗粒物的直径大小、成分、空间位置不同,其对环境温度变化所起的作用也不一致。颗粒物一方面会加大对太阳辐射的反射作用,同时另一方面也会加强对地表长波的吸收作用,而且这种作用还会受到局部地区云层及地表状态的影响。从全球来看,大气层中悬浮粒子对地球气候降温的效应更强一些。

(3) 对流层上部水蒸气的增加 日益发达的航空业使得对流层中水蒸气大量增加,形成卷云,影响了局部温度。对流层上部自然湿度非常低,亚声速喷气式飞机排出的水蒸气可以在这个高度上形成卷云。当低空无云时,高空卷云与地面的辐射交换,在白天可使环境变冷,在夜间则由于温室效应又可使环境变暖。

(4) 臭氧层被破坏 平流层内的臭氧层是臭氧不断产生又分解破坏两种过程平衡的结果。人类活动排放的氯、氮氧化物或氢氧基等,可使臭氧的破坏过程加快,导致臭氧总量的减少。臭氧层被大量损耗后,吸收紫外线辐射的能力大大减弱,导致到达地球表面的紫外线明显增加,给人类健康和生态环境带来多方面的危害。

2. 改变了地表状态与反射率,从而改变了地表和大气间的热交换过程

(1) 自然植被的大量破坏   随着现代化工农业生产的发展、人口增加和人民生活水平的提高,需要更多的食物来维持人类生存。于是在一系列的开荒、放牧、填海造陆、围湖造田的同时,自然植被大量破坏。

(2) 自然地表减少,硬化地表增多   越来越多的地表被建筑物、混凝土和柏油所覆盖,绿地和水域的面积减少,蒸发作用减弱,大气得不到冷却,故城乡地表吸收和储存太阳热量性能有不小差异。

(3) 水域污染   石油泄漏、污染物排放导致的水域污染,改变了自然水体的吸收及反射太阳辐射的能力,造成局部环境温度异常。

3. 热直接向环境,特别是向水体排放   发电、冶金、化工和其他的工业生产通过燃料燃烧和化学反应等过程产生的热量,一部分转化成产品形式,一部分以废热形式直接排入环境。转化为产品形式的热量,在消费过程中最终也要通过不同的途径释放到环境中(如加热、燃烧等方式);而且各种生产和生活过程排放的废热大部分转入到水中,使水升温。这些温度较高的水排进水体,形成对水体的热污染。电力工业是排放温热水最多的行业,据统计,排进水体的热量有80%来自发电厂。

三、热污染的危害

人类赖以生存的环境系统是脆弱的,对热的承载能力是有一定限度的。人类向环境排放的热能将打破大气和水热量平衡的自然状态,引起大气和水自然特性的改变,产生一系列环境问题。

(一) 热污染对水体的危害

1. 影响水质   水的各种物理性质均受温度变化影响。温度升高,水的黏度降低、密度减小,水中沉积物的空间位置和数量会发生变化,导致污泥沉积量增多。温度升高,水中溶解氧降低,好氧微生物活动减弱,厌氧菌大量繁殖,有机物腐败严重,水体易于出现富营养化,这不仅破坏了水域的景色,而且影响了水质,并对航运带来了不利影响。

2. 影响水中(水生)生物   湖泊、海洋等地表水受到热污染后,会对水体中的微生物、藻类以及其他水生生物的生存繁殖和生态平衡产生重大影响。水温升高,细菌数量一般也呈升高态势;水温升高,水中藻类优势种群发生变化;水温升高,导致水中溶解氧减少,引起部分生物缺氧窒息,易产生病变乃至死亡。一般当水体溶解氧降到1 mg/L时,大部分鱼类会发生窒息而死亡,即使是暖水种的鱼类往往也很难承受30~35℃的高温水环境。研究表明,水体增温使水生生物群落结构发生变化,影响生物多样性指数。例如,在未受污染的河流中,最适宜于硅藻生长的温度为18~20℃,绿藻为30~35℃,而蓝绿藻为35~40℃,若水温由10℃升高到38℃,占优势的种群将由硅藻变为绿藻,再由绿藻变为蓝绿藻。另外,水温升高,还影响动物栖息场所。例如,持续高温导致南极浮动冰山顶部大量积雪融化,使群居在南极冰雪地带海面浮动冰山顶部的阿德利亚企鹅数目大减,大量企鹅失去了赖以产卵和孵化幼仔的地方。

3. 引起传染病蔓延,有毒物质毒性增大   水温的升高为水中含有的病毒、细菌形成了一个人工温床,使其得以滋生泛滥,造成疫病流行。水中含有的污染物如毒性比较大的汞、铬、砷、酚和氰化物等,其化学活动性和毒性都因水温的升高而加剧。

4. 加快蒸发,地面失水严重   从分子运动理论的观点看,水温的升高使水分子热运动加剧,也使水面上的大气受热膨胀上升,加强了水汽在垂直方向上的对流运动,从而导致液体蒸发加快,陆地上的液态水转化为大气水,使陆地上失水增多,这在贫水地区尤其不利。

(二) 热污染对大气的危害

人类使用的全部能源最终都将转化为一定热量散逸到大气环境中,使大气的含热量增加,还可影响到全球气候变化。

1. 近地层大气升温   过去一个世纪燃烧的煤、石油等化石燃料,不仅直接向大气尤其是近地面大气排放大量热能,而且大大增加了大气中CO_2的浓度。据测算,从工业革命开始到现在,人为原因导致大气

CO_2 的浓度增加了三分之一。由各国气象专家组成的政府间气候变化专门委员会(IPCC)根据气候模型预测,人类若不能控制化石燃料使用,到 2100 年为止,全球气温估计将上升大约 $1.4\sim5.8℃$。为此,经过艰难谈判,世界各国初步达成一致,即全球气温不应高于前工业化时期 2℃以上,以避免全球气候出现危险性变化。

大气增温会导致海洋升温,破坏海洋从大气层中吸收 CO_2 的能力,使得吸收 CO_2 能力较强的单细胞水藻死亡,而使得吸收 CO_2 能力较弱的硅藻数量增加,如此引起恶性循环,会使地球变得更热。

热污染引起全球变暖,导致南北极冰原的持续融化,造成海平面上升;由于热胀冷缩,温度上升还会使海水体积变大,这会进一步抬升海平面。对于那些地势较低的海岛小国和沿海地区生活着大量人口的国家无疑是灾难性的。

2. 城市形成热岛 城市热岛是在城市化的人为因素和局地天气气象条件共同作用下形成的。在人为因素中以下垫面性质的改变、人为热和过量温室气体的排放以及大气污染等为最重要。

城市地表多由是由水泥、混凝土和柏油马路所组成。城市特殊的地表使它吸收的阳光的热量要大于植被和土壤,而且日益普及的空调等电器设备、数以百万的汽车以及各种人为的热量,也一并被超量吸收。再加之城市的上空大气比较混浊,温室气体含量较高,明显影响地面长波辐射的散失,由此导致建筑密集的城市气温要明显高于周边的郊区,使城市就像一个"热岛"。

(三)热污染对人体的危害

热污染使环境温度升高,降低了人体机制的正常免疫功能。与此同时,为蚊子、苍蝇、蟑螂、跳蚤和其他传病昆虫以及病原体微生物等提供了更佳的滋生繁衍条件和传播机制,从而加剧疟疾、登革热、血吸虫病、恙虫病、流行性脑膜炎等新、老传染病的扩大流行和反复流行。

四、热污染的防治

人类的生活永远离不开热能,随着现代工业的发展和人口的不断增长,热能消耗也将与日俱增,环境热污染将日趋严重。人类不得不面临的问题是,如何在利用热能的同时减少热污染。综合来看,目前防治热污染可以从以下方面着手:

1)在源头上,应尽可能多地开发和利用太阳能、风能、潮汐能、地热能等可再生能源。

2)加强绿化,增加森林覆盖面积。绿色植物具有光合作用,可以吸收 CO_2 释放 O_2,还可以产生负离子。植物的蒸腾作用可以释放大量水汽,增加空气湿度,降低气温。林木还可以遮光,吸热,反射长波辐射,降低地表温度。

3)废热的综合利用。充分利用工业的余热,是减少热污染的最主要措施。生产过程中产生的余热种类繁多,有高温烟气余热、高温产品余热、冷却介质余热和废气废水余热等。这些余热都是可以利用的二次能源。

4)加强隔热保温,防止热损失。在工业生产中,有些窑体要加强保温、隔热措施,以降低热损失,如水泥窑筒体用硅酸铝毡、珍珠岩等高效保温材料,既减少热散失,又降低水泥熟料热耗。

5)国家应将治理热污染,以及噪声和光污染等"新型"污染纳入国家环保计划,尽快制定和完善有关噪声和光热污染的测量标准,像对待传统的"三废"污染一样,将"新型"污染纳入环境监测及治理范围。

6)有关职能部门应加强监督管理,制定和实施光、热和噪声管理的法律法规,让全社会重视光、热和噪声污染的危害。

随着人口的增长和工业的发展,必然会有更多形式的多余热量释放到环境中,环境热污染将会日趋严重,它对人类及其生存环境的危害也越来越大。因此,人类在合理利用能源的同时,必须增强环保意识,注意控制热污染,改善人类的生存环境。

参考文献

陈亢利,钱先友,许浩瀚. 2006. 物理性污染与防治. 北京:化学工业出版社.

戴晓苏,石广玉,董敏,等.2001.全球变暖.北京：气象出版社.

何康林.2005.环境科学导论.徐州：中国矿业大学出版社.

刘震炎,张维竞,等.2005.环境与能源科学导论.北京：科学出版社.

任连海,田媛,齐运全.2008.环境物理性污染控制工程.北京：化学工业出版社.

谭大刚.1999.环境核辐射污染及防治对策.沈阳师范学院学报(自然科学版),(1)：68—73.

文博,魏双燕等.2007.环境保护概论.北京：中国电力出版社.

吴彩斌,雷恒毅,宁平.2005.环境学概论.北京：中国环境科学出版社.

袁昌明.2007.噪声与振动控制技术.北京：冶金工业出版社.

张辉,刘丽,李星.2005.环境物理教育.北京：科学出版社.

中国大百科全书环境科学编辑委员会.1983.中国大百科全书-环境科学.北京：中国大百科全书出版社.

朱蓓丽.2006.环境工程概论.第二版.北京：科学出版社.

左玉辉.2002.环境学.北京：高等教育出版社.

第七章 环境监测

本章在概述环境监测基本知识的基础上,介绍了环境监测的基本程序过程,特别是较详细地介绍了预处理与测试技术,并以环境空气质量监测、地表水环境质量监测和土壤污染监测为例,介绍主要环境要素的污染监测技术以及连续自动监测技术和简易快速监测技术等新技术的发展。

第一节 环境监测概述

一、环境监测的基本概念

环境监测就是通过对影响环境质量因素的代表值的测定,确定环境质量(或污染程度)及变化趋势的过程。

控制环境污染,寻求环境质量变化的原因与规律,进而制定环境政策,进行环境科学研究,都要从污染物的性质、来源、含量及其分布、迁移变化规律的分析开始,都要以影响环境质量的指标数据作为依据。环境化学分析针对工业、交通、农业和生活污染源排放出的污染物,大气、水体、土壤、生物等各环境要素中的污染物进行分析,调查各污染物质的量或浓度是多少。它以不连续采样为特点,可在现场,也可在实验室测定分析样品。然而对环境质量的判断,仅对局部、单个污染物短时间的样品分析是不够的,需要了解各种污染物在一定范围的长时间的污染数据。环境污染既来源于人类的生产、生活活动,有时候也包括自然过程的排放;既包括物质的污染,也包括能量的污染(如噪声、温度、震动、辐射等)。这些测定任务对以化学分析为手段的环境分析是难以完成的。

环境监测在环境分析的基础上发展,有着更广泛的内容。环境监测以某个较广泛区域、较长时间、多个污染指标作为对象,以现场连续操作为特点,融合化学分析与物理测定的原理与方法,并越来越多地采用各种新技术,与计算机结合处理各种数据,实现污染指标测定的连续化、自动化,从而得出环境质量评价的正确结论。此外,生物监测也是环境监测的一个组成部分。利用某些生物对环境中某些污染物质的特征反应,发出的各种信息,判断环境污染状况。生物长期生活在环境中,可以反映多污染因子的综合效应和环境污染的历史。生物监测进一步弥补了化学分析和物理测定的不足。

环境监测是环境科学研究的重要手段之一。在完整的环境监测网络覆盖下,用可靠的测定方法,长期系统而大量的收集环境监测数据,并对这些数据进行科学的处理和总结,使得研究污染物的来源、数量、性质、分布和运动变化规律,研究环境污染的历史和未来趋势成为可能。通过环境监测,可以准确地判断环境质量,控制环境污染,达到改善环境的目的。

二、环境监测的目的和分类

(一)环境监测的主要目的

1. 评价环境质量,预测环境质量变化趋势 环境监测测定环境中污染物的种类和数量,在此基础上检验和判断环境质量是否合乎国家制定的环境质量标准。并根据污染分布情况,追踪寻找污染源,为实现监督管理、控制污染提供依据。根据污染的发生、发展状况,为污染预测及环境质量变化的预测预报提供数据和资料。

2. 为制定环境法规、标准提供科学依据 通过环境监测可积累大量不同地区的污染数据,积累环境本底的长期监测资料,研究环境容量,并结合不同地区的科学技术和经济水平,制定并不断修改出切实可行的环境保护法规和标准。长期积累的环境本底数据结合流行病调查资料,还可为研究保护人类健康提供重要依据。

3. 揭示新的环境问题,为环境研究指明方向　环境污染物种类繁多,污染效应非常复杂,人们不可能对每一种污染物质、污染类型和污染效应都了如指掌。在连续的、大范围的环境监测的过程中,应用了更多现代化的高新技术,可以发现不为人知的污染物种类,评价其环境污染效应,使寻找污染源、揭示新的环境问题等成为可能,为进一步环境科学的研究指明方向。

(二)环境监测的分类

1. 按监测性质分类　根据环境监测的性质,可分为监视性监测、特定目的监测和研究性监测三大类。

(1)监视性监测　这是一种对指定的有关项目进行定点、定期、长期性的监测工作,一般由监测站来完成,是监测站常规、例行的工作,所以也称为例行监测或常规监测。监测的内容包括对污染源排放的监督监测和区域环境质量监测,监测评价所在地区污染控制的效果、标准实施的情况、环保工作的进展等。监视性监测是环境监测工作中量最大、面最广的工作,其工作质量是环境监测水平的主要标志。目前,监视性监测采用各种监测网进一步扩大监视范围和增强监视功能,加强多要素综合观测和国际合作监测,运用现代信息传递技术,实现对一个区域、国家甚至全球的环境质量的有效控制。

(2)特定目的监测　根据特定的目的可分为污染事故监测、仲裁监测、考核验证监测和咨询服务监测四种。污染事故监测是在污染事故发生时,及时深入事故地点,确定污染物种类、扩散方向、速度和危及范围,为控制污染提供依据。仲裁监测是当发生污染事故纠纷、环境执法中产生矛盾等特例情况出现时进行的监测,一般由国家指定的具有权威性的部门进行,为仲裁纠纷提供公正数据。考核验证监测是对监测人员、方法考核验证,对新建、污染治理和"三同时"等项目竣工时的环境验收、考核等的监测。咨询服务监测是为政府部门、科研机构、生产部门提供服务的监测,如新建企业进行环境影响评价,按评价要求所需的监测。可以看出,特定目的监测不是常规性的监测工作,而是特定需要或紧急情况出现时所进行的监测,因此也成为特例监测或应急监测。

(3)研究性监测　是为特定的科学研究目的而进行的监测。通过监测,研究污染机制,弄清污染物在环境中的迁移变化规律,了解有毒有害物质对从业人员的影响以及研究规范化的统一监测方法、标准物质等。这类研究往往复杂,要求多学科的技术人员密切配合、协作进行,是为环境监测工作本身服务的监测。

2. 按监测介质对象分类　可分为水和废水监测、空气和废气监测、土壤监测、固体废物监测、生物监测、噪声和振动监测、电磁辐射监测、放射性监测、热监测、光监测和病原体、病毒、寄生虫等的监测等。

环境监测也可按照专业部门进行分类,如气象监测、卫生监测和资源监测等。

三、中国环境监测网络

环境监测日益成为全球规模的活动,1975年正式成立的全球环境监测系统(GEMS)是联合国环境规划署(UNEP)下属的全球和地区环境监测的协调中心。它系统地收集、分析世界上各种环境状况变化的数据,全面评价全球环境,每年6月5日的"世界环境日"都发布全球环境质量状况公报。联合国的其他机构,如世界卫生组织(WHO)、世界气象组织(WMO)、联合国粮农组织(FAO)以及联合国教科文组织(UNESCO)等都积极参与并开展了许多全球性的环境监测工作。我国从1978年起先后参加了大气污染监测、水质监测、食品污染监测、人体接触环境污染物评价点监测等全球环境监测活动。目前更致力于加强对大气环境中的臭氧耗损、温室效应及酸性污染越界输送等全球性重大环境问题的监测科研工作。

我国的环境监测系统形成了有效的网络组织体系,全国性的环境监测网络由国家、省、地、县四级环境监测机构构成,另由国家资源管理、工业、交通、军队、公安和公益事业等部门组建本行业环境监测网。环境质量监测的网络体系具有开展大范围环境污染状况调查的能力,通过开展一系列全国性环境污染调查基础研究项目,如全国范围的土壤污染调查、酸雨普查、饮用水源地有机污染调查等,可以清查全国环境污染现状,为制定环境保护方针战略、编制环境污染防治规划、加强环境监督管理等提供重要的科学依据。现依据监测的环境要素类型,简介我国的环境监测网络体系如下。

1. 城市空气质量监测网　为评价全国城市空气环境质量的变化趋势,我国组建了城市空气质量监测网络。实现了全国 180 个地级以上城市的环境空气质量日报,其中 90 个地级城市实现了环境空气质量预报,监测项目为 SO_2、NO_2 和 PM_{10},并以空气污染物指数、首要空气污染物、空气质量级别和空气质量状况等形式通过各种媒体向社会发布。

2. 沙尘暴监测网 中国沙尘暴监测网从 2000 年起开始建立,截至 2007 年,基本覆盖北方 11 个省份沙尘暴多发区和主要影响区。有 120 个城市上报沙尘暴监测数据,监测项目以城市总悬浮颗粒物和可吸入颗粒物为主,结合卫星监测资料分析沙尘天气对城市环境质量影响的范围和程度,开展城市空气环境质量预报。同时,中国还与韩国、日本及联合国有关机构开展关于沙尘暴发源地、地面监测等方面的国际合作研究,实现沙尘暴监测信息的双方甚至多方交换,开展沙尘暴预报和预警。

3. 酸雨监测网 中国气象局自 1989 年起开始组建包括 88 个站点的酸雨监测网,覆盖了我国除台湾以外的全部省、市、自治区。1998 年我国正式参加由日本发起并组织的东亚酸沉降监测网。重庆、西安、厦门、珠海等四城市组成了东亚酸沉降监测中国网,2001 年起正式运行。目前东亚酸沉降监测网共有 44 个湿沉降(降水)监测点、34 个干沉降监测点、12 个内陆水监测点。通过这种国际间的合作监测,了解评估东亚地区酸沉降状况,防止跨国界酸沉降污染危害。

为了解国内酸雨污染现状和发展趋势,我国在 2002 年及 2004~2005 年分别开展了全国酸雨普查工作,参加的城市共有 679 个,点位 1 122 个。全国目前有 190 个监测点安装了降水自动采样器,开展离子组分监测的城市有 301 个,能够开展 8 项离子测定的城市有 201 个,为测定酸雨,进一步掌握酸雨污染规律、各区域分布和污染程度奠定了基础。

4. 地表水环境质量监测网 为评价全国地表水质变化的趋势,环境保护部在全国重点水域长江、黄河、淮河、海河、辽河、松花江、珠江七大水系及湖泊、水库共布设 759 个国控断面进行监测。全国 318 条主要河流、28 个重点湖库每月开展地表水水质监测,监测流域占国土面积的 71.9%,监测水量占我国地表水径流量的 90% 以上。在河流省界和市界断面,国家和地方建设了近 300 个水质自动监测站,并于 2009 年 7 月 1 日起向社会公开发布 100 个国家地表水水质自动监测站的实时监测数据,主要指标包括 pH、溶解氧、COD、氨氮、TOC。

5. 近岸海域环境监测网 为加强近岸海域的环境管理,防止陆域污染源对海洋产生污染侵害,国家环保总局于 1994 年成立了全国近岸海域环境监测网,共有网络成员单位 74 个,形成了点、面相结合的监测网。《全国近岸海域环境质量监测实施方案》中确定了 299 个环境质量监测站位,2007 年监测站位 296 个,监测面积近 28×10^4 km²,完成对 607 个污水日排量大于 100 m³ 的直排海污染源和 169 个入海河流断面进行了污染物入海量监测,全面评价我国近岸海域水质状况与变化(《中国近岸海域环境质量公报》,2007)。

此外,我国有近 400 个城市开展城市区域、道路交通、城市功能区噪声监测工作;已有 20 多个省完成了土壤样品采集和分析测试,土壤环境监测网络将于 2010 年初步建立。各部门监测网络也不断得到发展,国家海洋局组织成立全国海洋环境污染监测网;水利部门建立了七大水系的水文水质监测网;地质矿产部门建立地下水质监测网;农、林、渔业等部门分别建立了有关生态环境监测或研究网络。

2008 年 9 月我国成功发射"环境与灾害监测预报小卫星"系统,在世界上开创了环境卫星业务化运行的先例,星上载有光学、红外、超光谱和雷达等多种遥感探测设备,与地面监测网络形成天地一体化的环境监测大格局,使我国环保事业迈上一个新的台阶。

第二节　主要环境要素污染监测技术

一、环境监测技术概述

(一)环境监测程序

环境监测程序包括:现场调查→布点→样品采集→样品运送、保存及处理→分析测试→数据处理→质量保证与综合评价等一系列过程。

环境监测首先应根据监测目的要求、监测区域的特点进行监测范围内周密的现场调查和资料收集工作。由收集到的区域内各种污染源及其排放情况和自然与社会环境特征,结合适用标准的规定,研究确定监测项目、采样点的数目和具体位置;采样员在确定的采样时间内,以一定的采样频率采集样品并及时送往实验室;

运送过程中注意保护样品。分析测试人员按规定的分析方法进行样品分析;将分析数据进行处理和统计检验,并依据适用的相关标准进行综合评价,写出监测报告。

环境监测由多个环节组成,环境监测结果的科学、准确有赖于监测过程中每一环节的把握,无论哪一个环节出现问题都不可能取得代表环境质量的正确数据。监测前制定包括整个程序的切实可行的监测方案是保证环境监测质量的首要步骤。

采样技术、样品预处理技术、测试技术和数据处理技术是环境监测的核心技术。这里着重说明样品预处理和环境监测的测试技术。

(二)样品预处理技术

环境样品的组成相当复杂,并且多数污染组分的含量很低,存在形态各异,所以在分析测定之前,需要进行适当的预处理,以使试样中的欲测组分适于测定方法要求的形态和浓度,并消除其他共存组分的干扰。样品预处理的方法有消解、富集、分离和掩蔽。

1. 样品的消解　当测定含有机物样品中的无机元素时,需要进行消解处理,其目的是溶解固体颗粒、破坏有机物,将各种价态的欲测元素氧化成单一高价态或转变成易于分离的无机化合物。消解方法有湿式消解法和干式分解法(干灰化法)。

湿式消解法主要包括酸式消解法和碱分解法等。依消解体系中使用酸的不同,酸式消解法又有硝酸消解法、硝酸-高氯酸消解法、硝酸-硫酸消解法、硫酸-磷酸消解法、硫酸-高锰酸钾消解法、多元消解方法等。

干灰化法又称高温分解法,多用于固态样品如沉积物、底泥等底质以及土壤样品的消解。其主要处理过程是:在马福炉内,于高温(450～550℃)条件下将样品烧至残渣呈灰白色,使有机物完全分解除去,然后再用适量 2% HNO_3(或 HCl)溶解样品灰分,过滤,滤液定容后测定。

2. 富集与分离　当样品中的待测组分低于分析方法的测定下限时,就必须对样品进行富集或浓缩;当有其他共存组分干扰待测组分的测定时,就必须采取分离或掩蔽措施。富集和分离往往是同时进行,常用的方法主要有以下几种。

(1) **挥发和蒸发浓缩**　挥发分离法是利用某些污染组分易挥发,或者将欲测组分转变成易挥发的物质,然后用惰性气体带出而达到分离的目的。蒸发浓缩指在电热板上或水浴中加热消解后的样品溶液,使水缓慢蒸发,达到缩小样品体积、浓缩欲测组分的目的。

(2) **蒸馏法**　样品中各污染组分具有不同的沸点,通过蒸馏法可以使其彼此分离。蒸馏的同时亦实现了富集的目的。

(3) **萃取法**　基于物质在不同的溶剂相或固相中分配系数不同而达到目标组分的富集与分离的方法。有机污染物在水相/有机相中的分配系数差异较大,可选择适宜的有机相,使有机污染物质分离出来;无机污染物则需要用螯合剂、络合剂等将其转化为易被有机溶剂萃取的物质,然后采用有机溶剂从样品中萃取该螯合物或络合物,从而实现目标无机污染物的分离和富集。固相萃取剂通常选用 C_{18} 或 C_8、腈基、氨基等基团的特殊填料,被测组分保留在填料上实现分离和富集,再用洗脱液淋洗下来,供分析测定。

(4) **离子交换法**　利用离子交换剂与溶液中的离子发生交换反应进行分离的方法。离子交换剂可分为无机离子交换剂和有机离子交换剂,目前应用较广泛的是有机离子交换剂,即离子交换树脂。

除上述传统的样品预处理方法外,为适应环境样品连续自动监测的需要,样品预处理技术也在不断地实现突破,出现了超临界流体萃取法、固相萃取法和微波消解法等新的技术方法,并且由手工单样品处理向在线自动化和批量化处理方向发展。

(三)测试技术

1. 化学分析方法　化学分析方法是建立在化学反应的基础上测定污染物的成分与物质含量,是早期环境监测的主要手段。化学分析方法准确度高,所需设备简单,适合含量较高组分的测定。化学分析法类别及测定项目如下。

1) 重量法:测大气中的颗粒物质、水中的油和悬浮物质等。

2) 容量法:又称滴定分析法。酸碱滴定法可测水中酸度、碱度等;氧化还原滴定法可测水中溶解氧、高锰酸盐指数等;络合滴定法用于测定水中钙、镁、总硬度、氰化物等;沉淀滴定法测水中卤化物。

2. 仪器分析方法　　仪器分析是以测定物质物理和物理化学性质为基础的分析方法,这种方法运用高精密度的仪器,确定污染物的成分、形态、含量与结构等,具有灵敏度、准确度、分辨率高,选择性好,适合多组分和微量、痕量组分的测定,响应快速,易实现连续自动分析等特点,在目前国内外环境监测标准分析方法中占主导地位。方法简介如表7-1所示。

表7-1　仪器分析法简介

方 法 原 理		类　别		测定项目举例
光谱分析法	利用物质对光的吸收、辐射、散射等性质进行分析	分光光度法		重金属元素,如 Fe、Mn;硫酸盐氟化物、硫化物等
		原子光谱法	原子发射光谱法	Cr、Pb、Cd、Se、Hg、As 等
			原子吸收光谱法	多种金属元素,如 Cu、Zn、K、Na、Ca、Mg、Ag 等
			原子荧光光谱法	As、Sb、Bi、Hg 等
		分子光谱法		水质硫化物;总氮、亚硝酸盐氮、硝酸盐氮、凯氏氮、氨氮等
色谱分析法	利用样品中各组分在两相间分配系数的差异,当两相相对移动时,各组分在两相间进行多次分配,从而使各组分得到分离	气相色谱法		甲基汞,具有挥发性的化合物,如 TOVCs,水中挥发性卤代烃等
		液相色谱法		苯并芘、多环芳烃、除草剂、杀虫剂等
		离子色谱法		无机阴离子、可吸附有机卤素(AOX)、氨类和一些金属离子
		纸层析法		多环芳烃
电化学分析法	利用物质的电化学性质进行定量分析	电 位 法		pH、DO、氟化物、水中氰化物、氨氮、钡等
		电 导 法		电导率、溶解氧、SO_2 等
		库 仑 法		SO_2、COD、可吸附有机卤素(AOX)
		极谱法	阳极溶出法	多种金属元素,如 Cu、Pb、Zn、Cd 等
			示波极谱法	硝化甘油、硝基苯、Cd、Cu、Pb 等
质谱法	测定样品离子的质荷比和强度,进行定性定量分析			多离子检测

3. 生物监测方法　　1992年举行的北大西洋公约组织高科技讨论会指出:对环境污染的监测,仅用化学方法是没有意义的,只用生物学的方法却是有意义的,应该将化学方法和生物学方法兼而用之。生物监测方法直观真实地反映环境污染物的综合毒性效应和对环境的潜在危害,而且这种反映是灵敏的、有预见性的,是理化测试方法所不具备的、不能替代的。常用的生物监测方法有:① 生物体内污染物含量的测定;② 指示生物法,如用地衣、苔藓指示监测大气环境污染;③ 测定生物的生理生化反应,如酶系统的变化、发芽率的变化等;④ 测定生物群落结构和种类变化;⑤ 生物毒性试验,如 Microtox 方法,用发光细菌(*P. phosphoreum*)染毒后发光强度的减弱程度来判断污染物的毒性强弱;⑥ 生物传感器,如用乙酰胆碱酯酶测定水中有机磷农药等。

4. 其他测试技术

(1) **遥感监测技术**　　收集环境的电磁波信息对远距离的环境目标进行监测。这种技术利用飞机、卫星等航空、航天器进行大范围、立体性的生态环境监测,范围可及任何偏僻的、人难以到达的地面和大气上层空间。遥感技术无需采样便可直接监测环境中污染物的种类、分布及迁移情况,甚至获取人无法监测的环境信息;实时、快速、信息量广、效率高,与常规的实地调查相比,具有明显的优势特征,是一种先进的环境信息获取技术。

(2) **简易监测技术**　　在污染突发事故现场,会瞬时造成很大伤害,但由于空气扩散和水体流动,污染物浓度的变化十分迅速,大型固定仪器无法发挥作用,便携式和简易快速测定技术就显得十分重要。在不具备一定实验条件的野外环境也同样如此。这种方法有简易比色法、检气管法、环炉监测方法等,依据各方法原理设计制作的便携式现场快速测量分析仪器在污染事故监测现场发挥了重要作用。

(3)**分析仪器的联用技术** 通过采样接口和计算机把两种功能相互补充的不同仪器联为一体,从而对复杂样品进行快速定性、定量分析,如气相色谱质谱法(GC－MS)、气象色谱-傅立叶红外光谱联用(GC－FTIR)、液相色谱-质谱联用(LC－MS)、电感耦合等离子体-质谱联用(ICP－MS)、微波等离子体-质谱联用(MP－MS)等。

(4)**中子活化分析法** 中子活性分析法是活化分析中应用最多的一种微量元素分析法。当试样被中子照射,待测元素受到中子轰击时,可吸收其中某些中子后发生核反应,释放出 γ 射线和放射性同位素,通过测量放射性同位素的放射性或反应过程发出的 γ 射线强度,便可对待测元素进行定量,测量射线能量和半衰期便可定性。用同一样品可进行多种元素的分析是无机元素超痕量分析的有效方法。

(5)**流动注射分析法** 将一定体积的液体试样注射到一连续流动的、由适当液体组成的载体中,试样被载流向前推进过程中靠对流和扩散作用被分散成一个具有浓度梯度的试样带并在反应管内发生特定的化学反应,生成能被检测器监测的物质被载至检测器的流通池,由检测器连续监测输出信号如吸光度、电极电位、电导等物理量的变化,依据所测物理量与待测组分浓度的定量关系确定待测组分的含量。这种方法可与多种检测器如分光光度计、离子计、电导仪、原子光谱仪等联用,具有较强的通用性,应用范围广。

二、空气质量监测技术

(一)空气样品的采集

我国已积极布设环境空气质量监测网络,各地区以其多年的环境空气质量状况及变化趋势、产业和能源结构特点、人口分布情况、地形和气象条件等因素为依据,布设具有代表性的监测站点。

2007 年国家环保总局公告试行的《环境空气质量监测规范》将监测点分为四类:污染监控点、空气质量评价点、空气质量对照点和空气质量背景点。污染监控点即监测地区空气污染物最高浓度或主要污染源影响的监测点;空气质量评价点即监测地区的空气质量趋势或各功能区代表性浓度的监测点;空气质量对照点即监测不受当地城市污染影响的城市地区空气质量状况的监测点;空气质量背景点即监测国家或大区域范围的空气质量背景水平的监测点。

1. 采样点数量确定 空气质量评价点测定值反映评价区域空气污染物浓度,对比环境质量标准来评价区域环境空气质量。点位的设置数目由监测区域的大小、地形地貌条件、污染物的分布、区域人口的分布和密度等多因素决定,甚至需要考虑经济条件和监测精度的要求确定。我国环境空气质量监测的评价点数目要求如表 7-2 所示。如按城市人口和按建成区面积确定的最少点位数不同时,取两者中的较大值。城市区域环境空气质量监测必测项目中存在年平均浓度连续三年超过国家环境空气质量标准二级标准 20% 以上的,点位的最少数量应为表中规定数量的 1.5 倍以上。在划定环境空气质量功能区的地区,每类功能区至少应有 1 个监测点。

表 7-2 环境空气质量评价点设置数量要求

建成区城市人口/万人	建成区面积/km²	监 测 点 数
<10	<20	1
10～50	20～50	2
50～100	50～100	4
100～200	100～150	6
200～300	150～200	8
>300	>200	按每 25～30 km² 建成区面积设 1 个监测点,并且不少于 8 个点

2. 采样点布设　　采样点的位置可按功能区划分布设,也可根据监测区域监测数据资料的积累情况、污染源的分布状况等采用其他不同的布点方法。如区域内没有建立监测体系,监测资料积累不多,可凭经验对多个污染源且污染源分布较均匀的区域用网格布点法设置采样点位;多个污染源构成污染群,大污染源集中分布的区域采用同心圆布点法;具有孤立的高架点源,且主导风向明显的地区用扇形布点法。如区域内积累了多年监测数据,则可以选用数学统计或模拟的方法寻找具有代表性的采样点位。无论选用何种方法,都应注意以下两点:① 采样点的位置相对均匀分布,具有较好的代表性,能客观反映一定空间范围内的环境空气污染水平和变化规律;② 各监测点之间设置条件尽可能一致,使各个监测点获取的数据具有可比性。

3. 采样时间和采样频率　　有条件的各级环境监测站及其他环境监测机构均采用自动监测系统对环境空气质量进行监测。尤其是国家环境空气质量监测网中的空气质量评价点、空气质量背景点优先选用自动监测方法,采用连续自动监测仪器对环境空气进行连续的样品采集,符合表 7-3 列出的国家环境保护总局颁布的空气质量采样频率和时间的规定。

表 7-3　空气环境质量监测采样时间和频率

必 测 项 目	监测周期与频率
SO_2	隔日采样,每次采样连续(24 ± 0.5)小时,每月采样 14~16 天,每年 12 月
NO_x	同上
总悬浮颗粒物	隔双日采样,每天(24 ± 0.5)小时连续监测,每月监测 5~6 天,每年 12 月
降　尘	每月(30 ± 2)天,每年 12 月
硫酸盐化速率	每月(30 ± 2)天,每年 12 月

4. 采样方法　　空气中的污染物浓度都较低(数量级为 $10^{-6}\sim10^{-9}$),直接采样往往不能满足测定方法检测限的要求,需要采用富集采样法对空气中污染物进行浓缩。可以使大量气体样品通过吸收液或固体吸收剂得到吸收或阻留,实现浓缩富集的目的。采集空气中气态、蒸汽态及某些气溶胶态污染物质常用溶液吸收法、填充柱阻留法采样,空气中的颗粒物质则可通过过滤材料阻留。而测定沸点较低的气态物质如烯烃类、醛类等,常用低温冷凝法借制冷剂的制冷作用达到浓缩的目的。自然积集法则用于测定自然降尘量和硫酸盐化速率等空气样品的采集,使测定结果能较好地反映空气污染情况。

(二)空气质量监测项目及分析方法

环境空气质量常规监测项目应从环境空气质量标准规定的污染物中选取。《环境空气质量监测规范(试行)》中规定的必测和选测项目如表 7-4 所示。国家环境空气质量监测网的测点,须开展必测项目的监测;地方环境空气质量监测网的测点,可根据各地环境管理工作的实际需要及具体情况确定其必测和选测项目。监测的特殊目的可以确定监测的特殊污染物,如硫酸烟雾等。

表 7-4　国家环境空气质量监测网监测项目

必 测 项 目	选 测 项 目
氧化硫(SO_2)	总悬浮颗粒物(TSP)
二氧化氮(NO_2)	铅(Pb)
可吸入颗粒物(PM_{10})	氟化物(F)
一氧化碳(CO)	苯并(a)芘[B(a)P]
臭氧(O_3)	有毒有害有机物

环境空气质量监测以自动监测方法为主,但在监测点位用采样装置采集一定时段的环境空气样品,将采集的样品在实验室用分析仪器分析、处理的手工监测方法也是必不可少的补充。手工进行环境空气质量监测,应按《环境空气质量手工监测技术规范》(HJ/T 194-2005)所规定的方法和技术要求进行。自动和手动监测环境空气质量主要测定项目的分析方法如表 7-5 所示。

· 139 ·

表 7-5 空气主要污染物监测分析方法

监 测 项 目	自 动 监 测	连续采样-实验室分析
SO_2	紫外荧光法(ISO/CD10498) 差分吸收光谱法(DOAS)	四氯汞盐吸收副玫瑰苯胺分光光度法(GB 8970-88) 甲醛吸收副玫瑰苯胺分光光度法(GB/T 15262-94)
NO_2	化学发光法(ISO7996) 差分吸收光谱法(DOAS)	Saltzman 法(GB/T 15435-95)
PM_{10}	微量振荡天平法(TEOM) β射线法	重量法(GB/T 15432-95)
CO	非分散红外法(GB 9801-88)	非分散红外法(GB 9801-88)
O_3	紫外光度法(GB/T 15438-95) 差分吸收光谱法(DOAS)	靛蓝二磺酸钠分光光度法(GB/T 15437-85)
TSP	——	大流量采样-重量法(GB/T 15435-95)
Pb	——	火焰原子吸收光度法(GB/T 15264-94)
氟化物(F)	——	滤膜-酸溶-氟离子电极法(GB/T 15434-95) 石灰滤纸法(GB/T 15433-95)
苯并(a)芘[B(a)P]	——	乙酰滤纸层析-荧光分光光度法(GB 9871-88) 高效液相色谱法(GB 15439-95)
有毒有机物	——	气相色谱法/气相色谱质谱法/高效液相色谱法等

三、地表水环境质量监测技术

江河、湖泊、运河、水库、渠道等具有使用功能的地表水水域,进行水质监测可参考《地表水环境质量标准》(GB 3838-2002)和《地表水和污水监测技术规范》(HJ/T 91-2002)中的相关内容。目前,地表水监测仍以手工采样、实验室分析技术为主体。下面以河流为例,说明地表水环境质量监测的技术方法,着重介绍采样与分析测试方法。

(一)地表水水质监测采样技术

1. 监测网点的布设 评价地表水环境质量,需要布设监测断面,在断面上设置采样垂线,进而确定采样点。河流水质监测布点方法如图 7-1 所示。

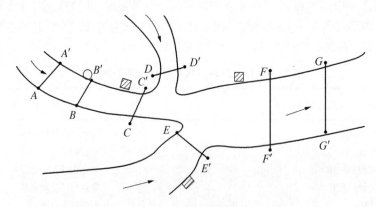

图 7-1 河流水质监测断面的布设

↘水流方向;○饮用水取水点;▨排污口;A-A′对照断面;
B-B′、C-C′、D-D′、E-E′、F-F′控制断面;G-G′消减断面

流经城市或工业区等污染较重的河段,一般设置三类断面。第一类为对照断面,该断面反映进入本地区河流水质的初始情况,布设在不受污染物影响的城市和工业排污区、生活污水排放口的上游。一个河段可只

设一个对照断面。第二类为控制断面,该断面反映本地区排放废水对河流水质的影响,布设在河段内有控制意义的位置,如支流汇入河段、废水排放口下游、污水和河水能充分混合的河段,可设一至数个控制断面。根据水体功能区设置控制监测断面,同一水体功能区至少要设置一个监测断面。第三类为消减断面,反映河流对污染物的稀释净化情况。在各控制断面下游,如果河段有足够长度(至少 10 km),污染物浓度有显著下降处,应设消减断面。

此外,对流域或水系的监测还要设立背景断面。背景断面须能反映水系未受污染时的背景值。要求布设在基本上不受人类活动的影响,远离城市居民区、工业区、农药化肥施放区及主要交通路线的区域,原则上应设在水系源头处或未受污染的上游河段。

断面位置应避开死水区、回水区、排污口处,尽量选择顺直河段、河床稳定、水流平稳、水面宽阔、无急流、无浅滩处。监测断面力求与水文测流断面一致,以便利用其水文参数,实现水质监测与水量监测的结合。

设置监测断面后,根据水面的宽度确定断面上的采样垂线,再根据采样垂线处水深确定采样点的数目和位置(表7-6、表7-7)。

表 7-6　采样垂线数的设置

水面宽/m	垂 线 数	说　　明
≤50	一条(中泓)	1. 垂线布设应避开污染带,要测污染带应另加垂线
50~100	二条(近左、右岸有明显水流处)	2. 确能证明该断面水质均匀时,可仅设中泓垂线
>100	三条(左、中、右)	3. 凡在该断面要计算污染物通量时,必须按本表设置垂线

表 7-7　采样垂线上采样点数的确定

水深/m	采 样 点 数	说　　明
≤5	上层一点	1. 上层指水面下 0.5 m 处,水深不到 0.5 m 时,在水深1/2处
5~10	上、下层两点	2. 下层指河底以上 0.5 m 处 3. 中层指 1/2 水深处
>10	上、中、下三层三点	4. 封冻时在冰下 0.5 m 处采样,水深不到 0.5 m 时,在水深 1/2 处采样 5. 凡在该断面要计算污染物通量时,必须按本表设置采样点

2. 采样时间和频率

表 7-8　地表水监测采样频率和时间

水　　体	采样频率/(次/a)	采 样 时 间
饮用水源地 　省际交界断面(重点控制)	不少于 12 次	据具体情况选定
背景断面	1	在污染可能较重的季节进行
国控水系河流	6	逢单月采样
国控监测断面	12	每月 5~10 日内采样
流经城市或工业区,污染较重的河流 　游览水域	不少于 12 次	每月一次或视具体情况选定

(二)水质监测项目及分析方法

河流水质常规监测的必测项目为水温、pH、溶解氧、高锰酸盐指数、化学需氧量、BOD_5、氨氮、总氮、总磷、铜、锌、氟化物、硒、砷、汞、镉、铬(六价)、铅、氰化物、挥发酚、石油类、阴离子表面活性剂、硫化物和粪大肠菌群等24项。选测为总有机碳和甲基汞。其他项目根据水体纳污类型,参照工业废水监测规定项目,由各级相关环境保护主管部门确定。

　　水温、pH、溶解氧为要求现场测定项目。除此,需现场测定的项目还有透明度、电导率、氧化还原电位、浊度、颜色、气味(嗅)、水面有无油膜等;水文参数、气象参数也应做现场记录。采样后,将采样现场描述与现场测定项目等内容,填入水质采样记录表。

　　项目测定方法执行《地表水环境质量标准》(GB 3838-2002)中规定的标准分析方法,其他方法参考中国环境科学出版社 2002 年《水和废水监测分析方法》(第四版)。表 7-9 列举水质监测必测 24 项的标准分析测试方法,以供参考。

表 7-9　水质监测必测项目分析方法

序	监 测 项 目	分 析 方 法	方 法 来 源
1	水温	温度计法	GB 13195-91
2	pH	玻璃电极法	GB 6920-86
3	溶解氧	碘量法	GB 7489-87
		电化学探头法	GB 11913-89
4	高锰酸盐指数	高锰酸盐指数法	GB 11892-89
5	化学需氧量	重铬酸盐法	GB 11914-89
		快速消解分光光度法	HJ/T 399-2007
		氯气校正法(高氯废水)	HJ/T 70-2001
		碘化钾碱性高锰酸钾法(高氯废水)	HJ/T 132-2003
6	BOD₅	稀释与接种法	GB 7488-87
		微生物传感器快速测定法	HJ/T 86-2002
7	氨氮	纳氏试剂光度法	GB 7479-87
		蒸馏和滴定法	GB 7478-87
		水杨酸分光光度法	GB 7481-87
		气相分子吸收光谱法	HJ/T 195-2005
8	总氮	碱性过硫酸钾消解-紫外分光光度法	GB 11894-89
		气相分子吸收光谱法	HJ/T 199-2005
9	总磷	钼酸铵分光光度法	GB 11893-89
10	铜	原子吸收分光光度法(螯合萃取法)	GB 7475-87
		2,9-二甲基-1,10-菲啰啉分光光度法	GB 7473-87
		二乙基二硫代氨基甲酸钠分光光度法	GB 7474-87
11	锌	火焰原子吸收法	GB 7475-87
		双硫腙分光光度法	GB 7472-87
12	氟化物	离子选择电极法(含流动电极法)	GB 7484-87
		氟试剂分光光度法	GB 7483-87
		茜素磺酸锆目视比色法	GB 7482-87
		离子色谱法	HJ/T 84-2001
13	硒	2,2,3-二氨基萘荧光法	GB 11902-89
		石墨炉原子吸收分光光度法	GB/T 15505-1995
14	砷	硼氢化钾-硝酸银分光光度法	GB 11900-89
		二乙基二硫代氨基甲酸银分光光度法	GB 7485-87
15	汞	冷原子吸收法	GB 7468-87
		冷原子荧光法	HJ/T 341-2007
		双硫腙分光光度法	GB 7469-87
16	镉	双硫腙分光光度法	GB 7471-87
		原子吸收分光光度法(螯合萃取法)	GB 7475-87
17	铬(六价)	二苯碳酰二肼分光光度法	GB 7467-87
18	铅	原子吸收分光光度法(螯合萃取法)	GB 7475-87
		双硫腙分光光度法	GB 7470-87
		示波极谱法	GB/T 13896-92
19	氰化物	异烟酸-吡唑啉酮比色法	GB 7486-87
		吡啶-巴比妥酸比色法	GB 7486-87
		硝酸银滴定法	GB 7486-87

序	监 测 项 目	分 析 方 法	方 法 来 源
20	挥发酚	4-氨基安替比林萃取光度法	GB 7490-87
		蒸馏后溴化容量法	GB 7491-87
21	石油类	红外分光光度法	GB/T 16488-1996
22	阴离子表面活性剂	电位滴定法	GB 13199-91
		亚甲蓝分光光度法	GB 7494-87
23	硫化物	亚甲基蓝分光光度法	GB/T 16489-1996
		直接显色分光光度法	GB/T 17133-1997
		碘量法	HJ/T 60-2000
		气相分子吸收光谱法	HJ/T 200-2005
24	粪大肠菌群	多管发酵法和滤膜法	HJ/T 347-2007

(三)底质样品监测

完整的水环境体系包括水、水中生物和水体底质。底质是水体底部表层沉积物质,可以反映水体中易沉降、难降解污染物的累积情况,一定程度地反映水环境污染的历史。为了追溯污染物沉积、迁移、转化的过程,预测水质变化趋势和潜在危险,全面评价水体质量,还要进行底质监测。

底质采样点位通常为水质采样垂线的正下方或略作移动,避开河床冲刷、底质沉积不稳定及水草茂盛、表层底质易受搅动之处。底质采样量通常为1~2 kg,一次的采样量不够时,可在周围采集几次,并将样品混匀。样品中的砾石、贝壳、动植物残体等杂物应予剔除。在较深水域一般常用掘式采泥器采样。在浅水区或干涸河段用塑料勺或金属铲等即可采样。样品在尽量沥干水分后,用塑料袋包装或用玻璃瓶盛装。供测定有机物的样品,用金属器具采样,置于棕色磨口玻璃瓶中,瓶口不要沾污,以保证磨口塞塞紧。样品采集后要及时将样品编号,贴上标签,并将底质的外观性状,如泥质状态、颜色、嗅味、生物现象等情况填入采样记录表。

四、土壤污染监测

(一)土壤样品的采集

土壤与大气、水体不同,是由固、液、气三相组成的分散体系,是不均匀介质,污染物进入土壤后流动、迁移、混合都比较困难,分布很不均匀。所以土壤污染监测中,样品的采集比较复杂,常常出现采样误差大的问题,要特别注意采样的代表性。布点、采样方法是由不同监测目的(如区域土壤环境背景值监测、建设项目土壤环境评价监测和污染事故监测等)和不同监测类型(农田土壤、城市土壤等)来决定的。监测目的和土壤类型不同,监测布点的深度、位置和点位个数、样品类型等均不同。首先划分采样单元、对照采样单元,进而确定采样点。

土壤采样单元是按照地形、成土母质、土壤类型、土壤接纳污染物的途径、农作物种类、耕作制度等划分的能够代表调查地区的地块。每个采样单元中,在不同方位上,采用对角线布点法、梅花形布点法、棋盘形布点法、蛇形布点法等方法布设一定数量的采样点。一般要求每个监测单元最少设三个点。

采样点可采表层样或土壤剖面。一般监测采集表层土,采样深度0~20 cm。特殊要求的监测(土壤背景、环评、污染事故等)必要时选择部分采样点采集剖面样品。剖面的规格一般长1.5 m,宽0.8 m,深1.2 m。挖掘土壤剖面要使观察面向阳,表土和底土分两侧放置(图7-3)。剖面采样可在各层中部位多点取样、等量混匀,或根据研究的目的采取不同层的土壤样品。

土壤样品为多样点均量混合样,采用四分法缩分至样品量为1~2 kg,预处理后存储备用。采样的同时,由专人填写样品标签、采样记录。

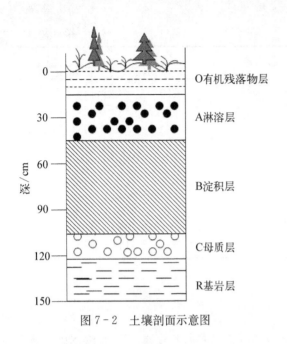

图7-2 土壤剖面示意图

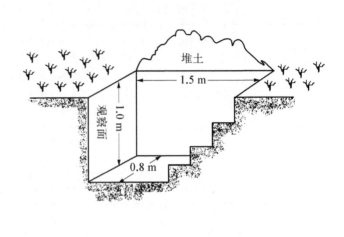

图7-3 土壤剖面采样示意图

(二) 土壤样品制备

除测定游离挥发酚、硝态氮、低价铁等不稳定项目需要新鲜土样,土壤样品采集后往往需要进行制备。

土样的制备包括风干、磨碎和过筛环节。采得的土壤样品应立即倒在塑料薄膜或瓷盘内在阴凉处自然风干。至半干时压碎土块,除去植物根茎、砂石等杂物。充分风干后的土样,碾碎后过 2 mm 孔径筛,用作土壤颗粒分析及物理性质分析。化学分析则需使磨碎的土样过更细的筛,如分析有机质、全氮项目则继续研细后通过 0.25 mm 筛。根据测定要求研磨过筛后,将样品均匀混合,装瓶待测。

(三) 土壤监测项目及分析方法

土壤常规监测项目原则上为《土壤环境质量标准》(GB 15618-1995)中所要求控制的污染物,包括 pH、阳离子交换量、Cd、Cr、Hg、As、Pb、Cu、Zn、Ni 和有机氯农药(六六六、DDT)共 12 项。可每三年监测一次。表7-10 列举了土壤常规监测项目的标准测定方法,以供参考。

表7-10 土壤常规监测项目的测定方法

监 测 项 目		测 定 方 法	方 法 来 源
基本项目	pH	森林土壤 pH 测定	GB 7859-1987
	阳离子交换量	乙酸铵法滴定仪*	
重点项目	铬	火焰原子吸收分光光度法	GB/T 17137-1997
	汞	冷原子吸收分光光度法	GB/T 17136-1997
	砷	硼氢化钾-硝酸银分光光度法 二乙基二硫代氨基甲酸银分光光度法	GB/T 17135-1997 GB/T 17134-1997
	铅、镉	KI-MIBK 萃取火焰原子吸收分光光度法 石墨炉原子吸收分光光度法	GB/T 17140-1997 GB/T 17141-1997
	铜、锌	火焰原子吸收分光光度法	GB/T 17138-1997
	镍	火焰原子吸收分光光度法	GB/T 17139-1997
	六六六、滴滴涕	气相色谱法	GB/T 14550-1993

* 本方法参见中国科学院南京土壤研究所编的《土壤理化分析》(1978 年)一书。

　　标准中未要求控制的污染物,可根据当地环境污染状况,针对在土壤中积累较多、对环境危害较大、影响范围广、毒性较强的污染物,或者新引进土壤但由于污染导致土壤性状发生改变、对土壤环境造成严重不良影响的物质,由各地自行选择测定。选测项目参考国家环境保护总局《土壤环境监测技术规范》(HJ/T 166 - 2004)。亦可测定蚯蚓数量、土壤生物酶、微生物种群等土壤生物监测指标。

参考文献

陈玲,赵建夫.2008.环境监测.北京:化学工业出版社.

程发良,常慧.2002.环境保护基础.北京:清华大学出版社:186—215.

丁国安,徐晓斌,王淑凤,等.2004.中国气象局酸雨网基本资料数据集及初步分析.应用气象学报,S1.

樊芷芸,黎松强.2004.环境学概论.北京:中国纺织出版社.

李定龙,常杰云.2006.环境保护概论.北京:中国石化出版社:171—178.

林肇信,刘天齐,刘逸农.1999.环境保护概论.北京:高等教育出版社:332—367.

盛连喜.2002.现代环境科学导论.北京:化学工业出版社:305—314.

孙春宝.2007.环境监测原理与技术.北京:机械工业出版社.

吴彩斌,雷恒毅,宁平.2005.环境学概论.北京:中国环境科学出版社:322—329.

奚旦立,孙裕生,刘秀英.2004.环境监测.第三版.北京:高等教育出版社.

杨志峰,刘静玲.2004.环境科学概论.北京:高等教育出版社:314—345.

第八章　环　境　评　价

环境评价是一种了解环境变化状况,约束人类社会行为,防止环境污染和破坏的环境管理手段。近年来,环境评价作为环境科学的一个重要分支,是环境规划和管理的主要组成部分和重要依据,也是全面实现可持续发展的一种基本途径。本章概述了环境评价的概念、类型及其发展历程,分别详细介绍环境质量现状评价和环境影响评价的概念、目的、程序、技术方法、评价内容,以期学生了解环境评价的基础理论,掌握环境评价的程序、基本方法和主要内容。

第一节　环境评价概述

一、环境评价的概念

环境评价指按照一定的评价标准和评价方法,对一定区域范围内的环境质量进行客观的定性和定量调查分析、评价和预测,从保护环境的角度对一切可能引起环境发生变化的人类社会行为进行定性和定量的评定。从广义上讲,是对环境系统状况的价值评定、判断和提出对策。

环境评价作为环境科学的一个重要分支,也是环境管理的重要组成部分,具有不可替代的预知功能、导向作用和调控作用。通过环境评价可以判断环境质量的优劣程度,从而进一步认识环境质量值的高低,确定环境质量与人类生存发展之间的关系,为保护和改善环境质量提出具体可行的措施。

二、环境评价的发展历程

环境评价最早于 1964 年在加拿大召开的国际环境学术会议提出,美国则是最早开展环境评价的国家。环境评价是在环境监测技术、污染物扩散规律、环境质量对人体健康的影响、环境自净能力等研究领域发展到一定程度以后发展起来的一门学科。在水质评价方面,1965 年 R. P. Iorton 提出了质量指数(QI),随后 R. M. Brown 提出了水质质量指数(WQI),N. L. Nemerow 在其专著《河流污染的科学分析》中对纽约州地表水状况进行了指数计算和评价。在大气环境评价方面,1966 年 Green 提出了大气污染综合指数,以后科学家陆续提出了白考勃大气污染指数(1970 年)、橡树岭大气指数(1971 年)、污染物标准指数(1976 年)等,并用大气污染指数进行了环境质量预报。美国在 1969 年制定的《国家环境政策法案》(National Environmental Policy Act of 1969,NEPA)中规定,大型工程建设前必须编制环境影响报告书,各州也相继建立了各种形式的相关制度,从而成为世界上第一个把环境影响评价制度在国家法律中确定下来的国家。

继美国建立环境影响评价制度后,先后有瑞典(1970 年)、新西兰(1973 年)、加拿大(1973 年)、澳大利亚(1974 年)、马来西亚(1974 年)、德国(1976 年)、印度(1978 年)、中国(1979 年)、印度尼西亚(1979 年)等国家相继建立了环境影响评价制度。经过三十多年的发展,目前已有一百多个国家建立了环境影响评价制度。与此同时,国际上也设立了许多有关环境影响评价的机构,召开了一系列有关环境影响评价的会议,开展了环境影响评价的研究与交流,进一步促进了各国环境影响评价的实践。1970 年,世界银行设立环境与健康事务部,对其每一个投资项目的环境影响进行审查和评价。1974 年,联合国环境规划署与加拿大联合召开了第一次环境影响评价会议。1984 年,联合国环境规划理事会第 12 届会议建议组织各国环境影响评价专家进行环境影响评价研究。1992 年,联合国环境与发展大会在里约热内卢召开,会议通过的《里约环境与发展宣言》和《21 世纪议程》中都写入了有关环境影响评价的内容。

自 1969 年美国颁布和建立了环境评价制度以来,环境评价在全球迅速普及和发展起来。在此期间,中国的环境评价经历了工程→计划(项目规划)→政策评价的发展历程,环境影响评价的方法和程序也在发展中不断地得以完善。中国的环境评价是借鉴国外经验,结合国内实际情况逐步发展起来的。1973 年 8 月,以北京召开的第一次全国环境保护会议为标志,揭开了中国环境保护事业的序幕。从发展阶段来看,中国环境评价经历了以下四个阶段。

(1) 引入和确立阶段(1973～1979 年) 1973 年第一次全国环境保护会议后,环境评价的概念开始引入我国。1979 年 9 月,《中华人民共和国环境保护法(试行)》颁布,标志着我国的环境影响评价制度正式确立。在此期间,各高校和科研院所也逐步开始展开环境评价的研究工作。

(2) 规范和建设阶段(1979～1989 年) 环境影响评价制度确立后,相继颁布的各项环境保护法律、法规不断对环境影响评价进行规范,并通过部门行政规章,逐步明确了环境影响评价的内容、范围和程序,环境影响评价的技术方法也不断完善。在这个阶段,对环境影响评价的理论和实施也进行了探讨,并以环境保护法为依据,颁布了许多关于环境影响评价的法规或法规性文件。同时,我国在此期间开始了大、中城市的环境质量评价工作。

(3) 强化和完善阶段(1989～1998 年) 1989 年 12 月 26 日通过《中华人民共和国环境保护法》和1998 年国务院颁布《建设项目环境保护管理条例》是这一阶段的两个分界点。1990 年,国家环境保护总局与国际金融组织合作,开始对环境影响评价人员进行培训,实行持证上岗制度,颁布了《建设项目环境保护管理程序》。1998 年颁布实施的《建设项目环境保护管理条例》是建设项目环境管理的第一个行政法规。

(4) 提高和拓展阶段(1998 年至今) 在这一阶段,颁布了一系列环境评价管理办法,对建设项目环境保护分类管理及其涉及的环境影响评价程序、审批及评价资格等问题进一步明确。2002 年,《中华人民共和国环境影响评价法》的通过标志着中国的环境影响评价、评估工作全面走上了法制化轨道。2004 年,人事部、国家环保总局决定在全国环境影响评价系统建立环境影响评价工程师职业资格制度,标志着中国的环境评价工作全面走上了法制化轨道。

三、环境评价的类型

环境评价的分类方法较多,按不同的分类依据主要包括以下几种。

根据评价的环境要素,环境评价可分为大气环境质量评价、水环境质量评价(包括地表水环境质量评价和地下水环境质量评价)、声环境质量评价、土壤环境质量评价、生态环境质量评价等。以上为单要素评价;如果对两个或多个要素同时进行评价,称为多要素评价;如果对所有要素同时进行评价,则称为环境质量综合评价。

根据评价的时间,环境评价可分为回顾性评价、现状评价和影响评价三种类型。① 环境质量回顾性评价指根据历史资料对某一个区域过去某一历史时期的环境质量的历史变化进行的评价。这种评价可以预测环境质量的变化发展趋势。② 环境质量现状评价是利用近期的环境监测数据,对某一个区域内环境质量变化及现状所进行的评价。环境质量现状评价是环境综合整治和区域环境规划的基础。③ 环境影响评价是对拟订中的重要决策或者开发活动可能对环境产生的物理性、化学性或者生物性的作用,及其造成环境变化和对人体健康可能造成的影响,进行系统分析和评估,并提出减免这些影响的对策和措施。环境影响评价是目前开展的最多的环境评价。

根据评价的区域类型,环境评价可分为行政区域评价(如北京市环境评价)和自然地理区域评价(如长江中下游水环境质量评价)。

根据所选择的评价参数,环境评价可分为卫生学评价、生态学评价、污染物评价、物理学评价、经济学评价、地质学评价等。

第二节 环境质量现状评价

一、环境质量现状评价的概念与目的

环境质量评价是认识和研究环境的一种科学方法,是对环境质量优劣的定性和定量描述。一般指对一切可能引起环境发生变化的人类社会行为,包括政策、法令在内的一切活动,从保护环境的角度进行定性和定量的评定。环境质量评价的核心问题即研究环境质量的好坏,以是否适合人类生存和发展作为判别标准。

　　环境质量现状评价是对一定区域内,人类近期和当前的活动致使环境质量变化进行分析,对环境质量现状优劣进行定性和定量评定的过程。环境质量现状主要反映人类在近期和当前的活动对环境质量的影响,对其优劣进行合理的评定可为环境规划与管理提供重要依据。

二、环境质量现状评价程序

　　环境质量现状评价工作基本上可以分为三个方面,即污染源、环境污染现状和生态效应的调查、监测和评价。一般工作程序是调查、监测、评价、规划。规划的内容包括土地利用,治理措施及投资,有关环境保护的法律、条例、标准等。

　　由于区域环境的复杂性,在进行环境质量现状评价时应设计合理的科学程序,以确保评价工作的顺利进行。环境质量现状评价一般程序如图 8-1 所示。

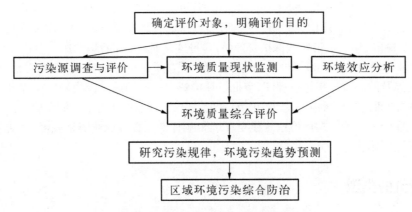

图 8-1　环境质量评价程序图

　　1. 确定评价对象,明确评价目的　　进行环境质量现状评价首先要确定评价对象和明确评价目的,主要包括评价的性质、要求、评价结果和作用。评价目的决定了评价区域的范围、评价参数、采用的评价标准。如某城市发电厂的环境质量现状评价的目的是掌握该电厂在不同气候条件下对该城市的大气污染程度及污染物的分布,为大气污染控制提供依据。因此,评价区域重点为城市市区(在一定气象条件时的下风向),评价参数为 SO_2、NO_x 和飘尘,评价标准为大气标准质量标准。同时,制定评价工作大纲及实施计划。

　　2. 污染源调查与评价,收集与评价有关的背景资料　　进行污染源调查与评价,确定主要污染源和污染物及其排放方式和规律,并进行综合评价。因评价的目的和内容不同,所收集的背景资料也要有所侧重。如以环境污染为主,要特别注意污染源与污染现状的调查;以生态环境破坏为主,要特别进行人群健康的回顾性调查;以美学评价为主,要注重自然景观资料的收集。

　　3. 环境质量现状监测　　在背景资料收集、整理、分析的基础上,确定主要监测因子。监测项目的选择因区域环境污染特征而异,但主要应依据评价的目的。

　　4. 建立环境质量指数系统,进行综合评价　　根据环境质量现状评价的目的,选择评价标准,对监测数据进行统计处理,运用评价模式,计算环境质量指数,综合评价环境质量现状。

　　5. 建立数学模型,进行环境污染趋势预测　　将监测数据与室内模拟实验结论相结合,选取符合地区特征的环境参数,建立相应的数学模型。结合未来区域发展规模,进行环境污染变化趋势的预测。

　　6. 给出评价结论,提出区域环境污染综合防治建议　　对环境质量现状给出结论并提出区域环境污染综合防治建议。

三、环境质量现状评价的基本内容

　　环境质量现状评价的内容随不同的研究对象和不同的类型而有所区别,基本内容包括如下几个方面。

　　1. 污染源调查与评价　　通过对各类污染源的调查、分析和比较,研究污染的数量、质量特征,研究污染源的发生和发展规律,找出主要污染物和主要污染源,为污染治理提供科学依据。

2. 环境质量指数评价　用无量纲指数表征环境质量的高低是目前最常用的评价方法,包括单因子和多因子评价,以及多要素的环境质量综合评价。当所采用的环境质量标准一致时,这种环境质量指数具有时间和空间的可比性。

3. 环境质量的功能评价　环境质量标准是按功能分类的,环境质量的功能评价就是要确定环境质量状况的功能属性,为合理利用环境资源提供依据。

四、环境质量现状评价技术方法

(一)污染源评价

污染源评价是在污染源和污染物调查的基础上进行的。污染源评价的目的为:① 确定主要污染物和主要污染源,提供环境质量水平的成因;② 为环境影响评价提供基础数据,为污染源治理和区域治理规划提供依据。因此,污染源评价是环境影响评价和污染综合防治的重要一环,是一项重要的基础工作。

污染源评价指对污染源潜在污染能力的鉴别和比较。潜在污染能力指污染源可能对环境产生的最大污染效应。它和污染源对环境产生的实际污染效应是不同的。污染源对环境产生的实际污染效应,不仅取决于污染源本身的特性(排放污染物的种类、性质、排放量、排放方式等),还取决于环境的性质(背景值、自净能力、扩散条件)、接受者的性质,以及各种污染物之间的作用和协生效应等。潜在污染能力取决于污染源本身的性质。因此,用潜在污染能力评价污染源是合适的。

污染源潜在污染能力主要取决于排放污染物的种类、性质、排放方式等。这些具有不同量纲的量是很难进行比较的。污染源评价的关键在于把具有不同量纲的量进行标准化处理,使其具有可比性,然后进行分析比较。进行标准化处理的方法不同,产生了不同的评价方法。根据污染源调查的结果进行污染源评价有类别评价和综合评价两类方法。类别评价是根据各类污染源某一种污染物的排放浓度、排放总量(体积或质量)、统计指标(检出率、超标倍数、标准差)等来评价污染物和污染源的污染程度。污染源综合评价方法不仅考虑污染物的种类、浓度、排放量、排放方式等污染源性质,还要考虑排放场所的环境功能。

各种污染物具有不同的特性和不同的环境效应,为了使不同的污染物和污染源能够在同一个尺度上加以比较,需要采用一些指数加以评价。污染源评价常用的指数是等标污染指数。

等标污染指数指所排放污染物的浓度超过排放标准的倍数,简称超标倍数。使用等标污染指数可确定一个污染源的主要污染物,其公式为

$$N_{ij} = \frac{C_{ij}}{C_{0i}}$$

式中,N_{ij}为第j个污染源的第i种污染物的等标污染指数;C_{ij}为第j个污染源中第i种污染物的排放浓度;C_{0i}为第i种污染物的排放标准。

污染物的排放标准可以采用国家有关的污染物最高允许排放浓度。在选择污染物的排放标准时,原则上要特别注意两方面的问题:① 排放限制值和污水的去向(进入哪一级控制区,或是进入城市污水处理厂);② 受纳水域选取。以2002年新修订的《地表水环境质量标准》(GB 3838-2002)为依据,依据地面水水域使用目的和保护目标划分为五类:Ⅰ类主要适用于源头水、国家自然保护区;Ⅱ类主要适用于集中式生活饮用水水源地一级保护区、珍贵鱼类保护区、鱼虾产卵场等;Ⅲ类主要适用于集中式生活饮用水水源地二级保护区、一般鱼类保护区及游泳区;Ⅳ类主要适用于一般工业用水区及人体非直接接触的娱乐用水区;Ⅴ类主要适用于农业用水区及一般景观要求水域。同一水域兼有多类功能的,依最高功能划分类别。如受纳水域的实际功能与该标准的水质分类不一致时,由当地环保部门对其水质提出具体要求。污水排入城镇公共下水道并进行集中二级处理时,执行相应的城市下水道水质规定。

大气污染物排放标准的选取要比污水排放复杂。根据《大气污染物综合排放标准》(GB 16297-1996)的规定,该标准设置三项指标:① 通过排气筒排放废气的最高允许排放浓度;② 通过排气筒排放的废气,按排

气筒高度规定的最高允许排放速率;③ 无组织方式排放的废气,规定无组织排放的监控点及相应的监控浓度限值。在该标准规定的最高允许排放速率中,现有污染源分一、二、三级,新污染源分为二、三级。按污染源所在的环境空气质量功能区类别,执行相应级别的排放速率标准,即位于一类区的污染源执行一级标准,位于二类区的污染源执行二级标准,位于三类区的污染源执行三级标准。

(二) 环境质量指数评价法

环境质量指数指在环境质量研究中,依据某种环境标准,用某种计算方法,求出的简明、概括地描述和评价环境质量的数值。环境质量指数既可以使用单个环境因子的观测指标计算得到,也可以由多个环境因子观测指标综合算出。

1. 单因子评价指数 单因子评价是环境质量评价的最简单的表达方式,也是其他各种评价方法的基础。单因子环境质量指数的表达式为

$$I_i = \frac{C_i}{S_i}$$

式中,I_i为第i种污染物的环境质量指数;C_i为第i种污染物的环境浓度;S_i为第i种污染物的环境质量评价标准。

环境质量指数是无量纲数,它表示某种污染物在环境中的浓度超过评价标准的程度,亦称超标倍数。I_i的数值越大,表示第i个因子的单项环境质量越差;$I_i = 1$时的环境质量处在临界状态。

环境质量指数是相对于某一评价标准而定的。在评价标准变化时,尽管污染物在环境中的实际浓度并未变化,I_i值仍会变化。在做环境质量指数的横向比较时,要注意是否具有相同的评价标准。

确定评价标准的主要依据是评价区的功能,同时还受到自然条件和经济发展等条件的约束。一个合理的评价标准应该与评价区的经济、社会结构及资源条件相互协调。在现实的基础上,这个标准是可以实现的,同时实现这个标准又有利于社会的持续稳定发展。

2. 多因子评价指数 一个具体的环境质量问题绝不是单因子问题。当参与评价的因子数大于 1 时,就要用多因子环境质量指数;当参与评价的环境要素大于 1 时,就要用综合环境要素质量指数。

单因子评价指数是多因子评价的基础。多因子环境质量指数分为均值型、计权型和几何均值型等。

(1) 均值型多因子环境质量评价指数 均值型多因子环境质量评价指数的计算公式为

$$I = \frac{1}{n}\sum_{i=1}^{n} I_i$$

式中,n 为参加评价因子的数目。

均值型指数的基本出发点是各种因子对环境质量的影响是等级的。

(2) 计权型多因子环境质量评价指数 计权型多因子环境质量评价指数的基础是各种因子对环境质量的影响不等权,它们的作用应计入各种因子影响的权重。记权型指数的计算公式为

$$I = \sum_{i=1}^{n} W_i I_i$$

式中,W_i为对应于第i个因子的权系数。

计算计权型环境质量指数的关键是要科学、合理的确定各个环境因子的权重值。对于区域评价来说,各种环境要素(如水环境、大气环境等)的相对重要性如何,各种环境因子对环境质量影响的相对重要性如何等都要论述清楚。环境质量评价主要解决两个方面的问题:① 影响幅度(即大小);② 各种影响的相对重要性(即权重)。前者需要运用科学知识和方法寻找环境质量变化的数据;后者则是要寻求与评价项目有关的"相对社会价值",即权系数。可通过对各阶层的有代表性的人士的调查,收集他们对各种环境影响的反应倾向,最后确定权系数。

由于权系数实质上是基于被调查者的判断或态度,因此,必须选用系统的、能减少各种可能差异的程序来进行。被调查者应包括各个社会阶层,代表各社会面,如政府工作人员、政治家和决策者、环境评价专家、

特别利益团体的代表以及一般群众代表等。为了取得一致的权系数,应在各阶层中多次抽样调查。

（3）几何均值型多因子环境评价指数　几何均值型环境质量评价指数是一种突出最大值的环境质量指数,其计算式为

$$I = \sqrt{I_{i\,最大} \cdot I_{i平均}}$$

式中,$I_{i最大}$为参与评价的最大单因子指数;$I_{i平均}$为参与评价的单因子指数的均值。

几何均值型多因子环境质量评价指数特别考虑了污染最严重的因子,实际上也是一种加权的形式。该指数既考虑了主要污染因素,又避免了确定权系数的主观影响,是目前应用较多的一种多因子环境质量指数。

（4）环境质量的综合评价指数　环境质量的综合评价指对多个环境要素进行总体的评价。例如,对一个地区的水环境、大气环境、土壤环境、生物环境等进行总体评价。区域环境质量恶化常由多种因子在相互关联的情况下造成。因此,要想准确掌握环境被污染的情况,除了掌握单一污染因子状况与影响的同时,还要掌握多种污染因子综合作用对环境的影响,进行环境质量的综合评价。环境质量综合评价的方法目前还不成熟,常采用均权平均综合指数和加权综合指数两种评价指数。

（三）重要的环境质量现状评价指数

环境质量现状评价中采用的评价指数较多,但针对不同的环境要素通常采用不同的评价指数。

1. 大气环境质量评价指数

（1）白勃考大气污染综合指数（PINDEX）　该指数以颗粒物质（PM）、硫氧化物（SO₂）、氮氧化物（NO$_x$）、一氧化碳（CO）和氧化剂（O₃）五项指标为参数,计算公式为

$$PINDEX = PM + SO_2 + NO_x + CO + O_3$$

式中,等号右边代表五项污染物的分指数。计算时,需掌握大气中这五项污染物的实测浓度数据,以及大气中碳氢化合物的浓度。根据 1 mol 氮氧化物与 1 mol 碳氢化合物在太阳紫外线作用下合成光化学氧化剂的反应,算出产生的氧化剂数量,并加在大气中原有氧化剂浓度内,剩余的氮氧化物假设为 NO₂。最后分别将以上五种污染物实测浓度除以评价标准（即 c_i / s_i）,求得各分指数,相加后得白勃考大气污染综合指数。

白勃考大气污染综合指数既适用于比较各大城市总体污染程度,也适用于分析各种污染源排出的气体状况。另外,根据每天主要污染物的实测数据,计算每日的白勃考大气污染综合指数,可评价大气总体污染程度的日变化情况。

（2）橡树岭大气质量指数（ORAQI）　该指数选取 SO₂、NO$_x$、CO、飘尘和氧化剂五项污染物参数,评价模式为

$$ORAQI = \left[a \sum_{i=1}^{5} \frac{c_i}{s_i} \right]^b$$

式中,c_i为 i 污染物 24 小时实测平均浓度;s_i为 i 污染物的环境标准;a、b为常数。

常数 a、b 的确定方法是:当大气中这五项污染物的浓度相当于未受污染的背景浓度时,令 ORAQI＝10;当各污染物浓度达二级标准时,令 ORAQI＝100。代入上式计算得 $a＝5.7$, $b＝1.37$。因此,橡树岭大气质量指数的计算公式为

$$ORAQI = \left[5.7 \sum_{i=1}^{5} \frac{c_i}{s_i} \right]^{1.37}$$

橡树岭大气质量指数既适用于分析某一地区大气质量的长期变化,也适用于评价每日的大气质量状况。评价中,按橡树岭大气质量指数的大小,把大气质量分成 6 级,大气质量指数分级标准如表 8-1 所示。

表 8-1　橡树岭大气质量指数分级标准

ORAQI	<20	20~39	40~59	60~79	80~99	≥100
级别	优良	好	尚可	差	坏	危险

（3）污染物标准指数（PSI） 该指数包括 SO_2、NO_x、CO、O_3、颗粒物质，以及 SO_2 与颗粒物质的乘积共六项参数。各污染物的分指数与实测浓度呈分段线性函数关系，并以美国现行的大气质量标准、大气污染事件基准值（分为警戒、警报和紧急三级水平），以及显著危害水平规定的浓度值作为分段线性函数的几个折点。各污染物实测浓度相当于大气质量标准时，其分指数定为 100，随着实测浓度的增高而其分指数也随之增高。与各级污染物标准指数值相应的污染物浓度及其卫生学意义和要求采取的措施如表 8-2 所示。

表 8-2 污染物标准指数与各污染物浓度的关系及其分级

PSI	大气污染浓度水平	污染物浓度						大气质量分级	对健康一般影响	要求采取的措施
		颗粒物(24 h) $\mu g/m^3$	SO_2(24 h) $\mu g/m^3$	CO(8 h) $\mu g/m^3$	O_3(1 h) $\mu g/m^3$	NO_2(1 h) $\mu g/m^3$	$SO_2 \times$颗粒物 $(\mu g/m^3)^2$			
500	显著危害水平	10 000	2 620	57.5	1 200	3 750	490 000	危险	病人和老年人提前死亡，健康人出现不良症状，影响正常活动	全体人群应停留在室内，关闭门窗，所有的人均应尽量减少体力消耗
400	紧急水平	875	2 100	46.0	1 000	3 000	393 000	较危险	健康人除出现明显症状和降低运动耐受力外，提前出现某些疾病	老年人和病人应停留在室内，避免体力消耗，一般人群应避免户外活动
300	警报水平	625	1 600	34.0	800	2 260	261 000	很不健康	心脏病和肺病患者症状加剧，运动耐力降低，健康人群中普遍出现刺激症状	老年人和心脏病、肺病患者应停留在室内，并减少体力活动
200	警戒水平	375	800	17.0	400	1 130	65 000	不健康	易感冒的人症状有轻度加剧，健康人群出现刺激症状	心脏病和呼吸系统病患者应减少体力消耗和户外活动
100	大气质量标准	260	365	10.0	160	*	*	中等		
50	大气质量标准50%	75**	80**	5	80			良好		

*浓度低于警戒水平，不报告此分指数；**一般标准年平均浓度。

根据表 8-2 中的数据，可以绘制各污染物浓度与污染物标准指数的分段线性关系图。按照分段线性函数关系，可以建立分段的线性函数方程。当获得污染物的实测浓度后，可从污染物与污染物标准指数关系的相应分段线性方程计算出各分段指数，也可直接从各污染物浓度与污染物标准指数的线性关系图上查出 I_i 值。如此求得 6 个分指数后，选择其中的最高值作为该日的污染物标准指数。

$$PSI = \max[I_1, I_2, \cdots, I_6]$$

式中，I_1，I_2，$\cdots$，I_6 为 6 个分指数。

根据污染物标准指数的数值可将大气质量分为五级，如表 8-3 所示。

表 8-3 污染物标准指数分级标准

PSI	0～50	50～100	101～200	201～300	301～500
级别	良好	中等	对健康有轻微影响	对健康有较大影响	有危险性影响

（4）上海大气质量指数 一种几何均值型大气质量指数，计算公式为

$$I = \sqrt{\max\left(\frac{c_i}{s_i}, \frac{c_2}{s_2}, \cdots, \frac{c_n}{s_n}\right)\left(\frac{1}{n}\sum_{i=1}^{n}\frac{c_i}{s_i}\right)} = \sqrt{XY}$$

式中,X 为 $\dfrac{c_i}{s_i}$ 中的最大值;Y 为 $\dfrac{c_i}{s_i}$ 之和的平均值;c_i 为 i 污染物的实测浓度;s_i 为 i 污染物的评价标准。

　　该指数不仅考虑了各污染物的平均污染水平,同时也兼顾某种污染物的最大水平,即某种污染物出现最大浓度时,也会对整个大气环境质量贡献很大,产生严重危害。因此,该指数综合的因素较多,形式简单,计算方便,是我国目前用于大气环境质量评价中较普遍的一种指数。根据大气质量指数可以判断大气质量状况(表8-4)。

表8-4　上海大气质量指数判别标准

大气质量状况	清洁	轻污染	中度污染	重污染	极重污染
I	<0.6	0.6~1.0	1.0~1.9	1.9~2.8	>2.8
大气污染水平	清洁	大气质量标准	警戒水平	警报水平	紧急水平

2. 水体环境质量评价指数

　　(1) 布朗水质指数　美国学者布朗(R. M. Brown)等提出了水质污染的水质指数(WQI),在35种水质参数中,该指数选取了11种主要参数,即溶解氧、BOD_5、混浊度、总悬浮固体、硝酸盐、磷酸盐、pH、温度、大肠菌数、杀虫剂、有毒元素。根据专家意见,确定权系数,其计算公式为

$$WQI = \sum_{i=1}^{11} W_i q_i$$

式中,WQI 为水质指数;q_i 为 i 污染物的质量评分;W_i 为 i 污染物的权系数。

　　(2) 尼梅罗水质指数　美国学者尼梅罗(N. L. Nemerow)在《河流污染的科学分析》一书中,提出一种水质污染指数,评价模式为

$$P_{ij} = \sqrt{\frac{\max (c_i / L_{ij})^2 + \overline{(c_i / L_{ij})}^2}{2}}$$

式中,P_{ij} 为水质指数;c_i 为 i 污染物的实测浓度;L_{ij} 为 i 污染物 j 用途时的水质标准。

　　该指数计算中,不仅考虑到各种污染物实测浓度值与相应环境标准的比值的平均值,而且也考虑了比值中最大的比值,突出了最大值的作用。选取的参数有温度、颜色、透明度、pH、大肠杆菌数、总溶解固体、总氮、碱度、硬度、氯、铁、锰、硫酸盐、溶解氧等。

　　水的用途分为三类:PI_1——人直接接触使用,包括饮用、游泳、制造饮料等;PI_2——人间接接触使用,包括养鱼、工业食品制造、农业用等;PI_3——人不接触使用,包括工业冷却用水、公共娱乐及航运等。

　　根据所规划的水质标准,对某一水体进行评价时,先按三类用途分别计算 PI_j 值,然后求各种用途的总指数(PI)。

$$PI = \sum_{j=1}^{3} W_j \cdot PI_j, \quad \sum W_j = 1.0$$

式中,PI 为几种用途的水质总指数;PI_j 为某种用途的水质指数;W_j 为不同用途的水权系数。

　　(3) 罗斯水质指数　1977年英国学者罗斯(S. L. ROSS)在总结前人的水质指数基础上提出了罗斯水质指数。该指数是在分级评分后,再加权求综合指数。罗斯对英国克莱德河流域主要支流的水质进行评价时,选取12个常规水质监测参数中的4个(悬浮固体、BOD_5、氨氮、溶解氧)。溶解氧用饱和度与浓度两种表示法,评价模式为

$$WQI = \frac{\sum_{i=1}^{4} P_i}{\sum W_i}$$

式中,WQI 为水质指数;P_i 为 i 污染物的分级评分;W_i 为 i 污染物的权重。

　　ROSS 规定的权重为:BOD_5 为3,氨氮为3,悬浮固体为2,溶解氧饱和度与浓度各为1。$\sum W_i = 10$,计算中其各参数的评分尺度如表8-5所示,分级标准如表8-6所示。

表8-5 几种主要水质参数分级表

悬 浮 固 体		BOD$_5$		氨 氮		溶解氧(饱和度)		溶解氧(浓度)	
mg/L	分级	mg/L	分级	mg/L	分级	mg/L	分级	mg/L	分级
		0~2	30	0~0.2	30	90~105	10	9	10
0~10	20	2~4	27	0.2~0.5	24	80~90	8	8~9	8
10~20	18	4~6	24	0.5~1.0	18	105~120	6	6~8	6
20~40	14	6~10	18	1.0~2.0	12	60~80	6	4~6	4
40~80	10	10~15	12	2.0~5.0	6	>120	6	1~4	2
80~150	6	15~25	6	5.0~10.0	3	40~60	4	0~1	0
150~300	2	25~50	3	>10.0	0	10~40	2	—	—
>300	0	>50	0			0~10	0	—	—

表8-6 ROSS水质指数分级标准

WQI	10	8	6	3	0
级别	天然纯水	轻度污染	污染	严重污染	水质类似腐败的原始水

(四)环境质量分级

采用环境质量指数评价方法时,一般按其计算数值的大小划分几个范围或级别来表达其质量的优劣,并对每一个范围或级别赋予一定的质量评语或描述词,如清洁、轻污染、中污染、重污染和严重污染,或优良、较好、一般、警戒水平、警报水平、经济水平和显著危险水平等。目前用于环境质量功能评价的方法有积分值法、W值法和模糊聚类法等。

1. 积分值法 该方法的基本思路是根据每一个污染因子的浓度,按照给定的评价标准确定一个评分值,根据各因子的总评分值来进行环境质量评价。例如,参与评价的因子数有 n 个,假定全部满足一级评价标准的评分为 100 分,则每个因子的评分就是 $100/n$;全部因子都介于一级、二级评价标准之间的评分为 80 分,则每一个因子的评分就是 $80/n$;其余类推。

积分值法是一种直接评分法,它可以和各级环境质量标准建立关系,积分值越高,表明环境质量越好。可以把评价标准直接取为各级环境质量标准。将每一个因子的环境质量与标准相比较,给定每一个因子的评分,如相对于环境质量标准的 Ⅰ、Ⅱ、Ⅲ、Ⅳ、Ⅴ 类(级),给定单因子的评分为 $100/n$、$80/n$、$60/n$、$40/n$ 和 $20/n$。若每个因子的评分为 a_i,则全部因子总积分值为

$$M = \sum_{i=1}^{n} a_i$$

根据 M 值就可以按表8-7确定环境质量的级别。

表8-7 M值法的环境质量分级

环境质量等级	理想(M_1)	良好(M_2)	污染(M_3)	重污染(M_4)	严重污染(M_5)
分级标准	$M \geq 96$	$96 > M \geq 76$	$76 > M \geq 60$	$60 > M \geq 40$	$M < 40$

积分值法可以处理多因子的环境质量评价问题,方法简单易行,但在计算积分值时采用简单的评分值选加方法,不能确切反映出各个因子的相对重要性。

2. W值法 用积分值法进行分级时,各因子对环境的影响被看作是等权的,没有突出主要污染因子的作用。例如,在参与水质评价的 10 个因子中,有 9 项被评为 10 分,有一项被评为 6 分,其总评分为 96 分,按积分值方法,仍将其划为一类水质。总评的结果掩盖了主要污染因子的影响。

W值方法弥补了积分值法的不足,充分考虑了主要污染物的影响。如果规定凡符合 Ⅰ、Ⅱ、Ⅲ、Ⅳ、Ⅴ 类的环境质量标准的环境因子分别可以被评为 10 分、8 分、6 分、4 分、2 分,对于不能满足最低一级环境质量的因子评为 0 分,则对环境质量的描述可以写为

$$W = SN_{10}N_8N_6N_4N_2N_0$$

式中,S 为参与评价的环境因子的数目;N 为被评为 10 分、8 分、6 分、4 分、2 分和 0 分的因子的数目。

表 8-8 给出了按 W 值法进行环境质量分级的标准,它以污染最严重的两个因子的评分值作为依据,突出了主要污染因子的作用。

表 8-8　W 值法的环境质量分级

环境质量等级	理想(W_1)	良好(W_2)	污染(W_3)	重污染(W_4)	严重污染(W_5)
最低两项评分值之和为	18 或 20	14 或 16	10 或 12	6 或 8	<4

(五)环境质量现状的生物学评价

根据环境中的生物种类及数量多少表征环境的污染程度,已成为环境质量现状评价的重要手段,主要应用于水环境和土壤环境质量的现状评价。

水生生物与其生长的水环境是相互依存的统一体,水环境受到污染,必然对生存在其中的生物产生不利影响,生物的反应和变化是评价水环境质量很好的指标。藻类种类繁多,生态习性和生活方式多样,在不同地理区域、不同类型水体中广泛分布,利用藻类生物学特征的变化对水环境质量进行评价是目前应用较多的方法。利用藻类进行水环境质量现状评价可有以下几种方法。

1. 指示种法　以某些种类的存在或消失指示水体中有机污染物或其他特定污染物的污染程度。一般生活污水和一些工业污水中多含有耗氧有机污染物,当有机污染物分解,营养物大量释放后,藻类种类和数量会迅速增加。但水体受到其他有机污染物或无机物污染时,藻类的反应会随污染物的不同而变化,藻类的指示作用较为复杂,表 8-9 给出可指示不同污染物污染的藻类。

表 8-9　对污染可能有指示作用的藻类

藻 类 种 类	指示的污染物
脆弱刚毛藻 (*Cladophora fracta*)	DDT 等
团集刚毛藻 (*Cladophora glomerata*)	DDT 等
小毛枝早藻 (*Stigeoclonium tenue*)	酚类污染物
谷皮菱形藻 (*Nitzchia plaea*)	酚类污染物,H_2S
草履波纹藻 (*Cymatoplera solea*)	酚类污染物
普通片藻 (*Diatoma vulgale*)	造纸污水、含油污水
无隔藻 (*Vaucheria* spp)	石油
微小异板藻 (*Gomphonema parvulum*)	酚类污染物
丝藻 (*Ulothrix*)	铜、锌、铅等
绿裸藻 (*Euglena viridis*)	铬

资料来源: 叶文虎等(1994)。

2. 藻类污染指数法　根据藻类的生态学特征(种数、频率和数量等)计算污染指数,如藻类污染指数。该指数对可耐受污染的 20 个属的藻类,分别给予不同的污染指数值(表 8-10)。根据水环境中出现的藻类,计算总污染指数,总指数大于 30,评价为重污染;15~19,评价为中度污染;小于 15 的为轻度污染。

表 8-10　藻类的污染指数值

属 名	污染指数值	属 名	污染指数值
组囊藻(*Anacystis*)	1	小环藻(*Cyclotella*)	1
纤维藻(*Ankistrodesmus*)	2	裸 藻(*Euglena*)	5
衣 藻(*Chlamydomnas*)	4	异极藻(*Comphonema*)	1
小球藻(*Chlorella*)	3	鳞孔藻(*Lopecinclis*)	1
新月藻(*Closterium*)	1	直链藻(*Melosira*)	1

属 名	污染指数值	属 名	污染指数值
微芒藻(*Micraeunium*)	1	席 藻(*Phormidium*)	1
舟形藻(*Navicula*)	3	扁裸藻(*Phacus*)	2
菱形藻(*Nistzsehia*)	3	栅 藻(*Scenedesmus*)	4
颤 藻(*Osciliatoria*)	5	毛枝藻(*Stigeoclonium*)	2
实球藻(*Pandorium*)	1	针杆藻(*Synedra*)	2

资料来源:叶文虎等(1994)。

第三节 环境影响评价

一、环境影响评价的定义与目的

环境影响评价指对规划和建设项目实施后可能对环境造成的影响进行分析、预测和评估,提出预防或者减轻不良环境影响的对策和措施,以及跟踪监测的方法与制度。它不仅要研究建设项目在开发、建设和生产过程中对自然环境的影响,同时还要研究对社会和经济的影响;既要研究污染物对大气、水体、土壤等环境要素的污染途径,也要研究污染物在环境中的迁移、转化规律以及对人体、生物的危害程度。

环境影响评价的根本目的为:① 鼓励在规划和决策中考虑环境因素,最终达到更具环境相容性的人类活动;② 为了实施可持续发展战略,预防建设项目实施后对环境造成的不良影响,促进经济、社会和环境的协调发展。

二、环境影响评价的程序

环境影响评价工作大体分为三个阶段,主要程序如图8-2所示。第一阶段为准备阶段,主要工作为研究有关文件,进行初步的工程分析和环境现状调查,筛选重点评价项目,确定各单项环境影响评价的工作等级,编制评价工作大纲。第二阶段为正式工作阶段,主要工作是进一步做工程分析和环境现状调查,并进行环境影响预测和环境影响评价。第三阶段为报告书编制阶段,主要工作为汇总、分析第二阶段工作所得到的各种资料、数据,得出结论,完成环境影响报告书的编制。

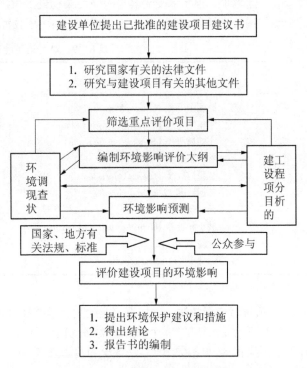

图8-2 环境影响评价程序图

(一)环境影响评价工作等级的确定

环境影响评价工作的等级指需要编制环境影响评价和各专题工作深度的划分。各单项环境影响评价划分为三个工作等级,其中一级评价最详细,二级次之,三级相对较为简略。等级划分的主要依据如下:① 建设项目的工程特点(工程性质、工程规模、能源及资源的使用量及类型等);② 项目所在地的环境特征(自然环境特点、环境敏感点、环境质量现状及社会经济状况等);③ 国家或地方政府所颁布的有关法规(包括环境质量标准和污染物排放标准等)。

(二)区域环境质量现状调查和评价

区域环境质量现状调查的目的是为了掌握环境质量现状或本底,为环境影响预测、评价、累积效应分析以及在投产运行阶段的环境管理提供基础数据。

1. 环境调查的一般原则

(1)调查范围　　调查范围应大于评价区域,特别是对评价区域边界以外的附近地区,若有重要的污染源,调查范围应适当放大。

(2)资料收集　　应首先立足于现有资料,若现有资料不能满足要求时,再进行现场调查或测试。

2. 环境现状调查的方法　　环境现状的调查方法主要包括资料收集法、现场调查法和遥感调查等。

3. 环境现状调查的内容

1)地理位置;

2)地貌、地质和土壤情况,水系分布和水文情况,气候与气象;

3)矿藏、森林、草原、水产和野生动植物、农产品、动物产品等情况;

4)大气、水、土壤质量现状;

5)环境功能情况(特别注意环境敏感区)及重要的政治文化设施;

6)社会经济情况;

7)人群健康状况及地方病情况;

8)其他环境污染和破坏的现状资料。

(三)环境影响预测

1. 环境影响预测的原则　　预测的范围、时段、内容及方法应按相应评价工作等级、工程特性、当地的环境特点而定。同时应考虑预测范围内,建设项目可能产生的环境影响。

2. 环境影响预测的阶段和时段　　预测建设项目的建设阶段、生产运营阶段、服务期满役或退役阶段,以及冬、夏两季或丰、枯水期两个时段。

3. 环境影响预测的范围和内容　　预测范围应等于或略小于现状调查的范围,预测点的位置和数量除应覆盖现状监测点外,还应根据工程和环境功能要求而定。预测的内容依据评价工作等级、工程与环境特征及当地环保要求而定,既要考虑建设项目对自然环境的影响,也要考虑对社会和经济的影响;既要考虑污染物在环境中的污染途径,也要考虑对人体、生物及资源的危害程度。

(四)环境影响评价的基本内容

以建设项目环境影响评价为例,主要内容包括:

1)建设项目概况;

2)建设项目周围环境现状;

3)建设项目对环境可能造成的影响分析和预测;

4)环境保护措施及其技术经济论证;

5)环境影响经济损益分析;

6)对建设项目实施环境监测的建议;

7)环境影响评价结论。

三、环境影响评价的主要方法

(一)环境影响的识别方法

环境影响识别就是找出所有受影响(特别是不利影响)的环境因素,以使环境影响预测减少盲目性,环境影响综合分析增加可靠性,污染防治对策具有针对性。

1. 环境影响因子识别 掌握工程影响地区的自然环境和社会环境状况,确定环境影响评价的工作范围。在此基础上,根据工程的组成、特性及功能,结合工程影响地区的特点,从自然环境和生活环境两个方面,选择需要进行影响评价的环境因子。

2. 环境影响程度识别 工程建设项目对环境因子的影响程度可以用等级划分来反映,按有利影响与不利影响两类分别划分级别。

（1）**不利影响** 不利影响常用负号表示,按环境敏感度划分。环境敏感度指在不损失和不降低环境质量的情况下,环境因子对外界压力的相对计量,可以划分为微弱不利、轻度不利、中度不利、非常不利和极端不利五个等级。

（2）**有利影响** 有利影响一般用正号表示,按照对环境与生态产生的良性循环、提高的环境质量、产生的社会经济效益程度确定等级,可以分为微弱有利、轻度有利、中等有利、大有利和特有利五个等级。

在划分环境因子受影响的程度时,对于受影响程度的预测要尽可能客观,必须认真做好环境的本底调查,同时要对建设项目必须达到的目标及其相应的技术指标有清楚的了解。然后预测环境因子变化产生的生态影响、人群健康影响和社会经济影响,确定影响程度的等级。

3. 环境影响识别方法

（1）**核查表法** 识别一项开发行动或一个工程建设项目对哪些环境因子有影响,影响的特征如何,可采用核查表法。核查表法就是将可能受开发方案影响的环境因子和可能产生的影响性质,通过核查列在一个清单中,然后对核查的环境影响给出定性或半定量的评价,故亦称"列表清单法"。主要形式有简单型清单、描述型清单和分级型清单,描述型清单是环境影响识别常用的方法。对于不同类型的评价项目,宜依据其影响的特点,设计专用的核查表。在进行初步识别时,常有一些通用的核查表。核查表方法使用方便,容易被专业人士及公众接受,在评价早期阶段应用可保证重大的影响没有被忽略。但建立一个系统而全面的核查表是一项烦琐且耗时的工作;同时由于核查表没有将"受体"与"源"相结合,并且无法清楚地显示出影响过程、影响程度及影响的综合效果。

（2）**矩阵法** 矩阵法不仅具有影响识别功能,而且具有影响综合分析评价功能。它将规划目标、指标以及规划方案与环境因素作为矩阵的行与列组成一个矩阵,在拟建项目的各项"活动"和环境影响之间建立起直接的因果关系,以定性或定量的方式说明拟建项目的环境影响。矩阵法有简单矩阵、定量的分级矩阵、Phillip-Defillipi 改进矩阵等,可用于评价规划筛选、规划环境影响识别、累积环境影响评价等多个环节。矩阵法的优点是可以直观地表示交叉或因果关系,缺点是不能处理间接影响和时间特征明显的影响。

（二）环境影响评价的预测方法

进行环境影响识别后,确定了主要环境因子。这些环境因子在人类活动开展以后受影响程度的大小,需进行环境影响预测来判断。目前常用的方法大体上可以分为：① 以专家经验为主的主观预测方法,指对专家的意见进行分析评定而预测的方法,通常用百分比来分别表示各专家的可靠性。② 以数学模型为主的客观预测方法,根据人们对预测对象认识的深浅,可分为黑箱、灰箱和白箱三类。③ 以实验手段为主的实验模拟方法,在实验室或现场通过直接对物理、化学、生物过程测试来预测人类活动对环境的影响,一般称为物理模拟模型。前两类属统计分析方法,用统计、归纳的方法在时间域上通过外推做出预测,一般称为统计模型;后一类为理论分析方法,用某领域内的系统理论进行逻辑推理,通过数学物理方程求解,得出其解析或数值解来做预测,故又分为解析模型和数值模型两类。

1. 数学模型方法 客观世界中的许多事物,人们对其已有相当了解,但对其变化机制的某些方面还未了解清楚。人们对这类事物的预测,常用半经验、半理论的灰箱模型。建立灰箱模型时,首先根据系统各变量之间物理的、化学的、生物学的过程,建立各种守恒或变化关系,而在某些了解还不清楚的方面设法参数化,即用黑箱处理方法,根据输入、输出数据的统计关系确定参数数值。

用于专项环境影响分析的解析模型,与数值模型一样,可分为一维、二维和三维,以及稳态和非稳态。应用时必须注意模型推导过程中所用的假设条件以及尺度分析,这些条件也是模型使用的限制条件。但现实世界的环境影响问题总与以上条件有所差异,即原型与模型的推导条件之间存在差异,这是模型预测必然产生误差的根本原因。

模型参数的确定可以采用类比的方法、数值试验逐步逼近的方法、现场测定的方法与物理实验的方法。前两种方法属统计方法;后两种方法属物理模拟方法,常用的有示踪剂测定法、照相测定法、平衡球测定法、风洞及水渠实验法等。但所得模型参数与原型中的实际参数是有差别的,此差别是模型误差的又一重要因素。

与预测精度最直接相关的影响因素是输入数据的质量,包括源、汇项性质(如源、汇强度)、环境数据(如风速、水速、气温、水温)以及用于模型参数确定的原始测量数据(如监测数据)的质量,这些数据必须经过严格的检查分析。

以上三项误差的存在,决定了环境预测结果的误差或不确定性。一般严格的环境专项影响预测,要求有这方面的讨论,以让决策者对预测结果有一个比较全面的认识。

数学模型最重要的是巴特尔指数法。巴特尔指数是美国 Battelle Columbus 实验室在 1972 年提出来的一套环境评价系统。它将环境参数(因子)值或受影响后参数的变化值作为自变量 x,将环境质量指数作为应变量 y,建立起函数关系,即 $y = f(x)$,以曲线图表示。此外,还赋予每一种环境参数的质量指数以相应的权值,这样,就将不同性质、尺度和量纲表示的参数变化归一化为统一的、具有相应权值的质量指数,方便于工作人员采用矩阵法、网络法或其他方法进行综合评价。

2. 对比法与类比法

(1) 对比法　　此法通过对工程兴建前后某些环境因子影响机制及变化过程进行对比分析,如预测水库对库区小气候的影响,目前还无客观、定量的预测模式,但可通过小气候形成的成因分析与库区小气候现状进行对比,研究其变化的可能性及其趋势,并确定其变化的程度,也可做出建库后的小气候预测。距库区不同距离处受到建库影响的大小,也可用对比法做出预测。

(2) 类比法　　类比法是利用与拟建项目类型相同的现有项目的设计资料或实测数据进行工程分析的常用方法。即一个未来工程(或拟建工程)对环境的影响,可用通过一个已知的相似工程兴建前后对环境的影响分析得到。此法特别适用于相似工程的分析,应用十分广泛。采用该方法时,为提高类比数据的准确性,应充分注意分析对象与类比对象的相似性和可比性,主要包括:① 工程一般特征的相似性,包括建设项目的性质、建设规模、车间组成、产品结构、工艺路线、生产方法、原料、燃料来源与成分、用水量和设备类型等。② 污染物排放特征的相似性,包括污染物排放类型、浓度、强度与数量,排放方式与去向,以及污染方式与途径等。③ 环境特征的相似性,包括气象条件、地貌状况、生态特点、环境功能以及区域污染情况等方面的相似性。因为在生产建设中常会遇到这种情况,某污染物在甲地是主要污染因素,在乙地则可能是次要因素,甚至是可被忽略的因素。类比法也常用单位产品的经验排污系数去计算污染物排放量。但是采用此法必须注意,一定要根据生产规模等工程特征和生产管理以及外部因素等实际情况进行必要的修正。

3. 专家判断法　　在需要进行环境影响专项分析时,常常会遇到一些问题:① 缺乏足够的数据、资料,无法进行客观统计分析;② 某些环境因子难以用数学模型定量化(如含有社会、文化、政治等因素的环境因子);③ 某些因果关系太复杂,找不到适当的预测模型;④ 由于时间、经济等条件限制,不能应用客观的预测方法。此时可以考虑采用专家判断法。如果个别、分散地征求专家意见,其形式可以采用个别采访或讨论,也可寄发各种格式的意见征询表。

专家们善于解决疑难问题,但也有其局限性,如倾向性和偏见。因此,环评人员在吸取专家意见时应了解自己所选择的专家的特长与不足,以便客观地引用他们的意见。随着公众参与的作用日益加强,评价过程中也应重视公众的判断。

(三)地理信息系统在环境影响评价中的应用

随着环境科学理论研究和实践的不断深入以及其他相关学科的发展,环境影响评价的内容和方法也在不断地深化和拓展。目前,环境影响评价中的许多环境问题和环境过程都可以通过模型准确地描述出来,如水质模型、大气扩散模型等,但这些环境模型在数据的空间操作、分析、显示方面存在一定的困难。地理信息系统(GIS)可以为环境模型提供一整套基于 GIS 逻辑原理的空间操作规范,将点或线上的环境影响评价尺度上升到区域空间尺度。

1. GIS在建设项目环境影响评价中的应用

（1）建立环境标准和环境法规数据库　　各种环境标准、环境法规与建设项目的性质、规模及所在的环境条件应相匹配，从而在进行具体项目环境影响评价时可以根据该项目及其所处环境的实际情况，调用该项目环境影响评价所必须遵守的环境标准和环境法规。

（2）建立区域自然与社会经济信息数据库　　自然环境信息包括地形、地质、水文、土地利用、土壤、动物区系和植物区系等；社会经济信息包括行政区范围、人口数量、卫生、教育、经济水平、产业结构、行业结构、基础设施、居住条件等。

（3）建立区域环境质量信息与污染源信息数据库　　环境质量信息包括大气、水资源、土壤、生物资源、噪声、放射性及其他有关信息；污染源信息包括工业、农业、生活、交通等污染源(数量、属性和空间信息)及污染发生所设计的地区范围。GIS能够方便地管理各种环境信息，并能够有效地组织这类现象进行环境统计，为环境影响评价提供基础数据。

（4）建立工程项目信息数据库　　项目工程信息包括建设项目的性质和规模、工艺流程、污染物种类、排放源、排放方式与排放量、环保治理技术等。

（5）环境监测　　利用GIS技术对环境监测网络进行设计，环境监测收集的信息又能通过GIS适时储存和显示，并对所选评价区域进行详细的场地监测和分析。

（6）环境质量现状与影响评价　　GIS能够集成与场地和建设项目有关的各种数据及用于环境评价的各种模型，具有很强的综合分析、模拟和预测能力，适合作为环境质量现状分析和辅助决策工具(图8-3)。GIS还能根据用户的要求，方便地输出各种评价结果、报表和图形。

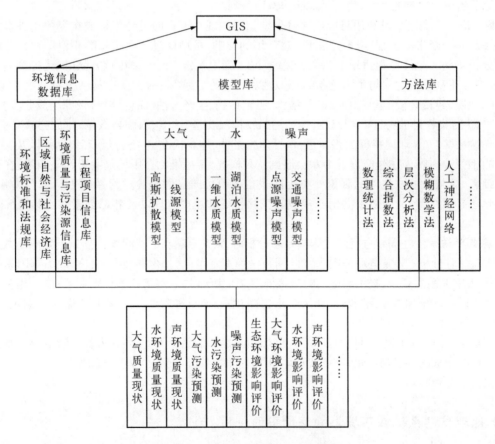

图8-3　环境影响评价系统结构图

（7）环境风险评价　　GIS能够提供快速反应决策能力，可用于地震和洪水的地图表示、飓风和恶劣气候建模、有毒气体扩散建模等，对减灾、防灾工作具有重要的意义。

（8）环境影响后评估　　GIS具有很强的数据管理、更新和跟踪能力，能协助检查和监督环境影响评价单位和工程建设单位履行各自职责，并对环境影响报告书进行事后验证。图8-4给出了GIS在道路环境影

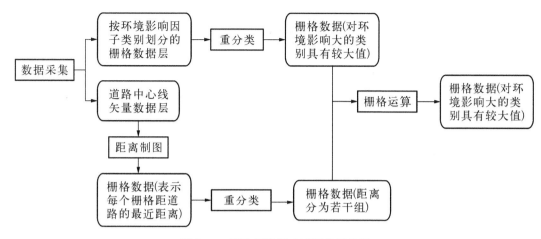

图 8-4　道路环境影响后评价示意图

响后评价中的应用。

（9）公众参与　GIS 的出现使得公众能够方便地通过政府网站了解相关信息,如项目建设是否符合国家相关标准和法规、对其周边环境影响程度如何、采取了什么防治措施、措施的有效性如何等,使其能积极而有效地参与到环境影响评价的整个过程(图 8-5)。

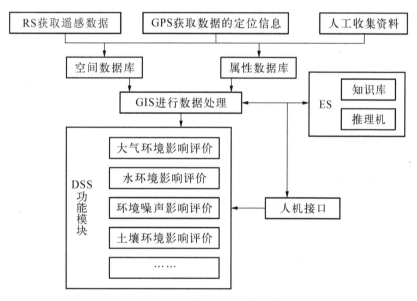

图 8-5　环境影响评价决策支持系统

2. GIS 在区域环境影响评价中的应用　GIS 能够有效地管理一个地理区域复杂的污染源信息、环境质量信息及其他有关方面的信息,并能统计、分析区域环境影响诸因素(如水质、大气、河流等)的变化情况及主要污染源和主要污染物的地理属性和特征(如环境质量、人口、经济水平、产业结构、自然景观、地貌、山川、河流等),并进行特征叠加,分析区域环境质量演变与其他诸因素之间的相关关系,从而对区域的环境质量进行预测。图 8-6 为土地利用规划环境影响评价的工作流程。

此外,可利用 GIS 将区域的污染源数据库和环境特征数据库(如地形、气象等)与各种环境预测模型相关联,采用模型预测法对区域的环境质量进行预测。利用 GIS 不仅可显示原有数据的地图,还可以建立分析结果的专题图,如在专题图上显示重点污染源的位置及其对环境的影响。另外,利用 GIS 强大的空间分析能力和图形处理能力,可以作为各种选择选线的辅助工具。

3. 实例研究

（1）建立空间数据库　在某水域电子底图上,根据 10 个监测点的 BOD_5 和 COD 监测数据(图 8-7),建立空间数据库。在建立空间数据库的过程中,对监测点、监测数据可以随时进行修改,根据研究需要,也可

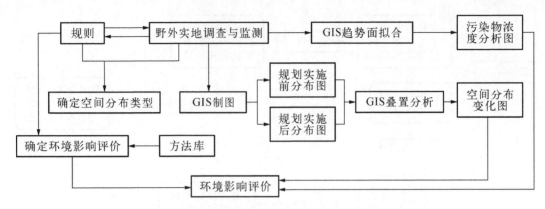

图 8-6　土地利用规划环境影响评价工作流程图

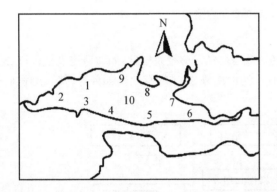

监测点	BOD$_5$/(mg/L)	COD/(mg/L)
1	2.15	14.22
2	3.21	15.53
3	3.16	16.23
4	2.43	15.12
5	2.56	16.24
6	3.41	17.53
7	1.98	14.82
8	1.92	14.49
9	2.12	15.42
10	3.62	16.74

图 8-7　监测点的监测数据及空间编码

增加测点或删除测点,可以动态实现添加数据或删除数据的目的。在实际应用中,参数的数量可以依据研究需要而定。

(2) **区域数字化分析**　建立空间数据库,实现监测点与其所在地理空间位置的关联。这样就可依据监测点的数据利用空间分析功能,对水体的区域环境进行数字化分析。在分析的过程中,GIS 软件 ArcView 会将研究区域栅格化,然后计算每格中的数据。栅格的大小直接影响区域数字化的精度,必须合理设置栅格的大小。根据已有的监测点的监测数值,利用空间插值分析,可以得出 BOD$_5$ 和 COD 两个评价参数在水域中的等值线(图 8-8)。

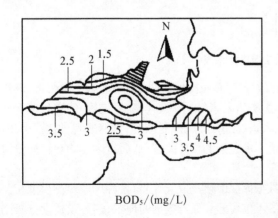

BOD$_5$/(mg/L)

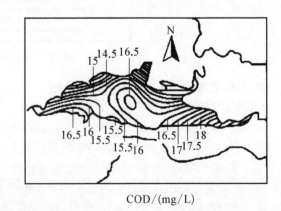

COD/(mg/L)

图 8-8　评价参数的等值线

经过空间数字化分析后,在水域中的任意位置都可以利用 GIS 的查询功能,获得任一参数的数值,并通过调整等值线的线间距(图 8-8 中的线间距均为 0.5 mg/L),对等值线进行动态分析,了解污染参数的空间分布态势,便于污染物防治措施的制定和决策方案的优选。

(3) **环境质量的评价**　在区域水环境数字化的基础上,所有评价指标的数值在空间的分布就可以从图上显示出来。判断区域水质的等级,应依据环境标准进行。利用 ArcView 可以得出单因子评价指标不同数值段在评价区域的空间分布图,对不同的数值范围用不同的灰度级表示,并在图例中说明。通过修改图例,可以生成任意选择的数值范围在评价区域的空间分布图。在进行环境质量评价时,可按照评价标准修改图例,这样就可获得任一评价因子在水域中的等级分布图,BOD_5 和 COD 的环境质量评价如图 8-9 所示。

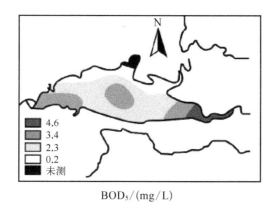

BOD_5/(mg/L)

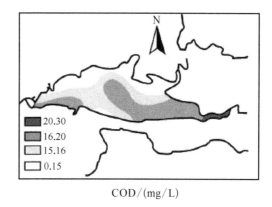

COD/(mg/L)

图 8-9 环境质量评价图

环境质量综合评价,可采用综合评价模型计算环境综合评价指数,将不同监测点的指数值与地理空间位置关联,这样就可以建立综合评价指数在空间的分布图,然后按照综合指数的等级值修改图例,可得出综合评价结果图,操作过程与单因子的环境质量评价方法相同。

(4) 评价结果的查询　　ArcView 能够将所有评价因子的等值线、评价结果图、综合评价图以独立的专题图的形式加以保存。在空间查询时,可任意选择评价指标的专题图或等值线进行显示,研究其空间分布状况。此外,还可以利用 GIS 的空间量算功能,测算分析不同评价等级的面积,获得空间污染面积占评价水域总面积的比例,为决策服务;也可以测算某污染等级的边线距环境敏感点的距离,以便及时采取措施,防止环境污染事故的发生。

参考文献

蔡建安,张文艺. 2003. 环境质量评价与系统分析. 合肥:合肥工业大学出版社.

郭廷忠. 2007. 环境影响评价学. 北京:科学出版社.

海热提,王文兴. 2004. 生态环境评价、规划与管理. 北京:中国环境科学出版社.

金腊华,邓家泉,吴小明. 2005. 环境评价方法与实践. 北京:化学工业出版社.

荆平. 2006. 基于 GIS 的湖泊区域地表水环境影响评价方法. 化工环保,6(2):140—144.

李祚泳,丁晶,彭荔红. 2004. 环境质量评价原理与方法. 北京:化学工业出版社.

刘培桐,薛纪渝,王华东. 2005. 环境学概论. 北京:高等教育出版社.

刘绮,潘伟斌. 2004. 环境质量评价. 广州:华南理工大学出版社.

陆书玉. 2001. 环境影响评价. 北京:高等教育出版社.

陆雍森. 2005. 环境评价. 上海:同济大学出版社.

吴国旭. 2002. 环境评价. 北京:化学工业出版社.

徐新阳,于庆波,孙丽娜. 2004. 环境评价教程. 北京:化学工业出版社.

姚申君,吴健平,易敏,等. 2007. GIS 在环境影响评价中的应用. 环境科学导刊.

叶文虎. 1994. 栾胜基. 环境质量评价学. 北京:高等教育出版社.

张征. 2006. 环境评价学. 北京:高等教育出版社.

Bonachea J, Bruschi V M, Remondo J, et al. 2005. An approach for quantifying geomorphological impacts for EIA of transportation infrastructures a case study in northern Spain. Geomorphology, 6(1-4):95—117.

Rowshon M K, Kwok C Y, Lee T S. 2003. GIS-based scheduling and monitoring irrigation delivery for rice irrigation system. Agriculture Water Management, 62(22):117—126.

第九章　环　境　管　理

　　本章主要介绍了环境管理的基本理论与方法,包括环境管理的目的、基本原则、环境立法、环境标准、环境规划的内容和主要规划技术、现代环境管理新途径(生命周期分析、环境审计、排污交易和风险分析等)等,最后简要介绍了中国环境管理的发展历程和现状,旨在帮助学生了解和掌握环境管理的这一重要的环境保护手段。

第一节　环境管理概述

一、环境管理的概念和目的

　　20世纪中叶,西方发达国家爆发了大规模的环境污染,随之人们通过开发环境污染治理技术开展环境污染治理工作,虽然取得了很大的成效,但并没有从根本上解决环境污染问题,同时治理环境污染的费用居高不下,给政府和企业增加了巨大的财政负担。进入70年代,其他环境问题如生态破坏、自然资源枯竭等也陆续凸显出来,于是人们开始尝试通过规划、组织、协调、指导和监督的途径,对于人类自身的经济发展活动、环境和生态系统实施以实现经济发展和环境保护双赢为目标的管理。在这种形势下,环境管理(environmental management)应运而生,并成为环境保护工作的一个重要手段,也逐渐发展成为环境科学体系的一个重要组成部分。目前,关于环境管理尚无完全统一的定义,中外学者给出了不同的描述,但其核心内容是一致的,即通过管理的方法达到环境污染和破坏的预防,并改善人类生存的环境质量,实现人类社会发展与自然环境相协调。

　　环境管理的最终目的是通过对人们自身思想观念和行为进行调整,以求达到人类社会发展与自然环境承载能力相协调。也就是说,环境管理是人类有意识的自我约束,这种约束通过行政的、经济的、法律的、教育的和科技的等手段来进行。

二、环境管理的对象、内容与手段

(一) 环境管理的对象

　　环境管理的对象既包括人类的社会经济活动,也包括人类社会经济活动所影响的环境要素和生态系统。管理好人类的社会经济活动,就必须首先把管理的目光集中在"活动的主体"的身上。

　　1. 个人　　个人作为社会经济活动的主体,为了满足自身生存和发展的需要,通过生产劳动或购买去获得用于消费的物品和服务。在消费这些物品的过程中或在消费以后,将会产生各种各样的废物,并以不同的形态和方式进入环境,从而对环境产生各种负面影响。一般来说,消费对环境的负面影响可以分为以下几种情况:

　　1) 在对消费品进行必要的清洗、加工处理过程中产生的废物以生活垃圾的形式进入环境。这里,加工指消费者对消费品进行的必要处理,如食品烹饪等。

　　2) 在运输和保存消费品时使用的包装物也将成为废物,它们同样以生活垃圾的形式进入环境,如各种塑料袋等。

　　3) 消费品使用后也成为废物进入环境,如废旧电池等。

　　要减轻个人的消费行为对环境的不良影响,首先必须明确个人行为是环境管理的主要对象之一。为此必须唤醒公众的环境意识,同时还要采取各种技术措施和管理措施。例如,提供并鼓励消费者选用与环境友好的消费品,以利于最大限度地降低消费过程对环境的影响;集中清洗和加工各种消费品,以便于收集和处理废弃物;禁止使用难于处理或严重污染环境的消费品等。总之,在市场经济条件下,可以运用经济刺激手段和法律手段,引导和规范消费者的行为,建立合理的消费模式。

2. 企业 企业生产活动对环境的负面影响主要有以下几种情况:

1) 从环境中索取各种自然资源,直接改变了环境的结构,进而影响到环境的功能。例如,为了满足纸张生产的需要,许多森林被过度砍伐,导致森林生态系统功能的丧失。

2) 在企业生产过程中,只有一部分原材料能够转化为产品,其余很大部分都将以废物的形式进入环境,造成环境污染。这种生产性污染往往同时包括大气污染、水污染和噪声污染等多种形态,对人体健康和生态系统均有极大的危害。

由此可见,企业行为是环境管理的又一重要对象。要控制企业对环境的不良影响,首先要从企业文化的建设,包括企业道德的教育入手,从内部减少或消除造成环境压力的因素,同时要从外部形成一个使其难以用破坏环境的办法来获利的社会运行机制和氛围。另外,还要营造有利于与环境协调、和谐的企业行为及技术发明得到较高回报的市场条件。相应的,可以采取的技术与管理措施有:① 制定严格的环境标准,限制企业的排污量;② 实行环境影响评价制度,禁止兴建过度消耗自然资源、严重污染环境的企业;③ 运用各种经济刺激手段,鼓励清洁生产,支持和培育与环境友好的产品的生产等。

环境管理同时也特别强调对于受人类影响的环境要素和生态系统的管理。这里既包括所谓的"部门分析管理",也包括生态系统方法管理。前者包括对水资源、土壤、大气质量、噪声、废弃物等的管理,后者主要指运用生态系统的方法进行城市环境、农村环境、海滨环境、河流与湖泊环境以及山地环境等的管理。

(二)环境管理的内容

可以分为对环境质量的管理和对生态系统的管理。当今时代,政府扮演着主要环境管理者的角色,因此着重从政府的环境管理行为角度,介绍环境管理的内容。

1. 环境质量管理 环境质量管理指为了保证人类生存和健康所必需的环境质量而进行的各项管理工作。环境质量指特定的环境中,环境的总体或环境的要素对人群的生存和繁衍以及社会经济发展的适宜程度。环境由多种要素组成,环境质量分为空气环境质量、水环境质量、声环境质量和土壤环境质量等。评价环境质量优劣的基本依据是环境质量标准,它是为保护人群健康而对环境中污染物的容许含量所做的规定。环境质量标准具有不同的级别。例如,在我国,空气中二氧化硫的日平均浓度低于 0.05 mg/m³ 时为一级,0.05~0.15 mg/m³ 为二级,0.15~0.25 mg/m³ 为三级。政府因对不同地域规定了不同的功能要求,因而规定其环境质量要达到不同的级别。仍以空气环境质量为例,规定自然保护区、风景名胜区和其他需要特殊保护的地区应达到质量一级标准;城镇规划中已经确定的居民区、商业交通居民混合区、文化区、一般工业区和农村地区应达到质量二级标准;特定的工业区应达质量三级标准。

2. 生态系统管理 生态系统管理是在自然资源管理进入了一个新阶段,人们对于自然资源的管理更多地强调生态系统的可持续性而不仅仅是产出,即可持续发展概念和战略日益受到重视的形势下出现的一个全新的概念,其核心是对自然资源强调整个系统的多目标管理,而不仅仅是局限于某个单一资源的商品产出(如木材、畜产品)。

生态系统管理要求系统地、科学地研究人类对生态系统的利用以及对其造成的影响,并努力使两者达到平衡。生态系统管理更多地关注生态系统的状态,目的是保持土地生产力、保护生物多样性、维护景观格局和生态过程的耦合,在支持可持续的经济和社会发展的同时,恢复和保持生态系统的健康、可持续性和生物多样性。生态系统管理意味着必须以某种方式在人类的各种需求和环境的各种价值之间进行折中,以保持多样、健康和可持续的生态系统,保护和恢复空气、水、土壤和生物多样性及生态过程的完整性。

(三)环境管理手段

1. 行政手段 行政手段是行政机构以命令、指示、规定等形式作用于直接管理对象的一种手段。行政手段的主要特征是:① 权威性。行政机构的权威越高,行政手段的效力越强。因此,环境保护行政机构权威性的高低对提高政府环境管理的效果有很大的影响。② 强制性。行政机构发出的命令、指示、规定等将通过国家机器强制执行,管理对象必须绝对服从,否则,将受到制裁和惩罚。③ 规范性。行政机构发出的命令、指示、规定等必须以文件或法规的形式予以公布和下达。在我国的环境管理工作中,行政手段通常包括制定和实施环境标准,以及颁布和推行环境政策。

2. 法律手段 与其他形式的社会行为规范相比,法律规范最显著的特征是强制性,即通过国家机器的保障强制执行,违反法律规范的行为将受到相应的制裁和惩罚。法律规范的构成一般包括三个方面:① 条件。法律适用于特定的范畴和情形,如《中华人民共和国水污染防治法》适用于在中华人民共和国领域内的江河、湖泊、运河、渠道、水库等地表水体以及地下水体的污染防治。② 行为规则。法律规范中明确规定,允许做什么,禁止做什么,这是法律规范最基本的部分。③ 法律责任。违反法律规定的作为或不作为,都应当承担相应的法律后果。例如,因水污染直接造成公私财产损害的,要负赔偿责任。

3. 经济手段 经济手段指运用价格、税收、补贴、押金、补偿费以及有关的金融手段引导和激励社会经济活动的主体主动采取有利于保护环境的措施。

政府环境管理的现行经济手段主要包括:① 排污收费制度。根据有关政策和法律的规定,排污单位或个人应根据排放的污染物种类、数量和浓度交纳排污费。② 减免税制度。国家规定,对自然资源综合利用产品实行五年内免征产品税、对因污染搬迁另建的项目实行免征建筑税等。③ 补贴政策。财政部门掌握的排污费,可以通过环境保护部门定期划拨给缴纳排污费的企事业单位,用于补助企事业单位的污染治理。④ 贷款优惠政策。对于自然资源综合利用项目、节能项目等,可按规定向银行申请优惠贷款。

在政府的环境管理中,根据管理对象的性质和特点,可以分别采用不同种类的手段。例如,对有关的经济活动通过税收、补贴等措施可以收到更好的效果。但是,应当指出的是,经济手段的运用不能独立于行政手段或法律手段,它必须以行政手段或法律手段为载体。

4. 宣传教育手段 环境宣传教育可以提高人们的环境保护意识。通过环境宣传教育,不但要使全社会充分认识到环境保护的重要性,而且应当使全社会懂得环境保护需要每一个社会成员的参与。只有全体社会成员共同参与,才能从根本上保证环境得到保护。

5. 科学技术手段 政府环境管理中的科学技术手段指国家建立合理的制度,制定有关的政策和法律,提高环境保护的科学和技术水平。具体地讲,主要指提高促进人与自然和谐、环境与经济协调的决策科学水平;提高保障代内和代际的人与人之间(包括国家之间、地区之间、部门之间)公平的管理科学水平;提高发展既能高度满足人类消费需要又与环境友好的新材料、新工艺的科学技术水平;提高整治生态环境破坏,治理环境污染、提高环境承载力的科学技术水平等。

第二节 环境立法与环境标准

一、环境法的定义

西方国家的环境法学著作中关于环境法的定义为:"环境法是控制污染的法律的总称。"美国环境法学者威廉·罗杰尔从生态学角度给环境法下的定义为:"环境法是保护地球上人类生存空间、防止地球及居住在其上的人类受到各种能扰乱其正常秩序的行为干扰的法律。"

我们给出的环境法定义是,由国家制定或认可,并由国家强制保证执行的关于保护与改善环境合理开发利用与保护自然资源、防治污染和其他公害的法律规范的总称。

这个定义包含三点主要含义:

1) 环境法是由国家制定或认可并由国家强制力保证执行的法律规范。由国家制定或认可,具有国家强制力和具有规范性,这是构成法律属性的基本特征之一。这一特征使它同非国家机关,如社团、组织、企业等的规章区别开来;也同虽由国家机关制定但不具有规范性,或不具有国家强制力的非法律文件区别开来。

2) 环境法的目的是通过防止自然环境破坏和环境污染来保护人类的生存环境,维护生态平衡,协调人类同自然的关系。

3) 环境法所要调整的是社会关系的一个特定领域,即人们(包括组织)在生产、生活或其他活动中所产生的同保护和改善环境合理开发利用与保护自然资源有关的各种社会关系。这种社会关系包括两个主要方面:① 同保护、合理开发和利用自然环境与资源有关的各种社会关系;② 同防治各种公害有关的社会关系。

二、环境法的产生和发展

人类社会的不同发展阶段产生不同的环境问题。环境法的产生和发展同每一个社会发展阶段环境问题的性质、程度,以及环境保护在社会生活中的地位和国家对环境问题采取的基本对策有密切的关系。

现代环境法产生于工业发达国家,大体经历了产生、发展、完善三个阶段。

1. 环境法的产生的初级阶段(18 世纪 60 年代至 20 世纪初) 工业革命的发展造成环境污染。蒸汽机和新机器的采用消耗大量的煤和水,矿冶、机器制造、制碱、纺织、造纸等工业的发展对大气、水和土壤造成污染。在这种形势下,一些工业革命较早的国家开始制定了一些简单的防止大气污染和河流污染的单行法规。英国制碱业很发达,为了防止制碱厂大量排放氯化氢造成大气污染,1863 年颁布了《制碱业管理法》。1913 年,英国又颁布了《煤烟防治法》,其控制对象是制碱业以外各种向大气排放烟尘的污染源。

1864 年美国颁布《煤烟法》;1899 年颁布《河流与港口法》,该法禁止将各种废弃物排入通航水域;1912 年颁布《公共卫生法案》,责成卫生署研究水污染对人体健康的影响和调查水污染事故;1924 年颁布《油污染法》,禁止向水域排放任何油类物质。

西方国家早期的环境立法主要针对当时的环境污染,即大气和水的污染,防治范围比较狭窄;立法措施主要是限制性的规定或采用治理技术,较少涉及国家对环境的管理。

2. 环境法的发展阶段(20 世纪初至 20 世纪 60 年代) 这一时期西方工业化国家环境污染事件频发,环境问题成了重大社会政治问题,国家不得不采取各种措施,包括大量制定环境法规,从而使环境法得到了迅速发展。

这一时期的环境立法有两个重要特点:① 由于环境问题严重化和国家加强环境管理的迫切需要,许多国家加快了环境立法的步伐,制定了大量环境保护的专门法规,从数量上说,远远超过其他的部门法。② 除水污染防治法和大气污染防治法外,又制定了一些新的环境法规(如噪声防治、固体废物处置、放射性物质、农药、有毒化学品的污染防治等),使环境法调整的对象和范围更加广泛。

3. 环境法的完备阶段(20 世纪 70 年代至现在) 进入 20 世纪 70 年代,世界很多国家以空前的规模和速度发展经济、开发资源,城市人口高度集中,农业向大型机械化方向发展。这样,一方面资源的需求量大大增加,另一方面生产与生活的废弃物也大大增加。虽然各国通过大量投资进行污染治理,明显的大气污染和水污染有所控制,但并没有根本解决环境问题。环境与发展的矛盾仍然是各国面临的重大问题。

这一时期的环境立法有如下特点:

1) 为了提高国家对环境管理的地位,很多国家在宪法里增加了环境保护的内容,有的国家把环境保护规定为国家的一项基本职能。

2) 20 世纪 60 年代末 70 年代初,不少国家制定了综合性的环境保护基本法。1967 年日本颁布了《公害对策基本法》,保加利亚颁布了《自然保护法》;1969 年美国制定了《国家环境政策法》,瑞典制定了《环境保护法》;1973 年罗马尼亚制定了《环境保护法》。此后,还有不少国家在制定这种综合性的基本法。环境保护基本法在各国的出现,反映了环境立法从局部到整体、从个别到一般的发展趋势,也反映了各国从单项环境要素的保护和单项治理向全面环境管理及综合防治方向发展,这是环境法向完备阶段发展的重要标志。

3) 各国环境政策和环境立法的指导思想在总结历史经验的基础上发生了根本转变,采取了预防为主、综合防治的政策和措施。1992 年联合国环境与发展大会后,各国把"可持续发展"作为基本的环境政策和立法指导思想,在立法上引进了旨在贯彻可持续发展原则和预防为主方针的各种法律制度。例如,土地利用规划、环境影响评价制度、许可证制度以及鼓励采用低污染、无污染工艺设备的各种经济技术政策。

4) 把环境保护从污染防治扩大到对整个自然环境的保护,加强自然资源与自然环境保护的立法。

5) 法律"生态化"的观点在国家立法中受到重视并向其他部门法渗透。在民法、刑法、经济法、诉讼法等部门法中也制定了符合环境保护要求的新的法律规范。

三、中国的环境立法

(一) 我国环境法的由来

新中国成立以后,我国的环境立法经历了比较曲折的发展过程,但环境法制建设的总趋势是日益受到国家的重视而逐步发展和完善。从新中国成立到1973年全国第一次环境保护会议的召开是我国环境保护事业兴起和我国环境法孕育与产生时期。

20世纪70年代,我国已建立了比较完整的工业体系,环境污染也随之日趋严重。1972年联合国召开的第一次人类环境会议,对我国的环境保护工作起了警戒和促进的作用。1973年国务院召开了第一次全国环境保护会议,把环境保护提上了国家管理的议事日程。会议研究、讨论了我国的环境污染和环境破坏问题,拟定了《关于保护和改善环境的若干规定(试行草案)》。这一法规是我国于1979年颁布的《环境保护基本法(试行)》的雏形。

1978年修订的《中华人民共和国宪法》第一次对环境保护做了如下规定:"国家保护环境和自然资源,防治污染和其他公害。"这为我国的环境保护和环境立法提供了宪法基础。

1978年党的十一届三中全会以来,我国的政治、经济形势发生了重大变化,国家的环境保护事业和法制建设也进入了一个蓬勃发展的时期并初步建立了完整的环境法律体系。

综合我国现行环境立法,环境法体系由下列各部分构成:① 宪法关于环境保护的规定;② 环境保护基本法;③ 环境与资源保护单行法规;④ 环境标准;⑤ 其他部门法中的环境法律规范。

(二) 环境保护基本法

环境保护基本法在环境法体系中,除宪法之外占有核心的地位。它是一种综合性的实体法,即对环境保护方面的重大问题加以全面综合调整的立法,一般是对环境保护的目的、范围、方针政策、基本原则、重要措施、管理制度、组织机构、法律责任等做出原则规定。这种立法常常成为一个国家的其他单行环境法规的立法依据。1989年12月颁布的《中华人民共和国环境保护法》是我国的环境保护基本法,该法是1979年《中华人民共和国环境保护法(试行)》经修订后重新颁布的。

(三) 环境与资源保护单行法规

环境与资源保护单行法规是针对特定的保护对象(如某种环境要素或特定的环境社会关系)而进行专门调整的立法。它以宪法和环境保护基本法为依据,又是宪法和环境保护基本法的具体化。因此,单行环境法规一般都比较具体详细,是进行环境管理、处理环境纠纷的直接依据。单行环境法规在环境法体系中数量最多,占有重要的地位。

由于单行环境法规名目多,内容广泛,按其所调整的社会关系大体分为如下三类。

1. 土地利用规划法　　通过国土利用规划实现工业、农业、城镇和人口的合理布局与配置,是控制环境污染与破坏的根本途径,也是贯彻防重于治原则的有效措施。实现这一目的土地利用规划法,在环境法体系中占有重要地位,是国家环境立法完备化不可缺少的内容。土地利用规划法包括国土整治、农业区域规划、城市规划、村镇规划等法规。

2. 环境污染防治法　　环境污染是环境问题中最突出、最尖锐的部分。一般说,在工业发达国家,环境法是从污染控制法发展而来的。在环境与资源保护单行法规中,污染防治法占的比重最大。

污染防治法规包括大气污染防治、水质保护、噪声控制、废物处置、农药及其他有毒物品的控制与管理,也包括其他公害(如震动、恶臭、放射性、电磁辐射、热污染、地面沉降等)的防治法规。

3. 自然保护法　　自然保护是对人类赖以生存的自然环境和自然资源的保护。目的是为了保护自然环境,使自然资源免受破坏,以保持人类的生命维持系统,保存物种遗传的多样性,保证生物资源的永续利用。

近几年,我国自然保护法的制定与修订步伐加快了,重要的自然环境要素和资源保护立法已基本完备,如《水法》、《森林法》、《草原法》、《土地管理法》、《矿产资源法》、《渔业法》、《野生动物保护法》、《水土保持法》等。

四、环境标准

(一)环境标准的定义

环境标准是有关控制污染、保护环境的各种标准的总称。它是国家为了保护人民身体健康,促进生态环境的良性循环,根据环境政策和法规,在综合分析自然环境特征、生物学毒理实验、污染控制的经济能力和技术可行性的基础上,对环境中污染物的允许含量及污染源排放污染物的数量和浓度所做出的规定。环境标准是进行环境监督、环境监测和实施环境管理的重要依据。

(二)环境标准的发展概述

环境标准的建立和发展在一定程度上反映了一个国家环境保护法律建设状况和社会经济发展水平。20 世纪中叶,随着震惊世界的环境污染事件接连在西方工业发达国家发生,这些国家认识到了需要采用立法的手段来防止环境污染,环境标准也就随着环境法的建立而不断发展。可见,环境标准和环境法密切相关。

(三)环境标准体系

环境标准服务于环境管理的各个领域,因此,依据分类标准的不同,环境标准有不同的分类体系。按照环境要素可分为大气、水、噪声、土壤环境质量标准,按照用途可分为环境质量标准、污染物排放标准、污染物控制技术标准、污染警报标准等。

1. 环境质量标准 是各类环境标准的核心,是对各环境要素中主要污染物的最高允许浓度值做出的限制性规定,是进行环境管理的依据。

2. 污染物排放标准 是以实现环境质量标准为目标,对污染源排入环境中的污染物浓度做出的限制,是控制污染物排放量的依据,也是环境管理部门执法的依据。

我国环境标准体系包括环境质量标准、污染物排放标准、基础标准和方法标准。我国环境质量标准一般分为三级,一级要求最高,也最严格,达到一级的地区的环境质量最好,如国家自然保护区、风景游览区等。

(四)环境质量标准制订的原则

1. 科学性 绝大多数的环境质量标准是在环境基准(卫生基准)的基础上制定的。近年来,人们也意识到在环境质量标准制定时,除了要考虑污染物对于人体健康的影响,同时也要考虑环境污染物对于自然环境和生态系统的影响。

环境基准(也可称为卫生基准)的制定是通过对环境中各种污染物浓度对人体、生物的危害影响进行综合分析,必要时进行生物毒理学实验和流行病调查来分析污染物剂量与环境效应、人群健康之间的相关性,通常将这些相关性研究的结果称为环境基准。世界卫生组织提供了一系列的污染物卫生基准,是各国制定环境质量标准的重要依据。

环境基准是科学实验和社会调查的研究结果,是环境污染物与特定对象之间"剂量-反应"关系的科学总结,不考虑社会、经济和技术等人为因素。环境标准是以环境基准为依据,考虑社会、经济和技术等人为因素,经过综合分析而制定的,并由政府颁布的具有法律效力的法规。

2. 可行性 经济和技术水平是决定各国环境质量标准不同的原因。

第三节 环 境 规 划

一、环境规划的定义

环境规划是国民经济和社会发展的有机组成部分,是在综合考虑社会-经济-环境系统协同运作规律的基础上,对人类自身活动和环境所做的时间和空间的合理安排,是规划管理者对一定时期内环境保护目标和措施所做出的具体规定,是一种带有指令性的环境保护方案,其目的是在发展经济的同时保护环境,使社会经济与环境协调发展。

二、环境规划的指导思想和基本原则

(一)指导思想

环境规划的指导思想是谋求经济、社会和环境的协调发展,保护人民健康,促进社会生产力持续发展及资源和环境的可持续利用。在经济发展的同时,改善环境;在改善环境中,促进经济发展。环境规划要适应社会主义初级阶段经济社会发展水平,体现社会主义市场经济特点,贯彻环境保护的总方针和总战略,坚持经济建设、城乡建设与环境建设同步规划、同步实施、同步发展,实现经济效益、社会效益和环境效益的统一。

(二)基本原则

制定环境规划的基本目的,在于不断改善和保护人类赖以生存和发展的自然环境,合理开发和利用各种资源,使经济、技术、社会发展相结合,人口、资源、环境协调发展。因此,制定环境规划,应遵循下述四条基本原则。

1. 以环境科学和生态学理论为科学指导的原则 人类对环境资源的开发利用必须在维持自然资源的再生功能和环境质量的恢复能力的基础上,不允许超过生物因素的承载容量或容许极限。此外,人类-环境系统中相互联系和相互制约的各个因素或变量构成了一个有机的统一体,其中任何一个因素发生变化或不协调都会影响到其他因素,甚至使整个系统失调而引起平衡的破坏。因此,环境规划必须从环境的整体原理出发,进行综合研究,将经济和自然系统作为一个整体来考虑,才能克服一般规划中的局限性,避免产生顾此失彼的现象。

2. 以经济发展为战略依据的原则 从经济技术水平和满足人类生存与发展所必需的环境质量要求出发,根据经济发展规划,预测可能产生的环境污染,经科学论证,提出合理的开发建设速度和方式。由此提出的环境规划目标必须体现经济发展和生态保护的双重要求,开发强度不能超出环境允许极限,同时,环境目标也不能阻碍或限制经济发展。拟定应达到的环境目标时,应充分考虑这种环境目标的可行性,既要保证满足人民一定的环境质量要求,又要考虑具有可操作性。

3. 区域性原则 我国领土幅员辽阔,地理复杂,因而区域性的特点更为突出。同时,各个地区的人口密度、经济发展情况、能源资源的储量、文化技术水平等方面,更是千差万别。为此,在环境规划中应根据区域环境的特征,制定环境功能区划,在进行环境评价的基础上,掌握自然系统的复杂关系,分清不同的机制,准确地预测其综合影响,因地制宜地采取相应的策略措施和设计方案。

4. 预防为主的原则 坚持预防为主,防治结合,全面规划,合理布局,突出重点,兼顾一般,使工作重点转向环境综合整治。

三、环境规划的类型、内容和作用

(一)环境规划的类型

环境规划所涉及的内容相当广泛,存在多种分类方法,不同类型的环境规划内容也不相同。按规划期分为长期、中期和年度环境规划;按环境要素分为大气污染防治规划、水质污染防治规划、固体废物污染防治规划、土地利用规划和噪声污染防治规划等;按性质分为污染综合防治规划、生态规划和自然保护规划;按照区域范围划分为城市环境规划、区域环境规划、流域环境规划和国家环境保护规划。总之,各种类型的环境规划都是针对不同类型的环境问题,采取包括调整经济结构、合理经济布局在内的一系列战略对策来寻求和达到环境与经济的协调发展。因此,环境规划实质上是环境与经济的综合规划。

(二)环境规划的任务和主要内容

1. 环境规划的任务 各种不同类型的环境规划在对象、目标、内容、范围以及期限等方面存在差异,因此各类环境规划的任务在细节上也不尽完全相同。

总体而言,环境规划的任务,就是要解决国民经济发展和环境保护之间的矛盾。因此,必须在制定国民经济发展规划的同时做好环境规划,以期科学地规划和调整经济发展的规模和结构,恢复和协调各个生态系统的动态平衡,促使人类生态系统向更高级、更合理的方向发展,保护人体健康和自然资源,保护和促进生产力向前发展。为此,必须揭示经济发展和环境保护这一矛盾的实质,研究其间的对立统一关系,掌握发展规律,并寻求解决矛盾的途径和方法。

2. 环境规划的主要内容及其编制程序 由于环境规划种类较多,内容侧重点各不相同,到目前为止,环境规划还没有一个固定模式,但其基本内容有许多相近之处,主要为环境调查与评价、环境预测、环境功能区划、环境规划目标、环境规划方案的设计、环境规划方案的选择和实施环境规划的支持与保证等。下面以环境规划的编制程序为主线对其所包括的具体内容予以介绍。

(1)编制环境规划的工作计划 由环境规划部门的有关人员,在开展规划工作之前,提出规划编写提纲,并对整个规划工作进行组织和安排,编制各项工作计划。

(2)环境现状调查和评价 环境规划所应用的各种科学数据信息,主要是通过对环境的调查和环境质量评价获得的,环境调查与评价是制定环境规划的基础。其目的在于通过对区域的环境状况、环境污染与自然生态破坏的调研,找出存在的主要问题,探讨协调经济社会发展与环境保护之间的关系,以便在规划中采取相应的对策。

1)环境调查:基本内容包括环境特征调查、生态调查、污染源调查、环境质量的调查、环保治理措施效果的调查以及环境管理现状的调查等。

2)环境质量评价:基本内容包括污染源评价、环境污染现状评价、环境自净能力的确定、对人体健康和生态系统的影响评价和费用效益分析等五个方面。

(3)环境预测分析 环境预测是通过现代科学技术手段和方法,根据过去和现在所掌握环境方面的信息资料推断未来,预估环境质量变化和发展趋势。它是环境决策的重要依据,没有科学的环境预测就不会有科学的环境决策,当然也就不会有科学的环境规划。因此,环境预测是编制环境规划的先决条件。环境预测的主要内容有以下四个方面:污染源预测、环境污染预测、生态环境预测、环境资源破坏和环境污染造成的经济损失预测。

(4)确定环境规划目标 确定恰当的环境目标,即明确所要解决的问题及所达到的程度是制定环境规划的关键。目标太高,环境保护投资多,超过经济负担能力,则环境目标无法实现;目标太低,不能满足人们对环境质量的要求或造成严重的环境问题。因此,在制定环境规划时,确定恰当的环境保护目标是十分重要的。

环境目标一般分为总目标、单项目标、环境指标三个层次。总目标指区域环境质量所要达到的要求或状况;单项目标是依据规划区环境要素和环境特征以及不同环境功能所确定的环境目标;环境指标是体现环境目标的指标体系。

确定环境目标应考虑以下几个问题:① 选择目标要考虑规划区环境特征、性质和功能;② 选择目标要考虑经济、社会和环境效益的统一;③ 有利于环境质量的政策;④ 考虑人们生存发展的基本要求;⑤ 环境目标和经济发展目标要同步协调。

(5)进行环境规划方案的设计和选择 环境规划设计是根据国家或地区有关政策和规定、环境问题和环境目标、污染状况和污染物削减量、投资能力和效益等,提出环境区划和功能分区以及污染综合防治方案。

在制定环境规划时一般要作多个不同的规划方案,经过对各方案的定性、定量比较综合分析,对比优缺点得出一个经济合理、技术先进、满足环境目标要求的最佳方案。这个方案作为最佳推荐方案,提供给领导者决策。方案比较和优化是环境规划过程中重要的工作方法,在整个规划的各个阶段都存在方案的反复比较。

(6) **环境规划方案的申报与审批**　　环境规划的申报与审批,是整个环境规划编制过程中的重要环节,是把规划方案变成实施方案的基本途径,也是环境管理中一项重要工作制度。环境规划方案必须按照一定的程序上报各级决策机关,等待审核批准。

(7) **环境规划方案的实施**　　环境规划的实施要比编制环境规划复杂、重要和困难的多。环境规划按照法定程序审批下达后,在环境保护部门的监督管理下,各级政府和有关部门应根据规划中对本单位提出的任务和要求,组织各方面的力量,促使规划付诸实施。

环境规划编制的基本程序,如图9-1所示。

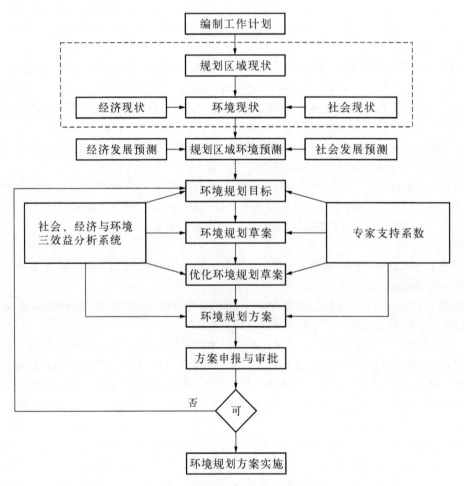

图9-1　环境规划编制基本程序图

(三)环境规划的作用

在环境管理实践中,人们越来越清楚地认识到环境规划在社会经济发展和环境保护工作中有非常重要的作用,概括起来如下。

(1) **环境规划是实施环境保护战略的重要手段**　　环境保护战略只是提出了方向性与指导性的原则、方针、政策、目标、任务等方面的内容,而要把环境保护战略落到实处,则需要通过环境规划来实现。通过环境规划来具体地执行和贯彻环境保护战略的指导思想、方针和政策,通过环境规划来实现环境保护战略;通过环境规划来完成环境保护战略任务;通过环境规划来实施环境保护战略步骤和战略措施。

(2) 环境规划是协调经济社会发展与环境保护的重要手段 环境问题必须与经济社会问题一起考虑,并在经济社会发展中得到解决,从而实现经济社会与环境保护协调发展,这一思想已经成为世界各国的共同经验。环境规划正是实现这一理念的重要手段。

(3) 环境规划是实施有效管理的基本依据 环境规划在各项环境管理活动中具有非常重要的地位和作用。在我国现行的各项环境管理制度中基本都是以环境规划或计划为基础和先导。

(4) 环境规划是各级环境保护部门开展环境保护工作的重要依据 环境规划是对于一个区域在一定时期内环境保护的总体设计和实施方案,给各级环境保护部门提出了明确的方向和工作任务,使他们根据各自的职责,按照环境规划中所提出的目标、任务、重点、阶段以及措施来开展各项环境保护工作。

(5) 环境规划是改善环境质量、防止生态破坏的重要措施 改善环境质量以及预防生态破坏是环境规划的中心工作。环境规划是要在一个区域范围内进行全面规划、合理布局以及采取有效措施,预防产生新的生态破坏,同时又有计划、有步骤、有重点地解决一些历史遗留的环境问题,逐步改善区域环境质量和恢复自然生态的良性循环。

四、环境规划与其他相关规划的关系

环境是经济和社会发展的基础和支撑条件,环境问题与经济和社会发展有密切的联系,因而环境规划也与许多其他规划相互关联,如国土规划、城市总体规划、国民经济和社会发展中长期规划等。但是,环境规划又与这些规划有着明显的差异。环境规划有自己独立的内容和体系。

1. 环境规划与国民经济和社会发展规划 国民经济和社会发展规划是国家或区域在较长一段历史时期内经济和社会发展的全局安排,它规定了经济和社会发展的总目标、总任务以及所要解决的重点、所要经过的阶段、所要采取的力量部署和重大政策措施的总和,环境问题是其所涉及的重要问题之一。环境规划是国民经济和社会发展规划体系的重要组成部分,是一个多层次、多时段的有关环境方面的专项规划的总称,对国民经济和社会发展规划起着重要的补充作用。环境规划的制定和实施是保障国民经济和社会发展规划目标得以实现的重要条件。同时,国民经济和社会发展规划又为环境规划提供了重要的物质基础和经济基础,使环境规划的实施得到资金的保障。

2. 环境规划与城市总体规划 城市总体规划指为了确定城市性质、规模和发展方向,实现城市经济和社会发展目标,合理利用城市土地,协调城市空间布局和各项建设所做的综合部署,侧重于从城市形态设计上落实经济、社会发展目标,环境保护与建设也是其中重要内容之一。

城市环境规划既是城市总体规划中的主要组成部分之一,又是城市建设中的独立规划,两者互为参照和基础,其中城市环境规划目标是城市总体规划的目标之一,并参与城市总体规划目标的综合平衡。两者差异性在于城市环境规划是从保护人体健康出发,以保持和创建清洁、优美、安静的适宜生存的城市环境为主要目标的一种规划,并含有城市总体规划所不包括的污染源控制和污染治理设施建设与运行等内容。

环境规划与国民经济和社会发展规划、城市总体规划等既互相联系,又互有侧重和互相区别,组成一个相互交叉和互相渗透的体系。

五、环境规划的技术方法简介

(一)环境预测的技术方法

环境预测就是在环境调查和分析的基础上,结合社会经济发展状况,对未来环境质量、污染排放量和生态环境在未来一段时间内的变化情况做出的估计和推测。环境预测的技术方法包括两大类:第一类是定性预测(又称经验预测,或逻辑判断预测);第二类是定量预测(主要是数学模拟预测)。

1. 定性预测 以逻辑判断推理为基础,依据预测者的经验、专业特长、综合分析能力和所获得的信息,对未来的变化做出的定性描述。定性预测主要对未来事物发展的状况做出性质上的判断,多不对数量变化的情况做出估算。常用的方法有专业会议法和专家调查法(德尔菲法)。

2. 数学模拟预测法　数学模型预测实际上是对于预测对象(如环境系统)作出的一种抽象和简化的数学模拟。数学模拟预测主要利用实验、监测和统计数据,经过综合分析和处理,在对环境系统的本质和变化有了一定的认识的基础上,通过抽象地建立一组描述系统的方程进行预测。环境预测中可应用的数学模拟预测的方法很多,包括一般预测学的方法,也包括环境科学中的污染物扩散模式。

(1) 回归分析预测法　在环境系统或环境-经济复合系统中,普遍存在着变量间的相关关系,回归分析就是研究和表达这种相关关系的一种有力的数学工具。它可使我们从一个(或多个)变量的一组实测数据去估算另一个变量的值,这里既包括线性回归,也包括非线性回归,可预测的对象包括环境污染物排放量、削减量、能源需求量、万元产值排污系数等。例如,将能源需求量作为因变量,GDP 作为自变量,可利用过去的统计数据进行回归分析,建立能源需求量的预测模型,如果有未来 5～10 年的经济发展目标(GDP 值),就可以预测未来 5～10 年的能源需求量。

(2) 时间序列预测法　以某一环境预测对象在过去一段时间内的监测或统计数据(如某一城市大气环境质量或某一条河流的水质或污染物排放量在各个年度、季度或月度的监测数据)所组成的时间序列为依据,分析其随时间变化的规律,并推断它们未来的发展水平和变化趋势。时间序列预测法是以时间为自变量进行的定量预测方法。

在环境预测中,如果只关注某一预测量的未来值,而不关注哪些因子对其有影响,则可用时间序列外推法进行预测。如某一城市的废水排放量(D)的统计值并不是每个月间发生剧烈变化,下一个月的 D 值可能取决于前几个月的 D 值。基于这种认识,D 可表示为

$$D_{t+1} = f(D_t, D_{t-1}, \cdots, D_1)$$

$t+1$ 月的 D 值可看作是现在(t)和过去 ($t-1$, $t-2$, $\cdots$, 1) 若干个月 D 值的某种确定性函数关系,这时进行的预测就是确定型时间序列分析。

在进行时间序列分析时,因为有不少的时间序列分析方法,因此要分析时间序列数据的形态,选择适当的时间序列分析技术,这是非常重要的一步。

时间序列预测的一般步骤为:分析历史数据→确定预测技术→参数的估计→判断所选的预测技术是否合适→合适的话可进行预测。

常用时间序列预测技术主要有二阶指数平滑技术和线性最小二乘法。对于模型中的参数值的估计,可用全部历史数据或只需其中一部分数据。对所确定的预测技术进行检验,用模型计算若干预测值,与实际值进行比较,判断所选预测技术是否合适。

(3) 投入产出法　投入产出法是由美国经济学家列昂节夫提出的、主要针对错综复杂的经济系统的各个部门进行定量分析和预测的一种方法。该方法一经提出就在世界各国的经济研究和经济管理工作中得到了广泛的应用。我国在 20 世纪 70 年代后期引进这种方法。随着环境问题的出现和日益严重,投入产出法也开始被应用到环境管理中。1970 年,列昂节夫发表了一篇题目为《环境影响和经济结构》的论文,这是世界上首次利用投入产出法系统研究污染物的产生和消除的文章。目前,投入产出法已经进一步被扩展为环境-经济系统投入产出法和环境-资源-经济系统投入产出法,表 9-1 为引入污染物的产生与治理的投入产出表的简单表达。

表 9-1　引入污染物的产生与治理的投入产出表

		中 间 产 品							最终产品及最终需求领域产生的污染	总产量
		生 产 部 门				污染治理部门				
生产部门(物质消耗)	x_1	x_{11}	x_{12}	$\cdots$	x_{1n}	E_{11}	E_{12}	$\cdots$	E_{1m}	Y_1	X_1
	x_2	x_{21}	x_{22}	$\cdots$	x_{2n}	E_{21}	E_{22}	$\cdots$	E_{2m}	Y_2	X_2
	$\cdots$	$\cdots$	$\cdots$	$\cdots$	$\cdots$	$\cdots$	$\cdots$	$\cdots$	$\cdots$	$\cdots$	$\cdots$
	x_n	x_{n1}	x_{n2}	$\cdots$	x_{nn}	E_{n1}	E_{n2}	$\cdots$	E_{nm}	Y_n	X_n

续　表

		中 间 产 品				污染治理部门				最终产品及最终需求领域产生的污染	总产量
		生 产 部 门				污染治理部门					
污染种类	1	P_{11}	P_{12}	$\cdots$	P_{1m}	F_{11}	F_{12}	$\cdots$	F_{1m}	R_1	Q_1
	2	P_{21}	P_{22}	$\cdots$	P_{2m}	F_{21}	F_{22}	$\cdots$	F_{2m}	R_2	Q_2
	$\cdots$	$\cdots$	$\cdots$	$\cdots$	$\cdots$	$\cdots$	$\cdots$	$\cdots$	$\cdots$	$\cdots$	$\cdots$
	m	P_{m1}	P_{m2}	$\cdots$	P_{mm}	F_{m1}	F_{m2}	$\cdots$	F_{mm}	R_n	Q_n
新创造价值		N_1	N_2	$\cdots$	N_n	S_1	S_2	$\cdots$	S_n		

前 n 行的产品的平衡方程为

$$\begin{cases} x_{11} + x_{12} + \cdots + x_{1n} + E_{11} + E_{12} + \cdots + E_{1m} + Y_1 = X_1 \\ x_{21} + x_{22} + \cdots + x_{2n} + E_{21} + E_{22} + \cdots + E_{2m} + Y_2 = X_2 \\ \cdots\cdots \\ x_{n1} + x_{n2} + \cdots + x_{nn} + E_{m1} + E_{m2} + \cdots + E_{mm} + Y_n = X_n \end{cases}$$

式中,X_i 表示第 i 个部门的总产品;Y_i 表示第 i 个部门的最终产品;x_{ij} 表示各部门间产品的流量,即第 j 个部门进行生产要消耗第 i 个部门的产品的数量;E_{ij} 表示第 j 个污染治理部门在治理过程中所消耗的第 i 个部门的产品。

可简写为

$$\sum_{j=1}^{n} x_{ij} + \sum_{j=1}^{m} E_{ij} + Y_i = X_i$$

第 $n+1$ 行到 $n+m$ 行说明各生产部门和污染治理部门所产生的污染物的量,表达式为

$$\begin{cases} P_{11} + P_{12} + \cdots + P_{1m} + F_{11} + F_{12} + \cdots + F_{1m} + R_1 = Q_1 \\ P_{21} + P_{22} + \cdots + P_{2m} + F_{21} + F_{22} + \cdots + F_{2m} + R_2 = Q_2 \\ \cdots\cdots \\ P_{m1} + P_{m2} + \cdots + P_{mm} + F_{m1} + F_{m2} + \cdots + F_{mm} + R_n = Q_n \end{cases}$$

式中,P_{ij} 为第 j 个部门生产过程中所产生的第 i 种污染物的量;F_{ij} 为第 j 个污染治理部门在治理污染过程中所产生的第 i 种污染物的量,如垃圾在焚化过程中可能产生的二次污染物;R_i 为最终需求领域中所产生的第 i 种污染物的量,如居民在生活中所排放的废水和垃圾;Q_i 为第 i 种污染物产生的总量;S_j 为第 j 个污染治理部门治理第 j 种污染物的量。

投入产出方法可应用在以下方面:

1) 预测经济发展中污染物的产生排放量。根据一个地区或企业的经济发展规划所提供的最终产品需求的规划目标值,预测各生产部门污染物的产生量。

2) 分析不同经济结构对环境的影响,并对此进行调整。不同的经济结构对环境造成的影响是不同的。由于投入产出法可以在经济结构方面提供丰富的信息,因此,可用来判断各经济部门的生产活动对环境的可能影响,并根据环境保护目标的要求,调整对环境污染较大的生产部门的发展。荷兰环境经济学家曾用荷兰 60 个生产部门的投入产出表,研究了荷兰全国经济结构与空气污染的关系,最后从三个经济发展方案中优选出经济增长较快而对环境污染较低的一个方案,供决策者在制定荷兰经济发展规划时参考。

3) 推算预测国民经济规划中治理污染物和环境保护的投资。利用环境经济投入产出表和相关模型,在确定了最终产品需求目标之后,计算出各生产部门的各种污染物的产生量,以及各污染治理部门治理过程所需投入的物质量,最后,进一步推算出治理一定比例的污染物的总投资预算。

4) 由投入产出表计算得到的一些重要的环境评价指标。由投入产出表计算得到的直接消耗系数,特别

是对于能源和其他生产资料的消耗系数,反映了生产过程中对于能源和其他生产原材料的利用效率,是评价一个国家、一个地区和一个企业环境保护与经济发展相协调的重要指标。对于能源的直接消耗系数,反映一个国家在节约利用能源方面的水平,直接消耗系数越低,反映该国家的能源利用效率越高。

（4）**系统动力学方法**（system dynamics）　美国科学家福雷斯特建立和完善的系统预测方法,主要用于复杂系统的模拟和预测。罗马俱乐部完成的著名的年度报告《增长的极限》中就应用该方法进行环境预测,20世纪80年代国际上著名的几个关于城市生态系统的研究中也应用该模型方法。系统动力学主要通过复杂系统中的各子系统的因果关系的反馈环对复杂系统中的各参数进行动态模拟。

（5）**大气扩散模式和水质模型**　常用的大气污染物扩散模式包括高架连续点源的高斯扩散模式、面源高斯扩散模式、倾斜烟流扩散模式等,以上模式可以预测某一大气污染源下风向空间任何一点的某一污染物的浓度值或下风向所有划定网格的污染物浓度值。

常用的水质模型包括:① 简单河段或多排污口水质模型,可以预测河流任一排污口或多个排污口下游任一断面的污染物浓度;② BOD-DO耦合模型,主要预测河流中耗氧有机物和溶解氧的浓度。

（6）**箱式模型**　环境质量预测中常用到的一种方法。主要为半机制灰箱模型,可预测污染物排放量,常见有大气箱式模型、湖泊水库沃伦威德尔模型。

（7）**排污系数预测法**　利用某一行业万元产值某污染物排放系数预测未来某一年该行业中该污染物的排放量。

此外,还有马尔可夫链预测方法、交叉影响分析预测方法、灰色系统预测法和弹性系数方法等预测方法。

（二）环境规划方案的设计和优化技术方法

在环境预测完成之后,接着需要完成的就是环境污染控制方案的提出和优化。最初,可提出几个不同的方案供选择和决策,目的是从中选择最优的方案。我们希望达到的目标可能是一个,也可能是多个。如单纯从环境保护的角度出发,希望达到的目标可能是污染物排放量最小,或削减量最大,或环境质量最好等;从环境-经济复合系统的角度出发,可能希望的目标是既污染物削减量最大,同时所用的费用最少,希望两个目标同时达到。这时,就需要运用数学中最优化技术(optimization)或称数学规划(programming)进行最优方案的选择。

由于环境规划类型的多样性和所涉及内容的丰富性,另外,由于所涉及的规划方案的侧重点的不同,在规划方案的选择上,有许多方法可以供应用。如在自然保护区规划中,更多的涉及空间位置和范围的抉择和决策,会更多地利用遥感技术、地理信息系统技术,并和一些决策模型相结合,对不同的规划方案进行选定。又如在环境-经济复合系统的规划中,可以利用投入产出分析进行决策。此外,系统动力学、环境经济费用效益分析等方法都可以用于环境规划方案的选择。在许多情况下,往往是以上各种方法的综合运用,如投入产出法与数学规划方法的结合,又如地理信息系统技术与数学规划方法的结合等。

常见的数学规划方法主要包括:

1. 线性规划　线性规划是解决与研究在一定人力、物力、资源和环境条件下,如何最优化地运用这些资源和条件以达到所希望目标的一种数学方法。线性规划中数学模型必须是线性的,即目标函数和约束函数都是决策变量的一次函数。

线性规划问题就是在各种相互关联的多变量线性等式或不等式约束条件下,去解决或规划一个对象的线性目标函数最优化问题。本质上,它是一类特殊的条件极值问题。

一般来讲,这类问题可用数学语言概括为

$$\text{Max(Min)} f = c_1 x_1 + c_2 x_2 + \cdots + c_n x_n \tag{9-1}$$

$$(LP)\begin{cases} a_{11}x_1 + a_{12}x_2 + \cdots + a_{1n}x_n \leqslant (=,\geqslant)b_1 \\ a_{21}x_1 + a_{22}x_2 + \cdots + a_{2n}x_n \leqslant (=,\geqslant)b_2 \\ \cdots\cdots \\ a_{m1}x_1 + a_{m2}x_2 + \cdots + a_{mn}x_n \leqslant (=,\geqslant)b_m \end{cases} \tag{9-2}$$

$$x_1, x_2, \cdots, x_n \geqslant 0 \tag{9-3}$$

这就是线性规划问题的一般数学模型,简称 LP(linear programming)模型,式 9-1 称为目标函数,式 9-2 与式 9-3 称为约束条件,其中式 9-3 又称为非负条件。

2. 非线性规划　　指目标函数或约束条件中,至少存在一个决策变量的非线性函数,这时的规划模型就称为非线性规划。

3. 动态规划　　动态规划是分析解决多阶段最优化问题的数学方法。所谓的多阶段最优化问题是指这样一类活动,由于它的特殊性,可将其活动过程划分为若干个相互联系的阶段。在它的每一个阶段都需要做出决策,并且在每一个阶段决策确定之后,会影响到其下一个阶段的决策,从而影响到整个过程的决策。这样各个阶段所确定的决策就构成了一个决策序列,通常称为一个策略。由于每一个阶段可供选择的决策往往不止一个,因而就形成了许多策略可供人们选择。这时便存在着如何选择可达到最佳效果的最优化序列(策略)的问题。美国科学家贝尔曼等人提出了解决这类多阶段决策最优化问题的方法,即动态规划。

4. 多目标规划　　在人们的决策行为中,遇到的决策问题往往是一个多目标决策问题。例如,在大气环境-经济-能源系统规划研究中,三者关系密切又相互制约。在规划中往往包括三个目标:① 大气环境质量最好;② 对废气进行治理以保证大气环境质量最好且所需费用最低;③ 能源消耗水平最低。这就存在如何使各个目标都达到相互最优的问题,这显然比单目标规划复杂。在单目标决策中,各个方案的目标是可以比较的。但在多目标决策中,一个目标的最优往往会导致另一个目标的非最优,要保证大气环境质量最好,就可能需要大气污染治理费用的增加,因此,我们只能追求总目标的最优。多目标规划是数学规划中较复杂的决策问题。解决多目标规划(决策)的方法很多,如效用最优模型、目标规划模型、约束冒险、递阶模型、最小-最大模型和帕累托模型等。

六、实例:结合 RS 和 GIS 及数学规划的农业面源污染防治规划

面源污染防治在水环境污染控制规划中显得日益重要,据估计,许多湖泊超过 50% 以上的污染物来自难以控制的面源污染。面源产生的污染物主要是氮和磷,富含氮和磷的污染物进入水体后往往会引起水体的富营养化。对于面源负荷的估算是湖泊水体富营养化污染控制规划中重要的一步。在各种污染面源中,农业面源是重要的一类,其污染负荷主要与地面覆盖的农作物类型、土壤类型以及暴雨后可能形成的地表径流量有关。

建立农业污染面源负荷最优化模型的基本步骤如下。

第一步:首先需要将研究水体周围的农业区域根据地理位置和自然条件(如坡度、土壤类型等)划分为若干个子区。

第二步:利用适宜空间分辨率的遥感数据(如 TM 数据等),结合地面土地利用类型和土壤调查,绘制出各个子区的土地利用现状图(如划分为水浇地、旱耕地、草地、林地、果园、工业用地、城镇等)和土壤类型图,并在 GIS 支持下,计算出每个子区内的各土地利用类型的面积和土壤类型的面积。

第三步:数字化适宜比例尺的研究区的地形图,在 GIS 支持下,生成研究区的坡度图,并计算每个坡地的坡长。

第四步:绘制研究区范围的降雨强度图。

第五步:根据地表径流量计算模型,在 GIS 环境中,对于每一个土地利用地块,利用其属性表中的属性值,如降雨量、坡度及植被类型等,计算出其地表径流量。

地表径流量(水土流失量)计算模型为

$$A = R \cdot K \cdot L \cdot S \cdot C \cdot P$$

式中,R 为降雨量;K 为土壤类型;L 为坡长;S 为坡度;C 为植被类型;P 为管理水平。

第六步:实测各土地利用小区一定水土流失量中的固态及溶解态的氮、磷含量,这样便可以分别计算得出各个小区内每一土地利用类型单位面积的固态及溶解态氮、磷流失量。

第七步:根据规划水体希望达到的水质标准,利用湖泊水质模型,估算出所研究湖泊的最大允许氮、磷排放量,减去由湖泊周边点源排放出的氮、磷量,便可得到面源所允许的氮、磷排放量。

计算总负荷的公式为

$$I = C_p \cdot (\gamma + S) \cdot V$$

式中,I 为湖泊某种营养物质的总负荷;C_p 为湖泊某一营养物质的平衡浓度;γ 为冲刷常数;S 为沉积速度常数;V 为湖泊的体积。

第八步:根据以上所得到的数据,结合数学规划中的线性规划模型,便可以确定既达到湖泊水质标准要求,又实现了希望的经济目标时的各小区的氮、磷允许排放量以及相对应的各土地利用类型面积组合。

农业面源污染负荷最优化线性模型如下:

目标函数为

$$\text{经济产出最大} \quad \text{Max} \, f = \sum_{j=1}^{n} \sum_{i=1}^{m} O_{ij} \cdot A_{ij}$$

式中,n 为小区数;m 为土地利用类型数;O_{ij} 为第 j 个小区第 i 种土地利用类型单位面积的经济产出;A_{ij} 为第 j 个小区第 i 种土地利用类型面积。

约束方程为

$$
\begin{cases}
\sum_{j=1}^{n} \sum_{i=1}^{m} N_{\text{loss}ij} \cdot A_{ij} \leqslant \sum_{j=1}^{n} P_{\text{ert}} \cdot N_j \\
\sum_{j=1}^{n} \sum_{i=1}^{m} P_{\text{loss}ij} \cdot A_{ij} \leqslant \sum_{j=1}^{n} P_{\text{ert}} \cdot P_j \\
\sum_{j=1}^{n} \sum_{i=1}^{m} N_{\text{dis}ij} \cdot A_{ij} \leqslant \sum_{i=1}^{n} P_{\text{ert}} \cdot N_{\text{dis}j} \\
\sum_{j=1}^{n} \sum_{i=1}^{m} P_{\text{dis}ij} \cdot A_{ij} \leqslant \sum_{j=1}^{n} P_{\text{ert}} \cdot P_{\text{dis}j}
\end{cases}
$$

$$\sum_{i=1}^{n} A_{ij} \leqslant A \cdot V_{\text{agi}j}$$

式中,$N_{\text{loss}ij}$,$P_{\text{loss}ij}$,$N_{\text{dis}ij}$,$P_{\text{dis}ij}$ 分别表示第 j 个小区第 i 种土地利用类型单位面积的固态和溶解态的氮、磷流失强度;$P_{\text{ert}} N_j$,$P_{\text{ert}} P_j$,$P_{\text{ert}} N_{\text{dis}j}$,$P_{\text{ert}} P_{\text{dis}j}$ 分别表示第 j 个小区固态和溶解态的氮、磷的允许排放量;$AV_{\text{agr}j}$ 表示第 j 个小区农业可利用地的潜力值。

通过线性规划模型的求解,可以得出各小区最优的各土地利用类型的面积,在 GIS 的支持下,结合土地适宜性评价分配给适宜的地块。

第四节　现代环境管理途径

一、生命周期评价

(一)生命周期评价的产生与定义

生命周期评价(life cycle assessment, LCA)是 20 世纪末快速发展起来的一个新的环境管理手段,强调对产品、工艺、消费、处置"从摇篮到坟墓"的全过程的分析与评价。LCA 得以迅速发展主要由于以下三个原因:① LCA 将对环境质量的保护融入企业的决策过程;② LCA 已被欧洲联盟理事会确定为某一产品能否被授予生态标志(ecological mark)或环境标志(environmental labelling),即节能、节水、低污染、低毒、可再生、可回收及清洁工艺的产品的官方认可评估手段;③ 当今世界环保政策已从污染控制末段治理转向源头减少污染物排放及全过程控制方向。

LCA 的产生源于对于企业生产和产品开展的环境影响评价工作,特别是最初对生产过程中能源使用的分析与评价。20 世纪 80 年代,许多研究机构同时提出了运用清单分析的方法对产品、工艺、消费、处置过程中的原材料利用、能源需求、三废的排放与处置进行全面监测和统计分析,包括英国的 Boustend 咨询公司和瑞士联邦材料与研究实验室。

LCA的最终目标是辨识减少能源需求、原材料利用、废物和污染物排放、增大废物资源化的最大机会。进入20世纪90年代,随着可持续发展概念的普及可持续发展战略的实施,LCA作为一个现代的环境管理工具日益受到政府管理部门的认可与采纳,特别是国际标准化组织。在ISO14000中将LCA正式作为一个环境管理工具加以完善、规范与颁布,大大促进了LCA的发展与应用。

LCA定义1:LCA是详细评价产品生命周期内的能源需求、原材料利用及生产过程和消费过程中排放的大气污染物、水污染物、固体废物,包括在原材料资源化、制造加工过程、分配运输、利用/再利用、废物的处置各环节中污染物的排放清单,在此基础上,最终给出减少污染物排放和节约自然资源的机会。

LCA定义2:LCA作为一种客观的评估手段,主要是通过确定和量化能源与原材料的利用、产品的消费以及废物的处置过程的污染物环境排放,来评估一个产品工序和消费活动所造成的环境负荷,并最终给出和评价改善环境的方法。

(二)生命周期评价方法

国际环境毒理学与化学学会(SETAC)1993年提出了LCA的概念与技术框架,主要步骤和内容包括:定义目标与确定范围;清单分析;环境影响评价及改进措施的提出。国际化标准组织对SETAC框架的修改是删除了"改进措施提出"这一步骤,改为"评价结果的解释"。

1. 清单分析　清单分析(inventory analysis)是LCA的核心部分,是开展LCA工作的基础,完整的清单应该包括对于产品生命周期中的资源、能源利用和污染物环境排放的定量化表达。清单分析始于原材料挖掘和制备,产品制造及产品的运输、消费和最终处置,其一般范围如图9-2所示。清单分析的基本步骤包括数据收集、数据的整理与汇总计算及清单结果分析,最终的结果是以一个清单表的形式加以展示,提供给政府和公众以全面、清晰的生命周期清查信息。

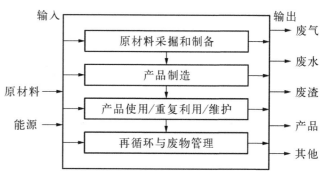

图9-2　清单分析系统输入与输出

资料来源:奥托兰诺(2004)

2. 生命周期环境影响评价　生命周期的环境影响评价(life cycle impact assesment, LCIA)是LCA的另一重要部分。评价清单所给出的各种数据,分析其可能对环境造成的潜在影响并应用于各种环境与经济决策过程,是开展LCA工作的最终目的。关于LCIA,目前尚无统一的方法,按照SETAC和ISO提出的方案,评价框架一般包括影响类型的确定、影响类型的表征参数指标的确定、清单数据与环境影响类型的挂钩、针对确定的环境影响类型对清单数据进行定量化分析等内容和步骤。

目前对于环境影响类型的确定主要集中在对于全球环境问题的关注(包括全球气候变化、臭氧层耗损、酸沉降、生物多样性减少、生境的破坏等),同时也对于常见的局部环境问题有所体现,包括地表水/地下水污染、湖泊等缓流水体的富营养化、城市大气污染、光化学烟雾、室内污染、热辐射污染等。

针对确定的环境影响类型对清单数据进行定量化分析是LCIA中十分关键的环节,也是技术性较强的一个难点。目前评估方案一般将数据至少合并成为能源消耗、大气污染物排放、水污染物排放和固体废物排放四个方面。不论是哪一类型数据的整合(aggregation),涉及的参数(指标)往往不止一个,这里就存在着如何将引起同一个资源消耗问题或环境问题的不同指标加以整合的难题,进而设计指标整合的理论与整合技术。目前人们提出较多的污染物排放数据整合的方法包括临界体积概念法、环境效应整合法及生态点法。

生态点法是瑞士学者提出的一种将生命周期清单中多个指标整合为一个单一指数(生态点)的方法,生态点值越大,对环境的压力负荷就越大,影响也就越大。具体计算方法是将排放污染物量与能源消耗量结合在一起加以考虑,首先将清单中的各种污染物排放量与相应的能源消耗量相比,然后再将这一比值与评价区域污染物最大可允许负荷值相比,最后将所有污染物的以上比值乘以相应的权重系数相加,获得最后的生态点。

引起某一污染问题的污染物种类一般不止一种,因此,如何将造成某种污染类型的不同污染物排放量相加,减少表征环境污染问题的环境污染物排放指标的数目,显得尤为重要。下面介绍几种环境问题的污染物排放指标整合的思路与方法。

(1) 全球气候变暖污染物排放指标的整合 不同温室气体对全球气候变化影响的大小决定于自然过程将其从大气层中除去前滞留在大气层的时间以及它们吸收地球表面热辐射的能力,这些因素结合在一起形成了它们各自对于全球气候变暖的贡献。联合国政府间气候变化专业委员会(IPCC)将其定义为全球增温潜势(global warming potential,GWP)。该委员会专家提出以单位重量 CO_2 气体的 GWP 为统一尺度(定值为 1)来度量其他温室气体的 GWP。Adriaanse 将这一度量尺度称为 CO_2 当量,记作 Ceq,进而得到其他各温室气体单位重量 GWP 值(表 9-2)。

表 9-2 不同温室气体的 GWP 值

温室气体种类	GWP 值
CO_2	1
CH_4	21
NO_2	290
CFC_{-11}	3 500
CFC_{-12}	7 300
CFC_{-13}	4 200
CFC_{-114}	6 900

资料来源: Albert Adriaanse(1993)。

以表 9-2 中的 GWP 值为权重,将各温室气体年排放量相加,便可得到评价区域或评价企业年温室气体排放量,计算公式为

$$\text{温室气体排放量} = \sum_{i=1}^{3} \text{GWP}_i \cdot E_i$$

式中,GWP_i 表示第 i 种温室气体的全球气候变暖潜势值;E_i 表示第 i 种温室气体年排放量($i=1, 2, 3$),三种温室气体为 CO_2、CH_4 和 NO_2,温室气体排放量单位为 Ceq(重量单位)。

(2) 酸沉降污染物排放数据的整合 SO_2、NO_x 和 NH_3 三种气体的排放最终将部分形成酸沉降。酸沉降量一般用单位时间单位面积的酸沉降量加以表征。不同酸沉降物质沉降在地球表面后,其"酸化"的能力并不同,为了将各种酸性沉降物相加,需要有一个共同的尺度来度量各种酸沉降污染气体对于酸沉降"贡献力"的大小。Adriaanse 提出了酸沉降当量的概念,记作 A_{eq}。一个酸当量对应于 32 g 的 SO_2、46 g 的 NO_x 和 17 g 的 NH_3。Heijungs 将这一度量尺度称为酸沉降潜势(acidification potential,AP),并定义为:某酸沉降物质每单位重量潜在产生的 H^+ 当量数与作为对照物的 SO_2 单位重量潜在产生的 H^+ 当量数的比值。

在空气、水和土壤环境中,SO_2 可转化为 H_2SO_4,NO_x 和 NH_3 可转化为 HNO_3,以上过程将产生 H^+。酸沉降潜势可基于每摩尔酸沉降物质所产生的 H^+ 的不同进行计算,过程如下。

SO_2 转化为 H_2SO_4,NO_x 和 NH_3 转化为 HNO_3 的化学反应式为

$$x + \cdots \longrightarrow \upsilon H^+ + \cdots$$

式中,x 为酸沉降物质;υ 为化学计量系数。

从以上化学反应式可看出某酸沉降物质单位摩尔重量潜在形成 H^+ 摩尔数的计算公式为

$$\eta(\text{mol/kg}) = \frac{\upsilon}{M(\text{kg/mol})}$$

根据酸沉降潜势的定义,某酸沉降物质 i 的 AP 计算公式为

$$AP_i = \frac{\eta_i(\text{mol/kg})}{\eta_{SO_2}(\text{mol/kg})}$$

表9-3为引起酸沉降的不同污染气体的 AP 值。

表9-3　不同酸沉降物质的 AP 值

污染物	反应式	v	M	η	AP
SO_2	$SO_2+H_2O+O_3 \longrightarrow 2H^+ + SO_4^{2-} + O_2$	2	64	1/32	1
NO	$NO+1/2H_2O+O_3 \longrightarrow H^+ + NO_3^- + 3/4O_2$	1	30	1/30	1.07
NO_2	$NO_2+1/2H_2O+1/4O_3 \longrightarrow H^+ + NO_3^-$	1	46	1/46	0.70
NH_3	$NH_3+2O_2 \longrightarrow H^+ + NO_3^- + H_2O$	1	17	1/17	1.88
HCl	$HCl \longrightarrow H^+ + Cl^-$	1	36.5	2/73	0.88
HF	$HF \longrightarrow H^+ + F^-$	1	20	1/20	1.60

资料来源: Heijungs(1992)。

（3）**水体具毒污染物排放数据的整合**　许多国家在水污染收费时,为了避免污染物种类较多而造成的操作烦琐问题,都相应提出了一些统一衡量不同污染物收费依据的方法,如把毒性当量(toxicity equivalent,TE)作为计算和评价不同有毒物质的收费依据。在法国,水污染收费通常用每天排放的有毒物质的毒性当量公斤数来表示毒性强度。简单地讲,如果 1 m³污染废水可杀死规定数量水蚤的 50%,那么这 1 m³ 的污水就相当于 1 个毒性当量,如果 1 m³污水需稀释 10 倍刚好杀死以上水蚤数,则说明 1 m³污水相当于 10 个毒性当量。1 g 六价铬合物相当 1.4 个毒性当量,1 g 氰化钠相当 0.7 个毒性当量。

我国学者为了克服不同收费参数的不统一,提出了"污染当量"的概念,并将其定义为:污染当量表示不同污染物或污染排放变量之间污染危害和处理费用关系。如 1 个污染当量＝1 g Hg＝17 kg COD＝……＝10 m³生活污水。在进行水环境污染物排放指标合并时,可引入污染当量的概念,将其作为度量尺度,衡量引起同一污染类型相同重量的不同污染物的"污染能力"的相对大小,并以此为权重因子,将造成某种污染类型的主要污染物排放量相加,得到整合后的水环境污染物排放指标。"环境污染当量"这一概念可定义为:对于某一环境污染类型,比较引起该类型污染的相同重量的不同污染物之间的"污染能力"(如湖泊富营养化污染能力、重金属污染能力、酸化能力、温室效应能力和臭氧层耗损能力等)相对大小的度量尺度。

对于陆地水域污染问题,排放到其中的污染物种类多样化,造成的影响也不相同,水污染概念本身也是一个"笼统"的提法。根据污染物种类的不同,水污染可进一步分为有毒污染物水污染、湖泊富营养化污染和耗氧有机物水污染等类型。因此,在定义水污染当量时,应区分不同的水污染类型,制定各自具体的水污染当量定义,并计算出引起同一水污染类型的各种污染物"污染能力"的相对大小值。以下仅对陆地水域有毒污染物排放水污染类型进行介绍。人类基于动植物慢性毒理学试验确定了保证不对人体、其他生物体产生危害的地表水中各种污染物最大可允许浓度值(maximum acceptable concentration,MAC),在此基础上,依据一定的原则,制定出地表水环境不至于被污染的各种污染物的最大允许浓度,即环境质量标准。对于不同的国家,不同使用目的的水体,水体被污染与否的环境质量标准有所差别。

为了比较相同重量不同有毒污染物污染能力的相对大小,以单位重量铅元素对人体的危害能力为度量尺度,称为铅当量,衡量其他有毒污染物污染能力的相对大小。如以我国《地表水环境质量标准》(GB 3838-88)中Ⅲ类水中各污染物的最大允许浓度值为依据,将单位重量铅元素的污染能力定值为1,计算其他有毒污染物污染能力的相对大小值,称为污染能力因子值(表9-4)。在生命周期清单给出了一个企业或产品

表9-4　各有毒水体污染物污染能力因子值

污染物	最大允许浓度值/(g/L)	污染能力因子值/(L/g)
铅	0.05	1
铬(六价)	0.05	1
镉	0.005	10
汞	0.0001	500
铜	1.0	0.05
砷	0.05	1
氰化物	0.2	0.25
挥发酚	0.005	10

生产过程中排向陆地水域的各种有毒污染物的数量时,该企业或该产品对陆地水域污染潜在污染压力,可称为排放指数。有毒污染物排放指数的单位为铅当量(单位重量),其计算公式为

$$陆地水域有毒污染物排放指数 = \sum_{i=1}^{n} C_i \cdot W_i$$

式中,C_i 为第 i 种有毒污染物的排放量;W_i 为第 i 种有毒污染物的污染能力因子值。

(三)生命周期评价实践案例:高分子塑料产品生命周期评价

高分子塑料材料以其体轻、性价比高、价格低廉等优点而被广泛应用,聚乙烯(polyethylene, PE)、聚丙烯(polypropylene, PP)、聚苯乙烯(polystyrene, GPPS)、聚氯乙烯(polyvinyl chloride, PVC)是其中最常用的几种高分子塑料材料。

高分子塑料材料产品生命周期评价的生命周期可从原油开采开始,到原油运输、原油提炼、聚合体生产,最后一直到废物处置(材料的使用这里暂不考虑)。根据以上高分子塑料材料产品的生产工艺流程,得到每一生产环节的能源消耗及环境污染物排放清单(表 9-5)。

表 9-5 生产 1 000 kg PE、PP、GPPS、PVC 的能耗与环境排放

材料	工 序	CO_2/kg	SO_2/kg	其他/kg	废水/t	废渣/kg	能耗/MJ
聚乙烯 (PE)	原油开采	372.11	2.51		9.05	23.80	388.48
	原油运输	107.59	0.77				117.88
	原油分馏	92.74	0.40	NO_x: $4.7×10^{-5}$	0.24	3.44	736.42
	石脑油等裂解	1 482.67	4.61	NO_x: 0.002	0.647	34.67	15 231.72
	裂解气分离	3 153.08	22.35			213.43	7 524.65
	PE 生产	1 191.53	11.89	乙烯: 2.017	5.286	213.93	8 428.77
	废弃填埋	8.78		NO_x: 0.17, CH_4: 13.0			118.81
聚丙烯 (PP)	原油开采	347.3	2.3		8.43	22.21	364.06
	原油运输	102.0	0.73				111.75
	原油分馏	86.59	0.37		0.23	3.23	687.68
	石脑油等裂解	1 384.61	4.29	NO_x: 0.002	0.6	32.35	14 223.56
	裂解气分离	2 944.61	20.83			199.31	7 017.39
	PP 生产	1 207.34	12.05	烃类: 2.774	5.53	217.48	8 591.2
	废弃填埋	8.78		NO_x: 0.17, CH_4: 13.0			118.81
聚苯乙烯 (GPPS)	原油开采	493.51	3.31		11.94	31.49	515.37
	原油运输	140.98	1.01				157.94
	原油分馏	123.01	0.514	NO_x: $4.8×10^{-5}$	0.317		977.68
	石脑油等裂解	1 966.60	6.09	NO_x: 0.002 8	0.86	45.98	20 201.69
	裂解气分离	4 177.61	29.58			282.79	9 969.48
	芳烃提取	788.75	5.50		0.91	53.19	4 518.32
	乙烯和苯烷基化	2 303.67	16.23			155.36	12 159.16

材 料	工 序	CO_2/kg	SO_2/kg	其他/kg	废水/t	废渣/kg	能耗/MJ
聚苯乙烯 (GPPS)	乙苯脱氢	6 908.30	43.73		5.79	434.01	38 224.43
	GPPS生产	343.69	5.638	NO_x: 0.146	4.14	51.69	3 500.81
	弃弃填埋	8.775		NO_x: 0.17,CH_4: 13.0			118.81
聚氯乙烯 (PVC)	原油开采	164.04	1.21		4.36	11.46	187.71
	原油运输	66.95	0.37				57.40
	原油分馏	44.65	0.19		0.116	1.66	354.67
	石脑油等裂解	713.97	2.22	NO_x: 0.001	0.312	16.69	7 334.6
	裂解气分离	1 518.33	10.76			102.78	3 623.41
	氯气生产	2 279.87	20.18	Cl_2: 7.6×10^{-5}	4.665	314.5	17 096.34
	氯乙烯生产	2 440.23	24.61	EDC: 4.93, CO: 1.03	13.37	471.99	17 035.06
	PVC生产	1 451.78	14.64	VCM: 0.34, PVC: 0.01	14.3	264.27	10 135.0
	废弃填埋	8.775		NO_x: 0.17, CH_4: 13.0			118.81

资料来源: 陈红(2004)。

评价以上清单所给出的各种数据,分析其可能对环境造成的潜在影响,是开展高分子塑料材料产品 LCA 工作的最终目的。应用 Eco-point 97 法,将高分子塑料材料产品的环境影响分类,计算污染物排放量与能耗的比值,再计算与污染物最大可允许负荷值的比值,然后权重相加,得到生态点(环境负荷量)。应用 Eco-point 97 法最后得出的四种高分子塑料材料产品的环境负荷评价结果为:PVC 和 GPPS 对环境的负荷影响要明显高于 PE 和 PP。因此,在确保其性能可符合要求的情况下,从环境保护的角度出发,可考虑尽量采用环境负荷较小的聚乙烯和聚丙烯塑料。

二、环境审计

(一)环境审计的产生和定义

20 世纪 70 年代末,美国为了环境执法的需求,率先采用了对企业是否遵守国家所颁布的环境法律法规的审计活动,称为环境审计(environmental audit)。环境审计是一种环境管理工具,通过审计机关对被审计对象的政策和相关经济活动是否与环境要求具有一致性来保护环境,实现可持续发展。目前环境审计的对象已从企业发展到商业、政府、市政乃至学校等各个领域。

(二)环境审计的方法

环境审计一般包括前期审计活动、现场审计活动、后期审计活动三个主要步骤。前期审计活动包括建立前期审计小组,选择审计现场,制定审计计划和技术,获取被审计对象的背景资料等。现场审计活动包括鉴别和了解被审计对象的管理系统,评价管理控制系统,搜集审计资料,评估审计调查结果和向被审计对象汇报调查结果。后期审计活动包括编写最终审计报告并提出修改不正确行为的更正计划。

三、排污权交易

(一)排污权交易概念的产生

污染权市场起源于如下的认识:政府或有关管理机构作为社会及环境资源的所有者,可把总量控制下的污染物排放权利分配发放出售给排污者,排污者以此进行污染物的排放,或在持有污染权的排污者之间进行这种权利的有偿交换与转让。以上观点在 20 世纪 70 年代逐渐引申出另一个概念,即可转让的排放许可证(transferable discharge permit, TDP)。可转让的排放许可证概念的提出实质就是将环境资源的使用作为一种商品,并纳入到市场机制中加以运作,其本质为一种环境管理的经济学手段。应该说美国学者和环境管理部门在排污交易权和可转让的排放许可证制度的理论框架和方法应用方面做出了很大的贡献,美国也成为实践排污交易权理论最为成功的国家。

(二)排污权交易的基本政策

美国排污交易权的实施是建立在排放削减信用(emission reduction credits, ERCs)基础上的排污权交易,并通过以下相关政策和措施的提出及颁布,包括补偿政策(offset policy)、气泡(bubble)政策、排污银行和容量节余(netting)政策,加以实际的操作。

1. 补偿政策　补偿政策的核心是为了新建或扩建项目(将形成污染源)建成后不至于让所在区域的环境质量超标,通过向已建成并运营的项目(已形成污染源)购买足够的排污削减信用,既为已建成并运营的项目的污染物治理提供新的资金,保证已建成并运营的项目可以减少污染物排放量,也为新的项目(将形成污染源)的进入提供污染物排放量盈余,以抵消新的项目建成后所产生的污染物排放。补偿政策的实施的前提是该地区污染物还没有超标。

2. 气泡政策　主要应用于一个拥有多个工厂设施(污染源)的系统或区域,可将这一系统或区域想象为一个气泡,分析其现有污染源的排污量,并分析如何满足这一气泡整体的排污量在最大的允许排放总量范围内,而不强求气泡内的每个污染源的排污量的大小,只希望达到气泡整体污染物排放治理控制费用的最优化。图 9-3 为气泡政策的简单示意图。

A 的单位控制费用＞B 的单位控制费用

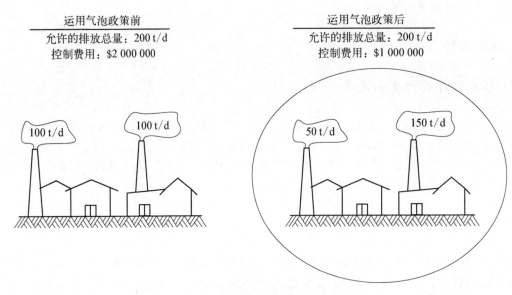

图 9-3　利用气泡政策来减少费用

资料来源:奥托兰诺(2004)

3. 排污银行　一个企业某一时间段产生的排放削减信用可以储存起来以备在将来一个时间使用,当然储存起来的排放削减信用即可留给本企业自己使用,也可出售给其他的企业。

4. 容量节余　一个单位在计划扩大生产规模时,拟新建工厂的污染源污染物排放量可以通过对原有工厂已有的污染源污染物排放量的削减得以抵消,使得该单位总的污染物排放量仍在所要求的总量控制之内。

(三)排污权交易的实践

案例1：美国酸雨控制 SO_2 排放污染权交易

美国是目前国际上开展污染权交易最成功的国家。SO_2 排放污染权交易活动是至今为止美国最大规模和最有影响的排放污染权交易实践,主要发生在 20 世纪 90 年代。1990 年美国清洁空气法(CAAA)修正案对于美国 48 个州的发电厂 SO_2 年总排放量提出了一个最高允许排放标准,建议到 2000 年的 10 年间将美国 SO_2 年排放量减少 10 000 000 t。清洁空气法要求每个相关的电厂每年均拥有足够的 SO_2 排放许可。一个 SO_2 排放许可允许 1 年排放 1 t SO_2。每一个 SO_2 排放许可都有一个识别号,环境保护部门和电厂均可知道每个 SO_2 排放许可的去向。每个 SO_2 排放许可允许买卖,也可储藏起来供将来使用。如果某一工厂年末之前已用完其年 SO_2 排放许可,则其继续的排放将面临每吨 2 000 美元的罚款。

在实施以上排放污染权交易活动时面临的一个十分棘手的问题是到底美国这些电厂允许有多少 SO_2 排放许可及如何分配。SO_2 排放许可的总量是基于 1990 年美国清洁空气法修正案提出的 SO_2 削减目标:10 年间减少排放 10 000 000 t。在第一阶段,共有 110 个电厂获得 SO_2 排放许可,在分配方法上主要根据各电厂过去两年每年燃料的消耗量分配给一定数量的 SO_2 排放许可;第二阶段,按照相同的方法对其余的电厂进行 SO_2 排放许可的分配。

电厂为了达到 SO_2 排放量的要求,可以有多种选择,包括安装脱硫装置、使用低硫煤、从使用煤转向使用其他能源、从其他电厂购买所需的排放许可、更多地使用生产更加清洁的设备,排放许可从电厂的一个生产单元转移到另一个生产单元等。在该项活动实施的过程中,SO_2 减排量达到要求,同时削减费用大大低于预期的费用,同时也保证了美国全国电力和经济总量保持了较高的水平。

案例2：碳排放贸易

近年来,全球层次上的排污权交易机制体现在碳排放贸易。《京都议定书》(1997 年)规定的有效减少温室气体排放的三种履约机制包括清洁发展机制(clean development mechanism)、联合履约机制(joint implememt)和碳排放贸易减排机制(emission trade),以上机制本质上均属于排污权交易范畴。

2005 年,欧盟向温室气体排放的主要企业颁发排放许可证,有效地削减了 CO_2 等温室气体的排放。英国、加拿大、日本和澳大利亚等国家也建立了国内交易机构来促进温室气体的减排。目前,欧洲拥有世界上最活跃的碳交易市场,仅 2006 年欧洲气候交易所的交易量就达到 4.5×10^8 t。一些涉及气候变化的国际碳交易所蓬勃发展,如欧洲奥斯陆北方电力交易所、法国未来电力交易所、德国欧洲能源交易所、澳洲新南威尔士、美国蒙特利尔气候交易所等。

四、环境风险评价

(一)环境风险评价的产生和定义

进入 20 世纪 70 年代以后,一些突发的环境污染事件,对周围环境和人群健康造成了极大的破坏,致使人们开始重视分析突发性环境污染和破坏事件可能发生的概率以及生物长期暴露在污染环境中可能造成的不良影响,一些领域逐渐开始了环境风险分析,包括评价环境上(尤其是毒理学和安全工程等方面)的风险,到了 20 世纪 90 年代中期,用风险评价对工程项目和政策进行评价在一些国家越来越多地进入专业化操作。

在概念上,风险指一个特殊事件发生的条件概率(如坝体倒塌、反应堆熔毁、飞机失事、环境污染等)及对该事件结果(受伤、死亡、过多癌症的发生和财产的损失)的评价(如损失或损害函数)。以此类推,环境(或生态)风险就是一个发生了的特殊环境污染(环境破坏或生态破坏)事件的条件概率和对其环境(生态)后果的一些说明,如生物多样性的减少、生态系统健康的下降、人群的死亡等。

1981 年,卡普兰和加利克提出了一个有说服力的有序三元组风险概念模型。

卡普兰-加利克风险模型

三元组中第一个元素描述所感兴趣事件的性质,第二个元素反映事件发生的概率,第三个元素是对事件结果的评价。

第一个元素描述需要分析评价的不希望发生的事件,即目标(endpoint)。在环境(生态)风险评价中,这个元素可以是一个物种繁殖能力的不可接受的下降,或一个有价值的生态系统初级生产力的降低或一个湖泊富营养化的严重爆发。

第二个元素是对第一个元素发生条件概率的估计。概率值便是风险分析和评价的结果,它代表了暴露评价和影响评价的结合,构成了风险特征。

第三个元素由对第一个元素发生结果的评价组成(如损失或损失函数)。该元素是环境风险评价中需要进一步完善的部分,损失或损害可用货币形式、生态学意义、道德伦理、美学或其他价值形式的整合加以表达。

在环境风险评价中涉及的潜在风险源(或称压力因子)主要包括放射性同位素、污染气体、基因工程微生物、有机污染物、重金属元素、混合污染物和农业杀虫剂等,已开展了对于地表水、沉积物、土壤和陆地生态系统的环境风险评价工作。重金属、有机污染物、杀虫剂作为压力因子,地表水和沉积物作为最初的暴露介质。典型的运输途径和机制既直接涉及水(地表径流、降水量等),又涉及污染物进入到地表水的过程,最终涉及沉积物,如土壤侵蚀、大风引起的颗粒物再悬浮等。在环境风险评价研究中,最终目标的选择包括不同水平的生物组织,包括对生理过程(如光合作用)、个体、种群、群落、生态系统、流域和更大区域的环境风险评价。

环境风险评价(environmental risk assessment)就是对可能发生环境污染(环境破坏或生态破坏)事件的条件概率的分析评估并对其可能产生后果的说明和量化,以及给出适宜采取的预防措施。

(二)环境风险评价的方法

环境风险评价的方法和程序尚不定型,不同的学者、机构和国家提出了不同的评价方法和程序,既包括定性的评价,也包括定量的评价。下面主要介绍美国学者和美国环境保护局提出的环境风险评价程序,主要包括四个部分。

步骤一:危害识别(hazard identification)。主要是一个定性的评估过程,分析一个特定的污染物是否会引起对于人群和生态系统的危害及可能的潜力,并对环境风险物质进行危害类型的评估等。

步骤二:暴露评价(exposure assessment)。主要是对人群或其他生物暴露于危险环境中的频率、时间长度、危害因子进行预测或估算,包括利用各种污染物扩散模型来预测污染物浓度的分布,计算暴露于特定污染物和一定浓度下的生物个体和群落所受到的剂量。

步骤三:剂量反应评价(dose-reponse assessment)。主要是评估有害因子暴露水平与暴露人群、植物和动物的不良效应发生概率之间的关系。

步骤四:风险表征(risk characteriszation)。将暴露和剂量反应的评价分析的结果综合为对于危害结果的最后信息,包括危害结果发生的概率、可接受的水平及评价结果的不确定性等。

第五节 中国环境管理与实践

一、中国环境管理的发展历程

中国环境管理的发展历程以 1973 年、1983 年、1989 年和 1996 年相继召开的四次全国环境保护会议为标志,大致可归纳为三个发展阶段。

(一)起步阶段(1973~1983 年)

1973~1983 年,是我国环境保护工作的起步时期。1973 年 8 月召开了第一次全国环境保护会议。这次会议使我国人民初步认识到中国存在着较严重的环境问题,有了加强环境保护的观念,拉开了中国环保事业的序幕。会议提出了我国环境保护的 32 字方针,即"全面规划、合理布局、综合利用、化害为利、依靠群众、大家动手、保护环境、造福人民"。同时,国家还成立了环境保护的领导机构和办事机构,这说明我国环保工作从一开始即体现了以环境管理为中心的思想。

(二)发展阶段(1984～1995年)

1. 第一个时期(1984～1988年) 这是我国环境管理工作发展的关键时期,标志着我国环境管理思想开始逐步走向成熟。它的标志是1984年第二次全国环境保护会议的召开,在这次会议上,我国环境管理取得重大突破和进步:① 确立了一整套用以长期指导中国环境保护实践的环境管理方针、政策和制度。例如,宣布将环境保护列为我国的基本国策;确立了"经济建设、城乡建设和环境建设同步规划、同步实施、同步发展,实现经济效益、社会效益和环境效益相统一的环境保护战略方针"(简称"三同步、三统一"方针);提出了"预防为主","谁污染谁治理",以及"强化环境管理"的三大环境保护政策。② 明确了各级政府对环境质量的责任。③ 明确了进一步加强依法管理。

2. 第二个时期(1989～1995年) 这个时期是我国环境管理从理论到实践过渡的探索时期。该时期的主要标志有:① 第三次全国环境保护会议的召开;② 确立了可持续发展战略,制定了一系列纲领性文件;③ 召开了第二次全国工业污染防治工作会议,提出了推行清洁生产的口号。

1989年召开的第三次全国环境保护会议,使环境保护中强化环境管理的思想又有了新的发展。会上提出了"全力推行环境保护目标责任制、城市环境综合整治定量考核、排放污染物许可证制、污染集中控制和限期治理"等环境管理的新五项制度。实践证明,这些管理制度是符合我国国情的。这次会议还明确了环境与经济协调发展的指导思想。1992年联合国环境与发展大会提出可持续发展战略,我国积极响应,并颁布了《中国21世纪议程》,明确宣布"走可持续发展之路是我国未来和下一世纪发展的自身需要和必然选择"。

(三)深化阶段(1996年～   )

以1996年7月全国第四次环境保护会议的召开为标志,中国的环境管理进入了深化发展的阶段。它的总体特点是环境保护从管理策略、管理体制、管理思想和管理目标都进行了重大的改革和调整。例如,提出了建立和完善环境与发展综合决策等四大机制;环境保护的地位得到加强等。

二、中国环境管理的发展趋势

(一)由末端环境管理转向全过程环境管理

末端环境管理亦称"尾部控制",即环境管理部门运用各种手段促进或责令工业生产部门对排放的污染物进行治理或对排污去向加以限制。这种管理模式是在人类活动已经产生污染和破坏环境后果的基础上再去施加影响,因而是被动的环境管理,不能从根本上解决环境问题。

全过程环境管理亦称"源头控制"。主要指对工业生产过程等经济再生产过程进行从源头到最终产品的全过程控制管理。运用各种手段促使节能、降耗,推行清洁生产,降低或消除污染。这种管理模式符合预防为主的方针。可持续发展战略要求环境管理由末端管理转向全过程管理。

在"人类-环境"系统中,联系着自然环境与人类的工业生产活动起决定性的作用。在这个复杂的系统中,为了维持人类的基本消费水平,人类要从环境中取得资源、能源进行工业生产。工业生产过程中的资源、能源利用率越低,则需要由环境取得的资源、能源越多,而向环境排出的废物也多。从生态系统的要求来看,在发展生产不断提高人类消费水平的过程中,必须提高资源、能源的利用率,尽可能减少从自然环境中取得资源、能源的数量,这样向环境排出的废物也就必然会少,同时尽可能使排放的废物成为易自然降解的物质。这就需要运用生态理论对工业污染源进行全过程控制,设计较为理想的生态工业系统。

(二)由污染物排放总量控制转向对人类经济活动实行总量控制

污染物排放总量控制就是为了保持功能区的环境目标值,将排入环境功能区的主要污染物控制在环境容量所能允许的范围内。

为了实现经济与环境的协调发展,保证经济持续快速健康的发展,建立可持续发展的经济体系和社会体系,并保持与之相适应的可持续利用的资源环境和环境基础,环境管理必然要扩展到对人类的经济活动和社会行为进行总量控制,并建立科学合理的指标体系,确定切实可行的总量控制目标。

主要污染物总量控制目标主要分三个方面。

1) 确定主要污染物:要根据不同时期、不同情况确定必须进行总量控制的污染物及其具体指标。

2) 生态总量控制指标:主要包括森林覆盖率、市区人均公共绿地、水土保持控制指标、自然保护区面积、适宜布局率、过度开发率等。

3) 经济、社会发展总量控制指标:主要包括人口密度、经济密度、能耗密度、建筑密度、万元产值耗水量年平均递减率、万元产值综合能耗平均递减率、环境保护投资比等。

(三)建立与社会主义市场经济体制相适应的环境管理运行机制

1. 资源核算与环境成本核算　把自然资源和环境纳入国民经济核算体系,使市场价格准确反映经济活动造成的环境代价。改变过去无偿使用自然资源和环境,并将环境成本转嫁给社会的做法。迫使企业在面向市场的同时,努力节能降耗、减少经济活动的环境代价、降低环境成本,提高企业在市场经济中的竞争力。

2. 培育排污交易市场　按环境功能区实行污染物排放总量控制,以排污许可证或环境规划总量控制目标等形式,明确下达给各排污单位(企业或事业)的排污总量指标,要求各排污单位"自我平衡、自身消化"。企业(或事业)因增产、扩建等原因,污染物排放总量超过下达的排污总量指标时,必须削减。至于采取什么措施、如何削减,完全是企业自身的事。如果企业因采用无废技术、推行清洁生产以及强化环境管理,建设新的治理措施等原因,使其污染物排放总量低于下达的排污总量指标,可以将剩余的指标暂存或有偿转让,卖给排污总量超过下达指标而又暂时无法削减的企业。这就产生了排污交易问题。培育排污交易市场有利于促进和调动企业治理污染的积极性,将经济效益与环境效益统一起来。

(四)建立与可持续发展相适应的法规体系

依法强化环境管理是控制环境污染和破坏的一项有效手段,也是具有中国特色的环境保护道路中一条成功的经验。

三、中国环境管理的基本制度

环境管理制度指在一定的历史条件下,由政府制定并颁布的,供人们共同遵守的环境管理规范。我国的环境管理制度主要包括老三项制度(环境影响评价制度、"三同时"制度和排污收费制度)和新五项制度(排污许可证制度、环境保护目标责任制、城市环境综合整治定量考核制度、污染集中处理制度和污染限期治理制度)。上述制度一般统称为"八项制度"。

近年来,随着我国社会经济的迅速发展和经济全球化趋势的推动,我国的环境管理领域又增加了几项新的环境管理制度,主要有污染物排放总量控制制度、清洁生产制度、环境标志制度、环境管理体系认证制度等。

(一)八项制度

1. 环境影响评价制度　环境影响评价是对拟建设项目、区域开发计划及国际政策实施后可能对环境造成的影响进行预测和评估。环境影响评价制度是我国规定的调整环境影响评价中所发生的社会关系的一系列法律规范的总和,它是环境影响评价的原则、程序、内容、权利义务以及管理措施的法定化。

2. "三同时"制度　所谓"三同时"是指新建、扩建、改建项目和技术改造项目、自然开发项目以及可能对环境造成损害的工程建设,其防治污染及其他公害的设施,必须与主体工程同时设计、同时施工、同时投产。"三同时"制度是我国独创的一项环境管理制度,它来自 20 世纪 70 年代初防治污染工作的实践。这项制度的诞生标志着我国在控制新污染的道路上迈上了新的台阶。

3. 排污收费制度　　排污收费制度是对于向环境排放污染物或者超过国家排放标准排放污染物的排污者,根据规定征收一定的费用。这项制度是运用经济手段有效地促进污染治理和新技术的发展,又能使污染者承担一定污染防治费用的法律制度。

4. 排污许可证制度　　排污许可证制度是以改善环境质量为目标,以污染物总量控制为基础,对排污的种类、数量、性质、去向、方式等的具体规定,是一项具有法律含义的行政管理制度。排污许可证制度在西方国家已经推行多年,收到了良好的效果。排放许可证目前在我国还处于研究和初试阶段,有多个省市进行了水污染物排放许可证、大气污染物排放许可证方面的试点,但仍需进一步完善。

5. 环境保护目标责任制　　环境保护目标责任制是一种具体落实到地方各级人民政府和有污染的单位对环境质量负责的行政管理制度。这项制度确定了一个区域、一个部门乃至一个单位环境保护的主要责任者和责任范围。运用目标化、定量化、制度化管理方法,把贯彻执行环境保护这一基本国策作为各级领导的行动规范,推动环境保护工作全面、深入地发展。

6. 城市环境综合整治定量考核制度　　所谓城市环境综合整治,就是把城市环境作为一个系统、一个整体,运用系统工程的理论和方法,采取多功能、多目标、多层次的综合战略、手段和措施,对城市环境进行综合规划、综合管理、综合控制,以最小的投入,换取城市环境质量优化,做到"经济建设、城乡建设、环境建设同步规划、同步实施、同步发展"。

7. 污染集中控制制度　　环境污染的工程治理具有明显的规模效应,因此有必要进行集中控制和处理。我国的污染集中控制制度指污染控制集中与分散相结合,以集中控制为主的发展方向。

8. 污染限期治理制度　　污染限期治理就是在污染源调查、评价的基础上,以环境保护规划为依据,突出重点,分期分批地对污染危害严重、群众反映强烈的污染物、污染源、污染区域采取限定治理时间、治理内容及治理效果的强制性措施,是人民政府为保护人民的利益而对排污单位和个人采取的法律手段。限期治理污染的决定是依据一定的法律程序而确定的,具有法律效力。

(二)新的环境管理制度

1. 污染物排放总量控制制度　　污染物排放总量控制制度是针对工业比较集中和排污量较大的地区、流域和环境质量要求高的区域,先依据某种方法或技术手段,确定某一区域(或行业)的污染物允许排放总量目标,然后采取一定的行政手段或技术手段,将削减污染物排放量指标分配至各区域(如流域、省市或地区)甚至直接分配给各企事业单位,并限时完成的环境管理制度。

根据确定污染物允许排放总量目标的方法或技术手段的不同,污染物排放总量控制又可分为容量总量控制和目标总量控制两种。所谓容量总量控制,指各污染源的排放总量控制指标依据环境容量经推算而确定的管理方式,它将污染物排放与环境质量的输入响应关系直接挂钩。所谓环境管理目标总量控制,是依据控制区域的经济、技术、管理水平等因素,采取一定科学手段,人为地分配污染物允许排放量和削减量指标。

2. 清洁生产制度　　在推行清洁生产时,我国将其与工业产业结构、产品结构的调整相结合,要求在制定产业政策时,严格限制或禁止可能造成严重污染的产业、企业和产品,要求工业企业采用能耗物耗小、污染物产生量少的有利于环境的原料和先进工艺、技术和设备,采用节约用水、节约用能、节约用地的生产方式。

3. 环境标志制度　　通过国家将某些在生产和消费过程中不会或很少污染和破坏环境的产品,认证审批为"环境标志"产品,进行信息引导,使消费者在选购商品时,自发地抵制那些在生产和使用过程中对环境造成较大危害的产品,从而利用市场竞争机制,促进环境管理目标的实现。

4. 环境管理体系认证制度　　环境管理体系认证制度的核心是执行 ISO14000 环境管理认证体系。ISO14000 是国际标准化组织从 1993 年开始制定的"以环境管理为核心,其他技术文件为配套"的环境管理系列标准,包括环境管理体系、环境审核、环境标志、生命周期分析等国际环境管理领域内的许多方面。

参考文献

Nath B,等. 1996. 环境管理. 第 3 卷. 吕用龙译. 北京：中国环境科学出版社.

陈红,郝维昌,石凤,等. 2004. 几种典型高分子材料的生命周期评价. 环境科学学报,24(3)：545—549.

金瑞林. 1999. 环境保护与资源法. 北京：高等教育出版社.

刘天齐. 2000. 环境保护. 北京：高等教育出版社.

吕用龙,贺桂珍. 2000. 现代环境管理学. 北京：中国人民大学出版社.

伦纳德·奥托兰诺. 2004. 环境管理与影响评价. 郭怀成,梅凤乔译. 北京：化学工业出版社.

钱易,唐孝炎. 2000. 环境保护与可持续发展. 北京：高等教育出版社.

魏智勇. 2007. 环境与可持续发展. 北京：中国环境科学出版.

叶文虎. 2000. 环境管理学. 北京：高等教育才出版社.

朱庚申. 2002. 环境管理学. 北京：中国环境科学出版社.

Adrianse A. 1993. Environmental policy performance indicator：a study on the development of indicators for environmental policy in the netherlands. Hague：SDU Publishers.

Heijungs R. 1992. Environmental life cycle assessment of product. Leiden.

Miller J. 2004. Living in the environment. 第 13 版. 北京：高等教育出版社.

OECD. 1996. 环境管理中的经济手段. 北京：中国环境科学出版社.

RMNO. 1994. Towards environmental performance indicators based on the notion of environmental space. Publikatie，RMNO. NR. 96. The Nertherland.

第十章　全球环境变化

本章概要介绍了全球环境变化本质、不同时期的变化特点与原因以及主要的全球环境变化问题;重点介绍了全球气候变化的趋势、原因以及人类应对全球气候变暖采取的措施;臭氧层耗损的机制、应对措施及其变化趋势;生物多样性概念、现状与防止生物多样性锐减的措施。

第一节　全球环境问题概述

一、全球环境的变化

在整个自然发展的历史进程中,变化是自然界永恒的规律,但这种变化是极其缓慢的,如地形隆起与凹陷以及气候变化等。在冰川时期,冰川反复波动时发生的重大气候变化曾持续几千年,但环境与生物之间最终也能形成和谐的统一。尽管生命的诞生和人类的出现是自然发展进程中的事件之一,但它却破坏了自然环境这种缓慢而平衡的发展变化模式,改变了地球演化的进程。

16～17世纪以来,尤其是18世纪中叶蒸汽机的广泛使用,人类的生产力有了空前提高。人为因素和自然因素的交互影响和叠加作用使得地球环境正在发生着巨大的变化,其速度和规模都是前所未有的。人类活动的影响不仅使陆地生态环境遭受到严重的破坏,而且也使围绕地球的大气圈受到了严重的污染并发生了巨大的变化。

进入20世纪,由于科学技术不断发展、生产力不断提高以及人口持续增长,人类加强了对自然资源的开发利用,这种对自然资源近似疯狂的掠夺性开采,使得全球局部地区自然环境发生了急剧的恶化。20世纪中叶,在工业发达国家相继出现了一系列震惊世界的公害事件,促使人们重新审视人类活动引起的环境变化问题。

二、主要全球环境变化问题

按照国际地圈与生物圈计划(International Geosphere-Biosphere Program, IGBP)的理解,全球变化指可能改变地球承载生物能力的全球环境变化,内容包括大气成分变化、全球气候变化、土地利用和土地覆盖的变化、人口增长、荒漠化和生物多样性变化等。

目前,全球环境变化的突出表现除了全球气候变化、臭氧层损耗、生物多样性锐减外,还表现在以下方面。

(一) 人口增长

在过去的200多年内,世界人口由10亿增长到60多亿,并且这种增加的趋势还在加速,据预测,到21世纪末,世界人口将增加到120亿。联合国《二〇一五年全球人口发展报告》显示:非洲人口增长最快,亚洲人口增长较快;未来一半新增人口来自非洲,三分之一来自亚洲;48个最不发达国家人口高速增长,结果造成发展中国家人口在总人口中的比重越来越高。庞大的人口数量意味着人类需要更多的粮食、衣物和能源,也意味着人类将更快、更大规模地开发利用自然资源,更加迅速地改变环境,也就必然加速全球变化。巨大的人口压力是全球变化的最主要驱动因子。

人口增长不仅对社会、经济产生重要影响,更为重要的表现在人口增长的生态、环境效应。随着人口增长和技术进步,人类对自然利用的广度和深度在不断扩展,人类对生态环境的干扰也越来越大,已造成区域乃至全球性的水土流失、环境污染、生态失衡等严重后果,危及人类生存。只有做到人口的适度增长和合理利用、保护生态环境,才能不断消除人口增长与生态环境之间的不协调,促进生态环境系统的良性循环。

（二）水资源问题

水资源问题主要是淡水资源的短缺和水质污染。人们通常将全球陆地入海径流总量作为理论上的水资源总量。全球平均年径流总量大约为 46 000 km³。然而，水资源数量在全球分布是不均匀的，而且这些水量绝大多数以洪水的形式出现或者不能为人类所利用。事实上，大约只有 9 000 km³ 的径流可供人类使用，占河川径流量的 19%。

随着世界人口的高速增长以及工农业生产的发展，水资源的消耗量增长迅猛。1900～1995 年，人类对水的汲取量增加了六倍，为同期人类增长速度的两倍。人口快速增长，而可供人类使用的水资源却不会增加，世界人均可用水量正在日趋减少，已从 1950 年年人均可用水量的 16 800 m³ 减少到 2000 年 6 800 m³。加之，世界淡水资源的分布极不均匀，人们居住的地理位置与水的分布又不匹配，使水资源的供应与需求之间的矛盾很大，尤其是在工业和人口集中的城市，这个矛盾更加突出。

另一方面，因人为污染等因素而使水资源质量变差，可利用数量减少。目前全世界每年排向自然水体的废水达 4 200×10⁸ m³，每天有 200×10⁴ t 垃圾被倒进河流、湖泊和小溪中。约有 35% 以上的淡水资源受到不同程度污染，使可有效利用的水资源量日趋减少。

（三）森林面积减少

1987 年国际环境与发展学会指出，在人类活动干扰以前，全世界约有森林和林地 60×10⁸ hm²，1954 年世界森林和林地面积减少到 40×10⁸ hm²，其中温带森林减少了 32%～33%，热带森林减少了 15%～20%。近 30 年来，世界森林，特别是热带森林的减少速度明显加快，平均每年减少 800×10⁴ hm²。2007 年联合国粮食与农业组织发表的《世界森林状况报告》指出，2000～2005 年，世界森林面积以每年 730×10⁴ hm² 的速度在减少。

尽管近年因部分国家大规模植树造林，森林净损失稍有减缓，但热带森林被砍伐的区域还是日渐扩大。自 2000 年以来，每年约有 1 295×10⁴ hm² 的热带森林被砍伐，其中超过一半是在以前人迹罕至的区域。占据了世界原始森林面积 80% 的 10 个国家当中，印度尼西亚、墨西哥、巴布亚新几内亚与巴西四国的原始森林破坏严重。印度尼西亚和巴布亚新几内亚的森林面积在过去 15 年年均减少 200×10⁴ hm²，巴西森林面积的减少速度则是世界平均速度的 6 倍。

从区域分布上来看，欧洲与北美的森林面积在 2000～2005 年有所增加，亚太地区因中国大规模植树造林森林面积基本稳定，非洲与拉丁美洲及加勒比海地区森林面积的减少最为严重，非洲的森林面积 1990～2005 年减少了 9%，拉丁美洲与加勒比海地区的森林面积 2000～2005 年也以每年 0.46%～0.51% 的速度递减。

目前，全世界森林面积已经下降到 38×10⁸ hm² 以下，森林过度砍伐导致了水土流失、土地退化、物种减少、气候变化，也必将对整个生态平衡造成严重影响。

（四）土地荒漠化

土地荒漠化的形成主要是发生在脆弱生态环境下（如戈壁、荒漠等干旱及半干旱地区），由于人为过度活动（如滥垦、樵采及过度放牧）或自然灾害（如干旱、鼠害及虫害等）所造成的原生植被的破坏、衰退甚至丧失，从而引起沙质地表、沙丘等的活化，导致生物多样性减少、生物生产力下降、土地生产潜力衰退以及土地资源丧失的过程。

荒漠化的危害始于 20 世纪中期，20 世纪 60 年代末 70 年代初非洲撒哈拉地区的连续干旱加速了这一地区热带稀树草原土地的荒漠化，从而引起人们对荒漠化这一全球性环境问题的重视。随着人类活动的日益加强，荒漠化的进程也十分迅速。据联合国环境规划署初步估计，荒漠化威胁着 48×10⁸ hm² 的土地，约占全球表土面积的三分之一；全球约有 9 亿人口受到荒漠化的影响；三分之二的国家或地区即 100 余个国家或地区受到荒漠化的危害。20 世纪 80 年代初期，在全球 32.57×10⁸ hm² 的生产旱地中，约有 20×10⁸ hm² 土地遭到荒漠化或严重荒漠化，约占旱地面积的 61%，其中 16×10⁸ hm² 是草原。20 世纪 90 年代，荒漠化土地面积达到 36×10⁸ hm²。目前全球每年仍有超过 600×10⁴ hm² 的土地变成荒漠，其中包括超过

320×10^4 hm^2 草地和超过 250×10^4 hm^2 雨养耕地。

我国是荒漠化比较严重的国家之一,2004 年全国荒漠化土地总面积为 $26\,360 \times 10^8$ hm^2,占国土面积的 27.46%。随着一系列重大生态工程的实施,中国荒漠化呈现出整体遏制、面积缩减、程度减轻、功能增强的态势;截至 2014 年,荒漠化土地面积 $26\,116 \times 10^4$ hm^2,占国土面积的 27.20%。

(五) 化学污染

目前,人类已经合成的化学品达 2 000 多万种,经常使用的有 7 万~8 万种,每年新登记注册投放市场的约 1 000 种。化学品的发明和发展,在推动社会进步、提高生产力、消灭虫害、减少疾病、方便人民生活等方面发挥了巨大作用。但是,化学品对环境造成的污染,已经成为全球性问题。

持久性有机污染物(persistent organic pollutants,简称 POPs)是指人类合成的能持久存在于环境中,通过食物链积累,并对人类健康及环境造成有害影响的化学物质。这类物质在环境中不容易降解,存留时间较长,可以通过大气、水的输送而影响到区域和全球环境,并可通过食物链富集,最终严重伤害人类健康。其毒害作用甚至可以延续几代人,对人类生存繁衍和可持续发展构成重大威胁。2001 年 5 月 23 日在瑞典斯德哥尔摩召开会议,通过了《关于持久性有机污染物的斯德哥尔摩公约》,至今已有 160 多个国家签署了该公约。该公约是继 1987 年《保护臭氧层的维也纳公约》和 1992 年《气候变化框架公约》之后的第三个具有强制性减排要求的国际公约,是国际社会对有毒化学品采取优先控制行动的重大步骤。

"白色污染"指以白色为主的各种塑料制品使用后被废弃造成的污染,包括塑料袋、薄膜、农膜、快餐盒、饮料瓶和包装填充物等。这类物质价格低、重量轻、数量大、重复使用率极低,使用废弃后随处可见。20 世纪 90 年代,我国大中城市无不受到"白色污染"围攻,21 世纪"白色污染"又向小城镇、大集镇和农村蔓延。其降解过程中会分解出各种有毒物质,包括重点致癌物二噁英。"白色污染"范围广、面积大、危害深。

化学污染中,除持久性有机污染物、白色污染外,二噁英污染、环境荷尔蒙类损害以及重金属的污染都具有全球危害性。

(六) 酸雨问题

酸雨是一种严重的污染物质,含有多种无机酸和有机酸,绝大部分是硫酸和硝酸。酸雨的产生是一种复杂的大气化学和大气物理过程。工业生产、民用燃料排放出来的二氧化硫,燃烧石油以及汽车尾气排放出来的氮氧化物等进入大气后,经过"云内成雨过程",即水汽凝结在硫酸根、硝酸根等凝结核上,发生液相氧化反应,形成硫酸雨滴和硝酸雨滴;又经过"云下冲刷过程",即含酸雨滴在下降过程中不断合并吸附、冲刷其他含酸雨滴和含酸气体,形成较大雨滴,最后降落在地面上,形成了酸雨。

1852 年英国首先出现酸雨,其后,美国、瑞典、挪威、荷兰、德国、法国和加拿大等国也相继出现酸雨。20 世纪 60 年代开始,酸雨的酸度越来越高,出现酸雨的地方也越来越多,酸雨蔓延成为人们普遍关注的全球性环境问题。据估计,1990 年全球人为排入大气的二氧化硫约为 1.5×10^8 t。其中,欧洲大约排放二氧化硫 $3\,000 \times 10^4$ t,美国大约排放二氧化硫 $2\,100 \times 10^4$ t。

中国的能源结构以煤炭为主,二氧化硫和氮氧化合物排放居世界前列,同时也是受害国。中国酸雨的分布区面广量大,重庆、贵阳、南昌、武汉、沈阳和广州等城市均是酸雨严重危害的城市。近年中国的酸雨已呈现由南向北、由局部向全面、由危害较轻向日益加重的趋势发展。

《京都议定书》规定实施减排以来,部分工业发达国家二氧化硫减排比较显著。2005 年欧洲二氧化硫排放量为 967×10^4 t,较 1990 年减少了 67%;2005 年美国大约排放 $1\,334.8 \times 10^4$ t,较 1990 年减少了 36%。中国"十一五"规划纲要提出节能减排的约束性目标,即单位 GDP 能耗降低 20% 左右,主要污染物排放总量(SO_2 和 COD)减少 10%。截至 2008 年底,全国装有脱硫设施的机组达到 3.79×10^8 kW,占全部火电机组装机的 66%。积极贯彻落实二氧化硫减排目标,并有望提前完成。

(七) 外来生物入侵

世界自然保护联盟(International Union for Conservation of Nature and Natural Resources, IUCN)认为

外来生物入侵是在自然或半自然生态系统中,外来物种建立了种群,改变或威胁了本地生物多样性。

生物入侵的途径包括有意引进、无意引进和自然扩散。有意引进是用于农林牧渔业生产、生态保护和建设等目的的引种,尔后引进的生物演变为入侵物种。加拿大一枝黄花(*Solidago canadensis* L.)最早是作为观赏植物引进的,以庭园花卉形式栽培于上海、苏南各市,后逸生野外成为杂草。加拿大一枝黄花通过根和种子两种方式繁殖,繁殖力极强,传播速度快,生长优势明显,生态适应性广阔。生长在河滩、荒地、公路两旁以及农田边和农村住宅四周,在生长过程中会与其他物种竞争养分、水分和空间,从而使其生长区里的其他作物、杂草一律消亡,从而对生物多样性构成严重威胁,故被称为生态杀手、霸王花。

无意引进是随着贸易、运输、旅游等活动而"携带"外来入侵物种的方式。据研究,50%的外来入侵植物和25%的外来入侵动物是有意引进的;50%外来入侵植物,75%外来入侵动物和所有外来入侵微生物都是无意传入的。经自然扩散进入我国境内的外来入侵物种仅占很小的比例。

外来入侵物种在新的生态环境中适应、定居、自行繁衍和扩散,明显地与当地物种竞争资源和生存空间,破坏当地生态系统,降低本土生物多样性,甚至形成单优势种群,危及本土物种的生存,造成物种的消失和灭绝,而且破坏农田、水利工程,对环境和经济发展造成极大危害。据国家环保部公布的资料,目前中国已知的外来入侵物种至少有283种,世界自然保护联盟公布的全球100种最具威胁的外来入侵物种中,中国就有50种。每年外来入侵物种给中国经济造成的损失达2 000亿元,损害农、林、牧、渔业生产,并直接危害到人类的健康和食品安全。

目前,生物入侵已对我国生物多样性和生态环境造成了严重破坏,而且危害范围还在不断扩大、程度也在不断加重,有些物种已经难以控制。面对十分严峻的生物入侵形势,政府采取一系列措施,加强外来入侵物种管理,预防和遏制外来物种入侵。公布危害十分严重的外来入侵物种名单是其重要举措之一。中国公布的第一批外来入侵物种名单,包括紫茎泽兰(*Eupatorium adenophorum*)、薇甘菊(*Mikania micrantha*)、空心莲子草(*Aternanthera philoxeroides*)、豚草(*Ambrosia artemisiifolia*)、毒麦(*Lolium temulentum*)、互花米草(*Spartina alterniflora*)、飞机草(*Chromolaena odoratum*)、凤眼莲(*Eichhornia crassipes*)、假高粱(*Sorghum halepense*)、蔗扁蛾(*Opogona sacchari*)、湿地松粉蚧(*Oracella acuta*)、强大小蠹(*Dendroctonus valens*)、美国白蛾(*Hyphantria cunea*)、非洲大蜗牛(*Achating fulica*)、福寿螺(*Ampullaria gigas*)、牛蛙(*Aquarana catesbeiana*)16种。之后,2010年、2014年中国相继公布了第二批(19种)、第三批(18种)外来入侵物种名单。

三、全球环境变化的应对

全球环境变化的风险在于其造成的影响可能是不可逆的,人类必须在"未来付出更大代价"和"为长远利益而放弃部分眼前利益"之间做出选择。全球环境变化的影响已超越了国界,需要各国共同努力,以应对可能出现的各种问题。

(一)全球环境变化研究重大行动规划

目前,世界各国政府和科学工作者,积极开展全球环境领域的科学研究与技术开发,确定一系列全球环境领域重大行动规划与优先研究领域,以增进对全球环境变化过程的认识,为制定应对措施提供科学依据。其中,世界气候研究计划(World Climate Research Program, WCRP)、国际地圈生物圈计划(International Geosphere-Biosphere Program, IGBP)、生物多样性计划(An International Programme of Biodiversity Science, DIVERSITAS)、国际全球变化人文因素计划(International Human Dimension of Global Environment Change, IHDP)是当前全球环境变化领域主要的国际性研究计划。

1. 世界气候研究计划 世界气候研究计划(WCRP)从20世纪70年代中期开始酝酿,1980年开始实施,着重研究气候系统中物理方面的问题。WCRP的目的是增强人类对气候的认识、探索气候的可预报性及人类对气候的影响程度,包括对全球大气、海洋、海冰与陆冰以及地表的研究。WCRP的长期目标是:① 改进和扩大对全球和区域气候的认识;② 设计和实施深入了解重大气候过程的观测和研究计划,包括海气相互作用、云与辐射间的相互作用、陆气相互作用;③ 发展气候系统模式,论证对各种时空尺度气候的预报能力;④ 研究气候对人类活动和大气中 CO_2 增加的敏感性。

2. 国际地圈生物圈计划 国际地圈生物圈计划(IGBP)旨在制定区域和国际政策,讨论关于全球变化及其所产生的影响。该计划的主要科学目标是:① 描述和认识控制整个地球系统相互作用的物理、化学和生物学过程;② 描述和理解支持生命的独特环境;③ 描述和理解发生在该系统中的变化以及人类活动对它们的影响方式。其应用目标是发展预报理论,预测地球系统在未来十至百年时间尺度上的变化,为国家和国际政策的制定提供科学基础。

3. 生物多样性计划 生物多样性计划的主要任务是:通过确定科学问题和促进国际间合作来加强对生物多样性的起源、组成、功能、持续与保护等基础性研究,以增进对生物多样性的认识、保护和可持续利用。

4. 全球环境变化的人类影响国际研究计划 全球环境变化的人类影响国际研究计划(IHDP)研究的核心问题有四个:① 人类活动对全球环境变化有什么样的贡献? ② 为什么要进行这些活动? ③ 全球环境变化对人类生活有什么样的反作用? ④ 由谁采取什么样的行动来响应、减少或减轻全球环境变化的影响?

(二)重要国际协议与政府应对措施

1992 年在巴西的里约热内卢召开了"联合国环境与发展大会",通过和签署了《里约环境与发展宣言》《二十一世纪议程》《关于森林问题的原则声明》《气候变化框架公约》和《生物多样性公约》五个国际性的环境保护文件。1997 年 12 月在日本京都召开联合国气候变化框架公约参加国第三次会议,制定《联合国气候变化框架公约的京都议定书》(简称《京都议定书》)。《京都议定书》是联合国《气候变化框架公约》的补充条款,旨在限制发达国家温室气体排放量以抑制全球变暖。

2007 年 12 月,190 多个国家的代表和科学家参加在印度尼西亚巴厘岛召开的联合国气候变化大会(即巴厘岛会议)。大会着重讨论气候变暖和温室气体减排以及 2012 年后应对气候变化的措施安排等问题。2015 年 12 月 12 日,《联合国气候变化框架公约》近 200 个缔约方在巴黎气候变化大会上一致同意通过《巴黎协定》,为 2020 年后全球应对气候变化行动做出安排。《巴黎协定》指出,各缔约方将加强对气候变化威胁的全球应对,把全球平均气温较工业化前水平升高幅度控制在 2℃之内,并为把升温控制在 1.5℃之内而努力。

中国政府非常重视全球环境变化问题,在积极应对全球环境变化问题上采取了一系列重大措施。中国政府把环境保护作为一项基本国策,将科学发展观作为执政理念,根据《气候变化框架公约》的规定,结合中国经济社会发展规划和可持续发展战略,制定并公布了《中国应对气候变化国家方案》,成立了国家应对气候变化领导小组,颁布了一系列法律法规。中国"十一五"规划纲要提出了新中国成立以来第一个"节能、减排"的战略目标,五年内单位国内生产总值能耗降低 20%左右、主要污染物排放总量减少 10%。中国首次正式提出 2030 年碳排放有望达到峰值,并将于 2030 年将非化石能源在一次能源中的比重提升到 20%。为此,政府积极推动经济增长方式转变,落实"降耗、节能、减排"任务。中国将在土地利用方式、植树造林、生态系统保护、改变生产生活和消费方式,以及开发利用气候资源和可再生能源等方面采取行动,以减少全球环境变化问题对社会经济发展造成的负面影响。

第二节 全球气候变化

全球气候变化指在全球范围内,气候平均值和离差值两者中的一个或两者同时随时间出现了统计意义上的显著变化。平均值的升降,表明气候平均状态的变化;离差值增大,表明气候状态不稳定性增加,气候异常愈明显。气候变化是一个典型的全球尺度的环境问题,直接涉及全球经济发展方式及能源利用的结构与数量,直接影响未来全球发展。

一、气候变化趋势

地球自诞生后,气候也一直在变迁中。地质年代中地球的气候是温暖和寒冷交替出现。在地质历史上曾经出现过气候寒冷的大规模冰川活动的时期,称为冰期。这种冰期曾经有过三次,即前寒武纪晚期、石炭-二叠纪和第四纪。第四纪是地球历史最新、最近的一个地质时代,和几十亿年的地质史相比,它的时间极为

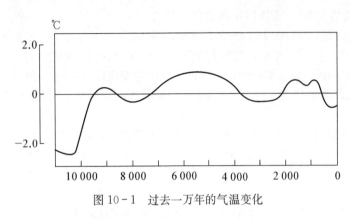

图 10-1 过去一万年的气温变化

短促,距今仅二三百万年。

第四纪气候特点是冰期、间冰期交替,可分四个冰期、三个间冰期和一个冰后期(距今约 11000 年前至今)。第四纪冰期来临的时候,地球的年平均气温比现在低 10~15℃,全球有 1/3 以上的大陆为冰雪覆盖,冰川面积达 $5\ 200 \times 10^4\ km^2$,冰厚有 1 000 m 左右,海平面下降 130 m。与地质时期相比,冰后期以来地球的气候相对稳定,但全球气温变化也呈现出轻微的波动上升趋势(图 10-1)。

百年或更短时间尺度的全球气候变化研究表明,近代气候变化的显著特点是气温上升(图 10-2)。1906~2005 年(100 年间)全球地表平均温度升高 0.74℃,1956~2005 年(50 年间)升温 0.65℃,升温速率明显加快。1983~2012 年更是过去 1 400 年来最热的 30 年。

近半个世纪以来,全球气候变暖问题逐渐为人类认识。20 世纪 70 年代,科学家把气候变暖作为一个全球环境问题提了出来;80 年代,随着对人类活动和全球气候关系的认识的深化,联合国环境规划署(United Nations Environment Programme, UNEP)将"警惕全球变暖"定为 1989 年"世界环境日"的主题,从而引起全世界的注意。联合国政府间气候变化专门委员会(Intergovernmental Panel on Climate Change, IPCC)分别在 1990 年、1995 年、2001 年和 2007 年发表了四份全球气候评估报告。在 1990 年

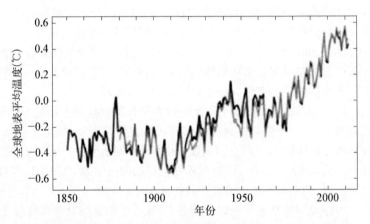

图 10-2 全球地表平均温度变化(相对于 1961~1990 年的平均值)

发表的首份全球气候评估报告中,IPCC 向人类警示了气温升高的危险。这份报告推动了 1992 年联合国环境与发展大会通过《联合国气候变化框架公约》。这是世界上第一个为全面控制 CO_2 等温室气体排放以应对全球气候变暖给人类经济和社会带来不利影响的国际公约。

1995 年 IPCC 的第二份报告认为,"证据清楚地表明人类对全球气候的影响"。这份报告为 1997 年《京都议定书》的通过铺平了道路。《京都议定书》要求主要工业发达国家要在 2008~2012 年期间将温室气体排放量在 1990 年的基础上平均减少 5.2%。

2001 年 IPCC 的第三份报告表示,有"新的、更坚实的证据"表明人类活动与全球气候变暖有关,全球变暖"可能"由人类活动导致;2007 年 IPCC 的第四份全球气候评估报告指出,气候变暖已经是"毫无争议"的事实,人为活动"很可能"是导致最近 50 年的气候变暖的主要原因。2014 年 IPCC 的第五份全球气候评估报告指出,与 1986~2005 年相比,预计 2016~2035 年全球平均地表温度将上升 0.3~0.7℃,到 21 世纪末将升高 0.3~4.8℃。

二、影响全球气候变化的因素

地球的温度是由太阳辐射照到地球表面的速率和吸热后的地球将红外辐射线散发到空间的速率决定的。太阳辐射经大气的吸收、散射和反射之后到达地球表面,部分为地表吸收,为地球表层能量的主要来源。吸收太阳辐射的同时,地球本身也向外层空间辐射热量。与太阳的短波辐射不同,地球的热辐射是以长波红外线为主。大气中的 CO_2、水蒸气和其他微量气体,如 CH_4、O_3 等,对太阳的短波辐射几乎无衰减地通过,却强烈吸收地面的长波辐射。其结果是阻挡热量自地球向外逃逸,大气层相当于在地球和外层空间之间的一

个绝热层,即有"温室"的作用。自然界本身排放着多种温室气体,也在吸收或分解它们。在地球的长期演化过程中,大气中温室气体的变化是很缓慢的,处于一种循环过程。然而,人类活动极大地改变了土地利用形态,特别是工业革命后,大量森林植被被迅速砍伐一空,化石燃料使用量也以惊人的速度增长,人为的温室气体排放量与排放种类不断增加。大气中能产生温室效应的气体已经发现近 30 种,其中 CO_2 增加 30%,CH_4 增加一倍,NO_x 增加 15%。氟利昂(CFCs)是人类的工业产品,尽管大气中浓度很低,但其大气寿命很长,在温室效应中的作用不容忽视。研究表明,大气中已经发现的近 30 种温室气体,对全球气候变化的贡献率差别明显,其中 CO_2 的贡献最大,CH_4、CFCs 和 NO_x 也起相当重要的作用(表 10 - 1)。

表 10 - 1　主要温室气体及其特征

气体	大气中浓度 /ppm*	年增长 /%	生存期 /a	温室效应 ($CO_2=1$)	贡献率 /%	主　要　来　源
CO_2	355	0.4	50~200	1	55	煤、石油、天然气、森林砍伐
CFCs	0.000 85	2.2	50~102	3 400~15 000	24	发泡剂、气溶胶、制冷剂、清洗剂
CH_4	1.714	0.8	12~17	11	15	湿地、稻田、化石燃料、牲畜
NO_x	0.31	0.25	120	270	6	化石燃料、化肥、森林砍伐

* ppm(百万分之一),这里指 $\mu L/L$,下同。

资料来源: 全球环境基金(1998)。

在人类活动成为一种重要的扰动之前,在比地质年代时间尺度短的时期内,在 1750 年前后工业化开始之前的几千年内,各个碳库之间的交换一直维持着一个稳定的平衡。冰芯测量结果表明,那时大气中 CO_2 浓度的平均值约为 280 ppm,变化则保持在大约 10 ppm 以内(图 10 - 3)。工业革命打乱了这一平衡,造成大气中的 CO_2 浓度增加了 30% 左右,即从 1700 年前后的 280 ppm 增加到目前的 360 ppm 以上(图 10 - 4)。自 1959 年以来,在夏威夷冒纳罗亚山顶附近的一个观测站进行的精确测量表明:虽然不同年份的 CO_2 增加量变化很大,但平均来说,现在每年增加大约 1.5 ppm(图 10 - 5)。2005 年全球大气 CO_2 浓度 379 ppm,为 65 万年来最高。

CO_2 剧增的原因有两个方面: ① 工业化发展和人口剧增,对矿物燃料的需求增

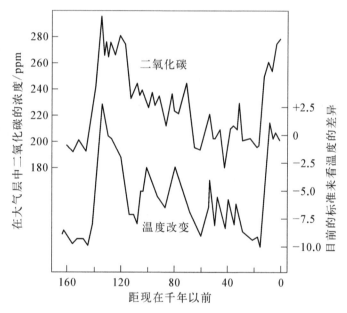

图 10 - 3　大气中 CO_2 的浓度与大气温度之关系

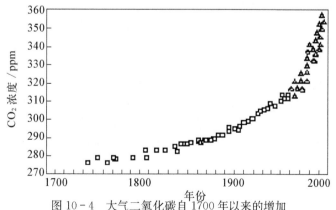

图 10 - 4　大气二氧化碳自 1700 年以来的增加

□ 表示南极冰芯的测量结果,△ 表示 1957 年以来在夏威夷冒纳罗亚观象台的直接测量结果

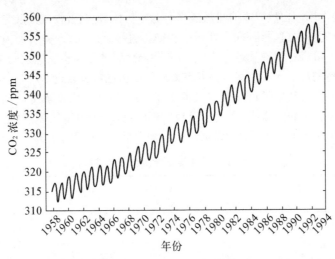

图 10-5 1958～1993 年夏威夷 Mauna Loa 岛大气中 CO_2 浓度的变化情形

资料来源：IPPC (1995)

大,释放的 CO_2 增多;② 森林的大片砍伐,使森林对 CO_2 的吸收量减少;③ 土地利用与覆被变化,土壤碳截存作用降低。目前,矿物能源占全部能源消耗的 90%,而人类活动极大改变地表覆被,尤其是热带森林由于无节制的滥砍滥伐,正以极大的速度从地球上消失。IPCC 评估,到 21 世纪中叶,大气中的 CO_2 可能比现在增加 60%,比工业革命前增加一倍。

三、气候变化的影响

对于人类来说,气候变化的一些影响是有利的。例如,在西伯利亚或加拿大北部的一些地区,增温使生长季延长,因而有可能在这些地区种植更多种类的作物。然而,由于在过去数百年里,人类及其活动已经适应了目前的气候,所以较大的气候变化可能产生不利影响。如果气候迅速变化或地球的某些地区在短时间内极端天气(高温、飓风、暴雨等)发生频率增多,会引起巨大的环境、经济和社会冲击。就目前人类的认知而言,全球气候变化可能导致的影响和危害主要有以下几种。

(一)海平面升高的影响

根据 IPCC 发布的五次气候变化评估报告,在过去一个世纪里,全球的海平面已经上升了 19 cm,1993～2010 年海平面上升的速度是 1901～2010 年的两倍。到 2100 年,目前全球 66% 地区的海平面将比 1986～2005 年的高出 29～82 cm。全世界约有一半人口居住在沿海地区,其中,最低洼处是一些土地最肥沃、人口密度最大的地区。对于生活在这些地区的人们,即使几分之一米的海平面升高,也将对他们产生严重影响。特别是低洼的沿海、三角洲地区以及太平洋和其他海洋中地势低洼的岛屿国家。中国东部沿海地区,分布着几个大而低洼的冲积平原,0.5 m 的海平面升高将会淹没 40 000 km^2 的土地,3 000 万人将失去家园。

丧失土地并不是海平面升高的唯一影响。海平面上升最严重的影响是增加了风暴潮和台风发生的频率和强度。1970 年、1991 年风暴潮给孟加拉国造成 25 万人和 10 万人伤亡以及大范围的洪涝灾害。2004 年的印度洋海啸给亚洲南部沿海国家造成 15.6 万人死亡和巨大财产损失。即使海平面的微小升高也将增加类似地区对风暴的脆弱性。另外,海平面升高引起海水侵入地下淡水资源,影响沿海城市地下淡水资源水质和农业土地的生产力;海平面的上升还会引起海滩和海岸受侵蚀,海水倒灌和港口受损,并影响沿海养殖业。

(二)对淡水资源的影响

首先,干旱和半干旱地区水分更加短缺。人类社会需求的增长意味着即使是短期干旱,也将比以前带来更大的灾难。在世界许多水分短缺的地区,地下水的开采量大大超过它的补充量,这种状况不可能持续太长时间。由于人口增长,水分短缺的脆弱性也将增加,从而将加重全球变暖的负面影响。

其次,全球变暖引起的气候变化将在许多地方导致水分供给的巨大变化。虽然当前有关区域和局地气候变化方面的知识还不能使科学家们清楚地鉴别出最脆弱的地区,但是他们能够指出哪些地区将最易受到影响。这些地区是干旱和半干旱地区(降水减少将造成更严重的干旱甚至沙漠化)、大陆地区(夏季降水减少和温度增加将导致土壤水分的大量损失,从而增加了对干旱的脆弱性)以及那些降水增加将导致洪水发生机率增大的地区。

此外,一些地方如东南亚地区,它们依赖于未受管理的河流系统,与俄罗斯西部和美国西部那些具有受到管理的大规模水资源系统的地区相比,对气候变化更加敏感。

(三) 对农业和粮食供给的影响

种植作物或饲养牲畜必须适应当地气候条件,当受到全球变暖的影响时,这一切都将发生变化,尤其是全球范围农作物的产量和品种的地理分布将发生变化。但种植作物存在着巨大的适应能力,随着对不同物种所需条件的详尽了解以及有效的遗传控制技术的发展,在全球大部分地区,使作物与新的气候条件相适应几乎不存在什么困难。至少,对于一年或两年内成熟的作物是这样。

随着全球大气二氧化碳浓度增加和气候变暖,可能会增加植物的光合作用强度,延长生长季节,使部分地区适合农业耕作;相反,也有部分地区因气候变干而不再适宜农作。研究表明,如若不考虑极端气候事件的可能影响,尽管气候发生变化,全球粮食生产不会受到太大影响。

(四) 对自然生态系统的影响

气候变化能改变一个地区对不同物种的适应性,并能改变生态系统内部不同种群的竞争力。所以随着时间的推移,即使气候的微小变化也能引起生态系统组成的巨大变化。自然生物群落和生态系统的变化是在数千年中发生的。随着全球变暖,气候变化将在几十年里发生,大多数生态系统不可能如此快地响应或迁移。因此,自然生态系统将愈来愈不能与其环境相适应。因不同物种之间的响应存在巨大的差异,某些物种对于平均气温或气候极端事件的变化要比另外一些物种脆弱得多,从而引起生态系统组成的巨大变化。

在中、高纬度地区,特别是森林因受到气候变化胁迫的影响,其生产力下降,甚至出现大面积枯萎。因为树木的寿命很长,并且需要花费较长时间来繁殖,所以森林不易很快地响应气候变化,它可能是最易受到影响的生态系统。同时,由于森林覆盖了全球陆地总面积的四分之一,所以气候变化对森林的影响特别重要。21世纪可能发生的气候变化使得树木处于其完全不能适应的气候中,温度或降水将显著改变,从而阻碍树木生长或使它们对病虫害更加敏感,因而更易遭受干旱、虫害和森林大火的影响。

由于气候变化使森林(特别是北半球北部森林)受到较大影响,会导致其生产力降低、枯萎面积增加,森林生态系统碳库将会释放出更多的 CO_2。尽管释放的 CO_2 数量有多大是不确定的,但是无疑会大大增加大气中的 CO_2 含量,加快全球气候变暖。

(五) 对人类健康的影响

人类健康取决于良好的环境。造成环境退化的许多因素也能导致身体不健康。大气污染、水污染或水分供给不足以及贫瘠的土壤(造成作物生长缓慢和营养不良)都对人类健康和福利造成威胁,并且有助于疾病的传播。全球变暖引起的气候变化将加剧环境退化,将增加各种健康危害的风险。人类的适应能力很强,能够在不同的气候条件下舒适地生活。可是,极端的气候条件会直接或间接影响人类健康。研究表明,在出现异常高温的日子里,死亡率将增加 1~2 倍。

气候变化对健康的另一个可能影响是全球变暖会增加疾病的传播。例如,疟疾是在最适温度 15~32℃、最适湿度 50%~60% 的条件下通过蚊子传播的。它是目前一个很大的全球公共健康问题,每年可引起 3.5 亿人感染,200 万人死亡。随着气候变暖,疟疾的发病范围将由热带地区向中纬度地区扩展。根据估算,对于 IPCC 预计的全球变暖上限(到 2100 年增温 3~5℃),到 21 世纪后半叶,潜在的疟疾传染区可能从世界人口的 45%增加到 60%。

在一个变暖的地球上，气候变化对健康的潜在影响可能很大。目前一项称之为"全球健康观察"的国际计划正在收集资料，从事气候对人类健康影响研究。

四、控制气候变化的国际行动和对策

适应和减缓是有效应对气候变化的必由之路，是可持续发展的必然选择。为了控制温室气体排放和气候变化危害，1992 年联合国环境与发展大会通过了《气候变化框架公约》。1997 年日本京都会议通过了《京都议定书》，规定了二氧化碳(CO_2)、甲烷(CH_4)、氧化亚氮(N_2O)、氢氟碳化物(HFCs)、全氟化碳(PFCs)、六氟化硫(SF_6)六种受控温室气体，明确了各工业化国家削减温室气体排放量的比例。2015 年巴黎气候变化会议通过《巴黎协定》，为 2020 年后全球应对气候变化行动作出安排，提出"把全球平均气温较工业化前水平升高控制在 2 摄氏度之内，并为把升温控制在 1.5 摄氏度之内而努力"的气候治理行动目标。从当前温室气体产生的原因和人类掌握的科学技术手段来看，控制气候变化及其影响的主要途径是制定适当的能源发展战略，逐步稳定和削减排放量，增加吸收量，并采取必要的适应气候变化的措施。

控制温室气体排放的途径主要是改变能源结构，控制化石燃料使用量，增加核能和可再生能源使用比例；提高发电和其他能源转换部门的效率；提高工业生产部门的能源使用效率，降低单位产品能耗；提高建筑采暖等民用能源效率；提高交通部门的能源效率；减少森林植被的破坏，控制水田和垃圾填埋场排放甲烷等。增加温室气体吸收的途径主要有植树造林和采用固碳技术。固碳技术指把气体中的 CO_2 分离、回收，然后深海弃置和地下弃置，或者通过化学、物理以及生物方法固定。其中植树造林更具操作性，尤为重要。适应气候变化的措施主要是培养新的农作物品种，调整农业生产结构，规划和建设防止海岸侵蚀的工程等。

从各国政府可能采取的政策手段来看，一是实行直接控制，包括限制化石燃料的使用和温室气体的排放，限制砍伐森林；二是应用经济手段，包括征收污染税费，实施排污权交易(包括各国之间的联合履约)，提供补助资金和开发援助；三是鼓励社会公众参与环境保护，包括向公众提供环境教育与培训，普及环境保护知识，引导社会公众养成勤俭节约、绿色低碳、文明健康的生活方式。

第三节　臭氧层耗损

一、地球大气臭氧层

臭氧层是指地球大气圈平流层中臭氧浓度相对较高的部分。臭氧层集中了大气中约 90%的臭氧，其中离地 22～25 km 处的臭氧浓度最高。臭氧总量通常用多布森(DU)单位来衡量。1 个多布森单位指的是，在气压为 1 个标准大气压和温度为 0℃的标准情况下臭氧总量累积厚度为 0.01 mm。如果把大气中所有的臭氧集中在一起，那么在标准情况下，大气臭氧总量的全球平均值仅仅有 3 mm 的薄薄一层，即地球大气臭氧浓度正常值为 300 DU 左右。

在太阳光谱中的紫外线又可分为三个部分，其中波长长于 320 nm 的部分称为紫外线 A(UV－A)，波长 290～320 nm 的部分称为紫外线 B(UV－B)，波长短于 290 nm 的部分称为紫外线 C(UV－C)。紫外线 C 可以杀死地面上一切生命，这部分紫外线被高空臭氧层完全吸收；紫外线 B 可以严重损伤地球生命，但其中波长最短的有害部分基本上也被臭氧层吸收；紫外线 A 对人类是有益的。也就是说，分布在平流层中的臭氧大量吸收由太阳放射出的对人类及动植物有害的波长较短的紫外线，保护着球上的生命和生态系统。

二、臭氧层破坏及其原因

(一) 臭氧层中臭氧的形成及耗竭机制

臭氧空洞，准确地说是"臭氧层减薄"，指臭氧的浓度较臭氧空洞发生前减少超过 30%的区域，即大气臭氧浓度小于 200 DU 的区域。

大气圈平流层中最重要的化学组分就是臭氧,其生成和消耗机制为:在来自太阳的高能紫外辐射作用下,分子氧(O_2)首先离解出原子氧(O),然后它们再结合形成臭氧(O_3),其化学反应为

$$O_2 + h\nu \longrightarrow 2O \ (h\nu \leqslant 240 \ \text{nm})$$

这个反应产生的氧原子具有很强的化学活性,能很快与大气中含量很高的 O_2 发生进一步的化学反应,生成臭氧分子,反应式为

$$O + O_2 + M \longrightarrow O_3 + M$$

生成的臭氧分子也可吸收紫外辐射并发生分解,反应式为

$$O_3 + h\nu \longrightarrow O_2 + O \ (h\nu: 280 \sim 320 \ \text{nm})$$

通过以上的臭氧生成及消耗反应过程,臭氧和氧气之间达到动态的化学平衡,大气中形成一个较为稳定的臭氧层。在正常情况下,大气中臭氧的形成及分解速率大体相当,因而其总量处于恒定状态。但由于人类活动的影响,致使大气中破坏 O_3 的化学物质越来越多,原有平衡状态遭受破坏。

(二) 臭氧层破坏的人为原因

人类活动致使臭氧层破坏的化学物质主要有CFCs、NO以及其他化学物质。

氟利昂是氯氟烃类物质(CFCs)的商业名称,包含许多种类,如 CCl_3F(F-11)、CCl_2F_2(F-12)、$CHClF_2$(F-22)等。氟利昂是一种无色、无味、无毒、无腐蚀性又易于液化的气体,化学性质非常稳定,不易燃烧,易于储存,价格也便宜。20 世纪 30 年代以来,CFCs 广泛用作电冰箱、空调的制冷剂,还可做发泡剂、分散剂、清洗剂等;NO 主要来源于矿物性燃料的利用以及飞机、汽车尾气等。

1. 氯氟烃类物质 科学研究表明,氯氟烃类物质中对臭氧层破坏最严重的也最常用的是 CCl_2F_2 和 CCl_3F。这些气体排放到大气中后,可存留数十年到一百年左右,它们上升到平流层后,在紫外线的照射下分解出可与 O_3 分子发生光化学反应的 Cl 原子,从而破坏臭氧层。光化学反应为

$$CCl_2F_2 + h\nu \longrightarrow CClF_2 + Cl$$
$$CCl_3F + h\nu \longrightarrow CCl_2F + Cl$$
$$Cl + O_3 \longrightarrow ClO + O_2$$
$$ClO + O_3 \longrightarrow Cl + 2O_2$$

臭氧层中 O_3 会不断遭到破坏,而氯原子的净消耗却为零。只要有少量的氯达到平流层,即可使 O_3 不断被耗损。

氟利昂物质中的氯元素被溴元素置换后,称为哈龙(Halons),是含溴的化学物质,主要用作灭火剂。这类化合物具有特殊的灭火效果,而且不导电、毒性低、无残留,在计算机房、文史博物馆、舰船、飞机等部门都有广泛应用。研究表明,哈龙对臭氧层的破坏作用比氟利昂还要高 10 倍以上。

溴破坏臭氧作用机制为

$$BrO + ClO \longrightarrow Br + Cl + O_2$$
$$Br + O_3 \longrightarrow BrO + O_2$$
$$Cl + O_3 \longrightarrow ClO + O_2$$

2. 喷气式飞机在高空飞行排出的氮氧化物

$$N_2O + h\nu \longrightarrow N_2 + O \ (h\nu < 337 \ \text{nm}) \tag{10-1}$$
$$N_2O + h\nu \longrightarrow NO + N \ (h\nu < 250 \ \text{nm}) \tag{10-2}$$
$$N_2O + O \longrightarrow N_2 + O_2 \longrightarrow 2NO \tag{10-3}$$
$$NO + O_3 \longrightarrow NO_2 + O_2 \tag{10-4}$$
$$NO_2 + O \longrightarrow NO + O_2 \tag{10-5}$$

$$O_3 + O \longrightarrow 2O_2 \tag{10-6}$$

其中式 10-1 和式 10-2 是紫外线的光分解;式 10-3 是激发态氧化反应。N_2O 分解主要是式 10-1 反应,式 10-2 反应只占全部光解反应的 1%,但可生成 NO。这些 NO 按反应式 10-4、10-5 循环反应。式 10-6 为总反应式。氮氧化物参与整个反应,使得 O_3 最终分解为 O_2,成为破坏臭氧层元凶之一。

3. 南极臭氧空洞形成   1985 年英国南极考察站的科学家法尔曼(Farmen)等人指出,自 1975 年以来,南极地区每年早春(9~10 月)总臭氧的浓度减少超过 30%,而 1957~1975 年则变化很少。这一报道引起了科学家的极大关注。南极臭氧浓度如此惊人的减弱也引起了全世界极大的震动,臭氧层破坏问题也由此引起人们的广泛重视。进一步研究表明,1975 年以来的 10~15 年间,每到春天南极上空的平流层臭氧都会发生急剧的大规模的耗损,极地上空臭氧层的中心地带,近 95% 的臭氧被破坏,南极上空的"臭氧空洞"面积超过南极大陆面积。

卫星观测表明,臭氧层的损耗不只发生在南极,在北极上空和其他中纬度地区也都出现不同程度的臭氧层损耗现象。只是北极的臭氧损耗程度要轻得多,而且持续时间相对较短。

南极臭氧空洞一经发现,立即引起人们的高度重视。美国宇航局(NASA)牵头组织了数十个科学家于 1986 年和 1987 年的 9~11 月,两次赴南极进行臭氧探险活动,寻求揭示臭氧空洞形成的机制。在第二次探险中获得了有效的探测结果,由此推理出臭氧空洞形成的机制。人工合成的一些含氯和含溴的物质是造成南极臭氧空洞的元凶,最典型的是氟氯烃类化合物氟利昂(CFCs)和含溴化合物哈龙(Halons)。人类所排放的 CFCs 主要在北半球,其中欧洲、俄罗斯、日本和北美洲约占总排放量的 90%。这种不溶于水和不活泼的 CFCs,前 1~2 年内在整个大气层下部并与大气混合,然后含有 CFCs 的大气从底部向上升腾,一直到达赤道附近的平流层,分别流向两极,整个平流层的空气几乎都含有相同浓度的 CFCs。

然而由于地球表面的巨大差异,两极地区的气象状况是完全不同的。臭氧空洞的形成是有空气动力学过程参与的非均相催化反应过程。当 CFCs 和 Halons 进入平流层后,通常是以化学惰性的形态($ClONO_2$ 和 HCl)而存在,并无原子态的活性氯和溴的释放。但南极冬天的极低温度造成两种非常重要的过程,释放原子态的活性氯和溴。

(1) *极地风暴旋涡*   在南极黑暗酷冷的冬季(6~9 月),极地的空气受冷下沉,下沉的空气在南极洲的山地受阻,停止环流而就地旋转,吸入周围的冷空气,形成"极地风暴旋涡"。该涡流的重要作用是使南极空气与大气的其他部分隔离,从而使涡流内部的大气成为一个巨大的反应器。

(2) *极地平流层云*   南极是一个非常广阔的陆地板块(南极洲),周围又完全被海洋所包围,这种自然条件下产生了非常低的平流层温度。尽管南极空气十分干燥,极低的温度使该地区形成"极地平流层云"。云滴的主要成分是三水合硝酸($HNO_3 \cdot 3H_2O$)和冰晶。

$ClONO_2$ 和 HCl 在平流层表面会发生以下化学反应,反应式为

$$ClONO_2 + HCl \longrightarrow Cl_2 + HNO_3$$

$$ClONO_2 + H_2O \longrightarrow HOCl + HNO_3$$

生成的 HNO_3 被保留在云滴中。当云滴成长到一定的程度后就会沉降到对流层,使 HNO_3 从平流层中去除,其结果是 Cl_2 和 HOCl 等组分的不断积累。而 Cl_2 和 HOCl 在紫外线照射下极易光解,但在冬天南极的紫外光极少,Cl_2 和 HOCl 的光解机会很小。当春天来临时,Cl_2 和 HOCl 开始大量光解,产生前述的均相催化过程所需要的大量原子氯,以致造成严重的臭氧损耗。

氯原子的催化过程可以解释所观测到的南极臭氧破坏的 70%,氯原子和溴原子的协同机制可以解释大约 20%。当更多的太阳光到达南极后,南极地区的温度上升,气象条件发生变化,南极涡旋逐渐消失,南极地区空气与低、中纬度空气交换,臭氧浓度逐渐恢复;而南极地区臭氧浓度极低的空气传输到地球的其他高纬度和中纬度地区,造成全球范围的臭氧浓度下降。

除了南极外,臭氧层减薄的问题在其他地区也有所发现。北极也发生与南极同样的空气动力学和化学过程。北极地区在每年的一月至二月生成北极涡旋,并发现有北极平流层云的存在。但由于北极不存在类似南极的冰川,加上气象条件的差异,北极涡旋的温度远高于南极,而且北极平流层的云量也比南极少得多。因此,目前北极的臭氧层破坏程度较南极要轻。

三、臭氧层破坏的后果

2000 年 9 月 3 日南极上空的臭氧层空洞面积达到 2 830 km²，超出中国面积两倍以上。这是迄今观测到的最大的臭氧层洞。臭氧浓度降低，臭氧层的破坏，会使其吸收紫外辐射的能力大大减弱，导致到达地球表面的 UV－B 区(290～320 nm)强度增加，给人类健康和生态环境带来严重的危害。如果平流层的臭氧总量减少 1%，预计到达地面的有害紫外线将增加 2%。据估计，由于人类活动的影响，臭氧含量已减少了 3%，到 2025 年，有可能会减少 10%。有害紫外线的增加，会产生以下危害。

(1) 对人体健康的影响　阳光中紫外线的增加对人体健康有极大的危害作用，可损坏人的免疫力，使皮肤癌和白内障患者增加，损坏人的免疫力，使传染病的发病率增加。据估计，臭氧减少 1%，皮肤癌的发病率就会提高 2%～4%，白内障的患者将增加 0.3%～0.6%。另外，长期暴露于强紫外线的辐射下，会导致细胞内的 DNA 改变，人体免疫系统的机能减退，人体抵抗疾病的能力下降。疾病的发病率和严重程度都会增加，尤其是麻疹、水痘、疱疹等病毒性疾病，血吸虫病等寄生虫病，疟疾等虫媒传染病，肺结核和麻风病等细菌感染以及真菌感染疾病等。

(2) 对植物的影响　近十多年来，科学家对 200 多个品种的植物进行了增加紫外线照射的实验，发现其中三分之二的植物显示出敏感性。试验中有 90% 的植物是农作物品种，其中豌豆、大豆等豆类，南瓜等瓜类，西红柿以及白菜等农作物对紫外线特别敏感，而花生和小麦等植物有较好的抵御能力。紫外辐射会使植物叶片变小，光合作用减弱，生产量降低。

(3) 对水生系统的影响　紫外线的增加，对水生系统也有潜在的危险。水生植物大多贴近水面生长，这些处于水生生态食物链最底部的小型浮游植物的光合作用最容易被削弱，浮游生物的生产力下降，浮游生物物种的种类和数量的减少必将影响鱼类和贝类生物的产量，从而损害整个水生生态系统。增强的紫外线还可通过消灭水中微生物而导致淡水生态系统发生变化，并因此减弱水体的自然净化作用。

(4) 对材料的影响　过量的紫外线会加速建筑、喷涂、包装及电线电缆等材料的老化过程，尤其会使塑料等高分子材料老化和分解，结果又造成光化学大气污染。特别是在高温和阳光充足的热带地区，这种破坏作用更为严重。

(5) 臭氧层破坏对全球气候的影响　平流层中臭氧对气候调节具有两种相反的效应：如果平流层中臭氧浓度降低，平流层自身会变冷；因辐射到地面的紫外线辐射量增加，会使地球表层增温变暖。如果整个平流层中臭氧浓度的减少是均匀的，则上述两种效应可以互相抵消，而事实上，平流层臭氧层呈不均匀减少趋势，将会导致局地气候异常变化。

四、人类保护地球大气臭氧层活动

20 世纪 70 年代，一些科学家开始认识到了臭氧层破坏的化学机制，形成了氯氟烃破坏臭氧层的观点。20 世纪 80 年代中，观测数据证实了氯氟烃等消耗物质同南北极臭氧层破坏的关系，促成了国际社会积极行动以保护臭氧层免遭进一步破坏。联合国环境规划署通过了一系列保护臭氧层的决议，在全球范围内限制并逐步淘汰消耗臭氧层的化学物质。

1977 年 3 月，联合国环境规划署理事会在美国华盛顿哥伦比亚特区召开了有 32 个国家参加的"评价整个臭氧层"国际会议。会议通过了第一个"关于臭氧层行动的世界计划"。这个计划包括监测臭氧和太阳辐射、评价臭氧耗损对人类健康影响、对生态系统和气候影响等，并要求联合国环境规划署建立一个臭氧层问题协调委员会。

1980 年，协调委员会提出了臭氧耗损严重威胁着人类和地球的生态系统这一评价结论。

1981 年，联合国环境规划署理事会建立了一个工作小组起草保护臭氧层的全球性公约。经过四年的艰苦工作，1985 年 4 月，在奥地利首都维也纳通过了《保护臭氧层维也纳公约》。

《保护臭氧层维也纳公约》只规定了交换有关臭氧层信息和数据的条款，但是对控制消耗臭氧层物质的条款却没有约束力。在《保护臭氧层维也纳公约》基础上，联合国环境规划署为了进一步对氯氟烃类物质进行控制，在审查世界各国氯氟烃类物质生产、使用、贸易的统计情况后，通过多次国际会议协商和讨论，于

1987年9月16日在加拿大的蒙特利尔会议上,通过了《关于消耗臭氧层物质的蒙特利尔议定书》,并于1989年1月1日起生效。蒙特利尔议定书规定,参与条约的每个成员组织,将冻结并依照缩减时间表来减少五种氟利昂的生产和消耗,冻结并减少三种溴化物的生产和消耗。五种氟利昂的大部分消耗量,从1989年7月1日起冻结在1986年使用量的水平上;从1993年7月1日起,其消耗量不得超过1986年使用量的80%;从1998年7月1日起,减少到1986年使用量的50%。

蒙特利尔议定书实施后的调查表明,根据议定书规定的控制进程及效果并不理想。1989年3~5月,联合国环境规划署连续召开了保护臭氧层伦敦会议与缔约国第一次会议——赫尔辛基会议,进一步强调保护臭氧层的紧迫性,并于1989年5月2日通过了《保护臭氧层赫尔辛基宣言》,鼓励所有尚未参加《保护臭氧层维也纳公约》及《关于消耗臭氧层物质的蒙特利尔议定书》的国家尽早参加;同意在适当考虑发展中国家特别情况下,尽可能地但不迟于2000年取消受控氯氟烃类物质的生产和使用;尽可能早地控制和削减其他消耗臭氧层的物质;加速替代产品和技术的研究开发;促进发展中国家获得有关科学情报、研究成果和培训,并寻求发展适当资金机制促进以最低价格向发展中国家转让技术和替换设备。1990年6月20~29日,联合国环境规划署在伦敦召开了关于控制消耗臭氧层物质的蒙特利尔议定书缔约国第二次会议。57个缔约国中的53个国家的环境部长或高级官员及参加议定书的欧洲共同体的代表参加了会议。此外,还有49个非缔约国的代表出席了会议。这次会议又通过了若干补充条款,修正和扩大了对有害臭氧层物质的控制范围,受控物质从原来的两类八种扩大到七类上百种。规定缔约国在2000年或更早的时间里淘汰氟利昂和哈龙;四氯化碳到1995年将减少85%,到2000年将全部被淘汰;到2000年,三氯乙烷将减少70%,2005年以前全部被淘汰。

到目前为止,已有150多个政府批准了这项条约,生产和消费氯氟烃和其他消耗臭氧层物质(ozone depleting substances,ODS)已经减少了将近70%,氯氟烃的重复利用被广泛地采用。而且,臭氧安全技术现在已经可行并被广泛采用。监测表明,大气中消耗臭氧层物质增长速度已经逐渐减慢。大气中甲基溴的含量也已经减少。但是,臭氧层是脆弱的,只有社会各方面包括消费者不断地支持,保护臭氧层的斗争才能最终赢得胜利。

1995年1月23日,联合国大会通过决议,确定从1995年开始,每年的9月16日为"国际保护臭氧层日"。联合国大会确立"国际保护臭氧层日"的目的是纪念1987年9月16日签署的《关于消耗臭氧层物质的蒙特利尔议定书》,要求所有缔约的国家根据议定书及其修正案的目标,采取具体行动纪念这一特殊日子。

美国宇航局、美国国家海洋与大气管理局、美国国家大气研究中心最新研究认为,南极臭氧空洞并未如预期的那样很快缩小,只有到了2018年前后臭氧空洞的尺寸才会有显著的变化。南极地区的臭氧空洞将一直持续到2068年,而原先科学家曾预估该臭氧空洞将在2050年后完全消失。虽然人类已采取多种措施保护臭氧层,但南极上空的臭氧空洞依然很大,臭氧层修复的路还很漫长。

第四节 生物多样性锐减

生物多样性(biodiversity)是地球最为显著特征之一。生物多样性是地球上生命经过大约35亿年发展进化的结果,是生态系统生命支持系统的核心组成部分。生物多样性是人类的生存和发展的基础。

一、生物多样性概念

生物多样性是一个地区基因、物种和生态系统多样性的总和。生物多样性是描述自然界多样性程度的概念,是生物在长期环境适应过程中逐渐形成的一种生存策略。生物多样性包括多个层次,主要为遗传多样性、物种多样性和生态系统多样性。

遗传多样性(genetic diversity)又称基因多样性,指广泛存在于生物体内、物种内以及物种间的基因多样性。任何一个特定个体或物种都保持着大量的遗传类型,是个基因库。遗传多样性主要包括分子、细胞和个体水平上的遗传变异的多样性,是生命进化和物种分化的基础。遗传变异多样性是基因多样性的外在表现。一个物种的遗传变异越丰富,则物种对环境的适应能力越强,其进化潜力也越大。基因多样性是改良生物品质的源泉。因此,遗传多样性对农、林、牧、副、渔业的生产具有重要的现实意义。

物种多样性(species diversity)指一个地区内物种的多样化及其变化,包括一定区域内生物区系的状况、形成、演化、分布格局及其维持机制等。物种多样化是生物多样性在物种水平上的表现形式。物种多样性有两方面的含义:① 一定区域内物种的多样化;② 生态学方面物种分布的均匀程度。物种被认为是生物多样性的中心,物种多样性是生物多样性研究的基础和核心内容。自然生态系统中的物种多样性在很大程度上能反映出生态系统的现状和发展趋势。一般情况下,健康的生态系统的物种多样性较高,而退化的生态系统则物种多样性降低。物种多样性为农、林、牧、副、渔各业经营提供物种资源,为人类生活提供了必要的物质资源,是人类生存和发展的基础。特别是随着高新技术的发展,许多野外生物的医学价值在不断被开发和利用。

生态系统多样性(ecosystem diversity)是指生物圈内生境、生物群落和生态过程的多样性。生境多样性主要指地形、地貌、气候、土壤和水文等的多样性,是生物群落多样性的基础。生物群落多样性主要指群落的组成、结构和功能的多样性。生态系统过程主要指生态系统的组成、结构和功能在时间、空间上的变化,主要包括物质流、能量流和信息传递,如水分循环、营养物质循环、生物间的竞争、捕食和寄生等。

生态系统的主要功能是物质循环、能量流动和信息传递,它是维持系统内生物存在与演替的前提条件。生态系统多样性是物种多样性和遗传多样性的前提和保证;而遗传多样性、物种多样性是生态系统多样性的基础。遗传多样性导致了物种的多样性,物种多样性与多样性的生境构成了生态系统的多样性。所以,生物多样性保护需要在基因、物种和生态系统三个层次上都得到保护。保护的重点应该是生态系统的完整性和珍稀濒危物种。

二、生物多样性现状

(一)生物资源

据估计,地球上大约有1 400万种物种,其中只有170万种经过科学描述(表10-2)。生物在地球的分布是不均匀的,有些生物物种是大部分地区共有的物种,而有些物种则是某一个地区特有的。生物多样性在全球的分布也是不均匀的,南北两极生物多样性最少,物种最丰富的地区是热带雨林、珊瑚礁、热带湖泊。如热带雨林仅占地球陆地面积的7%,但却是生物多样性最集中的地方,赋存着地球上一半以上的物种。物种多样性与地形、气候及局部环境的复杂性等有关,海拔升高、太阳辐射降低、降雨量减少,物种丰富度也随之减少。在中国,热带面积仅占国土的0.5%,却拥有全国物种总数的25%。

表10-2 地球上主要类群的物种数目 (单位:万种)

类　　群	已描述的物种数目	估计可能存在的物种数	类　　群	已描述的物种数目	估计可能存在的物种数
病　毒	0.4	40	甲壳动物	4.0	15
细　菌	0.4	100	蜘蛛类	7.5	75
真　菌	7.2	150	昆　虫	95.0	800
原生生物	4.0	20	软体动物	7.0	20
藻　类	4.0	40	脊椎动物	4.5	5
高等植物	27.0	32	其　他	11.5	25
线　虫	2.5	40	总　计	175.0	1 362

(二)生态系统

生态系统是自然界存在的一个功能单位。目前,人们多采用按生境性质划分生态系统类型。地球上按生境性质把生态系统分为陆地生态系统、海洋生态系统和淡水生态系统等。

陆地生态系统可分为森林生态系统、草地生态系统和荒漠生态系统等。其中的每一类还可以再细分下去,如中国陆地生态系统可分为森林生态系统(248类)、灌丛生态系统(包括灌草丛生态系统,126类)、草原生态系统(55类)、荒漠生态系统(52类)、草甸生态系统(77类)、沼泽生态系统(包括红树林生态系统,37

类),合计595类生态系统。

　　海洋生态系统的次一级生态系统主要有沿岸、海湾、河口生态系统,存在于浅水区的藻场生态系统,珊瑚礁、红树林和沼泽湿地生态系统,海岛生态系统和外海及上升流海洋生态系统。淡水生态系统可分为流水生态系统(河流)和静水生态系统(湖泊、沼泽、池塘和水库等)。除自然生态系统外,地球上人类活动的影响愈来愈强烈,形成一系列人工、半人工生态系统,主要包括人类活动影响较轻的农业生态系统和人类活动影响强烈的城市生态系统。生态系统类型丰富,面积悬殊,功能各异。维持生态系统多样性与稳定性是地球物种多样性和遗传多样性的前提和保证。

(三)生物多样性的功能

　　生物多样性是包括人类在内的地球生命生存和发展的基础。对人类社会发展来说,生物多样性不仅具有巨大的直接使用价值,而且还具有不可或缺的间接价值。一方面,人类社会从远古发展至今,无论是狩猎、游牧、农耕,还是集约化经营都建立在生物多样性基础之上。随着社会和经济的发展,人类不仅不能摆脱对生物多样性基础的依赖,而且在食物、医药等方面更加依赖对于生物资源的高层次开发。据统计,就食物而言,地球上大约7万~8万种植物可以食用,其中可供大规模栽培的约有150多种,迄今被人类广泛利用的只有20多种,却占世界粮食总产量的90%。发展中国家有80%的人口依靠以动植物为主的传统药物进行治疗,发达国家有40%的药物来源于自然资源或依靠从大自然发现的化合物进行化学合成。此外,生物多样性还为人类提供多种多样的工业原料。另一方面,生态多样性为人类提供持续、稳定、高效舒适的服务,即生态系统的服务功能。例如,生物多样性可以涵养水源,防止水土流失;可以降解有毒有害污染物质,净化环境;可以维持自然界的氧-碳平衡;可以为人类提供清洁的空气和饮用水;可以为人类提供优美的生态环境和休息娱乐场所。可见生物多样性的保护不仅是保护生物及其生存环境,也是保护人类生存和发展的环境。

三、生物多样性受到的威胁

　　自从大约35亿年以前地球上出现生命以来,就不断地有物种的产生和灭绝。物种的灭绝有自然灭绝和人为灭绝两种过程。物种自然灭绝是生物进化过程中的一个重要组成部分,直到今天,物种自然灭绝和自然形成过程仍在继续进行。物种的自然灭绝是一个按地质年代计算的缓慢过程。但是,自从地球上有了人类,物种形成和灭绝除受自然因素制约以外,更多地受到人类活动的影响。特别是最近几个世纪,由于人口的猛增,人类活动大大加快了物种的灭绝速率。

　　自1600年以来,由于人类对大自然无节制地索取和破坏,地球上的生物物种灭绝速度大为加快。以鸟、兽两类为例,1600~1700年间大约每十年灭绝一种,1850~1950年间大约每两年灭绝一种。20世纪90年代初,联合国环境规划署首次评估生物多样性的结论是:在可以预见的未来,5%~20%的动植物种群可能受到灭绝的威胁(表10-3)。国际上其他一些研究也表明,如果目前的灭绝趋势继续下去,地球上每十年大约有5%~10%的物种将要消失。联合国环境规划署官员表示,目前在世界范围内每年至少有6万个物种灭绝,每天有160个物种灭绝,每小时有6~7个物种灭绝(包含一种鸟、兽)。

表10-3　世界受威胁物种状况　　　　　　　　　　　　　(单位:种)

	已灭绝种	濒危种	渐危种	稀有种	未定种	受威胁种总计
植　　物	384	3 325	3 022	6 749	5 598	19 078
鱼　　类	23	81	135	83	21	343
两栖类	2	9	9	20	10	50
爬行类	21	37	39	41	32	170
无脊椎动物	98	221	234	188	614	1 355
鸟　　类	113	111	67	122	624	1 037
哺乳类	83	172	141	37	64	497

　　资料来源:McNeely(1991)。

中国的生物多样性损失严重,大约有200种植物已经灭绝,估计另有5 000种植物在近年内处于濒危状态,占中国高等植物总种数的20%,大约有398种脊椎动物濒危,约占中国脊椎动物总数的7.7%。

在世界范围内,各类生态系统的面积缩小和健康状况下降意味着动植物栖息地的改变和丢失。从生态系统类型来看,最大规模的物种灭绝发生在热带雨林,其中包括许多人们尚未调查和命名的物种。据科学家估计,按照每年砍伐1 700×10^{4}hm^{2}的速度,在今后30年内,物种极其丰富的热带森林可能要毁在当代人手里,大约5%～10%的热带森林物种可能面临灭绝。

总体来看,世界上有31万～42.2万植物物种面临生存威胁,占所有植物种类的比率的47%;大陆上66%的陆生脊椎动物已成濒危种和渐危种。海洋和淡水生态系统中的生物多样性也在不断丧失和严重退化,其中受到冲击最严重的是处于相对封闭环境中的淡水生态系统。

人类各种活动引起的生境丧失和破碎化、外来物种的侵入、生物资源的过度开发、环境污染、全球气候变化和工业化的农业及林业等是造成物种灭绝主要的原因。① 大面积森林受到采伐、火烧和农垦,草地遭受过度放牧和垦殖,导致了生境的大量丧失或破碎化对野生物种造成了毁灭性影响;② 对生物资源的强度捕猎和采集等过度利用活动,使野生物种难以正常繁衍;③ 工业化和城市化的发展,占用了大面积土地,破坏了大量天然植被,并造成大面积污染;④ 外来物种的大量引入或侵入,大大改变了原有的生态系统,使原生的物种受到严重威胁;⑤ 土壤、水和空气污染,危害了森林,特别是对相对封闭的水生生态系统带来毁灭性影响;⑥ 全球气候变暖,导致气候在比较短的时间内发生较大变化,使自然生态系统无法适应,致使生态系统组成、结构改变。更为严重的是,上述各种破坏和干扰会叠加起来,进而造成更为严重的影响。

四、生物多样性的保护措施

当前,世界上的许多物种都受到了严重的威胁,野生物种的灭绝,生物多样性的锐减。如前所述,生物多样性的保护不仅是保护生物及其生存环境,也是保护人类生存和发展的环境。全世界科学界和广大民众为保护生物多样性、拯救濒危生物而不懈努力。

近几十年来,生物多样性的保护与可持续利用问题,已引起各国政府的极大关注。1980年3月5日,中国、美国、日本、英国、法国等30个国家同时发布了《世界自然资源保护大纲》。1987年5月22日,中国国务院环境保护委员会又发布了《中国自然保护纲要》。1989年世界自然保护基金会就生物多样性问题发表了声明。联合国环境规划署将生物多样性锐减列为全球重大环境问题之一,并于1992年召开的联合国环境与发展大会上,通过了《生物多样性公约》,进而使得保护生物多样性真正成为全球的联合行动。1994年,中国在该公约的精神和原则基础上,制定《中国生物多样性保护行动计划》,充分表明了中国政府对保护生物多样性的极大重视。

《生物多样性公约》的目标是从事生物多样性的保护,以便持久使用生物多样性的组成部分,公平合理的分享在利用遗传资源中所产生的惠益。通过签署该公约,全球对生物多样性保护和生物资源的持续利用已达成一些共识,归纳起来主要有:① 人类的活动正在导致生物多样性的严重丧失;② 生物多样性及其组成部分具有多方面的内在价值,如生态、遗传、社会、经济、科学、教育、文化、娱乐和美学价值;③ 生物多样性对保持生物圈的生命支持系统十分重要;④ 保护和持久使用生物多样性对于满足全世界日益增长人口的粮食、健康和其他需求至关重要;⑤ 确认生物多样性保护是全人类共同关心的事项。

为了实现保护生物多样性的目标,需要各国政府在制定土地开发和农业、林业、牧业、渔业等发展政策时,综合考虑保护生物多样性的要求。

从保护的具体途径来划分,生物多样性的保护主要有就地保护、迁地保护与离体保护。就地保护是以各种类型的自然保护区包括风景名胜区的方式将有价值的自然生态系统和野生生物生境保护起来,限制或禁止捕杀和采集等人类干扰活动,以保护生态系统内生物的繁衍与进化,维持系统内的物质能量流动与生态过程。迁地保护指通过建设植物园、动物园、水族馆等迁地设施,对目标物种进行保护,主要适于对受到高度威胁的动植物种的紧迫拯救,不然它们就可能灭绝。野生动物的迁地保护措施主要包括:① 利用动植物园的迁地保护;② 野生动植物的迁地保护基地与繁育中心。离体保护指通过建设储藏库等设施,对目标物种遗传种质资源进行保护。保护的措施主要包括:① 作物品种及其亲缘种的收集和保存;② 家养动物品种的收集与保存。生物多样性保护的最佳途径是保持它们的生境,即建立相对完整的自然保护区网络,而迁地保护与离体保护是就地保护的补充形式。据统计,2006年全球保护区面积占陆地总面积的11.58%,2015年中国自然保护区总面积约占陆地国土面积的14.83%,大致建立了较完整的保护区网络。国际自然及自然资源保护联盟(IUCN)1994年的报告指出,尽管各种生物带都建立了一定比例的保护区,但一些生物带,如温带草原和湖泊的保护区比例过低,许多保护区过于狭小,支离破碎,缺少建设和管理资金,缺乏有效的管理,尚起不到有效保护的功能。因此摆在人们面前紧迫的任务是加倍努力,制订包括生物多样性保护及其合理利用的综合战略,并有效动员国内、国际资金,用于保护区的建设和管理,切实有效地保护地球的生物多样性。

参考文献

陈灵芝.1993.中国的生物多样性——现状及其保护对策.北京:科学出版社.

刘国华,傅伯杰,陈利顶,等.2000.中国生态退化的主要类型、特征及分布.生态学报,20(1):13—19.

秦大河,罗勇.2008.全球气候变化的原因和未来变化趋势.科学对社会的影响,(2):17—21.

任国玉.2002.全球气候变化研究现状与方向//大气科学发展战略——中国气象学会第25次全国会员代表大会暨学术年会.

王涛,朱震达.2001.中国北方沙漠化的若干问题.第四纪研究,21(1):56—65.

徐海根,强胜,韩正敏,等.2004.中国外来入侵物种的分布与传入路径分析.生物多样性,12(6):626—638.

杨达源,姜彤.2004.全球变化与区域响应.北京:化学工业出版社.

朱震达,陈广庭,等.1994.中国土地沙质荒漠化.北京:科学出版社.

朱震达.1985.中国北方沙漠化现状及发展趋势.中国沙漠,5(3):3—11.

CCICCD. China country paper to combat desertification. Beijing: China Forestry Publishing House, 1996.

McNeely J A. 1991.保护世界的生物多样性.薛达元等译.北京:中国环境科学出版社.

Robert Costanza, Ralph d'Arge, Rudolf de Groot, et al. 1997. The value of the world's ecosystem service and nature capital in the world. Nature,(5):253—260.

United Nations, Department of Economic and Social Affairs. 2015. World population prospects: the 2015 revision. New York: United Nations.

第十一章　可持续发展

本章主要介绍了可持续发展的形成及发展、可持续发展的内涵特征、可持续发展的评价及中国可持续发展战略实践等内容。

第一节　可持续发展概述

一、可持续发展的形成

1983 年 3 月联合国成立以挪威前首相布伦特兰夫人（G. H. Brundland）任主席的世界环境发展委员会（World Committee of Environment Development, WCED），经过三年多的深入研究和充分论证，于 1987 年向联合国大会提交了一份研究报告《我们共同的未来》。该报告首次提出了"可持续发展"（sustainable development）的概念，即"既满足当代人需求又不危及后代人满足其需求能力的发展"（Development that meets the needs of the present without compromising the ability of future generations to meet their own needs）。

可持续发展的概念一经提出，在很短的时间里，就被不同的国家和地区所接受，为科学、政治、经济和教育等各界所承认，并频繁地出现于政府文件、政党宣言、科学论文、文学作品、外交辞令、产业规划等之中，成为指导人类走向新的繁荣、新的文明的重要指南。其应用频率之高、传播速度之快、普及程度之广，历史上是罕见的。

可持续发展的理论之所以迅速传播，是由于全球范围内的不可持续开发行为已经到了非常严重的地步，造成了一系列的环境问题。这些问题所导致的人类社会的震荡也日渐激烈。不可持续的发展模式以经济利益这个几乎是唯一的价值尺度作为社会决策的基石，无视人类社会多样性价值体系中生态价值的重要性，无视经济发展永远不可能摆脱与其相互制约的环境背景。可持续发展强调人口、资源、环境、社会、经济协调发展，自然资源的开发和利用必须要考虑地球生物圈的承受能力，必须要兼顾到后代人生存需求和社会、经济的发展。因此说，可持续发展的提出，不是偶然的科学发现，而是对不可持续发展模式的断然否定，是时代需求的呼唤，是人类发展历程的反思和总结。它的出现有着深刻的背景和必然性。

近一个世纪以来，由于人口迅速增长和人类对地球影响规模的空前扩大，在人口、资源、环境与经济和社会发展的关系上，出现了一系列尖锐的矛盾，不仅对当代人类的健康和经济、社会的发展构成了严重的威胁，而且对人类子孙后代的生存需求也造成了极大的损害。为此，1972 年联合国召开的第一次人类环境保护大会，敲响了环境问题的警钟，推动了世界范围内环境保护工作的开展。

虽然各国政府面对日益严重的环境问题，采取了科技、经济、法律和行政等全方位的预防、治理措施，然而，环境问题总体仍威胁着人类社会的进步与发展。局部的大气污染、水污染等以往的环境问题并没有得到彻底的解决，全球气候变化、臭氧层破坏、酸雨蔓延、生物多样性减少和土地荒漠化等全球性环境问题又相继出现，面对以上不同的环境问题，人类并没有退缩，而是开始了自己的反思和警醒，并最终意识到解决目前环境问题的关键是要达成一种全球性的共识。人类必须对自身的生存观和发展观进行一场深刻的变革，把自身赖以生存和发展的资源、环境、人口、资本和技术等诸要素整合到一个新的目标框架之中，寻求和建立一种以保护人类的地球家园和实现自身持续生存和发展为目的的新的战略和行动。"可持续发展"战略作为当代人类克服环境问题、重建人类自然家园的唯一选择也就在这种背景下得以提出。

经过近二十年的实践和认识，人们对可持续发展的概念和思想有了更进一步的理解。可持续发展是一个涉及生态、经济、社会的综合性概念，是一个科学概念，又是一种社会发展模式，更是处理人与自然、人与人关系的准则。其内涵之丰富、寓意之深远、影响之强烈，在人类科学史和认识史上是空前的。

二、可持续发展的内涵特征

"满足当代人的需求"，主要指的是满足当代穷人的需求，因为当代穷人的基本生存需求得不到满足（即衣、食、住、行、就业等),且有继续恶化的趋势。1998年全球有仍12亿贫困人口,每天靠1美元维持生活。因此对于贫穷国家的人民来说,首先强调的应当是发展,发展才能解决当代穷人的基本生存需求。贫穷仍然是全球性环境问题的一个重要原因和后果。由于贫穷,许多发展中国家不顾环境代价,对自然资源超限度开发和利用,造成自然资源的浪费和生态环境的破坏。同时,环境恶化又使这些国家愈加贫穷,形成生存状况与生态环境的恶性循环。另一方面,发展中国家的环境问题就像贫穷等社会问题一样,很大程度上是由于发达国家所造成的,如不平等的贸易、污染的转嫁等。20世纪70年代后,发达国家将高耗能、高污染排放的工厂(这些工厂的发展在发达国家受到限制)逐渐迁移到发展中国家,因此,全球可持续发展战略的实施,除了发达国家应对发展中国家的经济繁荣和环境保护给予一定的技术和资金支持外,建立公正、合理的经济、贸易和政治新秩序同样重要。其次,满足当代人的需求,也仅仅是需求,绝不是贪婪。当代发达国家和富人的疯狂消费、奢靡生活以及对社会财富无止境的占有、挥霍,并由此而引起的全社会对不可持续生活方式和物质利益的一味追求、攀比和仿效,同样是造成全球环境问题的一个重要原因和后果。

1992年联合国环境与发展大会通过的《里约环境与发展宣言》指出:"公平地满足今世后代在环境与发展方面的需求,求取发展的权利必须实现。"这里所提的今世后代,也即当代人与后代人之间的公平及其需要的内涵。美国科研人员在计算了空气、海洋、河流甚至岩石等物质后称:人类每年欠地球的生物账多达16万亿～54万亿美元,人类每年创造的财富不过18万亿美元。因此,要考虑到给后代人留下生存和发展的必要资本,包括环境资本。

可持续发展强调建立和推行一种新型的生产和消费方式。无论在生产上还是消费上,都应尽可能有效利用自然资源,以生态型的生产和消费方式替代过去那种靠高消耗、高投入的生产和消费模式。强调对地球资源应当适度开发,同时指出对世界现有资源和财富也要进行公正、合理的分配。而目前,世界资源的占有和财富的分配是极不公平的。在一个贫富悬殊、两极分化的世界,是无法实现人类社会的可持续发展的,必须给世界以公平的分配和公平的发展权,应把消除贫困作为可持续发展进程中优先解决的问题。人类只有一个地球,全人类是一个相互联系、相互依存的整体,要达到全球的可持续发展,需要全人类的共同努力,这就必须要在全球范围内建立起公平、公正、合理的经济、政治新秩序。国与国之间建立起平等的伙伴关系。鉴于历史和现实的情况,各国可持续发展的目标、政策和实施步骤可以不完全相同,但对于保护环境、珍惜资源,发达国家应负更大的责任。

可持续发展强调经济发展和环境保护是相互联系和不可分割的。环境与资源是发展的基础。只有环境与资源基础长期保持稳定,经济发展才具备可持续性。特别是在经济高速增长的情况下,必须强化环境与资源的保护。发展是环境与资源保护的保障。只有发展,才能摆脱贫困,环境与资源保护所需资金和技术才能有保证。

可持续发展是一种新的价值观。传统的价值观将人与自然对立起来,片面强调人类征服自然、改造自然的主观能动性,而可持续发展追求和尊重人与自然的和谐,提倡人类对自然的索取程度应建立在保持生态系统平衡的基础上,寻求人类与自然的协调发展。

第二节　可持续发展的评价

可持续发展目前尽管在很大程度上被各国政府所接受,但是如何从一个概念进入可操作的管理层次仍需要进行很多实际的探讨。其中一个至关重要的问题是如何测定和评价可持续发展的状态和程度。建立可持续发展指标体系,引导政府更好地贯彻可持续发展战略,成为可持续发展研究的必然。可持续发展是经济系统、社会系统以及环境系统和谐发展的象征,它所涵盖的范围包括经济发展与经济效率的实现、自然资源的有效配置和永续利用、环境质量的改善和社会公平与适宜的社会组织形式等。因此,考察一个社会的可持续发展能力,首先要描述经济、社会、环境的状态,然后通过这三大系统的协调来评估可持续发展的能力。

一、衡量可持续发展能力的基本要素

各个国家、各个地区的资源状况与环境状况不同,科技水平和发展条件也不一样。因此,决定可持续发展的水平,大体可由以下三个基本要素加以衡量。

1. 资源的承载能力　　资源的承载能力,指的是一个国家或地区的人均资源数量和质量,以及它对于该空间内人口的基本生存和发展的支撑能力。如果可以满足当代及后代的需求,则具备了持续发展条件;如不能满足,应依靠科技进步挖掘替代资源,使得资源承载能力保持在区域人口需求的范围之内。

2. 区域的生产能力　　区域的生产能力,指的是一个国家或地区的资源、人力、技术和资本的总体水平可以转化为产品和服务的能力。在生产能力的诸多因素中,科学技术往往又发挥着决定性的作用。可持续发展要求区域的生产能力在不危及其他系统的前提下,应当与人的需求同步增长。

3. 环境的缓冲能力　　环境的缓冲能力,又称为"环境支持系统"或"容量支持系统"。该系统要求人们对区域开发、资源利用、生产的发展、废物的处理处置等,均应维持在环境的允许容量之内,保持有利的生态平衡,否则,发展将不可能持续。

二、联合国可持续发展指标体系

1992 年世界环境与发展大会以来,许多国家开始研究和建立适合本国国情的可持续发展指标体系,目的是评判国家的发展趋向是否可持续,并以此进一步促进可持续发展战略的实施。作为全球可持续发展战略的重大举措,联合国也成立了可持续发展委员会,其任务是审议各国执行《21 世纪议程》的情况,并对联合国有关环境与发展的项目和计划在高层次进行协调。为了对各国在可持续发展方面的能力和问题有一个较为客观的衡量标准,该委员会制定了联合国可持续发展指标体系。该指标体系由驱动力指标、状态指标、响应指标三部分构成。

1. 驱动力指标　　主要包括就业率、人口净增长率、成人识字率、可安全饮水人口占总人口的比率、运输燃料的人均消费量、人均国内生产总值(GDP)增长率、GDP 用于投资的份额,以及矿藏储量的消耗、人均能源消费量、人均水消费量、排入海域的氮磷量、土地利用变化、农药和化肥使用量、人均可耕地面积、温室气体等大气污染物的排放量等。

2. 状态指标　　主要包括贫困度、人口密度、人均居住面积、已探明矿产资源储量、原材料使用强度、水中 BOD 和 COD 浓度、土地条件的变化、植被指数、濒危物种占本国全部物种的比率、二氧化硫等大气污染物的浓度、人均垃圾处理量、每百万人口拥有的科学家和工程师人数、每百户居民拥有的电话数量等,以及受荒漠化、盐渍化和洪涝灾害影响的土地面积和森林面积。

3. 响应指标　　主要包括人口出生率、教育投资占 GDP 的比率、再生能源的消费量与非再生能源消费量的比率、环保投资占 GDP 的比率、污染处理范围、垃圾处理的支出、科学研究费用占 GDP 的比率等。

需要说明的是,由于各国之间差异较大,该指标体系虽然经过专家多次讨论和修改,整个指标体系仍很难涵盖各国情况,有可能与一些国家的实际情况不完全相符。由于可持续发展内容涉及面广而复杂,人们对它的认识还在不断加深,要建立一套在理论和实践上都比较科学的指标体系,尚需要进行深入的研究和探讨。

三、衡量发展的几种新指标

从可持续发展的观点看,用传统的 GNP 或 GDP 作为衡量经济发展的主要指标有着明显的缺陷,如忽略收入分配状况、忽略市场活动以及不能体现环境退化等状况。在《21 世纪议程》的推动下,人们开始研究并制定出衡量发展的新指标。

(一)财富衡量的新标准

1995 年世界银行颁布了一项衡量国家或地区财富的新标准,提出一国的国家财富由人造资本、自然资本和人力资本三个主要资本组成。人造资本为通常经济统计和核算中的资本,包括机械设备、运输设备、基础设施、建筑物等人工创造的固定资产;自然资本指大自然为人类提供的自然财富,如土地、森林、空气、水、矿产资源等;人力资本指人的生产能力,包括人的体力、受教育程度、身体状况、能力水平等各个方面。由于很多人造资本是以大量消耗自然资本换来的,因此,应该从中扣除自然资本的价值。如果将自然资本的消耗计算在内,人造资本未必都是经济的。人力资本不仅与人的先天素质有关,而且与人的教育水平、健康水平、营养水平直接相关,也就是说,人力资本可以通过投入人造资本来获得增长。所以说一个国家的财富,其真正含义应当是生产出来的财富,减去国民消费,再减去产品资产的折旧和消耗掉的自然资源。尽管一个国家可以使用和消耗本国的自然资源,但必须在使其自然生态保持稳定的前提下,能够高效地转化为人力资本和人造资本,保证人造资本和人力资本的增长能够补偿自然资本的消耗。该方法更多地纳入了绿色国民经济核算的基本概念,特别是纳入资源和环境核算的一些研究成果,通过对宏观经济指标的修正,试图从经济的角度去阐明环境与发展的关系,并通过货币度量一个国家或地区总资本存量(或人均资本存量)的变化,以此来判断一个国家或地区发展是否具有可持续性,能够比较真实地反映一个国家或地区的财富。

中国按此标准排列,在世界 192 个国家和地区中处于 161 位。人均财富 6 600 美元,其中自然资本占 8%、人造资本占 15%、人力资本占 77%。从人均财富相对结构来看,中国的自然资源相当贫乏;从人均财富的绝对量来看,中国拥有的各种财富也非常低,特别是高素质人才少,人力资本只有发达国家或地区的 1/50。因此,今后如果仍一味地追求以自然资源高消耗、环境高污染为代价来换取经济高增长的模式,中国的人均财富不仅难以大幅度增长,而且还有可能下降。

(二) 人类发展指数

人类发展指数(human development index, HDI)是联合国开发计划署(UNDP)于 1990 年 5 月在《人类发展报告》中公布的,用以衡量一个国家的进步程度。HDI 由收入、寿命和教育三个指标构成。收入指人均 GDP 的多少,可以用人均 GDP 的实际购买力来估算;寿命根据人口的预期平均寿命来测算,反映了居民的营养水平和当地环境质量状况;教育指公众受教育的程度,间接反映了可持续发展的潜力,用成人识字率(2/3 权数)和大中小学综合入学率(1/3 权数)来计算。

人类发展指数的提出,反映了一个国家或地区的发展应从传统的以物为中心向以人为中心的转变,强调了合理的生活水平而不是对物质的无限占有,向传统的消费观念提出了挑战。人类发展指数将收入与发展指标相结合,强调了健康和教育的重要性,倡导各国对人力资源更多的投资,更关注人们的生活质量和环境保护,体现了可持续发展的原则。这项指标的提出,对一个国家或地区的发展,尤其是对发展中国家或地区的发展,有一定的导向作用。

人类发展指数进一步确认了这样的理念,即经济增长并不等于真正意义上的发展,人类追求的应该是真正的发展——人与环境的协同发展。

(三) 绿色国民账户

从环境的角度看,过去的国民经济核算体系存在三方面的缺陷:① 国民账户未能准确反映社会福利状况,没有考虑资源状态的变化;② 人类活动所消耗的自然资源的实际成本没有计入常规的国民账户;③ 环境损失未记入国民账户。要克服这些缺陷,就需要建立一种新的国民账户体系。为此,世界银行与联合国统计局合作,试图将环境问题纳入当前正在修订的国民账户体系框架中,以建立经过环境调整的国内生产净值和经过环境调整的净国内收入统计体系。目前,已出台一个试用性的"经过环境调整的经济账户体系"(SEEA)。该体系在尽可能保持现有国民账户体系概念和原则的情况下,将环境数据结合到现有的国民账户信息体系中。环境成本、环境收益、自然资产以及环境保护支出均与国民账户体系相一致的形式,作为附属账户列出。其最重要的特点是能够利用其他测度的信息,如利用区域或部门水平上的实物资源账目。

一般说来,国内生产净值为:最终消费品＋净资本形成＋(出口－进口)。这一计算方法忽略了环境与自然资产的耗减。如果对这一部分加以环境调整,则调整后的国内生产净值为:最终消费品＋(产品资产的净资本积累＋非产品资产的净资本积累－环境资产的耗减和退化)＋(出口－进口)。

第三节 中国可持续发展战略

中国作为一个人口众多、资源相对不足的发展中大国,于 1994 年制定了《中国 21 世纪议程》,明确提出中国必须走可持续发展之路。《中国 21 世纪议程》为我国 21 世纪的可持续发展战略规划了蓝图。

1. 中国可持续发展的首要目标是经济发展,但经济发展必须同时与环境保护相协调 可持续发展强调发展。只有发展,才能摆脱贫困,才能解决生态危机,贫穷是不可能达到可持续发展目标的。人类社会发展的历史告诉我们,贫困既是环境恶化的根源,又是环境恶化的结果。生产力水平越低、经济越不发达的地区,其环境的破坏也越严重;反之,环境资源破坏越严重,越加重贫困,形成恶性循环。因此,把可持续发展等同于环境保护,以环境保护为名要求停止发展的做法是不合理和不可接受的。在经济发展中出现的资源和环境问题也只能通过发展加以解决,只有经济发展了,环境保护和生态建设才有可靠的物质技术基础。

2. 中国可持续发展的核心问题是正确处理好经济发展与人口、资源、环境之间的关系,促进其协调发展 经济发展与人口、资源、环境是一个不可分割,既相互联系、相互促进,又相互制约、相互影响的统一体。人口与经济、社会的发展最终都依赖于自然资源。在实施可持续发展战略的进程中,中国所面临的问题与发达国家面临的问题有相同之处,又有很大的不同之处。发达国家目前的人口自然增长平均水平为 2‰,其中不少国家的人口是零增长或负增长,人口增长的压力小。中国的人口虽然经过 20 多年的努力,少生了约 3 亿人,目前业已进入低生育水平时期,但每年增长的绝对数仍高达 1 000 万。目前我国人口已超过 13 亿,人均资源相对贫乏,这是制约我国经济和社会发展的重要因素。据统计,我国的一些重要资源人均占有量与世界人均水平相比较低,淡水资源只是世界人均水平的 1/4,人均森林面积不足世界人均水平的 1/6,人均草地面积不足世界人均水平的 1/2,人均矿产资源只有世界人均水平的 1/2,我国的人均耕地面积仅仅相当于世界平均水平的 1/3。根据预测,中国人口在本世纪中叶达到 16 亿左右的峰值,之后才可能实现零增长。也就是说,在有效控制的条件下,中国的人口还要增加将近 4 亿人。随着人口的不断增加,全社会对自然资源的需求加大,不可再生资源正在逐渐减少,人口过剩与资源匮乏的矛盾日益突出。人口过快增长还对经济发展产生极大压力,抵消经济发展成就。人口过快增长和人口规模过大,直接影响到经济建设资金的积累。我国每年新增的国民收入,约 1/4 被新增人口消耗掉,严重制约了经济的发展和全社会教育、科技水平及人口素质的提高。人口规模超过环境承载能力,直接导致生态环境的破坏。为了维持过剩人口的各种基本需求,我们在较低的技术水平上加快工业化和城市化进程,造成了严重的环境污染,土地荒漠化和水土流失的情况也十分严重。由此看来,人口问题是中国实现可持续发展面临的首要问题,资源的持续利用、生态环境的保护则是实现可持续发展的基础。

政府功能的发挥对于可持续发展意识差、手段落后的发展中国家甚为重要。为了实现可持续发展目标,我国各级政府应该努力构建可持续发展的战略体系和新机制:① 加强可持续发展文化建设,在全社会树立可持续发展的理念;② 尽快探索建立绿色 GDP 体系;③ 积极推进可持续发展的产权制度建设;④ 进一步调整产业政策、优化产业结构,探索循环经济模式;⑤ 加强可持续发展的法律法规建设,促进区域和国际合作。

参考文献

陈南.1999.我们的地球.广州:广东人民出版社.

加勒特·哈丁.2000.生活在极限之内——生态学、经济学和人口禁忌.上海:上海译文出版社.

李丽.2003.可持续生存.北京:中国环境科学出版社.

刘大椿,明日香,寿川,等.1995.环境问题:从中日比较与合作的观点看.北京:中国人民大学出版社.

刘静玲.2001.人口、资源与环境.北京:化学工业出版社.

刘培哲.2001.可持续发展理论与中国 21 世纪议程.北京:气象出版社.

牛文元.2000.中国可持续发展战略.北京:西苑出版社.

曲格平.1999.环境保护知识读本.北京:红旗出版社.

世界环境与发展委员会.1989.我们共同的未来.北京:世界知识出版社.

王树恩,陈土俊.2002.人类与环境.天津：天津大学出版社.

卫建林.1997.历史没有句号.北京：北京师范大学出版社.

中国科学院可持续发展战略研究组.2002.中华人民共和国可持续发展国家报告.北京：中国环境科学出版社.